山东大学儒学高等研究院教授自选集

追问科学究竟是什么

马来平 著

山东大学出版社
SHANDONG UNIVERSITY PRESS
·济南·

图书在版编目（CIP）数据

追问科学究竟是什么/马来平著. —济南：山东
大学出版社,2024.2
（山东大学儒学高等研究院教授自选集）
ISBN 978-7-5607-7725-2

Ⅰ.①追... Ⅱ.①马... Ⅲ.①科学哲学-研究 Ⅳ.
①N02

中国国家版本馆 CIP 数据核字（2023）第 002265 号

责任编辑　李昭辉
封面设计　王秋忆

追问科学究竟是什么
ZHUIWEN KEXUE JIUJING SHI SHENMO

出版发行　山东大学出版社
社　　址　山东省济南市山大南路 20 号
邮政编码　250100
发行热线　（0531）88363008
经　　销　新华书店
印　　刷　山东新华印务有限公司
规　　格　880 毫米×1230 毫米　1/32
　　　　　21.5 印张　498 千字
版　　次　2024 年 2 月第 1 版
印　　次　2024 年 2 月第 1 次印刷
定　　价　98.00 元

总　序

　　山东大学素以文史见长，人文学科为山东大学学术地位和学术声誉的铸就做出了极为重要的贡献。而在目前山东大学的人文学科集群中，2012年重组的儒学高等研究院当之无愧地位于第一方阵，是打造"山大学派"的一支生力军。山东大学儒学高等研究院已成为目前国内规模最大、实力突出的国学研究机构。而儒学高等研究院的前身和主体是2002年成立的文史哲研究院。如此说来，儒学高等研究院已然走过了20年的岁月，恰如一个刚刚走出懵懂、朝气蓬勃的青年。

　　在这20年的生命历程中，儒学高等研究院锻造形成了鲜明的学术特色，即以中国古典学术为重心，以古文、古史、古哲、古籍为主攻方向。本院学者在中国古典学术领域精耕细作，取得了一批具有时代高度的标志性成果，受到学术界广泛赞誉。这一学术特色使儒学高等研究院积极融入了当代学术主流。20世纪90年代以降，中国人文学术发展的大趋势是从西方化向本土化转型，而古典学术是实现本土化的一项重要资源。儒学高等研究院顺应时势，合理谋划，全力推进，因此成为近20年来中国古典学术研究复兴与前行的重要参与者和推动者。

儒学高等研究院的另一特色是横跨中文、历史、哲学、社会学(民俗学)四个一级学科,并致力于打破学科壁垒,在合理分工的基础上力求多学科协同融合。儒学高等研究院倡导和推行的儒学研究实质上是广义的国学,不以目前通行的单一学科为限。在这种开放多元的学术空间中,本院学者完全依据自身的兴趣和能力进行自主探索、自由创造,做到术业有专攻。目前,本院在史学理论、文献学、民俗学、先秦两汉文学、杜甫研究等若干领域创获最丰,居于海内外领先地位。今后的工作重点是在学科协同和学科整合上做进一步探索尝试,通过以问题为轴心的合作研究产生新的学术优势和学术生长点。

在20年的发展中,儒学高等研究院一方面继承前辈山大学者朴实厚重、精勤谨严的学风,一方面力图贯彻汉宋并重、考据与义理并重、沉潜与高明并重、传世文献与出土文献并重、国学与西学并重、历史与现实并重、基础研究与开发应用并重、个人兴趣与团队合作并重、埋头做大学问与形成大影响并重的科研方针,致力于塑造一种健康、合理、平衡的新学风。本院学者中,既有人沉潜于古籍文献的整理考释,也有人从事理论体系的创构发明,他们能够得到同等的尊重和支持。古典学术研究的学派或机构具有自身特色或专长无可厚非,但必须克服偏颇和极端倾向,摒弃自大排他心态。唯有兼顾各种风格、路向的平衡,才能更好地契合学术发展规律,更大限度地释放学术创造力。

当下,古典学术研究正面临五四以来百年未有的历史机缘。中央高度重视中华优秀传统文化的创造性转化、创新性发展,注重发挥传统文化在提升国家文化软实力、推动世界文明交流互鉴、为社会治理提供历史智慧等方面的独特功用。儒学高等研究院将顺势而为,与时俱进,将现有的学术优势与国家重大需求相对接,在古典文献整理研究、儒家思想理论阐释、传统文化精华推广普及等领域齐头并进,努力为古典学术研究的全面繁荣做出新的贡献。

2005 年的"山东大学文史哲研究院专刊"第一辑出版说明中曾提出:"'兴灭业,继绝学,铸新知',是本院基本的科研方针;重点扶持高精尖科研项目,优先资助相关成果的出版,是本院工作的重中之重。"这是当年我们这项学术事业"筚路蓝缕,以启山林"时的初心。而今机构名称虽已更易,但初心不变。"山东大学儒学高等研究院教授自选集"即是这一事业的赓续和拓延。这套书是本院 33 位专家学者历年学术成果的集中盘点和展示,有的甚至是毕生心血之结晶。这同时也是对文史哲研究院成立 20 周年暨儒学高等研究院重组 10 周年的一个纪念。期待学界同行的检阅和批评。

山东大学儒学高等研究院
教授自选集编辑委员会
2022 年 10 月

自　序

转眼间,我已皓首苍颜,年逾古稀。回首往事,不免感到我的学术生涯备尝艰辛,但却非常快乐、充实。

一

我加入自然辩证法研究队伍后,学术征程的第一站是参与科学认识论研究。1983 年 3 月,我赴吉林大学哲学系,追随著名哲学家舒炜光先生进修自然辩证法硕士课程。同年暑假,舒先生推荐我参加了由他领衔、全国十几所综合性大学自然辩证法教师组成的"科学认识论研究"学术共同体①。"科学认识论研究"项目视科学认识为认识成果和认识活动的统一体,旨在以研究科学认识这一典型而发达的人类认识形式为突破口,丰富和发展哲学认识论。该项目的最终成果——五卷本的《科

---

①　该学术共同体主要由吉林大学、兰州大学、武汉大学、山东大学、南京大学、南开大学、厦门大学、四川大学、复旦大学、郑州大学、湘潭大学等高校的 30 余位自然辩证法教师组成。

学认识论》分两次出版后,获得了学界的高度评价。《哲学动态》载文称该项研究"揭开了我国马克思主义认识论的新的一页"①。该成果于 1995 年和 1999 年分别获得全国高校科学研究优秀成果二等奖和国家社科基金项目优秀成果二等奖。

我在该项目中承担了四章的撰稿任务,分别讨论或提出了科学成果概括的方法论、科学认识的认识价值、科学认识发展的加速律和科学认识发展的重心律。

"科学认识论研究"学术共同体是一个极富团结和协作精神的学术团体。除却平时共同体成员之间的私下交流,每年还全员集会两次,由作者所在单位轮流"坐庄"。书稿的每一章至少须经两轮全会讨论方可定稿,讨论时人人畅所欲言、不留情面,这种工作方式令我这位初涉学术的年轻人受益无穷。试想,全国十余所综合性大学科技哲学界的代表人物坐在一起反复推敲一位作者的文章,为修改文章贡献智慧,该是多么难得和壮观!

在吉林大学学习的一年间,我除了主修舒先生以及该校自然辩证法专业多位老师开设的西方科学哲学、自然辩证法原理等课程外,还通过录音(舒先生讲过的课程全部有录音)自学了舒先生那两年讲过的所有课程,旁听了哲学系高清海先生的哲学原理课程、车文博先生的西方心理学史课程和邹化政先生的西方哲学史课程等。加上在学术共同体内部反复修改而成

---

① 汪信砚:《登高极目的宏篇巨著——评舒炜光主编的〈科学认识论〉》,《哲学动态》1991 年第 6 期。

的四章书稿,以及和同期进修的武汉大学一位青年教师合译的一本科学哲学著作,我的硕士进修经历显得格外充实。

由于《科学认识论》第五卷《科学认识价值论》十分接近科技哲学的科技与社会研究,因此《科学认识论》项目结束后,我进行了一段时间的科技与社会研究,发表了一批论文。这些论文连同科学认识论方面的论文,构成了我关于"当代科技观研究"方面的主要成果。在这些论文的基础上,我先后完成了《科技与社会引论》(人民出版社 2001 年出版)和《自然辩证法的核心维度》(待出)两书;后来在从事其他课题研究间隙,又断断续续撰写了《纵横科技与社会之间——科技哲学短论集》(待出)一书。

二

20 世纪 80 年代,"文化热"兴起。基于科技与文化的关系属于科技与社会范畴,以及中国学者的学术研究应当充分体现中国特点的考虑,我在做了一段时间科技与社会面上的研究之后,便把兴趣集中到了以科学技术与中国传统文化关系为主攻方向的中国近现代科技思想史研究上。尽管中国近现代科技思想史在学科性质上属于历史学范畴,但由于科技哲学研究自然观和科学观必须以包括科技思想史在内的科学技术为中介,所以科技思想史不仅是科技哲学研究的基础和素材,也是科技哲学的有机组成部分。① 其间,我就中国的传统科学目的观与科学的关系、中国传统文化与科学的关系、严复的科学思想、中国现代科技体制的形成与发展,以及中国科技思想的创新等问题发表了一系列成果,其中最重要的是以下两项。

一是关于严复科学思想的研究。严复是 20 世纪初中国最重要的思想家之一、五四新文化运动的历史先驱,堪称中国近现代科技思想史上的里程碑式人物。说来颇有点戏剧性,正当我把目光投向严复思想研究时,一天,我在山东大学中心校区南门口的旧书地摊上,竟然看到了一套由中华书局出版的五册足本的《严复集》,冥冥之中似有天助! 我用了不到十元钱将其收入囊中,并在接下来的时间里反复通读,就其科学思想撰写读书笔记,做分类资料卡片;同时搜集并阅读了学界研究严复的大量二手文献。最终围绕严复关于科学与封建文化,以及关于科学的认识方式、科学的目的观等主题,半年内一鼓作气完成了三篇论严复科学思想论文的初稿,并将其带到 1994 年由山东大学文史哲研究所在青岛主办的“中国传统文化与 21世纪学术研讨会”上交流。次年,这三篇论文分别发表在《哲学研究》《自然辩证法通讯》《自然辩证法研究》三种期刊上。台湾清华大学、英国李约瑟研究所和日本东京大学合办的《中国科学史通讯》摘要介绍了这组论文。

二是新中国科技思想史研究。显而易见,在中国近现代科

---

① 在恩格斯《自然辩证法》一书中,科学思想史的内容占据醒目位置。

技思想史中,1949年以后的科技思想史与现实的联系最密切,但研究最薄弱,难度也最大。1995年,我迎难而上,策划了一套"中国科技潮丛书"(山东科技出版社1995年出版)。丛书共分7册,分别从科技思想、科技体制、基础科学、发明创造、高新技术、科学技术群体、科技发展与人的现代化等方面,回顾总结了1949年以后中国发展科学技术的经验和教训。① 这一设想很快得到了山东科技出版社的大力支持。出版社推动该丛书列入山东省年度重点图书出版计划,并委托我和责任编辑邵迅同志赴京约请作者。丛书的设想得到了众多学者的积极响应,并迅速组建了由时任中科院副院长路甬祥院士担纲的丛书编委会和由北京大学、中国人民大学、中国科学院科学史所、东北大学的一批知名学者组成的作者队伍。我作为编委会执行副主编,除了承担协调、统筹工作外,还独立撰写了《中国科技思想的创新》一书,参与主编了《中国科技发展与人的现代化》一书。为了获得扎实、系统的一手资料,我花了一个多月的时间泡在学校图书馆,逐册查阅了1949—1995年出版的500余册《全国报刊文献索引》,形成了一份近乎"一网打尽"式的新中国科技思想史文献索引。根据这份索引,按图索骥找到文献原文,浏览、筛选出核心文献并精心研读。最终《中国科技思

---

① "中国科技潮丛书"包括以下7册:《中国科技思想的创新》(马来平)、《中国科技体制的转型之路》(刘大椿主编)、《中国基础科学的辉煌》(欧阳志远编著)、《中国发明创造与科技腾飞》(王滨)、《中国高技术的今天和明天》(马名驹、陈益升编著)、《中国科学家群体的崛起》(王渝生主编)、《中国科技发展与人的现代化》(李芹、马来平主编)。

想的创新》一书在较扎实的资料基础上,厘清了新中国以科技观和科技发展规律观为核心的科技思想发展线索,并把中国科技思想置于国际和时代的大背景下给予了初步分析和评价。"中国科技潮丛书"出版后,于 1997 年获得山东省第三届精神文明建设"精品工程"奖。在撰写《中国科技思想的创新》一书的基础上,我还陆续发表了一组有关论文。

三

1996 年,因研究生开设科学社会学课程的需要,特别是本着为中国近现代科技思想史研究扩大理论资源的考虑,我把学术重心暂时转移到了基于科技哲学视角的科学社会学研究上。

尽管从学科性质上来看,科学社会学属于社会学,不过,由于它是运用社会学方法来研究作为一种社会体制的科学,对于高度关注科学与社会关系的科技哲学,从该专业角度批判性地借鉴科学社会学的研究成果将会大有裨益。或许是因为这一缘故,在我国长期存在这样一种现象:从事科学社会学研究的学者大都在科技哲学界,而社会学界却寥寥无几。

仿照国外的做法,我开设的科学社会学课程是以和研究生共同精读该领域经典著作的方式进行的。课前我把有关经典著作的思考题和有关参考文献书目发给学生,要求他们课前对每一本经典著作至少读两遍:第一遍粗读,了解其大概和框架;

第二遍精读,逐章逐节读透,并围绕思考题,结合相关参考文献,写出思考题答案提纲。上课时逐一讨论思考题,先是学生依次发言、互相点评,我做总结;全部思考题讨论结束后,我再就全书进行总结。讨论时,学生们时常唇枪舌剑,争得面红耳赤。这种上课方式优点众多:精读经典,抓住了课程关键;思考题引路,深化了对原著的理解和吸收;课堂讨论,激活了学生的创造性思维;精读经典和泛读参考文献相结合,逐步引领学生步入学术研究轨道;等等。我告诉学生,老师领读经典是示范性的,精读经典是每一位学人提高学术水准的不二法门,应当成为常态。为此,我提出了"半部《论语》治天下,十种经典傲学林"的口号与学生共勉。

正所谓"教学相长",这门课深受学生欢迎,也令我获益匪浅。年轻人对经典著作的批判性思考、课堂讨论时的火花四射,推动我对科学社会学经典著作的理解更上一层楼。我不仅能够准确把握经典作家的观点、理论和方法,而且能够游刃有余地和经典作家展开对话和"接着说"。十多年间,我在和一届又一届博士、硕士研究生精读默顿、贝尔纳、齐曼以及科学知识社会学(SSK)等代表人物的一大批经典著作的过程中,发表了一批有影响的论文,出版了《理解科学——多维视野下的科学》(山东大学出版社 2003 年出版)和《科学的社会性和自主性——以默顿科学社会学为中心》(北京大学出版社 2012 年出版)两本书。前者为"大学生文化素质教育丛书"之一;后者出版后好评不断,《光明日报》《自然辩证法研究》《科学技术哲学研究》等重要媒体分别刊发知名学者的评论文章,认为此书"在许多重大问题上有新的突破","它们在一些方面已经超越了默顿的原作,带有创造的意义","有望改变我国多年以来对有学科开创之功的默顿学派研究的薄弱状况"等。该书先是入选"国家社科基金后期资助项目",之后,相继获评山东省社会科学优秀成果一等奖和全国高校科学研究优秀成果三等奖。

四

在科学社会学研究间隙,我穿插进行了与科技哲学关联密切的科普理论研究。

尽管科普理论研究属于科普学,但由于科普理论研究的对象是自然科学,因此也就与科技哲学有了交叉。国务院于2006年2月颁布的《全民科学素质行动计划纲要》给公民科学素质下了一个权威定义:"全民具备基本科学素质一般指了解必要的科学技术知识,掌握基本的科学方法,树立科学思想,崇尚科学精神,并具有一定的应用它们处理实际问题,参与公共事务的能力。"这一定义实际上也明确指出了科普的任务和内容,即科学素质定义所包括的"四科"和"两能力"。"四科"即科学技术知识、科学方法、科学思想和科学精神,"两能力"即应用"四科"处理实际问题及参与公共事务的能力。"四科"恰好是科技哲学研究的核心内容,这就决定了科技哲学所研究的

"四科"内容可以视为科普学的基础理论部分;反过来,我所做的科普研究实质上则是科技哲学研究的内核部分。

我从事科普理论研究的机缘,从外因说,是应北京大学科学与社会研究中心原主任任定成教授之约,先是参与了反伪科学、反邪教等国家课题,继而又参与了由教育部委托的《中国公民科学素质基准》的文件起草工作,以及长期担任山东自然辩证法研究会主要负责人与作为山东科普大本营的山东省科协工作关系密切等;从内因说,即是科普理论和科技哲学具有不可分割的内在关联。上述情况决定了我从事科普理论研究并非完全出于自觉意识。直到 2013 年,山东省科协的一位副主席建议我申报当年评审的第五届山东科普奖时,我才猛然发现,多年来,自己已在科普领域做了不少工作,除上面提及的参与国家文件制定和国家科普类课题外,还有向山东省政府提交数件科普提案,以大陆代表团副团长的身份出席海峡两岸科普论坛,多次代表山东参加全国科普理论研讨会,组织山东自然辩证法研究会举办全省科普理论专题研讨会,出版了一批有影响的科普图书,等等;同时,我在科普理论研究方面所发表的论文,已经足以提供撰写一部科普理论研究专著的素材了。或许,正是基于上述原因,我于 2013 年获评山东省科普奖、2014年当选为山东省科普创作协会理事长。

自 2000 年以来,我发表了近 30 篇科普理论论文,刊发载体包括《哲学研究》《文史哲》《自然辩证法通讯》《自然辩证法研究》《山东大学学报》等一批高水平期刊,在科普理论的一系

列核心问题上有所推进。例如，我提出了"科普中介论"，充分
阐发了科普对于实现科学精神价值的中介作用；针对科普工作
中科学精神和科学方法等深层科学素质普及的老大难问题，探
讨了深层科学素质普及的基本途径问题；针对科学文化理解的
歧见丛生，探讨了科学文化的内涵及其普及问题；等等。在这
些论文的基础上，我撰写了《科普理论要义——从科技哲学的
角度看》一书，由人民出版社在 2016 年出版后，得到了学界好
评，并于 2020 年获评山东省社会科学优秀成果二等奖，2022
年 9 月获山东省科协和山东省科技厅联合颁发的十八大以来
山东省优秀科普作品奖。山东一家国有大型企业所属科普教
育集团把该书作为公司工作的理论指导材料，骨干成员人手
一册。

五

　　当科学社会学研究基本达到了为中国近现代科技思想史
研究储备一定理论基础的目的之后，以一次讲学活动为契机，
我重返中国近现代科技思想史研究，并把目光聚焦到了"西学
东渐中的科学与儒学关系"上。

　　2008 年，济南军区驻山东莱阳某部通过山东大学校长办
公室联系到我，邀请我为部队官兵做一场"科学技术在近代中
国"的报告。经过充分准备，我如期做了题为"近代科学传入

中国的回顾与思考"的报告。随后,我又应邀在山东经济学院做了一次报告。该报告从明末西方科学传入开始,一直讲到1928年中央研究院成立、近代科学在中国初步实现体制化,实际上是一部西学东渐简史,新意在于以儒学与科学的关系为主线,经反复修改后,以《西学东渐中的科学与儒学关系》为题和2.7万字的超长篇幅,发表在《贵州社会科学》2009年第1期首篇位置。文章发表后,修改的步伐却未停顿,以至一改再改,并逐步浓缩主题,对儒学与科学关系的理论阐发层层深入,接连形成了《探寻儒学与科学关系演变的历史轨迹》(载《自然辩证法通讯》2009年第4期)、《儒学和科学具有广阔的协调发展前景》(载《山西大学学报》2009年第2期)、《从西学东渐看儒学与科学的协调问题》(载韩国岭南大学主办的《民族文化论丛》总第43辑)这三篇论文。就这样,我和我的团队关于西学东渐中的儒学与科学关系研究就紧锣密鼓地开场了。

大致说来,围绕西学东渐中的儒学与科学关系,我们主要做了以下几方面的工作:一是阐发西学东渐中科学与儒学关系研究的方法论,提出了研究明末清初科学与儒学关系应把握的主要原则,明确了明末清初西学东渐中科学与儒学关系研究的范围,勾画了西医东渐中科学与儒学关系的线索;二是论证科学与儒学的相容性和协调发展,多角度、多侧面论证了科学与儒学具有根本上的相容性及其协调发展的路径;三是探讨了儒学人文资源的现代价值;四是开展了"东传科学与儒学的嬗变"系列研究;五是开辟了科技儒学研究方向。我本人完成了

《探寻科学与儒学关系演变的历史轨迹——中国近现代科技思想史研究》(上海古籍出版社 2015 年出版)和《西学东渐中的科学和儒学关系——科技儒学初探》(待出)两部著作,我所指导的这方面的十多篇博士论文已有五六部正式出版。

关于上述研究的具体情况,本书中收录的《西学东渐中科学与儒学关系研究的回顾与省察》一文已有说明,兹不赘述。这方面的研究在学界产生了一定反响,得到了充分肯定。《哲学动态》载文评述我国科学技术哲学学科体系、学术体系和话语体系这三大体系构建时认为,就"话语体系建设:科学技术哲学的声音"而言,主要取得了三方面的成就,其中之一即是挖掘与阐发中国优秀传统文化。在这方面最为突出的是三个研究方向:中国古代科技思想史、中国近现代科技转型、专题性的科技思想史研究。文章指出:"三是专题性的科技思想史研究。如儒学与科学的关系,以马来平的研究为代表。"①

总的来看,我的学术研究由科学认识论到"科技与社会",再到"科技与中国传统文化"以及"西学东渐中的科学与儒学关系",中间穿插进行了具有科技哲学性质的深层科学素质研究。看似数次转向,其实变中有不变:变的是研究范围逐渐缩小,最终收缩于"西学东渐中的科学与儒学关系";不变的是始终奔走于科技哲学的科技与社会范围内,主题是力图从不同的侧面理解科学、探讨科学的本质,即不懈追问:科学究竟是什么?

---

① 雷环捷:《当代中国科学技术哲学"三大体系"构建》,《哲学动态》2021 年第 5 期。

六

多年的学海泛舟,有经验,也有教训。这里仅谈以下三点。

(一)做"带记号"的学问

做学问的第一要务是形成正确、稳定而明确的研究方向,然后形成专属于自己的研究领域,即进入科研前沿的"无人区"。许多人讲治学要有自己的"根据地""山头"或"营盘",实际上这些说法都是一个意思:做学问要做"带记号"的学问。即在某个研究方向或领域内"占山为王",你的贡献无可回避,一说到某个领域就必定会说到你;一说到你,则人人都知道你是该领域里的专家,一个人的名字和一个研究领域异常紧密地联系在了一起!

"正确"主要指有发展前景的方向,一般指代表学科发展方向且与社会发展相吻合的方向。其中,代表学科发展的方向是根本。学科发展的方向一般蕴含在本学科的经典著作中,以及本学科主导理论的解释力和预见力的状况中。如果某个研究方向连经典著作或主导理论都难觅,说明该研究方向不成熟或前途未卜。一般情况下,青年人不宜选择这样的研究方向。

为什么科学研究一定要形成相对稳定、明确的研究方向呢?我认为原因有以下几点。

1. 创造需要

科学研究的宗旨是创造,是发展新知识。它最需要的不是"万金油",而是能够提出和解决专门、深奥问题的专家。就是说,它要求人们的知识要专、深、精。当然,科学研究并不排斥知识上的"博",而且欲真正达到"专",必须以一定的"博"为基础。这是因为,许多学术问题一旦深入下去,就有可能触及四面八方各种相关的知识。只是必须明确地认识到:"博"服务于"专";"博"是手段,"专"才是目的。所以,做研究不能东游西逛,"打一枪换一个地方",而必须要有相对稳定、明确的研究方向。

2. 精力有限

一个人不可能在许多方向上同时都走得很远。不排除有的人创造力极强,精力旺盛,聪明过人,可以在几个方向上都能做得十分漂亮,但这样的人毕竟是凤毛麟角。而且退一步讲,这样的人如果专注一个方向,锲而不舍,一定会在学术上作出更加卓越的贡献。譬如掘井,同掘数口皆不及泉,不若专掘一井,务求及泉。总之,不论是谁,摊子铺得大了,必定会影响其在学术上的高度。

3. 节约之路

做学问向专深的方向发展是一条节约之路。知识的发展是有连续性和继承性的。如果方向比较集中,就会使解决前面的问题实际上是为解决后面的问题作了准备,而解决后面的问题则为解决更后面的问题作了准备。显然,这样做比那种解决一个问题后,换一个方向、另铺一个摊子再解决下一个问题的做法,能大大节约时间和精力。

怎样形成正确、稳定、明确的研究方向? 途径之一是靠高水平的老师或其他高水平学者指点。美国的一位诺贝尔物理学奖获得者曾说:"一个伟大的科学家是正在进行正确的而且是重要的工作的人。"①就是说,是否在进行或是否有能力识别正确而重要的工作,是衡量一位科学家水平高低的标准之一。自己的导师或其他高水平的学者治学经验丰富,获取他们的指导,是非常有利于形成正确、稳定、明确的研究方向的。途径之二是依靠自己,这需要综合考虑社会需要、学术发展的内在逻辑、个人兴趣、已有的知识基础、师承关系、研究条件和学术环境等因素;而且对于大多数人来说,需要有一个尝试和摸索的过程。

在"西学东渐中的科学与儒学关系"这个研究方向上,我经历了一个漫长的探索过程。正所谓"凡三变,始得入其门"。在这个过程中,我觉得有一点特别重要:联系实际,但不跟风。学术研究联系实际是应当的,也是必须的,但应当把握好分寸。所谓"实际"具有两个突出特点:一是实用性。就是说它直接需要的是应用性研究,联系实际往往意味着学术研究浮上来了,主要不是纵深发展,而是横向发展。二是变易性。社会实践是不断发展甚至是瞬息万变的,如果联系实际把握不好分寸,一味跟风,就很难形成一个明确的研究方向,甚至很可能会

---

①　转引自[美]哈里特·朱克曼:《科学界的精英——美国的诺贝尔奖金获得者》,周叶谦、冯世则译,商务印书馆1979年版,第176—177页。

葬送自己的学术前程。

研究方向形成以后，为了在所选定的研究方向上攀登高峰，需要从两方面入手：一方面是在选定的研究方向上打几场硬仗，解决几个关键问题，做出标志性的贡献。另一方面是在选定的研究方向上眼观六路、耳听八方，随时掌握新的研究动向，对全局始终有一个清晰、动态的把握。最终目的是点面结合，形成二者的良性互动：以对"面"的把握，指导和促进对"点"的研究，以对"点"的研究充实和改进对"面"的把握，最终力争写出一部有分量的通论性专著。这样，就能在所选定的研究方向上牢牢打上个人的印记，获得学界的认可和尊重。

（二）熟读本学科经典著作

俗话说，根深才能叶茂。做学问只有基本功扎实了，才有可能做高水平的学术。怎样练出扎实的基本功？涉及面很广，我认为，最关键的一点就是熟读本专业的经典著作。

经典是在漫长的岁月里经过大浪淘沙，自然形成的最重要、最优秀的著作，代表着本专业阶段性的研究范式。阅读经典意味着与大师对话、和高手下棋，特别有利于练好基本功、打牢基础。因此，一位学人需要有烂熟于胸的几十部本学科、本专业的经典著作垫底，这个功夫无论如何不能省，或者说是不可回避的。我提出过一个口号与学生共勉："半部《论语》治天下，十部经典傲学林。"意思是不论是老师还是学生，只要熟读了本专业最主要的经典，就可以在同行面前直起腰杆，有了底气。我要求跟我读硕士和博士的同学分别在一年级或一至二年级不必考虑写论文,只需聚精会神地上专业课和熟读精读经典著作即可。我们专业为博、硕研究生开设的课程,有一些选择了以老师带领学生读经典著作的形式进行,而且经常举办由师生共同参加的读书会。那种一入校就要求研究生一头扑到毕业论文上的做法,会使学生长期沉浸于和论文主题相关的二流、三流文献中,而在基本功上严重"欠账",十分不利于学生在学术上的健康成长。

各专业的经典著作不同,就科哲而言,我列了一个基本书目,每年四五月份,学生一旦确定被录取,就发给他们,以期让学生提前进入读经典阶段。这个书目包括基础、专业两方面。例如,在基础方面,西哲包括康德、黑格尔、现代西方哲学几位代表人物的代表作,中哲包括四书五经等;在专业方面,包括恩格斯的《自然辩证法》等恩格斯和马克思的哲学著作,西方马克思主义代表人物的代表作,还包括西方科学哲学、科学社会学、中外科学思想史代表人物的代表作等。

读经典著作的基本方法是分为三个步骤:粗读了解大意,精读掌握精髓,读后写读书笔记。中国在线音频分享平台"喜马拉雅"旗下有一系列经典名著节目,其中既有经典名著辅导,又有经典名著诵读。收听这类节目可以为自学经典扫除障碍、引领方向,获得"以听促读"的效果。如何写读书笔记?不同的人可能有不同的观点,我主张,写读书笔记可分为四个步骤:分别提炼各章和全书的核心观点;务必理清作者的思路或框架;精当评价作者的核心观点得失;延伸作者的核心观点,在初步研究的基础上写出自己的独立见解。只要这样做了,就能达到较好地消化吸收的目的。

(三)恪守严谨治学的学者本分

客观性、逻辑融贯性和精确性是科学的本质特征。和自然科学相比,人文社会科学尽管在客观性、逻辑融贯性和精确性程度上有明显差别,但追求客观性、逻辑融贯性和精确性的精神是一致的。这一点决定了严谨是对学者最重要、最基本的一项要求,或者说,严谨治学乃学者本分。

严谨即严肃、谨慎,其具体含义十分丰富,在此仅谈以下两点。

1. 充分占有材料

尽管人文社会科学相对于社会具有相对独立性,但是说到底,人文社会科学需要联系实际,为社会实践服务。所以,从实际出发、充分占有材料是人文社会科学研究的基本原则之一。也正因为如此,马克思指出:"研究必须充分地占有资料,分析它的各种发展形式,探寻这些形式的内在联系。只有这项工作完成以后,现实的运动才能适当地叙述出来。"①

在充分占有材料方面,需要特别注意以下两点。

(1)尽可能一网打尽。对于材料,最基本的要求是详尽占

---

① 《马克思恩格斯选集》第2卷,人民出版社2012年版,第93页。

有,详尽占有的最高境界是一网打尽。就通常的搜集材料的方法来说,搜集二手资料常用的工具书是《全国社科新书目》《全国报刊文献索引》《全国报刊索引》等各种综合的、专业的、专题的书目和索引;同时,尽量利用中国知网、万方数据、读秀以及 JSTOR、Proquest 等在线和电子版的学术数据库、互联网上的各种网站和搜索引擎,以及充分利用各种电子化的学术资源等。此外,还要充分利用前人所整理的相关专题材料。例如,研究乾嘉考据学,台湾"中央研究院"的林庆彰先生主编的《乾嘉学术研究论著目录(1900—1993)》就是一本很有用的文献索引。这类不同专题的材料很多,也很有使用价值。

搜集材料的方法主要有三种:一是彻底一网打尽。把从研究对象所处时代以来的所有文献统统找到。新中国成立前的文献,近年来已陆续制成光盘。借到光盘后,可用搜索引擎进行搜索;新中国成立后的文献,依靠《全国社科新书目》《全国主要报刊资料索引》或《全国报刊索引》即可。二是近期一网打尽。改革开放后,学术研究逐步走向繁荣,各类文献的学术价值有了明显提升。可用第一种方式,把 1980 年以来的文献统统找到。三是重点期刊一网打尽。选定一定数量的重要专业学术期刊和最高层次的综合性学术期刊,对于每种期刊,从创刊号一直搜索到当下,把所有相关的论文统统找到;著作则利用《全国社科新书目》普查。后两种方式尽管没做到彻底一网打尽,但是近期的、最重要的有关文献已经罗致,而且搜索文献的时间大为缩短。在时间和精力特别紧张的情况下,当不失为一种权宜之计。

（2）坚持"一手材料出观点，二手材料出问题"。一手材料原指自己动手采集和发现而他人没有利用过的材料，在历史人物的思想研究中，可将一手资料界定为历史人物的原著、档案等相关材料。二手材料指他人关于该历史人物研究所发表的著述等相关材料。我在长期的科学研究实践中，摸索并提出了"一手材料出观点，二手材料出问题"[①]的观点，以表达对充分占有材料的重视，以及明确使用材料的基本原则。

先来说"二手材料出问题"。写论文总是要提出问题和解决问题的。对于研究者来说，"问题"是指学界有分歧的观点、有差错的观点、研究不充分的观点和缺乏研究的观点等。所有这些基本上反映在二手材料里，所以应该主要到二手材料里去找。脱离二手材料，单纯依靠一手材料找"问题"，由于人的思维往往具有同构性，你想到的，别人也很容易想到，所以做重复性研究的风险很大。同时，由于对前人的优秀研究成果缺乏继承，不能站在前人的肩膀上思考，也很容易导致做低水平的研究。不过，需要强调指出，从二手材料里找"问题"，对材料的量是有一定要求的。只有充分掌握了二手材料，才能够找到最有代表性或最重要的"学界有分歧的观点、有差错的观点"，才能够准确界定学界"研究不充分的观点和缺乏研究的观点"

---

① "一手材料出观点，二手材料出问题"的观点是我在《学位与研究生教育》2015年第11期发表的《文章千古事 得失寸心知——与研究生谈找"问题"和论文修改》一文中提出的，该文发表后随即被多家媒体转载，如被微信公众号"社科学术圈"推送，并登上"今日头条"App。

等,才能把问题找得准、找得好。诚然,一手材料也能出"问题",而且关于历史人物研究的"问题"归根结底来自一手材料。对有些被学界研究较少或从未被研究过的人物的有关"问题",应当也只能到一手材料中去寻找;同时,即便对学界研究较为充分的人物,随着学术的进步、研究方法的更新和新材料的不断被发现,从这些人物一手材料中发现有研究价值的"问题"的可能性也是随时存在的。既然如此,为什么要说二手材料出"问题"?因为一般情况下,一手材料不知已被多少学者研究过,也不知研究过多少遍,想再从一手材料里发现有研究价值的"问题",难度较大。历史人物的二手材料愈多,从其一手材料里发现"问题"的难度愈大。

再来说"一手材料出观点"。问题解决以后所得出的结论即是"观点"。由于研究是针对历史人物进行的,所以关于某历史人物的所有观点最终都应该得到该历史人物一手材料的支撑。质言之,"观点"与一手材料不能脱节,更不能冲突。二手材料是别人关于一手材料研究的结果,而且不少二手材料是转述他人关于一手材料研究的结果,甚至不知转了几道手。没有谁能保证形形色色的二手材料对于一手材料的理解是准确、到位的。倘若你所依据的二手材料是不可靠的,那么你的研究不就成为沙滩上的房子了吗?另外,过分依赖二手材料而忽视一手材料还有一个严重的危害:容易造成人的观点游移不定。倘若沉迷在二手材料里不能自拔,忽而被这本书征服,忽而被那本书征服,最终只能东说东倒、西说西随。在此必须强调,钻研一手材料始终是重点。如果说,对于二手材料最重要的是尽可能"搜集要全"的话,那么对于一手材料最重要的则是"钻研要透"。诚然,当我们主张一手材料出"观点"的时候,并不是说凡"观点"都一定出自一手材料。首先,二手材料也能出"观点",只不过,对于二手材料的"观点"不可无条件地接受,需要予以批判性审查。批判性审查的判据通常就是一手材料。其次,有些观点,特别是对历史人物思想的辨析、评价,以及关于历史人物思想"接着说"的成分,还要参考和运用一手材料及二手材料以外的其他思想资源。

2. 文不惮改

在写作过程中,修改是一个十分重要的环节。历代文人墨客都非常重视修改。张衡作《二京赋》十年乃成;欧阳修作文,通常先贴壁上,时加窜定,有终篇不留一言者;刘勰强调,对文章要细加修改,"权衡损益,斟酌浓淡,芟繁剪秽,驰于负担"(《文心雕龙·熔裁》)等。我们应当继承和弘扬古代先贤的优良传统,树立"文不惮改"的精神。

对于"修改"在论文写作过程中的作用,我本人是有一个认识过程的。年轻时,文章写完后,通常处于敝帚自珍、自鸣得意的状态,所以一个晚上也等不得,立即就投出去了。后来发生了转变,也许是日益珍视自己的学术声誉,变得越来越重视"修改"环节了。论文写完后,一遍一遍地改,论文修改的时间远远超过写作的时间。说来也怪,越改,毛病发现得越多,甚至时常发现重大硬伤,比如有两条腿,只讲了一条,而漏掉另一条的情况都会有！至于遣词造句上的错误更是改不胜改，一直到论文清样出来后，仍然能发现错误。反复修改的结果，甚至会出现这样的情况：终稿和初稿一比，内容、篇章结构和题目都变了，或者只是原稿某一段落的扩展，它们已经成了完全独立的两篇论文！

现在，我已经形成了论文写作的良性循环：手头通常积压几篇处于修改过程中的论文；今年发表的是去年或前年完成的论文，论文不满意绝不出手。即便这样，几乎每篇稿子把最后定稿寄给期刊编辑部后，修改的热情仍然十分高涨，停不下手来。无奈，只好隔两天再寄一遍，嘱编辑"请以此稿为准"！

通过实践，我充分尝到了修改对于提高论文质量的甜头，对于论文修改的作用也有了一定的理性认识。我以为，论文修改的作用大致可概括为以下几点。

其一，论文修改的过程是一个不断深化认识的过程。论文写作既是研究结果的表达，也是研究过程的继续；而修改则是论文写作的继续，当然也是研究过程的继续。论文修改最重要的任务就是设法使论文对核心问题的回答更加全面和到位，使论文各个部分之间的逻辑关系更加清晰和严密等，这些实际上就意味着认识的逐渐深化。

其二，论文修改的过程是一个不断自我批判的过程。一般来说，读者是带着挑剔的眼光阅读论文的。作者的修改实际上是论文在未交付现在和未来的读者批判审查之前，先进行自我批判审查。自我批判审查就是自己找自己的茬，自己和自己进行辩论等。例如,需要逐一反省论文的核心论点和每一个分论点是否鲜明和有新意、论据是否可靠和充分、论证是否严密和规范等。

其三,论文修改的过程是一个不断集思广益的过程。论文修改不能单靠自己,要千方百计、采取各种方式让老师、同事、同学等帮助修改。每个人的学养不同、经历不同、看问题的角度不同,因此都有可能贡献出不同的真知灼见。这样一来,论文的修改就是一个不断集思广益、群策群力的过程了。

其四,论文修改的过程是一个不断字斟句酌的过程。所有的字和词,孤立地看,都由笔画组成,彼此间没有高低和好坏的区别。但一旦字和词进入句子和段落之后,只要恰如其分、别出心裁,就会立即产生美妙的艺术效果,甚至可以扣人心弦、催人泪下、引人遐想,乃至让人按捺不住! 所以论文写好后,在修改过程中要字斟句酌、反复推敲,力争对每个字词,尤其是关键字词都精心挑选,而且安置到最恰当的地方,或者反过来说,让论文中的每个字词,尤其是关键字词都运用得十分节俭、独到、恰到好处,那么,这对增强论文的可读性,提高论文的质量,一定是立竿见影的。

总之,写文章不是单纯地"写",而是一个研究和认识的过程。文章初稿完成后,研究和认识的过程远没有结束。"修改"不仅是研究和认识过程中必不可少的一个阶段,也是自我批判和主动听取他人意见的一个阶段。"修改"的主要任务是通过严格的审查、反省和征求意见,对文章进行纠错、调整和补充。从认识论的角度说,不存在不需要修改的文章,而且修改是无止境的。

本文集共收录 37 篇文章,是从我发表的百余篇 CSSCI 论文中选出的,其中包括《哲学研究》2 篇、《哲学动态》1 篇、《哲学分析》1 篇、《科学学研究》2 篇、《文史哲》9 篇、《自然辩证法通讯》6 篇、《自然辩证法研究》7 篇、《山东大学学报(哲学社会科学版)》4 篇。这些文章绝大多数曾被《中国社会科学文摘》《新华文摘》《高等学校文科学报文摘》《科学技术哲学》及中国人民大学报刊复印资料等文摘全文转载、主体转载或论点摘编;9 篇获山东省社科优秀成果二等奖或三等奖。诚然,由于篇幅所限以及舍旧取新的原则等,很难说入选论文的质量就一定高于未入选论文。

本文集的整理工作主要由宁波工程学院的郑言博士、大庆市档案馆(大庆市委史志研究室)的王敏同志,以及吉林大学商学与管理学院在读硕士研究生马海琦同学承担,三位女士在搜索原文、格式转换、统一体例,以及文字和清样校对等方面付出了大量劳动。本书"自序"在修改过程中,刘海涛教授、高奇教授、常春兰副教授、孙世明副教授、郑言博士、吕晓钰博士等同志慷慨贡献真知灼见。在此谨向郑言、王敏和马海琦三位女士及诸位同志致以衷心感谢!

马来平

2022 年 9 月 28 日

于山东大学寓所

目　录

科学与儒学关系专题研究

科技儒学研究之我见 …………………………………………（3）

西学东渐中科学与儒学关系研究的回顾与省察 ………（23）

探寻儒学与科学关系演变的历史轨迹

　　——"明末清初奉教士人与科学"研究断想 …………（49）

明末清初科学与儒学关系研究的若干方法论问题 ……（66）

儒学和科学具有广阔的协调发展前景

　　——从西学东渐的角度看 ……………………………（90）

试论儒学与科学的相容性 …………………………………（113）

儒学与科学具有根本上的相容性 ………………………（134）

格物致知：儒学内部生长出来的科学因子 ……………（152）

西医东渐中的科学与儒学的亲和性研究 ………………（180）

中国近现代科技思想史研究

利玛窦科学传播功过新论 …………………………………（209）

"折衷众论，求归一是"

　　——论薛凤祚的中西科学会通模式 …………………（228）

严复论束缚中国科学发展的封建文化无"自由"特征

　………………………………………………………（246）

严复论传统认识方式与科学 …………………………（267）

纠正重官轻学传统心习　优化科学发展文化环境

　——严复论传统职业兴趣观念与科学 ……………（286）

中国现代科学主义核心命题刍议

　——兼论自然科学方法在人文、社会

　　科学中应用的限度 …………………………………（302）

科技体制研究

默顿命题的理论贡献

　——兼论科学与宗教的统一性 ……………………（323）

默顿科学规范再认识 …………………………………（339）

贝尔纳科学社会学思想再认识 ………………………（357）

齐曼的后学院科学论 …………………………………（371）

西欧社会建构论：理解科学社会性的新视角 …………（389）

与 SSK 对话：中国科技哲学的前沿课题 ……………（407）

科学的社会性、自主性及二者的契合 ………………（419）

当代科技观研究

重心转移后的自然辩证法研究 ………………………（447）

科技与社会研究的分析框架与经验基础 ……………（461）

超越"生产力科学技术观" ……………………………（470）

构建新时代的马克思主义科学观 ……………………（485）

论科学方法的性质和特点 ……………………………（503）

全面认识科学方法应用的限度 …………………………（519）

科学的认识功能 …………………………………………（531）

深层科学素质研究

科普中介论 ………………………………………………（549）

新中国科技意识发展的回顾与前瞻 ……………………（560）

试论科学精神的核心与内容 ……………………………（576）

作为科学人文因素的崇尚真理的价值观 ………………（587）

科学自主性与科学素质传播 ……………………………（592）

科技知识与科学素质及其各构成部分之间的关系 ……（606）

科普的难题及其破解途径 ………………………………（617）

科学文化普及的若干认识问题 …………………………（628）

科学与儒学关系专题研究

科技儒学研究之我见[*]

　　儒学有多种面相,有些面相已受到人们的重视,如儒学的政治面相、文化面相和生活面相等,因而关于政治儒学、文化儒学和生活儒学等方面的研究均已得到开展。然而,儒学的有些面相尚未引起学界的注意,科技面相即属此类。

　　科技儒学研究的基本内容是关于儒学的科技内涵以及儒学与科技的相互作用等。所谓"儒学的科技内涵",既包括儒学所蕴含的中国古代科技因素,也包括儒学所蕴含的与近现代科学息息相通的因素,着眼于现时代,后者更根本、更重要;所谓"儒学与科技的相互作用",就儒学对科技的作用而言,既包括儒学对科技的促进作用,也包括儒学对科技的阻碍作用,前者体现了儒学与科学的相容性,后者体现了儒学与科学的相斥性,着眼于当前弘扬传统文化的需要,关于儒学与科学的相容性的研究尤为重要,堪称当前科技儒学研究的重心。而关于儒学与科学的相容性的研究,既包括对儒学与科学相容性的历史表现和内在根据的研究,也包括扩展儒学与科学相容性的研究。其中,儒学与科学相容性的内在根据深深扎根于儒学的科技内涵。

　　*　本文原载《自然辩证法研究》2015 年第 6 期。选入本书时有改动,以下各篇同,不再一一注明。

下面,对科技儒学的若干基本问题略作说明。

一、研究的紧迫性和意义

如果把儒学从根本上排斥科学、阻碍科学的观点称为"相斥论",而把儒学从根本上促进科学的观点称为"相容论"的话,那么我们对"相斥论"的严重性和复杂性一定要有一个充分的估计。从五四新文化运动一直到"文化大革命"中的"批林批孔"运动对儒学的全面否定和激烈批判,在许多人的思想深处播下了"相斥论"的种子;同时,学界围绕儒学与科学的关系,直接或间接地进行过多次论争,如科玄论战、中西文化论战、李约瑟难题之争、周易与科学关系之争等。学界所进行的这些有关学术论争又进一步从学理上巩固和加强了"相斥论"。在学界所进行的学术论争中,五四新文化运动期间的"科玄论战"和改革开放之初的"成都会议"较为典型。下面,仅就这两次论争略予回顾。

(一)"科玄论战"

五四新文化运动时期,相关团体提出了"欢迎德先生、赛先生"和"打倒孔家店"的口号。在不少人的眼里,科学与儒学俨然势不两立。在这种形势下,1923年爆发了一场几乎席卷整个知识界的"科玄论战",论战的焦点集中在科学与人生观的关系问题上。由于儒学代表着一种人生观,所以在一定意义上,该论战也是儒学与科学关系的论战。科学派主张"科学方法万能",科学不仅支配物质文明,也支配精神文明,支配人生观,反之,人生观应当奠基在科学之上;儒学作为旧时代的人生观已经过时,有碍于物质文明而必须摒弃,新的"科学的人生观"才是人们应该追求的目标。从科学派对宋明理学的口诛笔伐,并声色俱厉地诘问"这种精神文明有什么价值"来看,科学派的主张乃是儒学与科学相互对立,属于高调的"相斥论"。相反,玄学派认为,中国是精神文明,欧洲是物质文明,换言之,儒学代表精神文明,科学代表物质文明,二者具有互补性,此观点应属于"相容论"。玄学派领袖张君劢坚称:"若夫国事鼎沸纲纪凌夷之日,则治乱之真理,应将管子之言而颠倒之,曰:知礼节而后衣食足,知荣辱而后仓廪实。吾之所以欲提倡宋学者,其微意在此。"①就是说,在他看来,提倡宋明理学有助于发展物质文明,其"相容论"立场更是言之凿凿了。不过,"科玄论战"是以科学派的胜利而告终的,所以玄学派的"相容论"在当时并未引起人们的重视。

"科玄论战"前后,一批知识精英如任鸿隽、梁启超和冯友兰等也陆续围绕中国古代为什么没有科学的问题发表文章,涉及儒学与科学关系的论争,在某种意义上其可视为"科玄论战"的余波。这场论战一直到20世纪40年代仍持续不断:在1944年中国科学社成立30周年之际,以李约瑟在贵州湄潭的一次题为《中国之科学与文化》的演讲为滥觞,儒学与科学关系的论争再起波澜。

总的来看,"科玄论战"及其余波中,压倒性的观点是:儒学乃阻碍近代科学在中国产生的重要因素。论者所列举的儒

---

① 张君劢:《再论人生观与科学并答丁在君》,张君劢、丁文江等著:《科学与人生观》,山东人民出版社1997年版,第119页。

学阻碍作用的论据主要有：其一，儒学持"德成而上，艺成而下"观念，轻视自然科学，对自然研究素乏兴趣，或者说儒学重德轻智，讲好德如好色，而绝不说爱智；其二，原始儒学主张"中道"，宋明理学主张"存天理，灭人欲"，不寻求控制外部世界，只求控制内心；其三，缺乏独立性和自主性；其四，太重实用；其五，富于调和性，尚玄谈；其六，不知归纳法；其七，《易经》、五行学说不利科学；其八，拟人思想的泛生论；其九，客观与主观相混淆；等等。

（二）"成都会议"

改革开放之初，中国提出了"向四个现代化进军"的口号。在这一形势的鼓舞下，为了深刻反省并汲取中国现代科学技术发展的历史经验和教训，从文化和体制等方面探讨科学技术现代化的路径，1982 年 10 月中旬，中国科学院《自然辩证法通讯》杂志社在成都组织召开了"中国近代科学落后的原因"学术研讨会。会议的中心议题之一是儒学与科学的关系，会后出版的论文集的题目即是《科学传统与文化——中国近代科学落后的原因》。

会议产生了强烈反响，以致成为随后中国出现"文化热"的导火索之一。其中影响最大的是时任《自然辩证法通讯》杂志社助理研究员的金观涛等人的长篇论文《文化背景与科学技术结构的演变》。该文独辟蹊径，运用系统论、控制论和数量统计等方法得出了这样的结论：中国儒道互补的文化体系决定了中国科学的理论结构是基于伦理中心主义做合理外推的有机自然观，并且其理论、实验和技术三者互相隔离，无法形成互相促进的循环加速机制。而近代科学之所以能够在西方产生,关键就在于西方形成了科学技术的循环加速机制。关于儒学的作用,该文在承认儒学使得有独立人格和意志的上帝在中国古代科学理论中找不到插足之地,因而使得中国古代科学理论往往带有经验论的唯物论倾向的同时,着重强调儒学的个人经验合理外推的认识模式给自然科学理论带来了直观和思辨的特点,特别是儒学伦理中心主义使科学理论不仅趋于保守和缺乏清晰性,与政治斗争纠缠不清,而且呈现出技术化倾向,因而阻碍了近代科学在中国的产生。

此外,与会学者还就儒学阻碍科技提出了以下论据:其一,满足实际应用,忽视理论探讨;其二,"气论"和"阴阳理论"的思辨性思维排斥了严密的科学理论,养成了惰于实验的风气;其三,"格物致知"学说背离实践方向;其四,儒家经学具有一种极其顽强的抗变性和保守性;其五,忽视形式逻辑,不追求严密的公理演绎系统,主张通过神秘的"玄览""内省""致良知良能"的方法去达到真理;其六,有机自然观支配下,不可能产生近代科学方法的经验归纳法;其七,长于综合,短于分析;等等。

显然,在这次会议上,尽管有学者有限度地承认儒学对科技有某种积极作用,也有学者表示:"过去曾流行一种说法,认为我国科学落后,主要应归咎于儒家思想的影响,这种说法是不全面的。"①但整体来看,压倒性的观点依然是"儒学阻碍了近代科学在中国的产生"。

上述两次论争的情况表明,自五四新文化运动始,关于儒

---

① 梁宗巨:《从数学史看中国近代科学落后的原因》,中国科学院《自然辩证法通讯》杂志社编:《科学传统与文化——中国近代科学落后的原因》,陕西科技出版社1983年版,第259页。

学与科学关系的论争时隐时现，一直延续至今。论争呈现如下特点：

（1）"相斥论"占压倒优势，具体表现有二：一是众口如一。不论在学界还是在民间，儒学阻碍科技发展的观点（即"相斥论"）一直占压倒优势，但其论据相对固定。所有的"相斥论"者几乎众口一词，不断重复以下论据：儒学重伦理，轻科学；儒学伦理论辈分，不利于科学创新；儒学重技术应用，轻理论探讨；儒学的思维方式是直觉、思辨，缺乏逻辑；"气论""阴阳五行""天人合一"等理论束缚了科技发展；等等。二是缺乏反思。相当多的"相斥论"者盲目从众，缺乏对"相斥论"各项论据的批判性反思。

（2）"相容论"备受冷落。几乎所有的人都在口头上承认儒学对科技有积极作用的一面，否认这一面将难以解释中国古代科技不亚于西方的历史事实等。但是，关于儒学对科技的积极作用，从事实到理论层面一直未得到充分的阐发。即便是口头上承认"相容论"的人，在思想深处也没有真正解决"为什么相容"的问题。所以，在一些人那里，所持的"相容论"根基不牢，很容易出现思想反复。

（3）政治因素影响巨大。作为一场反帝反封建的爱国政治运动，五四新文化运动对于长期作为封建社会意识形态的儒学的全面否定和批判，1949 年以后主流意识形态对儒学的长期疏远，以及"文化大革命"期间的"破四旧"和"批林批孔"运动对儒学的肆意践踏等，无不对人们关于儒学的观念产生了深刻影响，进而助长了儒学与科学关系上"相斥论"的泛滥。

"相斥论"片面夸大了儒学对科技的阻碍作用，妨碍了客观公正地看待儒学及其在社会发展中的作用。显然，这对于今天我们弘扬优秀的儒学乃至整个传统文化的事业是不利的。

总之,"相斥论"的根深蒂固和势力强大警示我们:以对儒学与科学"相容性"的研究为核心的科技儒学研究亟待加强。这项研究至少具有以下多重意义:

(1)为实现儒学的创造性转化和创新性发展奠定基础。儒学的创造性转化和创新性发展要不要朝向与科技发展相协调的方向,要不要充分利用科学技术所提供的精神成果和技术手段,无不要求澄清儒学与科学的关系,尤其是二者的相容性。换言之,对科技儒学的研究是当前实现儒学的创造性转化和创新性发展的一项基础性工作。

(2)为构建科技发展的优良文化环境张本。长期以来,儒学已经深植于中国人的价值观念、审美情趣和社会心理之中,成为中国科技发展的重要文化环境。因此,关于科技儒学的研究必定有利于构建中国科技发展的优良文化环境,有利于儒学在端正科技发展方向、解决科技负面效应等方面大显身手。

(3)深化儒学与科技乃至科技与社会关系的研究。长期以来,儒学与科技关系的研究笼统地包含在传统文化与科技的关系研究之中。在很多场合下,人们并未对中国传统文化所包含的道教文化、墨家文化和佛教文化等构成部分予以区分,这在一定程度上冲淡和削弱了对儒学与科技关系的研究。科技儒学的研究有助于增强对儒学与科技关系的研究。此外,长期以来,关于中国科学技术史的研究,常常是在与儒学相分离的情境下进行的。科技儒学的研究有助于让人们从与儒学有机关联的角度看待科技,从而不仅深化了对中国科学技术史的研究,而且也增强了对儒学与科技关系的研究。对儒学与科技关系的研究属于科技与文化关系的范畴,而科技与文化的关系又是科技哲学关于科技与社会研究的基本内容之一。因此,本项研究有利于深化和加强科技哲学学科的科技与社会研究。

二、研究的现状与问题

在我国,科技儒学的研究始于 20 世纪 20 年代。当时,受五四新文化运动高举"科学与民主"的旗帜,以及全盘否定和激烈批判儒学的刺激,以梁漱溟《东西方文化及其哲学》的出版和"科玄论战"为标志,第一代现代新儒家登上了历史舞台。新儒家关于中国现代化必须是西方科学的物质文明和东方儒学的精神文明相结合的观点,实际上是儒学与科学"相容论"的滥觞。

近百年来,与科技儒学相关的研究大致分为三个阶段:首先是 20 世纪 20—40 年代为萌芽期,其间发生了"科玄论战"、东西文化论战和以科学界为主的"中国古代为什么没有科学"的争论等。这些学术争论都直接或间接地涉及了儒学与科学关系的争论,但并未就此展开正面交锋。其次是 20 世纪 50—80 年代初为蛰伏期,其间由于意识形态的导向和"文化大革命"中"破四旧""批林批孔"等运动,科技儒学的研究受到抑制,舆论基本上倒向儒学与科学的"相斥性",只能在关于"李约瑟难题"时断时续的争论中,听到些许儒学与科学"相容性"的微弱声音。在海外,自 20 世纪 50—60 年代起,第二代现代新儒家崛起,为科技儒学的研究平添了勃勃生机。最后是 20 世纪 80 年代上半叶"文化热"兴起至今,为复苏期。

下面略述第三个阶段的情况,以管窥近二三十年来的研究动态。

（一）关于儒学与科学"相容性"的实证研究

20 世纪 80 年代中期以来,科技儒学的研究渐有开展,特别是在儒学与科学"相容性"的实证研究方面,有不少工作比较突出,如以下方面。

（1）以中国科学院自然科学史研究所为代表的大陆科技史界关于科技与儒学关系的研究。

（2）中国大陆哲学界关于科技与儒学关系的研究,如上海师范大学李申教授关于中国古代哲学和自然科学的研究、厦门大学乐爱国教授关于儒学与中国古代科技的研究等。

（3）中国港台学界关于科技与儒学关系的研究,如台湾清华大学张永堂教授和徐光台教授关于西学东渐中儒学与科学关系的研究,台湾师范大学洪万生教授关于孔子与数学的研究,香港中文大学陈方正教授关于"现代科学为何出现于西方"的研究等。

（4）国外学术界关于科技与儒学关系的研究,如美国普林斯顿大学本杰明·艾尔曼（Benjamin A. Elman）的中国近代科学文化史研究,韩国首尔大学金永植的朱熹自然哲学研究等。

总的来看,上述实证研究从宏观和微观两个层面提供了大量鲜活的经验材料,有力地支持了儒学与科学的"相容论"。

严格地说,儒学与科学相容性的实证研究还有相当大的发展空间,存在大量有待解决的问题。首先,欲真正达到论证儒学与科学相容的目的,仅仅罗列二者相容的事实证据是远远不够的,必须围绕"儒学与科学的相容性是否较之相斥性占主导地位"进行实证研究。然而,这一点目前做得还不够理想。其次,就儒学与中国古代科学的相容性而言,围绕原始儒学与科

学、宋明理学与科学,特别是围绕儒学与中国古代科学没有走
上近代科学道路等问题,有许许多多的历史事实有待澄清;就
儒学与近代东传科学的相容性而言,围绕明末清初实学与科
学、乾嘉汉学与科学、晚清今文经学与科学、明清之际士人与科
学、康熙帝与科学,特别是围绕儒学在西学东渐中究竟起了什
么历史作用①等问题,有许许多多的历史事实有待澄清;就儒

---

① 2014 年,香港中文大学的陈方正教授向山东省科协第三期泰山学
术沙龙“传统文化与中国科技的命运”所提交的文章中发表了以下观点:
“在十六、十七世纪之交,即牛顿现代科学革命之前大半个世纪,中国的确碰
上了一个吸收西方科学的黄金机会。然而,当时所有精英学者的基本观念
和态度是由传统文化决定的,他们不可能充分认识西方科学的价值和重要
性,因此白白糟蹋此天赐良机。”至于 17 世纪中国错失发展现代科学的重大
机遇,“那是由传统文化的性格所决定,它在无形中颠覆、压制了本来相当有
利的政治环境”。我在该沙龙上所发表的观点与此相左,认为在整个西学东
渐过程中,儒学与科学的良性互动从未停止过,儒学对科学的传播和发展从
根本上是起到促进作用的,所持论据已散见于媒体、期刊的有关报道和综述
(2015 年济南出版社出版的马来平主编的《传统文化与中国科技的命运》一
书刊载了此次沙龙的现场速录全稿),在此不再赘述。这里需要补充的是:
明末清初西学东渐时期,西方科学传入中国的媒介是西方传教士。当时,在
中国传播和发展科学绝不仅仅是一个中国精英学者对科学的认识问题。对
于传教士而言,脱离传教目的,单纯从事传播科学的活动是相当有限度的;
或者说,中国如欲借助传教士全面引进和发展近代科学是有条件的,条件即
是:必须允许传教士在中国自由传教,实现其让数亿中国人受洗入教的目
标。试想,如果真的如此,结果是什么? 结果只能是中国必须无条件地承认
罗马教皇的绝对权威,听任罗马教廷的任意摆布。若如此,那将是中国被归
化之日,即是中国的“亡国之时”。更何况,即便允许传教士顺利达到其传
教的目的,是否能够依靠传教士真正把中国的科学发展起来,也还是一个未
知数。这怎么能是当时所有精英学者“不可能充分认识西方科学的价值和
重要性,因此白白糟蹋此天赐良机”? 怎么能是“由传统文化的性格所决
定,它在无形中颠覆、压制了本来相当有利的政治环境”?

学与现代科学的相容性而言,尤为突出的是以下两个问题:五
四新文化运动以后,特别是 1949 年以后,中国的主流意识形态
曾长期视儒学为封建意识形态,因而对儒学较为疏远甚至有一
定的排斥倾向。在这种情况下,儒学与中国现代科学的发展有
没有关系? 有什么关系? 或者说,作为一种典型的民族性传统
文化,儒学对中国乃至全世界现代科学的发展能不能起作用?
起什么作用? 怎样起作用?

（二）关于儒学与科学相容性理论根据的研究

按照海内外现代新儒家的观点,儒学与科学之所以相容,
关键在于儒学具有"统摄于德"的认知传统。有学者的观点与
此类似,如认为儒学与科学具有相容性的根据是:"孔子奠定
了儒家仁智统一即伦理学与认识论统一的传统……这样的仁
智统一在以后儒学的发展中得到了继承和发挥。"[1]还有学者
认为"儒家视'天、地、人'和谐为根本目的(也即杨振宁所批评
的'天人合一'),所以对研究自然科学持欢迎态度,是将自然
科学看为服务人类福祉的手段。作为手段,儒家鼓励'以人为
本'的科学"[2]。其实,儒学与科学的相容性必定以儒学的各种
基本理论为基础,所以其理论根据可以有许多。不过,最根本
的恐怕须到二者精神特质的契合性中去寻找。精神特质是儒
学和科学两种文化各自的根本,而且,儒学和科学在精神特质
上的契合和冲突支配着二者之间的关系。

---

[1] 陈卫平:《李约瑟难题与现代新儒学》,庞朴主编:《儒林》第一辑,
山东大学出版社 2005 年版,第 102 页。

[2] ［美］田辰山:《关于"儒家思想与科技的关系"》,《孔子研究》
2005 年第 5 期。

目前,学界关于儒学的认知传统(或者说类似于儒学认知传统的东西)究竟所指为何、存在的形态是什么等,意见并不统一;另外,关于科学的精神特质,科学社会学界和科学哲学界的探讨较为充分;关于儒学的精神特质,马克思主义者、自由主义者和现代新儒家均有所探讨,只是各派意见并不完全一致,有待进一步研究。

（三）关于儒学与科学相容性的扩展问题

既然儒学与科学具有根本上的相容性①,那么,怎样扩展儒学与科学的相容性就是颇具实践意义的问题了。在一定意义上,现代新儒家所开展的声势浩大的儒学现代化和世界化运动,其中心任务之一正是扩展儒学与科学的相容性。依据"内圣开出新外王"纲领,在从儒学内部衍生出科学的路径上,新儒家大致分为弱"道问学"和强"道问学"两系。相对于宋明理学,二者的共性是力图在儒学传统中为知识理性确立内在根据,差异是前者持守传统儒学"德性优先"的立场更为强硬。为此,新儒家提出了各种各样的方案,如"良知自我坎陷"说、"暂忘"说等。然而,囿于"中体西用"和以古代传统统摄现代精神,他们取得的成功十分有限。如有学者指出:"现代新儒家的理论困境表明:在文化的发展中,时代性总会以自己的方式体现出自己的要求,哪怕是折射出自己的要求;仅只驻足于文化的民族性之中并不足以真正保守文化的民族特质。只有立足于社会实践的要求,民族性与时代性并重,既以文化发展

---

① 参见马来平:《试论儒学与科学的相容性》,《文史哲》2014 年第 6 期。

的时代要求冲击文化的民族特质中的非现代性成分并促成其现代转化,也使文化的时代性真正落脚于文化的民族性之上,才有可能建成真正富有民族特色的现代文化。"①"正确的文化选择应该是突破以'体'、'用'建构文化模式的传统理论格局,建设具有中国特色的民主与科学的新文化。"②

总的来看,本着既有利于民族文化的连续性以及强大凝聚力的形成,又有利于生产力发展和社会进步的原则,对"体用"观,以及儒学与作为现代化核心指标之一的科学的衔接模式,采取一种更加灵活的态度,或许能开辟出一条更加合理的道路。而这,正是有待进一步研究的问题。

三、研究的目标和基本框架

科技儒学研究的目标是:阐发儒学与科学相容性的历史根据和内在根据;论证"儒学从根本上是促进科学发展"的观点;探寻儒学与科学协调发展的途径;整合儒学与科学关系的研究;等等。为此,关于科技儒学的研究应遵循以下基本框架。

（一）从儒学与科学关系发展的历史看二者的相容性

儒学与科学的关系既是一个理论问题,也是一个事实问

---

① 李翔海:《现代新儒学论要》,南开大学出版社2010年版,第310页。

② 卢钟锋:《关于中国传统文化与现代化的历史思考》,《哲学研究》1994年第4期。

题。且不说儒学与中国古代科学相处的历史分外悠久，单单明末清初近代科学传入中国以后，儒学与科学的直接相处也已约四百年了。这期间，对儒学与科学在事实层面上是相容占主导地位还是相斥占主导地位的问题，必须给出回答。

1. 关于儒学与中国古代科学

由于"中国古代科学"是"前科学"或近代科学的萌芽，儒学与"中国古代科学"的相容性可约略透露出儒学与科学相容性的某些信息，所以考察一下"中国古代科学"与儒学的关系也是必要的。儒学经典包含不少科技著作和大量科技知识，存在大量与科学方法、科学思想和科学精神息息相通的关于求知的精神、方法和态度的论述；在古代，天、算、农、医四大主干学科均与儒学有一种天然的密切关联；而汉代和宋代均表现出了一种儒学与科技同步繁荣的景象；历代儒家学者与科学都有某种不解之缘；等等。所有这些都是十分值得关注的。

2. 关于儒学与近代东传科学

一方面，要考察东传科学对儒学的影响。西学东渐时期，东传西方科学对儒学频频施加作用，引起了儒学在知识观点、一般命题和基本理论等不同层面上的显著变化，从而使得儒学在经由实学思潮、乾嘉汉学、晚清今文经学，直至民国现代新儒学等历次转型中都有其科学的背景和动因，并在整体上朝向现代化和世界化的方向迈进。另一方面，要考察儒学对西方科学传入的影响。自从明末清初西方科学进入中国后，尽管也的确遭到了一部分儒士的抵制，但是，这相对于广大儒士对西方科学的热烈欢迎态度、明末改历和清代颁布新历并采用西历，以及清政府对西方科学所采取的"节取其技能，而禁传其学术"的方针之于西方科学的积极作用等，毕竟是局部的和非根本的。

3.关于儒学与现代科学

要破除"儒学与现代科学不相关"的错误观念,基于儒学等传统文化依然牢牢依附于当代中国的家族制度、教育制度、典籍文献、民间习俗、文学艺术作品等社会建制之中,以及通过各种渠道深深融入中国乃至东亚文化圈人们的精神世界等现实,正视儒学文化与现代科学的密切关联。一方面要考察科学对儒学存在和发展的影响,揭示科学对儒学实现现代化和世界化的动力及坐标作用;另一方面要考察儒学对现代科学的作用,揭示儒学对现代科学的规范、导向作用和尽利祛弊的作用。

（二）从"中国传统科学"与近代科学的关系看儒学与科学的相容性

尽管墨学、道教、佛教和其他非儒学学说中也包含大量科学技术,但从整体上看,"中国传统科学"主要包容于儒学,是儒学的有机组成部分。因此,"中国传统科学"与近代科学的关系,实质上是儒学与科学关系的重要表现形式。为了论证儒学与科学的相容性,需要专门考察"中国传统科学"与近代科学的关系。总的来看,自明末清初西方近代科学传入中国以后,随着西方近代科学逐渐成为具有普世性的世界科学,除中医之外的"中国传统科学"的各学科并非被西方科学完全取代,而是百川入海,逐渐汇入了世界科学的浩荡潮流。此一壮观过程是儒学与科学相容性的生动体现;同时,中医与西医相结合,逐渐走上现代化道路的趋向,也是儒学与科学相容性的有力佐证。

（三）从儒学的各侧面与科学的关系看二者的相容性

这是从理论的角度论证儒学与科学的相容性。从不同的角度，儒学的侧面有不同的分法，如儒学的不同阶段、不同学派、不同人物、不同著作、不同学说、不同范畴等，这些侧面与科学的关系都将表现出不同的特点，其中比较重要的是：一是儒学各主要发展阶段与科学的关系，如原始儒学与科学的关系、两汉经学与科学的关系、宋明理学与科学的关系等；二是儒学基本范畴与科学的关系，如阴阳五行与科学的关系、天人合一与科学的关系、格物致知与科学的关系等。"相斥论"的论据大多与这一部分相关，所以在这一部分的论述过程中，可以对"相斥论"作出适当回应。

（四）从儒学与科学精神特质的一致性看二者的相容性

这也是从理论的角度论证儒学与科学的相容性，但较之上一部分更进了一层，触及更深刻的本质。从根本上说，儒学是一种以"仁"为核心的人文文化，它与作为一种文化的科学具有互补性；儒学具有统摄于"德"的认知传统，它与作为一种社会性认识活动和真理性知识体系的科学具有某种同质性。与清教伦理和 17 世纪英格兰科学的关系相类似，儒学与科学具有精神特质上的契合性。所有这些都是儒学与科学具有相容性的理论根据，不过最为紧要的是二者在精神特质上的契合性。美国社会学家默顿（Robert K. Merton）在论证清教伦理与科学的关系时，就是从比较二者的精神特质入手的。精神特质既是儒学的根本，也是科学与其他任何一种文化的根本。儒学与科学在精神特质上的契合和冲突，支配着这两种文化之间的关系。换言之,儒学与科学相容或相斥必定能够在双方的精神特质那里找到根源。只有真正弄清楚双方精神特质上的"合"与"离",才能从根本上透彻理解儒学与科学的关系。

（五）扩展儒学与科学相容性的途径

从实践的角度说,研究儒学与科学的相容性,仅仅证明二者具有相容性是不够的,还应当进一步探讨如何扩展儒学与科学的相容性,以期促进儒学与科学的协调发展。大致来说,扩展儒学与科学相容性的途径主要有以下几条。

1.重建儒学认知传统

儒学是存在认知传统的,也就是说,它在认知的对象、认知的态度、认知的结构、认知的方法、认知的过程和评价认知的标准等方面是有一套成熟观点的。儒学认知传统的发展轨迹大致是:原始儒学肇始,宋明理学彰显,乾嘉考据学高峰,晚清今文经学低潮,现代新儒家复兴。

事实上,现代新儒家研究的主题之一就是儒学认知传统的重建问题。或许新儒家关于"内圣开出新外王",并使儒学成为中国乃至全世界的主流意识形态的宏图大业并不成功,但他们在依据儒家经典对儒学的认知传统给予梳理和创新性发展,并努力使其吸收、接受和影响现代科学等方面所取得的成绩不容抹杀。我们应当充分吸取新儒家的经验和教训,继续推进关于这个问题的探讨。儒学认知传统的根本缺陷是认知从属于德性,我们需要做的是通过创造性的转化和创新性发展,使其相对独立,并逐步强大起来。

顺便指出,我们在近几年所开展的西学东渐研究中发现,其间儒学的每一步发展,都贯穿着科学的作用,具体来说,都贯穿着科学精神、科学方法和科学思想的融入。只不过,科学的作用在儒学发展的每一步侧重点有所不同而已,如实学思潮以科学知识的融入为重点,乾嘉汉学以科学方法的融入为重点,清末今文经学以进化论等科学思想的融入为重点,现代新儒学则是科学精神、科学方法、科学思想和科学知识的全面融入。由此似乎可以认为:科学促进儒学发展的形式,不仅仅是从儒学内部"开出"科学,同样重要的是从儒学外部融入科学。通过这种外部融入促使儒学内部"坎陷",逐渐形成主客二分的对象性关系的认识论模式,使既有的认知传统扩充完善起来,这条途径不容忽视。现代新儒家绝对排斥科学对儒学"外铄"作用的观点是欠妥的。

2. 创造性地诠释与科学有关的儒学观点

作为儒学根基的"六经",经由"七经""九经",逐步扩大到"十三经",这是儒学经典"量"上的变化;至于儒学经典"质"上即义理上的变化,更是每时每刻都在发生着。历代儒家学者的主流无不立足于时代精神和当时的重大科学进展,对儒学经典作出自己的诠释。也就是说,立足于时代精神和重大科学进展重新诠释儒学经典,乃是儒学存在和发展的常态。现代社会和科技发展的深度、广度和速度超过以往任何一个时代,这项工作理应做得更好。

3. 挖掘可用于科技发展的儒学人文资源

现代科技的发展,不论是在端正社会化程度日益扩大的科学技术研究的方向、提高合作日益扩大的科研团队的工作效率上,还是在减少越轨现象、提高科研道德水平和消除日益扩大的科技负面作用上,都需要人文科学的规范和引导,而儒学在人文科学中一向以体大思精、底蕴深厚而著称。因此,现代科技的发展亟须从儒学那里汲取养分。由此决定了坚持不懈地阐发儒学可用于科技发展的人文资源,是一项意义十分重大的工作。

4. 科学主动和儒学、中国文化传统相协调

儒学不应当,也不可能以是否促进科学发展作为唯一的评价尺度,不可能仅仅适应科学的发展。事实正是这样:从科学知识的角度来看,科学的内容是普遍主义的,但它的某些成分以及它的发展形式有一定的民族性,技术尤其如此,如科学语言、科学思维方式、技术的存在形式以及某些地方性的科学技术知识都具有相应的民族形式。科学和技术的民族性为科技发展主动适应各民族文化提供了可能性。从文化传播的规律来看,任何民族文化和外来文化接触都不可能是无立场的。民族立场对外来文化的传播必定会发生一定的制约作用。因此,科学作为一种先进的新型文化,它要在中国根深叶茂、苗壮成长,就必须以中国民族文化为中介,和中国民族文化达成一定程度的契合。从科学事业的角度看,世界各国的科学发展都有自己的道路,中国的科学发展不可能完全重复其他国家的道路。中国的科学发展在目标、重点和途径等方面都将具有自己的特点,并打上中国文化的烙印;中国科学要顺利发展,既要高度尊重科学自身的发展规律,也要高度尊重中国文化的特点。无论如何,儒学对于科学的适应绝不是亦步亦趋、消极被动的,儒学对科学还有一个反作用的问题。这些决定了为最大限度地促进科学在中国这一特殊地域里发展,也应当主动让科学和儒学取得契合。

总之,重建儒学的认知传统,创造性地诠释与科学有关的儒学观点,挖掘儒学可用于科学发展的人文资源,以及科学主

动和中国文化传统取得契合等,所有这些都是扩展儒学与科学的相容性,进而促进儒学与科学协调发展的有效途径。通过综合运用这些途径,儒学作为中国科学发展文化土壤的重要组成部分,将会变得更加肥沃,而儒学与科学的协调发展也一定能够更加圆满地实现!

西学东渐中科学与儒学关系研究的回顾与省察[*]

在科技哲学界,我带头做起的"西学东渐中的科学与儒学关系"研究,是联系中国实际,在科技与文化方面所做的一种新探索。十多年来,取得了一些进展,受到了学界的热情鼓励,也遇到了一些误解。本文拟就西学东渐中的科学与儒学关系这一科技哲学学科崭新研究方向进行若干回顾和省察,以期向科技哲学界、中哲界和科技史界的同行们作一个简短的汇报。

一、缘起

我从事西学东渐中科学与儒学关系的研究,有一段特殊的心路历程。

（一）研究兴趣的逻辑演进

我在学术研究上的起步,始于 20 世纪 80 年代初由吉林大

* 本文原载《自然辩证法研究》2021 年第 11 期。

学舒炜光先生领衔、全国十几所综合性大学教授自然辩证法的教师联合进行的科学认识论研究。这项研究对科学认识这一特殊的人类认识形式，从发生、形成、发展到它的价值等，进行了全方位、立体化的研究。有评论认为，该项研究"揭开了我国马克思主义认识论的新的一页"①，我也有幸承担了该项目共计四章的撰稿任务。在这个高规格的科学共同体中，对每一章初稿都要反复讨论修改的工作方式，使我受到了良好的科研训练。《科学认识论》第五卷为《科学认识价值论》，旨在论述科学认识的社会性，实际上是一项科技与社会研究。所以，科学认识论研究项目结束后，我的研究兴趣一度集中到了科技与社会研究上，出版了《科技与社会引论》（人民出版社 2001 年出版），若干年后又出版了《科普理论要义——从科技哲学的角度看》（人民出版社 2016 年出版）。

　　20 世纪 80 年代后期，"文化热"兴起。由于科技与文化是科技与社会的重要组成部分，所以我的注意力随之集中到了科技与文化，特别是科技与中国传统文化关系的研究上。围绕这一方向，我发表了一批论文，并作为执行副主编，联合全国一批知名学者，出版了一套七册的"中国科技潮丛书"（山东科技出版社 1995 年出版）。该丛书分别从科技思想、科技体制、基础研究、发明创造、高技术、科技人才、科技发展与人的现代化七个侧面回顾总结了 1949 年以来中国科学技术发展的历程。在一定意义上，它是一套多卷本的中华人民共和国科技思想史。其中，我独立撰写了《中国科技思想的创新》一书。该丛书获

---

　　①　汪信砚：《登高极目的宏篇巨著——评舒炜光主编的〈科学认识论〉》，《哲学动态》1991 年第 6 期。

得了山东省"五个一工程"奖。

后来,出于为科学与中国传统文化关系的研究扩大理论资源的考虑,我专门进行了数年的科学社会学研究,在这一领域发表了一批论文,出版了《理解科学——多维视野下的自然科学》(山东大学出版社 2003 年出版)和《科学的社会性与自主性——以默顿科学社会学为中心》(北京大学出版社 2012 年出版)两部著作。前者被列入山东大学原校长展涛教授主编的"大学生文化素质教育丛书";后者不仅以默顿学派为中心,较为全面、系统地介绍了 20 世纪西方科学社会学,而且从科技哲学的角度与西方科学社会学家展开对话,对他们的思想作出评价,并就有关理论问题阐发了自己的独立见解。该书入选 2012 年国家社科基金后期资助项目,评审专家认为该书"有望改变我国多年以来对有学科开创之功的默顿学派研究的薄弱状况"。出版后,学界好评不断,相继获得山东省社科优秀成果一等奖和全国高等学校科学研究优秀成果三等奖。

在科学社会学研究告一段落后,在 2007 年左右,我重返科技与中国传统文化的关系研究领域,并选定"西学东渐"为场点,启动了西学东渐中科学与儒学关系的研究。2007 年 7 月 12—14 日,我参加了中国科协第 11 期新观点新学术沙龙,作了题为"儒学必定成为促进科学发展的强大文化力量"的发言。这篇发言在沙龙正式出版的文集①刊出后被学界频频引用,产生了一定影响。2008 年,我应邀到山东省军区某部队和

---

①　中国科协学会学术部编:《我国科技发展的文化基础》,中国科学技术出版社 2008 年出版。

山东经济学院做了两场关于"近代科学传入中国的回顾与思考"的讲座;2009 年,我一口气发表了四篇关于西学东渐中科学与儒学关系的论文。① 其中,《西学东渐中的科学与儒学关系》是一篇 2.7 万字的长文,《从西学东渐看儒学与科学的协调问题》是 2009 年 10 月 21 日我赴韩国岭南大学参加"韩中儒家传统文化与当今社会学术研讨会"所宣读的论文。

据上述可知,我的研究兴趣由"科学认识论"到"科技与社会",再到"科技与中国传统文化",最终到"西学东渐中的科学与儒学关系",不变的是始终在科技哲学的科技与社会范畴内,变化的是研究范围逐渐缩小。

（二）思想认识的无形推动

我的研究兴趣之所以最终落脚到西学东渐中科学与儒学关系上,与我的下列认识密切相关。

1. 科学与儒学关系研究的理想切入点

五四新文化运动和"文化大革命"对儒学的全盘否定及猛烈批判影响了几代人,视儒学为阻碍科学发展之"保守势力"的科学与儒学关系"相斥论"长期未得到认真对待,迄今已进入相当多的人的潜意识,成为一种根深蒂固的社会心理,以致严重危及文化自信。基于为儒学正名,为弘扬传统文化扫清障

---

① 这四篇论文是:《西学东渐中的科学与儒学关系》(载《贵州社会科学》2009 年第 1 期)、《儒学和科学具有广阔的协调发展前景:从西学东渐的角度看》(载《山西大学学报(哲学社会科学版)》2009 年第 2 期)、《探寻儒学与科学关系演变的历史轨迹》(载《自然辩证法通讯》2009 年第 4 期)和《从西学东渐看儒学与科学的协调问题》(载［韩］《民族文化论丛》总第 43 辑)。

碍,为构建中国特色社会主义新文化张本,亟待澄清科学与儒学的关系。

在中国,科学与儒学的关系不仅是一个理论问题,也是一个事实问题。科学与儒学关系的事实方面主要包括中国古代、近代和现代三个历史时期的科学与儒学关系。鉴于古代中国有无科学存在争论,而现代,儒学已被排除在意识形态之外,隐匿在马克思主义和传入的西方文化等文化形态背后。所以,近代西学东渐中的科学与儒学关系这一段历史就显得格外重要。近代,在科技史的意义上,自明末清初至民国初年,不仅儒学仍然是主流意识形态,而且在这一段历史时期西方科学开始传入,是中西两种异质文化初次相遇、平等交流的时期。初次相遇,则各自形态纯粹、彼此泾渭分明;平等交流,则双方取长补短、各取所需,所以易于凸显各自的本色和各自的优势与劣势。总之,正如荷兰著名汉学家许理和(Erik Zürcher)所说:"我相信中国文化在面对某种外来文化冲击时更为明显地表现出其特质。这如同人与人之间起争执的情形,当你与邻居吵架时,你的语言和行为都可以显示出你在平时不会表露出来的性格。"①尤为重要的是,在中国,明末至民初是一段非常特殊的历史,它是三千年中国封建社会从没落走向终结而实现近代转型的时期,其中既包括中国古代科学命运的转折,也包括儒学的近代转型。这一点,使得西学东渐中的科学与儒学关系具有了非同寻常的意义。可以说,西学东渐中的科学与儒学关系不仅是现代科学与儒学关系的开端,也深藏着现代科

---

① 王家凤、李光真:《当西方遇见东方:国际汉学与汉学家》,台湾光华书报杂志社 1991 年版,第 135 页。

学与儒学关系面临的所有问题的萌芽和源头。在当代,要正确认识和处理好科学与儒学的关系,乃至正确认识和处理好现代化和传统文化的关系,必须虚心向这段历史请教。总之,以西学东渐中的科学与儒学关系为切入点,研究科学与儒学关系是一种理想的选择。

2.科技哲学等众多学科或研究领域新的理论生长点

"西学东渐中科学与儒学关系"研究具有多学科交叉的性质。它以科技哲学为核心,同时与中国哲学、中国科技思想史、中国文化史等学科相交叉。因此,本项研究所开辟的崭新研究领域必定会在相关学科引发一种"连锁效应",成为众多学科或研究领域新的理论生长点:其一,由于涉及儒学,古代文献浩如烟海,所以科学与儒学关系一向难以进入科技哲学工作者的视野,以致本项研究在科技哲学领域几近"盲区"。但是,儒学作为一种源远流长、博大精深的民族文化,针对它与科学错综复杂的互动关系的考察将大大扩展人们关于科学的文化价值和科学发展的文化条件等方面的认识,彰显科学的地方性,有利于增进人们对科学的理解和提升人们的科学观。其二,由于涉及自然科学,所以科学与儒学关系的研究一向为中国哲学学者所回避,以致在中国哲学界对本项研究长期乏人问津,但它却直接关乎对儒学"理性"特质的理解,如何认识和估价儒学的认识传统,以及儒学如何与科学相衔接而实现现代化的问题。其三,既然科学与儒学关系贯穿于西学东渐的始终,而且从一个侧面反映了西学东渐的本质,那么,以科学与儒学关系为主线,重写中国近现代科技思想史就是可行的。所以,本项研究将有助于创建以科学与儒学关系为主线的中国近现代科技思想史研究的新范式。其四,多年来,中国文化史界关于西学东渐研究的重心是中西文化交流。而中西两种文化均为一个复杂的综合体，于是，科学与儒学关系在复杂万端的中西文化交流之中长期默默无闻。鉴于科学与儒学分别在西方文化和中国文化中的崇高地位，科学与儒学的互动关系应是中西两种文化交流的核心内容。它们湮没在整体之中，显然是不正常的。本项研究将有助于改变这种窘况。

上述认识，是推动我投身于西学东渐中科学与儒学关系研究的思想根源。

二、进展

十多年来，围绕"西学东渐中的科学与儒学关系"的专题研究，我们相继组织了多次学术交流活动。其中，最主要的有以下几次。

第一次是"全国首届薛凤祚学术思想研讨会"。2010年10月底，我作为时任山东自然辩证法研究会常务副理事长兼秘书长，和其他同志一道组织举行了由山东自然辩证法研究会等单位主办的"全国首届薛凤祚学术思想研讨会"，出版了《中西文化会通的先驱："全国首届薛凤祚学术思想研讨会"论文集》（齐鲁书社2011年出版）。这次会议的突出贡献有三：一是重新唤起了人们对薛凤祚这位中西文化会通研究先驱的重视，二是为齐鲁文化增添了一位中国近代科学人物，三是中西科学会通模式和占验思想研究填补了薛凤祚研究的空白。

第二次是"传统文化与中国科技的命运"学术沙龙。2014

年 11 月 10 日,受山东省科协委托,由我领衔主办了题为"传统文化与中国科技的命运"的全国性高端学术沙龙。香港中文大学陈方正教授和刘钝、郭世荣、尚智丛、李建珊、姜宝昌、黄玉顺、何中华等全国近 20 位知名学者与会。这次沙龙是科技哲学、中国哲学、马克思主义哲学和科学技术史等多学科、多领域学者们对科学与儒学关系问题的一次联合攻关。会议的突出贡献是科学与儒学关系"相容论"和"相斥论"双方进行了面对面的交锋,分别展示了各自的主要论据,对于与会者和读者加深对科学与儒学关系的认识很有意义。本次沙龙在学界和社会上反响热烈。《中华读书报》在报道中称其为"继五四新文化运动和改革开放之初儒学与科学论争的第三波"。

　　第三次是"儒学促进科学发展的可能性与现实性"学术沙龙。2015 年 12 月 6 日,我受山东省科协委托,再次领衔主办了题为"儒学促进科学发展的可能性与现实性"的全国高端学术沙龙。台湾东吴大学前校长刘源俊教授和刘钝、韩琦、尚智丛、王鸿生、黄玉顺、何中华、祝世讷等全国近 20 位知名学者与会。本次沙龙在理论上的突出贡献是:围绕利用儒学的人文资源问题,开展了多项专题讨论,如格物致知与科学、阴阳五行与科学、天人合一与科学、康熙朝理学与科学等。2014 年和 2015 年的两次沙龙分别正式出版了论文集。①

　　此外,我还出版了《探寻儒学与科学演变的历史轨迹——

━━━━━━━━━━━━━━

　　①　马来平主编的《传统文化与中国科技的命运:以"传统文化对科技的作用"为中心》(济南出版社 2015 年出版)和马来平主编的《儒学促进科学发展的可能性与现实性:以"儒学的人文资源与科学"为中心》(山东人民出版社 2016 年出版)。

中国近现代科技思想史研究》(上海古籍出版社 2015 年出版)一书。该书汇集了我在中国近现代科技思想史方面所发表的 30 余篇论文,展示了我对于西学东渐中科学与儒学关系研究的心路历程。

总的来看,围绕西学东渐中的科学与儒学关系,所取得的理论进展主要有以下方面。

(一)阐发西学东渐中科学与儒学关系研究的方法论①

1. 提出了研究明末清初科学与儒学关系应把握的主要原则

研究明末清初科学与儒学关系应把握的主要原则有:以科学、儒学、基督教三者两两互动的网状关系为背景;区分东传科学影响儒学的两种表现形式(影响儒学,影响主要包容于儒学之中的中国传统科学);把握中国传统科学与西学冲撞与融合的主线(从积极引进、中西会通到西学中源);以科学译著的文本研究为基础。

2. 明确了明末清初西学东渐中科学与儒学关系研究的范围

一是科学对儒学的作用。科学引发了儒学知识观点(如心之官则思、天圆地方)、理论内容(如夷夏之辨)和理论结构(如戴震《孟子字义疏证》、康有为《人类公理》等运用公理化方法)的变化,以及基本观念(如宇宙观)的变化等(见图 1),也

---

① 这方面主要论文是:《探寻儒学与科学关系演变的历史轨迹》(载《自然辩证法通讯》2009 年第 4 期)、《明末清初科学与儒学关系研究的若干方法论问题》(载《自然辩证法通讯》2015 年第 3 期)和《西医东渐中的科学与儒学关系》(载《山东大学学报》2020 年第 1 期)。

引发了主要从属于儒学的中国传统科学的相应变化。

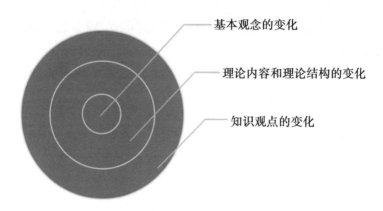

图 1 科学对儒学的影响变化

二是儒学对科学的作用。儒学对科学的作用主要是一种"选择"的作用,而选择的结果又进一步表现为欢迎、拒斥、建构和同化等具体形式(见图 2)。

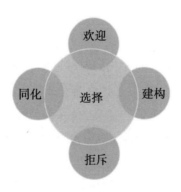

图 2 儒学对科学的影响变化

3.界定了西医东渐中的科学与儒学关系

西医东渐中中医与西医的关系是儒学与科学关系的特殊表现形式;西医东渐中的科学与儒学关系是中、西两种文化互动的重心,以及各种医学思潮论争的焦点。西医东渐中的科学与儒学关系呈现以下特点:形式多样,儒学形式双重性的长期存在,彰显了儒学的现代科技价值等。

（二）论证科学与儒学的相容性和协调发展①

1.多角度、多侧面论证了科学与儒学具有根本上的相容性

相关研究指出,儒学与科学的相容性既是一个理论问题,也是一个事实问题。第一,从宏观历史事实的角度看,在古代,中国传统科学在相当程度上包容于儒学,以其实用性服务于儒家政治和道德目标,因此二者具有相容性;在近代,尽管也有部分儒士排斥西方科学,但整体上,西方科学在中

①　这方面主要论文是:《从西学东渐看儒学与科学的协调问题》(载[韩]《民族文化论丛》2009年第12期)、《儒学和科学具有广阔的协调发展前景:从西学东渐的角度看》(载《山西大学学报(哲学社会科学版)》2009年第2期,中国人民大学报刊复印资料《科学技术哲学》2009年第5期转载)、《西学东渐中的科学与儒学关系》(载《贵州社会科学》2009年第2期,《光明日报》《社会科学报》摘要)、《儒学和科学》(载2014年7月18日《人民日报》,全国各大网站转载,2015年全国多地用作高考阅读理解模拟试题)、《试论儒学与科学的相容性》(载《文史哲》2014年第6期,《新华文摘》2015年第8期、《高等学校文科学术文摘》2015年第1期论点摘编,《中国文化报》2014年5月21日内容摘要)、《儒学与科学具有根本上的相容性》(载《自然辩证法研究》2016年第8期)、《格物致知:儒学内部生长出来的科学基因》(载《文史哲》2019年第3期、《高等学校文科学术文摘》2019年第4期主体摘编)、《康熙朝日影观测与儒学》(载《自然辩证法研究》2019年第7期,与常春兰合作)。

国的传播自始至终在"格物穷理"的名义下进行,而且儒学的每一流派都积极欢迎和运用西方科技,进而对西方科技在中国的传播有一定的促进作用。反过来,儒学的每一次转型也都有西方科学的动因,并且深刻影响了西方科学的传播和发展;在现代,科学是儒学现代化的坐标,儒学则是消弭科技负面后果,帮助科学家端正价值观、树立良好学风的重要思想资源。第二,从微观历史事实的角度看,历史上格物致知的含义曾经发生过两次重大转向:一次是程朱理学"格物致知说"的形成,另一次是明末清初实学思想家"格物致知观"的形成。这两次转向均对科学起到了显著的促进作用。通过两次重大转向,格物致知经历了一个认知含义不断扩大,最终由一个道德概念转变为兼具道德和认知双重性质的概念,并用来表征科学的过程。该过程表明:格物致知与科学不是无关,而是大有关联,它是儒学内部生长出来的科学基因。这一点既决定了儒学与科学具有根本上的相容性,也为阐发儒学认识传统,使儒学与现代科学相接榫提供了内在依据。第三,从理论上看,儒学是一种具有中华民族特色、高度发达的价值系统,科学则是人类真理性认识的结晶或者人类社会性的求真活动。在一定意义上,二者是价值与真理的关系。儒学价值簇与科学真理终极目的的一致、精神气质的相通、思维方式的互补和社会功能的共济等,共同决定了儒学与科学具有根本上的相容性。

2. 论证了科学与儒学的协调发展

西学东渐的历史表明:最大限度地适应科学发展的需要是儒学未来发展的基本方向;同时,儒学也必定成为促进科学发展的强大文化力量。二者的协调发展是大势所趋。推进儒学与科学的协调发展需多管齐下,如重新认识仁、智的关系,挺立儒学的认识传统,彰显和利用儒学的人文资源,科学主动适应中国文化传统等。总之,通过这些措施的综合运用,儒学作为中国科学发展文化土壤的重要组成部分将会变得更加肥沃,而儒学与科学关系的契合也一定能够从根本上得到改善。

（三）探讨儒学人文资源的现代价值①

研究西学东渐中科学与儒学关系的目的之一,是在承认儒学对科学具有一定消极作用的同时,实事求是地充分展示和挖掘儒学有利于科学发展的人文资源。这方面的研究涉及儒学的一系列概念、命题与科学的关系。例如,从"气"论与科学的关系看,"气的思想一直是儒家一个核心,很重要,并且可以说是越来越重要"②。"气的思想在中国文化中表现出有机的、整体的自然观",而这种自然观与"现代科学的非常前沿的有机自然观"是相通的。③

---

①　这方面主要论文是:《严复论传统认识方式和科学》(《自然辩证法通讯》1995 年第 3 期,中国人民大学报刊复印资料转载,台湾清华大学《中国科学史通讯》1995 年 10 月号摘要,本文获山东省社科优秀成果三等奖)、《"折衷众论,求归一是":论薛凤祚的中西科学会通模式》(载《文史哲》2012 年第 2 期,《高等学校文科学术文摘》2012 年第 3 期论点摘要)。

②　翟奎凤:《中和思维下的儒学与科学》,载马来平主编:《儒学促进科学发展的可能性与现实性:以"儒学的人文资源与科学"为中心》,山东人民出版社 2016 年版,第 121 页。

③　翟奎凤:《中和思维下的儒学与科学》,载马来平主编:《儒学促进科学发展的可能性与现实性:以"儒学的人文资源与科学"为中心》,山东人民出版社 2016 年版,第 120 页。

从"经世致用"与科学的关系看,原始儒学重视经世致用,如《尚书·大禹谟》强调"正德,利用,厚生",即便宋明理学,也提倡经世致用。例如,二程曾明确地说:"读书将以穷理,将以致用也。"①自明末清初实学思潮始,经世致用已上升为儒学的核心命题。经世致用并不必然导致实用主义,其合理内核是反对死读书、空谈义理,以及提倡理论联系实际、理论为社会服务。正因为如此,"实学传统中实理型经世致用对西方科学的接引则是儒学与科学能够产生良性互动的内在依据"②。

在中西科学会通问题上,薛凤祚力主"熔各方之材质,入吾学之型范",反对拘守中国传统科学,要求"折衷众论,求归一是"。该模式尽管本质上也是一种中体西用,但对"体"和"用"的态度灵活,完全可以推广为处理中西方文化关系和进行中国当代文化建设的方针:既不是西体中用,也不是中体西用,而是一方面对"用"持一种"折衷众论,求归一是"的开放态度,或古为今用,或洋为中用,善于从各种异质文化中汲取养分,重在求道理的正确、有益、有效,无须拘泥于中西、新旧;另一方面,"体"不等同于"传统",也不囿于"传统",关键是保持民族特色,而且以"用"促"体",以"用"养"体",在"用"的促进下,让"体"永远处于一种永恒发展状态。

---

① (宋)程颐、程颢:《二程集》,王孝渔点校,上海古籍出版社 2011年版,第 1187 页。
② 王静:《晚明儒学与科学的互动——以徐光启实学思想的构建为中心》,山东大学博士学位论文,2018 年。

（四）开展"东传科学与儒学的嬗变"系列研究①

明末以降，儒学经历了多次转型，出现了一系列思潮或流

---

① 这方面较有代表性的博士学位论文是：山东大学 2007 级博士研究生宋芝业的博士学位论文《明末清初中西数学会通与中国传统数学嬗变的研究》（该论文获评"山东省优秀博士论文"，2016 年以《会通与嬗变——明末清初东传数学与中国数学及儒学"理"的观念的演化》为题，由上海古籍出版社出版）、山东大学 2008 级博士研究生王刚的博士学位论文《明清之际东传科学与儒家天道观的嬗变》、山东大学 2009 级博士研究生张庆伟的博士学位论文《东传科学与乾嘉考据学——以戴震为中心》、山东大学 2010 级博士研究生杨爱东的博士学位论文《东传科学与明末清初实学思潮——以方以智为中心》、山东大学 2011 级博士研究生吕晓钰的博士学位论文《为科学奠基——科技哲学视野下的成中英思想研究》（该论文以成中英为例，研究当代新儒家与科学，受到了当代新儒家代表人物成中英先生本人的充分肯定。成中英先生致信吕晓钰说："此文写得清楚明白，把问题说得明明白白，论述回应得清清楚楚，显示了一个逻辑谨严的架势，令读者信服。简言之，你对我重建儒学本体论来奠基科学知识并对之提出了适当与重要的诠释与理解，并分前后期，我很同意。其次，你能有效的看到我如何结合 Quine 与 Gadamar，而回归到易学本体上，也有卓见，并肯定为儒学，极为恰当。"）、山东大学 2012 级博士研究生刘星的博士学位论文《东传科学与清末民初今文经学——以康有为为中心》（该论文以《东传科学与康有为今文经学的嬗变》为题，于 2018 年由中国社会科学出版社出版）、山东大学 2013 级博士研究生刘溪的博士学位论文《西方科技与康熙帝"道治合一"圣王形象的塑造》（该论文以《道统、治统与科技——康熙皇帝与西方科学》为题，于 2021 年由人民出版社出版）、山东大学 2015 级博士研究生苗建荣的博士学位论文《西方科学与晚清维新儒学的建构——以康有为、梁启超、谭嗣同为例》（该论文于 2021 年以《西方科学与晚清维新儒学的建构》为题，由中国社会科学出版社出版）、山东大学 2018 级博士研究生王静的博士学位论文《晚明儒学与科学的互动——以徐光启实学思想的构建为中心》和山东大学 2016 级博士研究生张春光的博士学位论文《科学与儒学：从冲突走向融合》。

派：从明末清初的实学思潮到乾嘉考据学、晚清今文经学，再到五四新文化运动以后的现代新儒学等。其间的每一步，在众多的内因和外因的纵横交错中，都与东传的西方科学有着千丝万缕的联系，有时甚至是关键性的联系。也就是说，自明末1582年利玛窦等传教士携西方科学入华，直至20世纪初标志着近代科学在中国实现体制化的"中央研究院"和"北平研究院"的陆续成立，三百多年间传入的西方科学对儒学既有冲击和挑战，也有融合和促进；反过来，儒学作为最重要、最深层的文化背景，对西方科学在中国的传播、扎根和发展，也有正反两方面的作用。围绕本专题，我指导了十多篇博士论文。这些论文主要是分别考察上述各儒学流派与东传西方科学的互动关系。最终以有力的事实表明，其间儒学各流派与科学均呈现一种良性互动关系。

（五）开辟科技儒学研究方向①

科学与儒学关系有待研究的问题相当多，有些问题甚至比较尖锐。例如：中国没有产生近代科学，长期作为封建社会意识形态的儒学是否应负责任？17—18世纪西方发生近代科学革命之际，传教士正在中国传播西方科学，中国没能抓住"机遇"而把西方科学革命引入中国，当时作为意识形态的儒学是否应负责任？儒学长期背负封建文化的恶名，那么，它与科学和现代化是否相容？若相容，如何在实现中国科技的跨越式发展中充分利用儒学优秀的文化价值？等等。

---

① 这方面的主要论文是《科技儒学之我见》（载《自然辩证法研究》2015年第6期）。

也有一些问题虽较为"微观",但也十分尖锐,例如,儒学讲修身,且主张"反求诸己""反身而诚",是否可据此认为儒学根本不需要科学? 儒学信奉"天人合一",致使主客不分,是否可据此认为儒学阻碍科学? 创新是科学的生命线,而儒学主张"君子有三畏"("畏天命,畏大人,畏圣人之言")①;科学家重"吾爱吾师,吾尤爱真理",而儒学重师道尊严,是否可据此认为儒学与科学不相容? 基于这类问题量大面广,严重威胁中国文化自信,那么,科学与儒学关系能否作为一个独立的研究领域,像政治儒学、社会儒学或生活儒学那样称之为科技儒学呢? 为此,我首次提出了"科技儒学"的概念,认为科技儒学的研究对象是儒学的科技内涵(儒学所包含的与近代科学息息相通的因素)以及科技与儒学的相互关系。近百年来,科技儒学尽管没有形成一个明确的研究领域,但大量直接和间接的相关研究历经民国、20世纪50—80年代和改革开放以来三个历史阶段而硕果累累。科技儒学的研究内容主要包括:儒学与中国没有发生科学革命的关系问题;从不同角度、不同层面研究科学与儒学的相容性;客观分析儒学对科学的消极作用;阐发儒学的认识论范畴,光大儒学的认识传统;探讨科学与儒学关系的本质,以及二者协调发展的新模式;立足现代科技,推动儒学的创造性转化和创新性发展;儒学的当代科技价值,特别是如何挖掘儒学可用于促进科技发展的人文资源等。

此外,我们还进行了西学东渐中若干关键人物的个案

---

① 出自《论语·季氏》,见杨伯峻译注:《论语译注》,中华书局1980年版,第177页。

研究。① 我本人主要做了严复、薛凤祚和利玛窦等个案研究。其中,研究利玛窦的机缘是 2010 年 5 月底我应邀前往意大利米兰圣心大学参加纪念利玛窦逝世 400 周年活动,做了题为"利玛窦:中国科学近代化奠基的第一人"的主旨报告。我先后指导的本专题研究的 20 余篇硕士学位论文大都以西学东渐中的关键人物为中心,讨论科学与儒学关系,涉及大量西学东渐中的关键人物,如山东大学 2004 级硕士研究生王东生的《徐光启:科学、宗教与儒学的奇异融合》、山东大学 2009 级硕士研究生郑言的《张锡纯中西医汇通思想研究》、山东大学 2011 级硕士研究生辛璐茜的《把科学精神融入儒学传统中——以阮元为中心》等。

三、省察

通过对国内外关于西学东渐中的科学与儒学关系相关研

---

① 这方面主要论文有:《严复论束缚中国科学发展的封建文化无"自由"特征》(载《哲学研究》1995 年第 3 期,台湾清华大学《中国科学史通讯》1995 年 10 月号摘要),《严复论传统认识方式和科学》(载《自然辩证法通讯》1995 年第 3 期,中国人民大学复印资料转载,台湾清华大学《中国科学史通讯》1995 年 10 月号摘要,本文获山东省社科优秀成果三等奖)、《纠正重官轻学传统心习,优化科学发展文化环境——严复论传统职业兴趣观念与科学》(载《自然辩证法研究》1995 年第 2 期,台湾清华大学《中国科学史通讯》1995 年 10 月号摘要)、《利玛窦科学传播功过新论》(载《自然辩证法研究》2011 年第 2 期,《新华文摘》2011 年第 9 期论点摘要,本文获 2013 年度山东省社科优秀成果三等奖)、《薛凤祚科学思想管窥》(载《自然辩证法研究》2009 年第 7 期)、《"折衷众论,求归一是":论薛凤祚的中西科学会通模式》(载《文史哲》2012 年第 2 期,《高等学校文科学术文摘》2012 年第 3 期论点摘要)。

究的跟踪考察和我们自己多年的研究,我们深感,深入开展西学东渐中的科学与儒学关系研究,亟待做到以下几点:

（一）合理布局研究框架

西学东渐中的科学与儒学关系研究不可大而化之,也不可零敲碎打,研究的框架需要合理布局。本项研究是一项历史性质的研究,同时也具有一定的哲学性质,因此本项研究应当从历史和哲学两个维度开展。当然这一划分是相对的:历史维度的研究将包含某种哲学分析,而哲学维度的研究必须以历史事实为基础。

1. 历史维度的研究

历史维度的研究可以进一步区分为历时性和共时性两个侧面的研究。历时性研究是指把西学东渐中的科学与儒学关系划分为以下历史阶段进行研究。

第一阶段,融合中的冲撞（1582 年利玛窦进入中国至 1669 年“历狱案”平反）。在本阶段,基督教与中国文化之间发生了激烈的冲撞和融合,由于在当时国人心目中西方科学与基督教均属西学,甚至存在某种混淆,所以其间不同程度地穿插着科学与儒学的冲撞与融合。冲撞的代表事件主要有南京教案、闽浙士人辟邪论、明末改历、清初历狱案等。在这些事件中,均有以反教士人为主的一批士人出现反科学的言论和行为;融合的代表事件主要有《几何原本》前六卷的翻译出版、《崇祯历书》的编撰、《天学初函》的结集出版等。

第二阶段,会通以求超胜（1669 年至 1722 年康熙逝世）。中西科学会通由徐光启发轫,贯穿于明末和有清一代。鉴于此时期西学传播获得康熙帝的支持与提倡,学习西学成为时尚,而科学家的学术水平也大为提高，因此中西科学会通的深度和广度一时出现了高峰。会通的实质是两种文化的融合，或者说是两种文化相融合的一种特殊表现形式，所以"会通以求超胜"成为本阶段科学与儒学关系的突出特征。

第三阶段，溯源旨在同化（1722年至1840年鸦片战争爆发）。"西学中源"说源于明末，经王锡阐和梅文鼎等学者的精心论证，最终由康熙帝钦定而上升为国家意识形态。在一定意义上，乾嘉汉学是一次为"西学中源"说大规模搜集证据的运动。"西学中源"说具有深厚的儒学背景，对明末和有清一代的科技传播和发展产生了多方面的影响。而"西学中源"说的实质亦是中西两种文化的融合，是两种文化相融合的又一种特殊表现形式。因此，"溯源旨在同化"是本时期科学与儒学关系的突出特征，需着力从科学与儒学关系的角度分析该学说的理论内涵。

第四阶段，中西体用之间（1840年至1911年中华民国成立）。此时期，在西方坚船利炮的强大压力下，对于西方科学技术，中国由被动接受迅速转变为主动引进，同时经历了由注重技术引进到注重科学引进和制度变革的变化。在这种情况下，以"如何安放西学在中国文化中的位置"为主旨的体用关系之争成为时代课题。于是，"中西体用"关系被凸显出来。本阶段"中体西用"经历了由重在"中体"到重在"西用"等一系列变化，但无论如何，"中体西用"的本质是中西两种文化的融合，因此"中西体用"关系自然也就成为此时期科学与儒学关系的突出特点了。

第五阶段，裂变与互补（1911年至1928年中央研究院成立）。辛亥革命以后，儒学走下意识形态神坛。在建设新文化的呼声中,重估儒学价值成为当务之急。主要由于留学生的中介作用,社会各界对于科学的认识空前提高,甚或在一部分知识分子中间,受西方科学主义的影响,科学崇拜的思想有所蔓延。在这种情况下,思想界关于科学与儒学关系的认识出现巨大分歧。不计中间派别,仅就两极观点而言,激进派认为,要引进和发展科学,必须清理文化地基,彻底摒弃儒学,科学与儒学是绝对排斥的;保守派认为,科学代表物质文明,儒学代表精神文明,二者并行不悖,可以互补,是相容的。于是,裂变与互补成为本阶段科学与儒学关系的基本特征。不过应该看到,保守派被称为儒家知识分子固然毫无疑问,而激进派尽管口头上高呼批判儒学,但躯体内依然活跃着儒学的文化基因,断然否认其为儒家知识分子似乎不妥。所以,从双方一致要求引进科学和发展科学来看,此时期仍然是科学与儒学的融合占主导地位。

此外,出于把西学东渐中的科学与儒学关系置于科学与儒学关系的整体中予以审视的考虑,还有必要适当关照中国古代科学与儒学关系的研究和中国现代科学与儒学关系的研究。

共时性研究是把西学东渐中的科学与儒学关系划分为科学与儒学各构成部分关系的研究,如科学与儒学范畴的关系、科学与儒学理论的关系、科学与儒学研究方法的关系、科学与儒学流派的关系、科学与儒学主要人物的关系等方面的研究。儒学的范畴诸如格物致知、天人合一、经世致用等,儒学的理论诸如儒学的气论、阴阳五行说、"亲亲相隐"说、"君子三畏"说、义利关系论等,儒学的研究方法诸如内省、顿悟、直觉、归纳、类比等,西学东渐中较为活跃的儒学流派诸如明末阳明心学、明末清初实学思潮、康熙时代程朱理学、乾嘉考据学、晚清今文经学、民国新儒家等。所有这些与科学的关系研究都亟待开展。

上述西学东渐中科学与儒学关系的研究在涉及科学的时候，可以指科学整体，也可以指诸如科学知识、科学方法、科学精神、科学建制等一个或几个侧面。

2.哲学维度的研究

哲学维度的研究可以进一步区分为微观研究和宏观研究。微观研究和上述共时性研究关联密切，抑或说上述许多共时性研究都带有浓郁的哲学研究色彩，特别是科学与儒学范畴关系的研究、科学与儒学理论关系的研究、科学与儒学研究方法关系的研究等；宏观研究主要是指围绕科学与儒学关系的本质所进行的研究。长期以来，关于科学与儒学关系的本质，学界众说纷纭，如"真与善"说、"真理与价值"说、"知识与价值"说、"理性与价值"说、"真理与道德"说、"科学文化与人文文化"说等，目前亟待从理论与事实的结合上阐明科学与儒学关系，力争建立一个科学与儒学关系的理论模型，用它既能解释以往科学与儒学关系的历史、预见科学与儒学关系的未来发展趋势，同时也能起到清算"科学与儒学相斥"论的作用。

（二）适当聚焦研究目标

由于西学东渐中的科学与儒学关系时间跨度大、涉及面广，所以研究目标不宜太散，需要适当聚焦。其中以下目标值得优先关注。

1.辩驳科学与儒学"相斥论"

迄今为止，科学与儒学"相斥论"仍有一定市场。这一点在西学东渐中的科学与儒学关系研究领域也留下了痕迹。有些著述有明显夸大和渲染"相斥论"的倾向；有些则由于认识方法上的不全面,产生了"相斥论"的弊端,其中比较普遍的一种情况是孤立看待儒学的某个观念和命题,而没有将其置于儒学思想体系的整体中去分析。例如,儒学既主张"夷夏之辨",也主张"天子失官,学在四夷"。而西学东渐中儒士们在强调学习西方科学时,引用最多的情况是后者。也就是说,在实践中真正发挥作用的是后者。因此,那种仅仅以前者为根据指责批判儒学封闭、保守是站不住脚的。类似的情况还有不少。以下儒学命题均具有相辅相成的性质:"君子不器"和"备物致用,立成器以为天下利,莫大乎圣人","天不变,道亦不变"和"物穷则变,变则通,通则久","非礼勿视,非礼勿听,非礼勿言"和"一物不知,儒者之耻"等。

2. 解决有争议的学术问题

在西学东渐的科学与儒学关系方面,有争议的问题不少。这些问题的解决对于推进和提高本项研究的质量很有作用。例如,在科学与儒学流派的关系上,以下问题一直引人关注:其一,关于西方科学对明末实学的影响。多数学者认为二者形成良性互动,西方科学极大促进了实学思潮的形成和发展。但也有观点认为,西方科学对实学的影响或是局部的、间接的,或不自觉的,但都是短暂的。该问题关乎科学与实学关系的全局,必须予以辨明。其二,乾嘉汉学的形成是否受到了西方科学的影响。有意见认为,尽管乾嘉汉学讳言西学,但很多乾嘉学者注重学习和运用西方科学,西方科学对乾嘉汉学的形成有影响是不争的事实。可是,史学界和中哲史界通常避而不谈西方科学对乾嘉汉学形成的影响。这个问题同样关乎科学与乾嘉汉学关系的全局,必须予以辨明。其三,康有为今文经学是否受到达尔文进化论的影响。这个问题学术界争论比较激烈,同样必须予以辨明。其他如西学中源说的功过是非是什么，康熙朝是否错失科学革命良机，从科技哲学的角度如何看待民国期间中医存废之争，如何正确评价新文化运动中的激进派与保守派之争，等等。

3. 深入儒学内部探讨儒学与科学的关系

影响科学和儒学关系的因素很多，但起根本作用的乃是儒学的概念、命题、理论、思维方式、基本观念等内部因素和科学的关系。所以，研究西学东渐中的科学与儒学关系一定要深入儒学内部。为此，要全面搜索和清理西学东渐过程中，儒士们经常引用的、在行动中实际起作用的儒学概念、命题、理论、思维方式、基本观念等，然后逐一分析其对科学作用的表现和性质。这样做不仅把科学与儒学关系落到实处，而且也是对儒学利于科学的文化资源的一种展示。目前这一点未引起学界足够的重视，需要加强。

4. 从整体上鸟瞰西学东渐中的科学与儒学关系

目前的研究主要是专题研究，少量的宏观研究也仅仅是设想，并未付诸实践。而科学史界和中哲史界所进行的关于西学东渐的整体研究往往缺乏对科学与儒学关系的关注。总之，目前专题研究的积累已相当雄厚，亟待将这些成果整合提升，找到贯穿始终的核心问题，作为统率全局的纲领，形成一部系统的综合性著作，还原西学东渐中科学与儒学在局部冲撞中协调发展的进程，梳理发展线索，总结经验教训，并展望发展趋势。

（三）坚持正确的方法论原则

在全面总结已有直接研究和相关研究的经验教训，以及批判地借鉴已有关于西学东渐研究方法的基础上，需要坚持西学东渐中科学与儒学关系研究的方法论原则,主要有以下几点。

1. 对话型文化研究范式

西学东渐历来有不同的研究范式或研究框架。如日本川原秀城划分的福音范式、对峙型哲学范式、对话型哲学范式,比利时钟鸣旦划分的传播类框架、接受类框架、创新类框架和互动交流类框架等。我们倾向于在借鉴前人研究成果的基础上,坚持在西学东渐研究中采取对话型文化研究范式。也就是说,告别既往西学东渐研究的简单做法,一定要充分看到,在西学东渐尤其是第一次西学东渐中,不是西方科学的单向传入,而是西方科学和中国儒学分别作为西方文化的精华和中国文化的主干所进行的平等对话和交流;同时,也不是儒学对西方科学单纯的被动接受或者拒绝,而是包含着儒学对西方科学主动的选择、吸收、同化和建构。双方都在努力地适应对方、理解对方、影响对方。其间有冲撞和斗争,更有妥协和融合。其结果是,两者都在这种平等对话中获益,从对方吮吸了丰富的养分,壮大、发展了自己。坚持这一研究范式,将会扩大研究的深度和广度,最大限度地逼近历史的真实。

2. 科学与儒学关系内史与外史的统一

这方面的研究即注重分析科学与儒学的内在因素与外在因素如何共同建构科学与儒学的历史关系。在西学东渐的约三百五十年中,中国不仅明清易代,还发生了结束封建制度的共和革命,这种天翻地覆的社会背景构成了科学与儒学关系外在因素的大背景,而科学与儒学各自思想内容的相互作用则是影响二者关系的内在因素。一方面,内在因素发挥作用的方式和效果深受外在因素的制约;另一方面,内在因素也在一定程度上影响和改变着外在因素。如果说聚焦于科学与儒学关系的内在因素是"入乎其内"的话,那么旁及外在因素则是"出乎其外"了。二者相辅相成,庶几里应外合,探骊得珠。

3. 把握西学东渐中科学与儒学关系的主线

两次西学东渐中科学与儒学关系的主线不尽相同,但一脉相承。第一次西学东渐中科学与儒学关系的主线是对西方科学要不要引进、引进什么,其间虽然反对科学的言行时有发生,但大都出于一部分反教士人对宗教和科学的界限混淆不清。科学与儒学关系的主调是相容的和亲和的。第二次西学东渐中科学与儒学关系的主线是如何处置引进的西方科学与主干为儒学的中国文化的关系,尽管在一部分人看来,科学与儒学不相容,恭迎"赛先生"必须排拒儒学,但实际情况是,科学要引进、要发展,而儒学打不倒,也不可能被打倒。所以事实上,此时期科学与儒学关系也是相容的和亲和的。只有牢牢把握这一主线,才能高屋建瓴地观察和分析纷纭复杂的历史现象,为科学与儒学关系的历史发展提供一个合理的说明。

探寻儒学与科学关系演变的
历史轨迹[*]

——"明末清初奉教士人与科学"研究断想

一、"明末清初奉教士人与科学"
研究的意义与现状

明末清初,西方科学开始传入中国。传教士之所以能以传播科学为手段走通上层路线,卓有成效地在中国传教,重要原因之一是得到了一批中国士人的鼎力相助。这批士人即是以徐光启、李之藻、杨廷筠和王徵等为代表的奉教士人。明末清初奉教士人是一个特殊群体,兼具以下特点:第一,儒士。他们都接受过儒学的系统教育,也都信奉儒学,其中不少人还身居要职或有显赫功名。第二,教徒。他们都皈依宗教,成为虔诚的基督徒。第三,科学勇士。他们最先挣脱儒学羁绊,成为促进西方科学传播并扎根中国的一支生力军。第四,实学思潮的中坚力量。他们对明末国势衰颓焦虑有加,毅然摈弃空谈心性的王阳明心学,转向经世致用的实学,终生孜孜寻求国家富强之术。这批人游走于中学和西学之间,是既亲儒学又亲西学的

---

* 本文原载《自然辩证法通讯》2009 年第 4 期。

"两栖"人物。这种特殊身份使得他们一方面充当着儒学与科学沟通的友好使者,另一方面又往往成为儒学与科学斗争的焦点。他们的勋业彪炳千秋。他们对西方科学由浅入深的认识过程,以及在传播、研究西方科学和会通中西科学的过程中与保守派所进行的尖锐斗争,生动地体现了儒学与基督教激烈冲突背景下的儒学与科学的深层互动关系。追寻明清之际中国儒士教徒接受和传播西方科学的因缘、心态、功绩和影响,生动再现这批士人接受和传播近代科学活动过程中所发生的科学、宗教和儒学三者之间的冲撞和融合,进而就儒学和基督教激烈冲突背景下儒学与西方科学之间的互动关系进行深入探讨,其意义颇为深远。

（一）为研究儒学与科学关系提供了特殊视角

明末清初的西学东渐是儒学与科学关系史的重要组成部分,这个时期也是儒学与科学初次接触的时期。此时,儒学与科学正处于各自独立发展的状态,最能凸显双方的特点与本质。奉教士人作为土生土长的儒士,他们冲锋陷阵在学习和传播西方科学的第一线,受到了种种非议。透过他们在接受和传播科学过程中的思想、活动和际遇考察儒学与科学的关系,一定能看到从其他角度看不到的许多东西。

（二）为研究宗教与科学关系创设了理想场点

传教士以传播科学为手段传教,除了时势使然外,究竟在何种意义上反映了儒学与科学之间复杂多样的关系呢？谁应该为西方科学在中国传播的周期长、速度慢负责任？奉教士人入教的动机是否包括学习西方科学？入教对其接受和传播西方科学有什么影响？奉教士人与西方传教士所传播的西方科学的性质如何？对中国社会产生了什么影响？等等。这些问题历来为学界所关心。奉教士人集信仰宗教和崇尚科学于一体的特殊身份，传教和传播科学糅合在一起的实践活动，对于研究宗教与科学的关系，是有特殊意义的。

（三）成为研究中国近代科技史、中国明清思想史与文化史的重要一环

中国近代科技史曾长期是中国科技史研究中的薄弱环节。从明末清初西学东渐到 1928 年中央研究院成立是中国科学近代化的过程，也是中国近代科技史的主体研究内容。本课题对于进一步挖掘中国近代科技史史料，厘清中国近代科技史的脉络具有重要的学术价值。在西学东渐中，明末清初奉教士人是历史主角之一，又是当时种种社会思潮和中西文化冲突的聚合点。因此，本课题研究对于深化明清思想史与文化史的研究具有一定意义。

（四）弘扬传统文化，为中国科学发展营造良好文化环境而开展了相关基础性工作

至今，在世界科学发展的全局中，中国仍很难说处于核心地位。其中的原因固然是多方面的，但以儒学为核心的中国文化对科学发展的适应不够理想必定是重要原因之一。为此，我们要么下决心改造传统儒学，令其能在最大限度上适应科学的发展，要么精心选择儒学文化和科学文化融合的最佳方式。欲达此目的，准确理解儒学与科学关系的本质，吸取历史上处理儒学与科学关系的经验与教训是必不可少的。而这些恰好是

"明末清初奉教士人与科学"这一研究的题中应有之义。

应当说,关于奉教士人的研究自清代(1799 年)阮元等撰写《畴人传》就开始了。20 世纪 20 年代初,著名史学家和思想家梁启超在其《清代学术概论》和《中国近三百年学术史》中对明末清初西学东渐作了高屋建瓴的概括和总结,并将这段历史称为"一场大公案",认为非常值得"大笔特书"。① 此后,张星烺、张荫麟、唐擘黄、洪煨莲、陈观胜、徐宗泽、陈受颐,尤其是陈垣、方豪、张维华、李俨和钱宝琮等老一代学者分别从不同的角度对明末清初西学东渐进行了独到的研究。1949 年以来,受"左"的思潮干扰,以及传教士和奉教士人问题的敏感性等原因,与明末清初奉教士人有关的研究长期乏人问津。改革开放后,这方面的研究才逐渐升温,最近几年已蔚为大观了。

我们对 1981—2007 年《全国报刊文献索引》和 1981—2007 年《全国新书目》进行了检索,制定了本课题的文献索引,发现关于明末清初奉教士人的研究呈现以下特点。

第一,研究角度丰富。最常见的角度是中西交通史或中西文化交流史、中国宗教史、明清思想史或明清文化史等,不过大部分都是主要关注传教士,对于奉教士人只是在其中附带涉及。第二,对主要人物进行了一定程度的研究,如徐光启、李之藻、杨廷筠、王徵等,尤其是对徐光启的研究比较充分,但对这些有关人物的研究基本上处于彼此独立和分散的状态。第三,对科学译著文本的研究较为薄弱。由于当时的科学译著不仅专业性较强,而且文字古奥,词旨未能尽畅,因此对科学译著的

---

① 参见梁启超:《梁启超论清学史二种》,复旦大学出版社 1985 年版,第 99 页。

研究主要限于少量专业的科学史工作者;相当多从事该领域研究的学者主要依赖这些科学译著的序跋立论,他们有意回避了科学译著文本研究这个关键环节,大量西学东渐的具体内容因此一直处于"黑箱状态",严重影响了他们研究的视野和深度。这个问题的严重性可从这个例子中窥见一斑:在现有的权威性研究中间,关于薛凤祚代表作《历学会通》的卷数意见比较混乱,如《中国大百科全书·天文学卷》记载的是四十一卷;李俨认为有八十卷;《清史稿·卷五〇六》记载的是五十六卷;李迪的《梅文鼎评传》中细目列六十一卷,误写为五十一卷。一个小小的卷数问题尚且如此,那么究竟哪些作者认真读过原著,就更令人难以知晓了。

国外汉学界凭借传教士档案和各类传教报告收藏丰富之便,对传教士及其西传和东传文化活动的研究开展得比较充分,相形之下,对奉教士人的研究则远远不够。在我国学者的研究中,港台学界的研究侧重点和大陆的情况相仿,但在方法论方面较为灵活。其中引人注目的是台湾"中央研究院"院士、新竹清华大学黄一农教授,他专门从事明末清初史、天文学史、天主教士研究,曾出版过《社会天文学史十讲》和《两头蛇——明末清初的第一代天主教徒》等专著。他的研究以资料新和方法新为特色,他所力倡的"E考据"方法尤为令人耳目一新。只是他对明末清初士人接受和传播科学活动中所反映的儒学与科学关系研究的力度仍有一定的拓展余地。

总之,就明末清初奉教士人的整体研究状况而言,宗教、史学等角度的研究尚可,科学角度的研究,尤其是儒学与科学关系角度的研究薄弱;表层的科学社会史研究尚可,建立在科学译著文本研究基础上的科学社会史研究薄弱。

二、科学著作翻译中的儒学与科学关系

我们曾开展一项名为"明末清初奉教士人与科学"的研究,目的在于将科学译著文本研究和科学社会史研究相结合,在追踪儒学与基督教冲突背景下儒学与科学互动关系历史轨迹的基础上,探讨儒学与科学关系的实质以及二者有机融合的可能、途径和前景。

自 1582 年利玛窦来华至康熙禁教以及 1775 年耶稣会奉罗马教皇之命解散,将近二百年间的西学东渐是以传教士为主体的科学传播期。这个时期,奉教士人积极参与了传教士传播科学的活动,同时也是科学传播受体的中坚力量。该时期儒学与科学的关系在很大程度上就体现在他们和保守士人以及其他士人面对西方科学的传入所作出的不同反应之中。

大体来说,传教士传播科学的过程最主要的侧面有二:一是科学著作的翻译。尽管当时科学传播的方式不止一种,如科学仪器和军事武器的制造、宫廷教学、地理大测量等,但最主要的传播方式依然是科学著作的翻译。据统计,在明末清初 200 多年间,耶稣会传教士在中国译著西书凡 437 种,其中自然科学书籍 131 种,包括数学、天文、生物、医学等,约占总数的 30%。① 二是科学传播的社会影响。以译成中文的科学著作

---

① 参见熊月之:《西学东渐与晚清社会》,上海人民出版社 1994 年版,第 39 页。

为媒介,科学知识、科学思想、科学方法和科学精神得以广泛传播,进而对中国社会的文化、经济和政治发生影响。儒学与科学的关系在上述两个侧面都有相当突出的表现,相应地,我们的研究也将紧扣这两个侧面予以开展。

首先来看一下在科学著作翻译中的儒学与科学关系问题。

在科学著作的翻译过程中,无论是外国传教士还是中国人,双方的文化立场都十分鲜明。对于传教士来说,翻译科学著作是手段,以基督教取代儒学、使尽量多的中国人成为上帝子民是目的。在他们看来,科学作为西方文化的重要组成部分,应当服从和服务于基督教文化。对于中国人来说,翻译科学著作同样是手段,而补益和巩固儒学才是目的。中国人历来坚持"道本艺末"科学观,认为科学乃从属于儒学之"技艺",应当为儒学之"道"所用。就这样,在儒学与基督教的激烈冲突中,展开了儒学与科学的冲撞与融合,科学著作的翻译俨然成为中西两种文化的角力场。

当时,对西方科学著作的翻译采取传教士口授、中国人笔述的方式来进行。在"口授笔述"的过程中,对原著本义的翻译存在着无意和有意两种变异可能,而无意变异又具体表现为以下三重变异:

第一,传教士的科学水平参差不齐,整体上属于大众性普通科学传播者,所以他们对科学著作的理解未必到位,存在"理解变异"。

第二,传教士的中文水平有限,在当时缺乏统一译名的情况下,用古代汉语确切表达西方科学的内容绝非易事,所以在他们口头翻译科学著作时,还可能存在"口授变异"。

第三,中国人受自身科学素养的限制,在对口译笔录进行文字整理的过程中,难免存在曲解科学内容的地方,此即"笔述变异"。

　　显然,在无意变异中,有相当一部分是译文质量上的,与东西文化之争无关或关系不大,但此外还有不少内容具有文化层面上的意义。因为这三重变异给口授者和笔述者双方都留下了贯彻自己文化立场的广阔空间,一有机会,他们一定会竭力表现的。例如,在谈到科学术语的翻译问题时,美国传教士傅兰雅就曾公开表示,防止"西学中源"说扩散最便当的方法就是创造新词,否则,如果使用中国古典书籍上的词汇,就很容易使中国人误以为西方的科学在中国古籍中提到过,从而助长"西学中源"心态。由此可见,科学术语选用的文化意义竟是这样浓重!

　　所谓"有意变异",即是在口授和笔述过程中,传教士和中国人基于各自的文化立场对翻译著作的选择、对科学术语译名的确定和对科学内容进行的有意修改等。较之无意变异,有意变异是一种公开贯彻自身文化立场的行为。这方面的情况较为严重,这里不妨略举两例。

　　利玛窦和徐光启翻译《几何原本》所依据的底本是利玛窦的老师、德国著名数学家克拉维乌斯(C. Clavius)校订增补的拉丁文本。为了便于读者理解原著,克拉维乌斯特意在原著的基础上增加了一些算例。然而,利、徐二人在翻译时,却把这些算例删去了。他们为什么要这么做? 或许利玛窦借徐光启之口所说的以下几句话提供了答案:"翻译几册科学书,使中国士大夫们看我们怎样尽心研究学术,怎样寻求确实的理由去证明,因此他们可以看到我们的教义,决不是轻信盲从。在各种的科学书里,他们决定选一种最好的,那便是欧几里得的《几何原本》。"①也就是说,利玛窦翻译《几何原本》的目的,主要不是教中国人掌握具体的几何学知识,而是让中国人了解一种严密的逻辑方法,让他们知道通过这种方法形成的基督教教义精实典要、洞无可疑。

再如,在《晓庵新法》中,王锡阐将圆周的划分由 360 度改为 384 度。为什么呢?因为中国《易经》中 64 卦的卦爻数就是384(6×64)。著名科学史家席文认为,在王锡阐看来,这样做就可以将天文学的量与中国传统思想中关于宇宙变化的起源问题联系起来了。

由此可以看出,对于研究科学著作翻译中的儒学与科学关系而言,一项基础性的工作就是逐一阅读当时翻译过来的科学著作,阅读时最好对照着翻译者所依据的底本和今人译本,仔细寻找明末清初译本对其翻译底本的变异,同时深入思考这些变异背后的文化含义,尤其是其中所蕴含的儒学与科学的关系。

三、科学传播社会影响中儒学与科学的关系

再来看一下在科学传播社会影响中儒学与科学的关系问题。明末清初科学传播的社会影响广泛涉及农业、军事、机械制造和地图绘制等各个方面,但最突出的表现是在两大领域:一是历法改革,二是中国传统科学的复兴。

---

① 罗光:《利玛窦传》,台湾光启出版社 1960 年版,第 143 页。

（一）历法改革中的儒学与科学关系

历法改革是由科学传播所引起的儒学与科学互动关系中最典型、最突出的领域，与奉教士人的关系也最密切。这个方面集中表现为两大事件：一是明末《崇祯历书》的编纂，二是清初《西洋新法历书》的颁行。前者主要表现为以徐光启、李之藻、李天经等奉教士人为代表的进步士人与以冷守中、魏文魁等为代表的保守士人围绕要不要改历和怎样改历的问题所进行的斗争；后者主要表现为以汤若望、南怀仁等外国传教士及李祖白等奉教士人和钦天监部分官员为代表的西法派与以杨光先为代表的保守派围绕《西洋新法历书》在中国的合法性问题所进行的斗争。这两大事件前后相继、一脉相承，其实质都是要不要对中国传统历法进行改革，以及能不能接受先进的西方天文历法的问题。

明代《大统历》沿用元代郭守敬的《授时历》，年久失修，舛误日隆，所以修历之议一直不断。建议以西方历法弥补中国传统历法之不足的意见是在 1610 年（万历三十八年）由时任五官正之职的周子愚（后来一度担任钦天监监副）最先提出来的，此后，以西历补中历的呼声日渐高涨，但直至 1629 年（崇祯二年）崇祯帝才下决心开设历局，并敕谕徐光启督领历局译书改历。1634 年《崇祯历书》告成，但是否颁行，崇祯帝犹豫不决，所以一直到明清易代后，才由清顺治帝下令将由《崇祯历书》稍加修改而成的《西洋新法历书》颁行天下。也就是说，在历法改革的过程中，关于是否以西历为基础改历的争论用了十九年，修历用了五年，关于是否颁行新历的争论又用了十年。其间，有史料记载的中法和西法的观测较量多达八次，广泛涉及日食、月食和行星运动。这八次较量的结果是八比零——中法全军覆没。通过这些较量,第谷天文体系确立了在中国毫无争议的优势地位①,而由改历引发的一系列斗争逐渐升级,以至最终酿成清初历狱血案。

历法改革过程中的斗争是多侧面的,其中儒学与科学的冲撞和融合关系是其主要内容之一。这种儒学与科学的关系首先表现于中西历法双方所依据的基本观念的差异上,其次还表现在信仰和奉行儒学的中国士人与科学的互动关系之中。其中,在奉教士人身上较多地体现了儒学的积极因素,而在保守士人那里,则较多地体现了儒学的消极因素。在儒学的积极因素中,比较典型的有造福于民、有济于世等观念,对这些观念的自觉奉行是奉教士人热烈欢迎西方科学的基本原因之一。或许保守士人也赞成这些积极观念,但他们首先关心的是捍卫儒学道统的纯洁性,这些积极观念在他们的心目中被降到了次要地位。在儒学的消极因素中,比较典型的有夷夏之辨、墨守祖制等观念,这些观念的根深蒂固才使得保守士人盲目抵制西方科学。例如,杨光先坚信尧舜之法不可变,"使尧舜之仪器可毁,则尧舜以来之诗、书、礼、乐、文章、制度皆可毁矣!"②以至于他喊出了"宁可使中夏无好历法,不可使中夏有西洋人"的极端口号。再如,梅珏成批评经学家江永过分主张西学,因此书赠江永"殚精已入欧逻室,用夏还思亚圣言"("亚圣言"指《孟子·滕文公上》中所说的"用夏变夷"的古训,即"吾闻用夏

---

① 参见江晓原等:《天文学东渐集》,上海书店出版社 2001 年版,第 314 页。

② 转引自方豪:《中西交通史》下册,岳麓书社 1987 年版,第 714 页。

变夷者,未闻变于夷者也")的联语。这些都说明,夷夏之辨的观念在保守士人身上有着强烈而突出的表现。而反对采用西方天文历法的人说得最多的理由是"祖制不可变""古法未可轻变,请仍旧法"。这一点与他们在儒学文化熏陶下所养成的事事尚古,总以为今不及昔、新不如旧的守旧心理是一脉相通的。

（二）中国传统科学复兴中儒学与科学的关系

进入明代以后,中国传统科学技术的发展开始步入低潮。由于明代立法禁止民间研究天文历法,因此,不仅天文学式微,而且连中国传统数学也几近失传。

明末清初西方科学传入中国对中国传统科学确实是一种冲击,但同时也伴生了一种激活作用。所以,经过多年酝酿,在清代乾嘉年间,中国传统科学出现了短暂复兴的景象。在中国传统科学走向复兴的过程中,儒学与科学的互动关系也有较充分的表现。

中国传统科学的复兴大体经历了两个阶段,这两个阶段分别依托于中国学界的两种思潮:一是"会通超胜"说,二是"西学中源"说。也可以说,中国传统科学的复兴就是从"会通超胜"说蜕变为"西学中源"说的过程。

"会通超胜"说是奉教士人中的领袖人物徐光启最先提出来的。徐光启主持修历后,在给皇帝的一份奏折中提出了该观点:"欲求超胜,必须会通;会通之前,先须翻译。"[①]"会通超

———————————

① 　(明)徐光启:《徐光启集》,上海古籍出版社 1994 年版,第374 页。

胜"实际上是徐光启处理中西科学关系的纲领,在他的影响下,这个观点被许多人接受,后来逐渐成为学界占主导地位的一种思潮。

在"会通超胜"说中,"会通"是手段,"超胜"是目标。依当时人们的做法,"会通"主要有两层含义:一是中西互释,力求贯通。徐光启用《几何原本》的理论和方法解释并严格证明了中国古代的勾股术,梅文鼎用中国古代的勾股术重新证明了《几何原本》中前六卷的一些命题,做的就是这种性质的工作。这层意思说明中西科学确有重叠、共通之处,这对印证和加深理解中国传统科学有一定帮助,但对达到"超胜"的目标作用不大。二是兼采中西,取长补短。《崇祯历书》采用了第谷体系,却保留了中国明代《大统历》的框架,正所谓"镕彼方之材质,入大统之型模"①,使得该历书中西合璧,超越了中国此前的历代历法。《畴人传》认为王锡阐也是这样做的:"考正古法之误而存其是,择取西说之长而去其短。"②这层意思说明中西科学各有长短,可以互通有无,这不仅推动了中国传统科学的研究,对实现"超胜"目标也有显著作用。

从整体上来看,尽管当时传入的西方科学也有缺点,但相对于中国传统科学来说,它是有着明显优势的,如在天文学中,中国传统天文学缺乏系统理论,而西方天文学在托勒密体系之后又产生了第谷体系,更为先进的哥白尼天文学在当时也已出现;在数学上,西方的几何学和代数学已经远远超过了中国;等

---

① (明)徐光启:《徐光启集》,上海古籍出版社 1994 年版,第 374—375 页。

② (清)阮元等:《畴人传》,商务印书馆 1955 年版,第 446 页。

等。所以,中国学界施行"会通以求超胜",其结果是"超胜"的成就十分有限,反倒是打通了中国传统科学与部分西方科学的界限,起到了加速西方科学传播的作用。

"西学中源"说认为天文历法和数学等西方科学源于中国,是中国古代科学西传或西方窃取中国古代科学的结果。现在事实已经证明,这种观点曲说巧辩、牵强附会,但在当时这个学说却不胫而走,风行于有清一代。

"西学中源"说萌芽较早,由明代遗民最先明确提出,清初科学家王锡阐作了初步论证。康熙以其帝王之尊一再倡导,对"西学中源"说的流传起了关键作用。真正给"西学中源"说以较全面论证的是梅文鼎。梅氏的论证主要分为三个方面:一是从中国古算典籍中寻求重要论据;二是尝试提出中学西传的途径和方式;三是论证西方历法和中国早已正式采用的"回回历"有"亲缘关系"。梅文鼎是一代天算大师,著作等身,康熙帝曾给予他极高的礼遇。因此,他的论证使"西学中源"说在中国俨然已成定论,以致有人说:"梅征君文鼎,本周髀言历,世惊以为不传之秘。"①不久,该观点便正式载入了由康熙指示其第三子胤祉主持编纂的御制《数理精蕴》。

到了清代中期乾嘉学派加进来以后,"西学中源"说终于促成了中国古代科学的复兴。其主要标志是:其一,辑佚和发现了一大批古代的科学著作。如从《永乐大典》等书中辑佚了久已散失的《九章算术》《海岛算经》《孙子算经》《五曹算经》《五经算术》《夏侯阳算经》《周髀算经》等;新发现了《详解九

---

① (清)全祖望:《鲒埼亭文集选注·梨洲先生神道碑文》,齐鲁书社1982年版,第107页。

章算法》《四元玉鉴》《算学启蒙》等宋元科学著作。其二，兴起了一股校注、考订和研究古代科学著作的热潮，如凡收入《四库全书》中的天文算法类书籍，均进行了校勘和编写提要；出版了《九章算术细草图说》《海岛算经细草图论》《辑古算经考注》《四元玉鉴细草》等一批注释、解说性质的著作；戴震等人对《水经注》等进行了校注；此外还进行了一些辨伪工作等。

尽管"西学中源"说具有为西学传播赋予合法性的积极作用，但从根本上说，它主要是西方天文历法在中国获胜的情况下，儒学主流士人对西方科学做出的一种被动反应。当时，正统儒士并没有把主要精力放在对西方科学的吸收、消化，以及在会通中西的基础上向前发展中国科学上面，而是一门心思为西学在中国古籍中索源。这种做法的实质是，把已经高于中国古代科学的西方科学强行塞进中国古代科学的框架里，贬低了西方科学，也阻碍了西方科学在中国的传播；同时，它把对中国传统科学的研究蜕变为面向故纸堆的经学研究，其内容主要是辨认、复制和再发现，根本谈不上真正的发展。

总之，在科学传播的社会影响中，有关儒学与科学关系的内容十分丰富。对于这方面的研究，我们拟主要把握以下原则：

第一，以儒学、科学、基督教的互动关系为背景。儒学与基督教差异巨大、冲突激烈，但碍于儒学势力强大，传教士不得不做出补儒、益儒姿态，并以科学作为传教工具。这样儒学与基督教的关系便和儒学与科学的关系交织在一起，产生了一种共振关系。基于此，考察儒学与科学的关系离不开观照儒学与基督教的关系；也只有在儒学、科学、基督教这三者纵横交错的有机联系中，才能真正把握儒学与科学关系的精髓。

第二，区分儒学与科学关系的两种表现形式。儒学与科学的关系有两种表现形式：其一，中国传统科学与传入的西方科学的冲撞与融合。和西方古代科学包容于哲学相类似，中国古代科学包容于儒学，甚至可以说是儒学的一部分。因此，中国传统科学与传入的西方科学的关系是儒学与科学关系最直接的表现形式。面对西方科学的冲击，中国传统科学如何顽强抵抗，最终这些知识如何分流，或保存下来或被改造或被抛弃，以及为何会分流等将是对中国传统科学与传入的西方科学关系予以考察的主要内容。其二，儒学价值观念体系与传入的西方科学的冲撞与融合。这一点较之第一种表现形式居于更深层次，研究的难度也较大。

第三，把握中国传统科学与传入的西方科学关系的主线。中国传统科学与传入的西方科学关系的主线是"中西会通"思想的演变过程。一开始，"中西会通"的目的是为西学的引进提供合法性，主要做法是以西学解释中学，即"将中化西"；到了清初历狱案平反、西方天文历法胜出后，"中西会通"蜕变为"西学中源"，主要做法是以中学解释西学，即"将西化中"，而且研究领域以数学为主。当然，由于中学的固有资源和所达到的高度有限，尽管在会通索源的过程中中国古代科学获得了短暂复兴，而且稍有新发展，但最终还是无法与如日东升般的西方科学分庭抗礼而败下阵来。

第四，以对科学译著文本的研究为基础。对于在科学传播的影响中儒学与科学的关系，不可仅仅从社会现象上去考察，还要认真研读科学译著，以科学内史为基础进行科学外史的研究。须知，脱离科学传播的内容去考察科学传播对社会的影响，必定是雾里看花、不得要领。例如，不读《崇祯历书》，就难以透彻理解中历和西历斗法以及清初历狱案；不读《几何原本》，不亲身体验该书按照定义、定理、命题、推论的顺序所构造的体系，以及对每个命题的证明所体现的强大的演绎逻辑精神，就不能真正明白徐光启称赞《几何原本》的"四不可得"（欲脱之不可得、欲驳之不可得、欲减之不可得、欲前后更置之不可得）、"四不必"（不必疑、不必揣、不必试、不必改）和"三至三能"（似至晦实至明，故能以其明明他物之至晦；似至繁实至简，故能以其简简他物之至繁；似至难实至易，故能以其易易他物之至难）的真正含义，以及《几何原本》在思维方式上给中国带来的革命性影响。

明末清初科学与儒学关系研究的若干方法论问题[*]

关于儒学整体的研究,是儒学研究的重要侧面之一。而在儒学的整体研究中,儒学与社会各因素之间的关系,尤其是作为现代化突出标志的科学与作为中华传统文化重要组成部分的儒学之间的关系问题,更是不容忽视。科学与儒学关系研究的内容丰富多彩,在此仅就明末清初西学东渐中科学与儒学关系研究的几个方法论问题略抒管见。

一、几个基本问题的说明

研究明末清初西学东渐中的科学与儒学关系,不可避免地会遇到某些基本问题,在此择其要者略作讨论。

(一)何谓科学与儒学关系?

回答科学与儒学关系的本质问题,既与对儒学的理解有关,也与对科学的理解有关。就科学而言,它诞生于西欧,受古

＊ 本文原载《自然辩证法通讯》2015 年第 4 期。

希腊哲学和天主教影响深重,所以曾长期作为西方文化的精华而存在,是西方文化的一部分;同时,近代科学革命完成以后,即科学真正独立以后,它便开始作为一种具有普遍主义性质的"科学文化"而存在。就儒学而言,首先,它是中国传统文化的主体,本质上属于人文文化;其次,它是中国古代哲学的主体,也是中国现代哲学的重要组成部分。

基于上述可以认为,科学与儒学的关系主要是两种文化的关系。首先,是科学文化与人文文化的关系。需要特别说明的是,儒学并非纯粹的人文文化,它在一定程度上曾长期包容了中国古代的科学技术。其次,由于在近代科学革命之前以及近代科学革命过程之中,科学曾长期作为西方文化而存在,因此,科学与儒学的关系曾一度表现为西方文化与东方文化的关系。最后,由于儒学既是中国古代哲学的主体,也是中国现代哲学的重要组成部分,因此,科学与儒学的关系又是科学与哲学的关系。科学与哲学的关系属于科学文化与人文文化关系的范畴,所以上述第三重关系可以包容在第一重关系中。显然,它也可以包容在第二重关系中。第二重关系在近代科学体制化、普世化以后已经消解,所以归根结底,科学与儒学的关系主要是科学文化与人文文化的关系。

具体来说,科学与儒学关系的核心在于二者的相互作用,因为二者的相互作用体现着二者关系的性质(如二者的关系是相容还是相斥,抑或其他等)。科学与儒学的相互作用主要包括两方面:一是科学对儒学的作用,主要表现为科学对发展中的儒学理论体系的观点、理论、方法和基本观念等所产生的影响;二是儒学对科学的作用,主要表现为儒学理论体系和儒士的实践活动对科学知识、科学活动、科学建制和科学传播等侧面所发生的影响。

（二）研究科学与儒学关系的意义是什么？

1. 为复兴儒学开辟道路

中华民族的复兴，理所当然地要求包含儒学在内的中华传统文化的复兴。然而，长期以来，相当一部分人在科学与儒学关系的问题上持有根深蒂固的成见，认为科学与儒学的基本关系是"儒学阻碍科学"或"儒学与科学无关"。这些成见不消除，儒学的复兴将会阻力重重。当前，亟待开展科学与儒学关系的研究，彻底破除儒学与科学关系上的"阻碍论"和"无关论"，在承认儒学与科学具有一定相斥性的前提下，充分论证儒学与科学的相容性既符合历史事实，也具有充分的理论根据，是儒学与科学本质上的必然表现。此外，过去的儒学研究通常忽视儒学与科学互动的视角，特别是关于西学东渐中儒学与科学关系的研究十分薄弱。由于儒学从来都是在与其他文化的相互作用中形成、发展并不断展现其丰富内涵的，因此本研究必定会有助于更加全面地理解儒学，为儒学研究输送新鲜养分。

2. 为弘扬儒学的优秀传统厘定方向

弘扬儒学优秀传统需要明确优劣评价的标准。那么，与科学技术发展相协调是不是主要标准之一？换言之，弘扬儒学优秀传统是否一定要使儒学实现与科学技术的协调发展？若然，实现二者协调发展的基本途径是什么？关于儒学是否需要与科学技术协调发展，以及怎样协调发展，是科学与儒学关系研究的题中应有之义，所以，这项研究可以为弘扬儒学的优秀传统厘定方向。

3.为构建科技发展的优良文化环境张本

作为中国传统文化和中国当代文化的重要组成部分,儒学已经深植于中国人的价值观念、审美情趣和社会心理之中,成为中国科技发展的重要文化环境。因此,探讨科学与儒学的关系及其协调发展,必定有利于构建中国科技发展的优良文化环境。另外,现代科技负面效应问题的解决,亟待人文文化的参与,澄清科学与儒学的关系,必定会大大有利于儒学在端正科技发展方向、解决科技负面效应等方面大显身手。

4.促进科技哲学的学科建设

如果从社会活动的意义上理解科学,那么科学与儒学的关系属于科学与文化关系的范畴,并且是中国最基本、最重要的科学与文化的关系,而科学与文化的关系历来是科技哲学关于科学技术的性质及其在社会中发展规律研究的基本内容之一。因此,本项研究有利于加强科技哲学的学科建设。

（三）为什么选择明末清初西学东渐中的科学与儒学关系作为科学与儒学关系研究的切入点？

科学与儒学的关系既是一个理论问题,也是一个事实问题。之所以说是一个理论问题,是因为二者的关系源于二者性质上的差异。正如黑格尔所说:"凡一切实存的事物都存在于关系中,而这种关系乃是每一实存的真实性质。"①而且,不论是科学的性质还是儒学的性质,都绝对是一个相当复杂的理论问题。也正是因为如此,一部科学史的中心问题乃是研究"科

---

① ［德］黑格尔:《小逻辑》,贺麟译,商务印书馆1980年版,第281页。

学究竟是什么"，而一部儒学史的中心问题则是研究"儒学究竟是什么"。之所以说二者的关系是一个事实的问题，是因为早在先秦时代，中国古代科学与儒学的关系的历史就开始了。直至今天，儒学尽管已不是中国的主导意识形态，但它在中国文化中的重要地位决定了科学与儒学的关系的历史每天仍在发生着。总之，对于科学与儒学的关系，既需要理论上的深入探讨，也需要基于历史的观点关注不同历史条件下该关系的特殊性和变化性，即重视其历史性。因此，有必要就科学与儒学的关系进行适当的实证研究。

然而，关于这一点存在不同意见。有论者认为，客观的实证研究是不存在的。这是因为，实证研究必定包含"事实的选择"和"事实的解释"两个环节。而事实的选择将会进一步涉及选择的标准，事实的解释将会进一步涉及解释所运用的理论。总之，没有科学与儒学关系的理论，科学与儒学关系的实证研究是无法真正进行的；或者说，在对科学与儒学的关系进行实证研究之前，应当先有科学与儒学关系的理论。

应当肯定，"科学与儒学关系的实证研究需要理论指导"这个观点是正确的。现代科学哲学的研究告诉我们，没有中性的事实，任何事实都渗透着理论，或者说，任何理论都有一定的社会建构性。但绝不能由此认为，理论研究绝对地居于实证研究之前和之上。在理论与事实的关系问题上，必须既坚持理论的指导性，又坚持事实的基础性和至上性。也就是说，尽管理论对经验研究有指导作用，但理论最终要接受事实的检验，按照事实的要求不断修正和完善自己。基于此，在实证研究之前，选择正确的立场、观点和方法固然十分重要，但是必须时刻保持作为研究出发点的立场、观点和方法对经验事实的开放性,一旦通过充分的实证研究发现已有的立场、观点和方法有缺陷,须立即予以修正。

对科学与儒学的关系进行实证研究该从何处入手呢？选择明末清初西学东渐中的科学与儒学关系作为切入点,具有多方面的优越性。理由如下：

1. 中国科学与儒学关系史上的重要组成部分

在中国历史上,古代、近代和现代都分别有一个科学与儒学关系的问题。中国科学史意义上的"近代"始于明末利玛窦等传教士进中国,较之社会史意义上的"近代",时间上限要早一些。明末清初西学东渐是西方近代自然科学进入中国之始。显然,近代科学与儒学的关系是中国科学与儒学关系史的重要组成部分。

这里,需要对明末清初传入的西方自然科学的"近代"性质略作说明:一种观点认为:"耶稣会会士所传到中国来的根本上并不是任何意义上的近代自然科学,而恰恰是近代自然科学的对立物(指'中世纪的科学'——引者注)。"①这种观点是不符合事实的。历史事实是:当时传入的西方自然科学是以西方古代和中世纪科学为主,但同时也包含了大量近代科学成分。如当时传入的伽利略力学、开普勒天体运动理论、对数、近代地理学、血液循环理论、人体解剖学等,都是近代科学的重要成果。此外,从整体上看,当时传入的自然科学具有一定的近代性质,如当时天文历法之争以仪器对天体观测事实为判据、地图绘制以实地测量为准绳、《几何原本》等数学著作追求逻

———————————

① 何兆武:《中西文化交流史论》,湖北人民出版社 2007 年版,第43页。

辑性和精确性等，初步体现了实证、严密等近代自然科学的基本精神。

2.中国科学与儒学关系史上较有特点的组成部分

科学与儒学关系的研究一向十分薄弱，较之古代和现代，近代科学与儒学关系的研究尤其薄弱。直至目前，除了个别人物的儒学思想与科学关系的研究有过少量成果发表，明末清初西学东渐中科学与儒学关系的整体研究基本上属于空白。因此，选择它作为科学与儒学关系研究的突破口具有一定的开拓性。此外，明末清初西学东渐时期的科学与儒学关系还有以下特点：

第一，相对纯粹。此时西方科学与中国儒学初次相遇，各自独立，较少相互渗透，二者的关系相对纯粹些，因而更能凸显各自的本质。

第二，比较典型。较之古代，此时传入中国的科学已经具有了某种近代的性质；较之民国以后，此时的儒学仍然是社会的意识形态和主流文化，因而此时期的科学与儒学关系比较典型。

第三，内容丰富、生动。西方科学与中国儒学是两种异质的文化，在该时期发生了激烈的碰撞和融合。因此，较之其他时期，此时期二者关系的内容更加丰富、生动。

下面，针对明末清初西学东渐中的科学与儒学关系，分别就传教士传入中国的科学（即东传科学）如何影响儒学的发展及儒学怎样回应东传科学的某些原则性问题予以初步讨论。

二、东传科学如何影响儒学的发展？

明末清初西学东渐时期，东传科学对儒学发展的影响主要分为两个层面：一是西方科学对儒学整体的作用，二是西方科学对中国传统科学的作用。下面，对这两个层面的作用分别予以初步讨论。

（一）西方科学对儒学整体的作用

明末清初，儒学经历了一系列的转型：从明后期陆王心学的先兴后衰，到明末清初实学思潮的出现，再到乾嘉考据学的崛起等。大致来说，儒学的每次转型都有其科学的背景和动因。我们要通过挖掘翔实的史料，具体说明在儒学的每一次转型过程中，科学究竟起了什么作用，这些作用是怎样起到的，以及在儒学的每次转型中，科学的作用在众多的转型动因中居于何种地位等。一般来说，科学对儒学施加作用将会引起儒学的相应变化。这种变化可分为这样几种不同的类型：知识观点的变化、理论内容及其结构的变化、方法的变化、基本观念的变化。

（1）知识观点的变化。儒学尽管整体上属于哲学，但其理论抽象度不高，带有一定的经验色彩，类似于默顿提出的"中层理论"。儒学经验性的突出表现之一是它包含大量的知识性观点。这些观点属于儒学理论系统的最外层，而且不少是直观、猜测甚至迷信的东西，因此最容易受到西方科学的冲击。例如，西方科学以水蒸气遇冷凝结为水滴、冰粒乃至冰雹，纠正了张载、邵雍、程颐和朱熹等理学家关于"蜥蜴生雹"的观点①，就是对儒学知识观点的改变。

（2）理论内容及其结构的变化。从整体上来看，儒学理论的自然科学基础比较薄弱，所以主观臆断、以偏概全、和实践发生冲突等情况比较多见，自然也经不起西方科学的冲击。在西方科学以其对自然界客观规律探求的实证性、系统性、精确性和有效性，充分显示出巨大优越性的情况下，经过传教士和奉教士人的共同努力，成功地把西学纳入了"格物穷理"范畴。其结果，一方面是使西学得以借"格物穷理"的名义进行传播，另一方面也有效地促进了居于儒学核心地位的"格物穷理"理论由面向内心求道德的自我完善向面向外物求真理的方向的转变。这是科学对儒学理论内容的改变。焦循利用《几何原本》的公理化方法和演绎逻辑方法，建立了自己的易学哲学体系，这是对儒学理论结构的改变。

（3）方法的变化。儒学在思维方式、方法上一向以直觉、辩证和整体性等为特点，这与西方自然科学的实证性、分析性思维方式方法存在巨大差异。因此，在思维方式方法上，自然科学对儒学的冲击比较大。戴震区分"十分之见"和"未至十分之见"，有了"假说方法"的初步意识，并且把《几何原本》的公理化方法成功地引入儒学，使其以《孟子字义疏证》为代表的哲学学说的体系之严谨远胜前人，典型地表现了西方自然科学对儒学方法的改变。乾嘉学派运用西方和中国自然科学知识，以年代学、舆地学治经，也在一定程度上反映了西方科学实

---

① 参见徐光台：《西学传入与明末自然知识考据学：以熊明遇论冰雹生成为例》，《清华学报》2007年第1期。

证方法的影响。

（4）基本观念的变化。在世界观、价值观上，儒学充满对人生和社会的睿智思考，但自然科学基础却相对薄弱，因而受到西方科学的巨大冲击。西方科学通过丰富的天文和地理知识（如天体结构、星球运动、赤道、南北极、五带划分、经纬度、五大洲、四大洋等）强化了儒学的天道自然观念，纠正了儒学一向持有的中国中心主义天下观，这是对儒学天道观和宇宙观等基本观念的改变。

以上简略考察表明，科学对儒学的作用是全方位的。

（二）西方科学对中国传统科学的作用

由于中国传统科学主要包容于儒学之中，所以在讨论科学对儒学的作用时，应当包括科学对中国传统科学的作用。

1. 促进了中国传统科学的复兴

首先，促进中国传统科学的复兴在明末清初的历法改革中得到了初步展现。尽管明末改历和清初采用西历宣告了西历全面取代中历，但是徐光启在改历中提出的"欲求超胜，必须会通，会通之前，先须翻译"①的口号和"熔彼方之材质，入大统之型模"②的改历方针，鼓舞了中国士人发展传统科学、超胜西方科学的斗志。此外，举世震惊的"熙朝历狱案"也为中国传统历法的复兴注入了新的动力：它激发了中国士人研究中国传统历算的高涨热情，也促使青年康熙帝痛下学习与研究天文历

---

① （明）徐光启著，王重民辑校：《徐光启集》，上海人民出版社 1984 年版，第 374 页。

② （明）徐光启著，王重民辑校：《徐光启集》，上海人民出版社 1984 年版，第 374—375 页。

算的决心。再加上康熙出于政治上的考虑,竭力倡导"西学中源"论,于是促成了民间科学的勃兴,相继出现了薛凤祚、王锡阐和梅文鼎等一批布衣科学家,诞生了《历学会通》《晓庵新法》《历学疑问》等一批旨在会通中西的科学名著。科学史家席文甚至认为,西方科学促使中国传统天文学发生了一场概念革命。① 我认为,概念革命谈不上,究其根本,不过是西方天文学正悄然融合并取代中国传统天文学而已。

其次,促进中国传统科学的复兴在乾嘉汉学那里达到了高潮。作为儒学发展的一个崭新阶段,乾嘉汉学的出现及其成就的取得,原因是多方面的。但无论如何,西方科学的推动是重要原因之一。乾嘉学人普遍重视学习西方科学,普遍重视运用归纳和演绎方法,普遍自觉或不自觉地以西方科学为标准搜集、辑佚和校勘古籍中的传统科学,这一切无不表明:西方科学对中国传统科学在乾嘉时期的复兴具有重要作用是不容否认的。

2. 促进了中国传统科学的纯化

长期以来,中国传统科学各学科都不同程度地包含着占验

---

① 席文说,西方科学传入中国后,梅文鼎、薛凤祚和王锡阐等学者"很快对此作出反应,并开始重新规定在中国研究天文学的方法。他们彻底地永久地改变了人们关于怎样着手去把握天体运行的意念。他们改变了人们对什么概念、工具和方法应居于首要地位的见识,继而使几何学和三角学大量取代了传统的计算方法和代数程式。行星自转的绝对方向和它与地球的相对距离这类问题,破天荒变得重要起来。中国的天文学家逐渐相信:数学模型能够解释和预测天象。这些变化等于是天文学中的一场概念的革命"。([美]席文:《为什么科学革命没有在中国发生——是否没有发生?》,载李国豪等主编:《中国科技史探索》,上海古籍出版社1986年版,第109页)

的内容,如天文学中的占星术、数学中的"内算"和地理学中的风水术等。在中国传统科学内部,科学内容和占验内容胶着在一起,进而导致中国传统科学充满神秘性。西方科学传入后,以其内容上的客观性、功能上的有效性和形式上的系统性及精确性等优秀品质,为中国传统科学树立了榜样。中国士人逐渐认识到,各领域所存在的占验不仅不足信,而且危害巨大,必须彻底摈弃。为此,天文学家薛凤祚声称:"第占验之书……付之巨焰,不过百存一二,其于占法亦无所不备。"①意思是说,占验之书一把火烧了,都无碍天文历法大局。就是在这种情况下,自明末清初始,中国传统科学开始与各领域的占验大幅度相剥离。

3. 促进了中国传统科学的理论化

《几何原本》引进后,其公理化演绎方法影响日炽,以致该书译者徐光启对之倾心不已、赞不绝口,说该书有"四不必""四不可得""三至""三能"等。其中,"四不可得"是说该书"欲脱之不可得,欲驳之不可得,欲减之不可得,欲前后更置之不可得"②,实际上是高度评价了该书的公理化演绎方法。其实,当时传入的所有西方科学各分支都不同程度地显示出了注重概念界定和命题证明的理论性和逻辑性。徐光启率先洞悉某些中国传统科学较之西方科学"其法略同,其义全阙,学者不能识其由"③。于是以西方科学为榜样,在当时中国传统科学各领域,不论是个人著作还是集体著作,都注重命题证明、原

---

① 薛凤祚:《历学会通·中法占验叙》,清康熙刻本,第 11 页。

② 薛凤祚:《历学会通·几何原本杂议》,清康熙刻本,第 77 页。

③ 薛凤祚:《历学会通·测量异同绪言》,清康熙刻本,第 86 页。

理追溯和体系构建等。例如,当时中国科学家所进行的中西会通工作,不是西法派用西学论证中学,就是中法派用中学论证西学;科学家叙述科学知识的方式也普遍重视概念分析和理论证明等环节。尤其值得一提的是,当时官方组织编写的一些百科全书式的科学著作也都充分体现了理论化特点。例如,试图对中国传统数学和当时传入的西方数学进行一次全面总结的《数理精蕴》,其内容基本上是按照西方数学的分类方式予以编排的。该书上编"立纲明体",包括《几何原本》和《算法原本》等基础数学理论;下编"分条致用",包括各种应用数学知识和数学图表等工具。《崇祯历书》分为法原、法数、法算、法器、会通这"基本五目",汇集了中国传统天文历法和传教士传入的西方天文历法成就。按照徐光启的设计,此书的目标是"一义一法,必深言所以然之故,从流溯源,因枝达干",从而达到"法意既明""自能立法"[1]。这一目标尽管终未彻底实现,但毕竟表明了中国士人重视理论的鲜明态度。

总的来看,西方科学作用于中国传统科学的过程,是中国传统科学实现近代化的过程,也是中国传统科学百川入海,逐渐汇入世界科学主流的过程。在这个过程中,明末清初中国传统科学的复兴及其经验化和理论化是第一步,也是十分重要的一步。

（三）正确评价科学对儒学的作用

在儒学的每次转型中,科学的作用都是大不相同的。应当正确评价这种作用的性质和大小,不能夸大,也不能缩小。在

---

[1]　薛凤祚:《历学会通·历书总目表》,清康熙刻本,第 377 页。

这里,我们不妨以科学对乾嘉考据学的作用为例予以扼要说明。

研究科学对乾嘉考据学的作用是一个比较棘手的问题。这是因为,一方面,学界不少人无视科学的作用。如章太炎和钱穆在论及乾嘉考据学时,就对科学的作用缄口不言;另一方面,乾嘉时代士人们通常讳言西学,所以很难从他们的著述中找到应用西方科学的直接证据。但是,我们不能仅凭某些知名学者对科学作用的缄口不言,就断然否定科学的作用。其实也还是有不少知名学者明确强调科学的作用的,如梁启超、胡适等。另外,某些知名学者之所以不谈科学的作用,或许恰好表明他们对科学的作用是缺乏认识的。同样,也不能仅凭当时的士人讳言西学、很难从他们的著述中找到科学作用的直接证据而否认科学的作用。因为科学对乾嘉考据学是否发生了作用,取决于事实,而不是乾嘉学人的口头声明,尽管这种声明十分重要。这正如判案,犯罪嫌疑人的口供固然重要,但如果犯罪事实俱在,照样可以定案。前面已经述及,乾嘉学人普遍重视学习西方科学,普遍注重运用归纳和演绎方法,西方科学的作用肯定是有的。

从作用的性质上看,科学对儒学作用的主要方面是促进儒学认知传统的扩大和提升,从而有利于儒学的现代转型。历史证明,自乾嘉汉学起,儒学在思维方式上发生了一个明显的转向,即表现出了实证化和理论化倾向,开始重视概念的界定、命题的证明和经验基础,以及理论的逻辑结构等。这一点与西方自然科学的影响是分不开的。

如何评价西方科学对乾嘉考据学作用的大小? 前提是首先弄清楚作用于乾嘉考据学的动因系统。乾嘉考据学的动因系统首先是内因:一是乾嘉考据学是汉代考据学、宋明考据学和清初早期考据学的继承和发展;二是乾嘉考据学是明末清初宋明理学内部程朱和陆王两派纷争的结果。两派经学观点歧异,解决争端的最佳出路就是回归原典,澄清原典的本义。

其次是外因。台湾经学学者林庆彰先生在谈到乾嘉考据学的产生时,罗列了六条外因:社会的安定;清廷的高压政策;社会上层的附庸风雅;传教士的关系,有不少学者向传教士请教历法算学上的问题,这也是清代历算学发达的主因;出版业的蓬勃发展;学人职业的关系。① 其中第四条说的实际上是科学的作用,可惜作者未予点透。

既然乾嘉考据学的动因既有内因又有外因,而且外因又有六条之多,那么科学的作用就不应孤立地看,而应当把它置于乾嘉考据学动因系统的整体中去,通过考察它和其他作用因素的联系,对它们进行立体化的比较,最终给科学的作用一个恰如其分的评价。

三、儒学如何回应东传科学?

在近代,知识和活动是科学的两种最基本的含义。从活动的角度来说,科学又可以分为科学传播、科学研究、科学管理、科学应用等。因此,所谓"儒学回应东传科学"包括儒学对科

---

① 参见林庆彰:《实证精神的寻求——明清考据学的发展》,姜义华等编:《港台及海外学者论中国文化》,上海人民出版社1988年版,第287—322页。

学所有这些侧面所施加的作用。显然,明末清初西学东渐中儒学对东传科学的回应主要表现为儒学对科学传播和科学知识的作用,所以在此主要就儒学对东传科学这两方面的作用谈一点个人认识。

（一）儒学对科学作用的范围

明末清初西学东渐中,儒学对西方科学作用的范围十分广泛。许多儒学经典著作经传教士译介西传后,对正处于近代科学革命中的西方科学起到了一定的积极作用。除此以外,在中国本土,大致来说,儒学对科学的作用可从以下几个层面去看。

1. 不同的历史事件

明末清初西学东渐是一个时缓时急,总体上呈渐进状态的历史过程,其间包括一系列的历史事件,如明末的科学翻译热潮、改历事件和《崇祯历书》的编纂;清初的熙朝历狱案、康熙及宫廷内的科学学习活动、康熙领导的全国地理大测量、《律历渊源》的编纂、《四库全书》和《畴人传》的编纂,以及贯穿有清一代的中西科学会通活动等。在每一次历史事件中,儒学都对西方科学的传播和科学知识顽强地施加了各具特点的作用,需要我们逐一进行分析。

2. 不同的科学学科

明末清初西学东渐涉及众多科学学科,如天文历法、数学、地理学、生物学、生理学、机械学、医学、农学、军事学、建筑学等。当时,中西方的学科意识均比较粗放,从今天的观点看,所传入西方科学的学科面还是比较广泛的。应当说,儒学对每一门学科的知识传播都施加了作用,但是,由于各门学科的内容及成熟程度不同,传播的广度和深度也不同,因此这些作用是颇不相同的。

3.不同的儒学流派

明末清初儒学先后出现过以陆王心学先兴后衰为特征的宋明理学、实学和乾嘉汉学三个主要流派。这三个流派在儒学整体中的地位不同,对科学的作用也有所差别。在对西方科学存在不同程度的阻碍作用的同时,它们分别对西方科学存在突出的促进作用。例如,陆王心学提倡思想解放,因而对于西方科学的引进与传播起到了一定的促进作用;实学思潮与西方科学所具有的实理、实证和实用等特点相契合,因而对于西方科学的引进与传播起到了推波助澜的作用;乾嘉汉学执着搜寻古籍中的自然科学,既促进了中国传统科学的复兴,又促进了西方科学的应用,从而有利于西方科学的传播、消化和吸收等。

(二)儒学对科学作用的方式

不论着眼于儒学整体还是着眼于儒学的组成部分,儒学对于科学作用的重要方式之一是以掌握了儒学思想的人为中介的。即儒学思想首先内化为人的世界观、价值观或认识论等,然后通过人对科学施加影响。从明末清初的历史实践看,当时儒学对科学的作用是通过"儒士"这一中介而进行的。此外,从根本上说,当时儒学对科学的作用是一种"选择"的作用,而选择的结果又进一步表现为欢迎、排斥、建构、同化四种具体形式。其中,欢迎是建构和同化的前提,而建构和同化则是欢迎的深化;建构和同化之间,存在着某种手段和目的的关系。

1.欢迎

就明末清初西学东渐的全过程看,儒学在整体上对西方科学是持欢迎态度的。关于这一点,最直接的证据有三:一是以利玛窦为代表的传教士制定的学术传教路线。传教士正是考虑到儒士们对西方科学的欢迎态度,才制定了"学术传教路线"。二是明末改历和清代颁布新历均采用了西历,清代甚至启用传教士执掌历局。三是清代官方对于西学所秉持的"节取其技能,而禁传其学术"①的方针。所谓"技能"和"学术",分别指称西方的科学技术和宗教,一"取"一"禁",清政府欢迎科学、拒斥宗教的态度一清二楚。

具体来说,明末清初西学东渐中,儒学对西方科学持明显欢迎态度的领域主要集中在历法、数学、地理学、机械学、医学、农学和军事学等。这些领域的突出特点是事关维护王朝统治大局,有益民生日用,能够满足帝王与封建官僚各类特殊的需要等。

2. 排斥

粗略地说,明末清初西学东渐中,儒学对科学的排斥主要表现为显性排斥和隐性排斥两种情况,而显性排斥又可进一步分为全盘排斥和显性局部排斥两种类型。所以总的来看,排斥的类型有三:全盘排斥、显性局部排斥、隐形局部排斥。

(1)全盘排斥。在整个明末清初西学东渐中,对西方科学持全盘排斥的人为数不多,但影响颇大。当时,全盘排斥西方科学最典型的人物是以时任南京礼部尚书沈潅为代表的发动南京教案和闽浙反教运动的一批士人,以杨光先为代表的熙朝历狱案中的少数士人,以及以魏文魁、冷守中为代表的固守中国传统历法的一部分历法界士人等。这些士人共同的特点是:

---

① [葡]傅泛际:《寰有诠提要》,纪昀等:《四库全书总目提要》第125卷,中华书局2008年版,第1081页。

对儒学持教条主义立场,并且不能将西方宗教和西方科学区分开,反教连带着西方自然科学也一起反了。所以,尽管他们反对西方宗教侵蚀中国文化的政治态度有一定合理性,但总体而言,他们对西方科学的排斥是盲目的、非理性的。不过,他们在普通士人中有一定市场。例如,尽管杨光先对明清之际历法改革百般诋毁,对参与历法改革的传教士和中国士人必欲置之死地而后快,甚至喊出"宁可使中夏无好历法,不可使中夏有西洋人"的口号,说什么"日月食于天上,分秒之数,人仰头即见之,何必用彼教之望远镜以定分秒耶"①等,但他们仍然受到了一部分士人的热烈拥戴。乾嘉考据学派的主将钱大昕就热烈称赞杨光先"然其诋耶稣异教,禁人传习,不可谓无功于名教者矣"②。在杨光先死后大约二百年,江苏吴县士人钱绮甚至吹捧杨光先"正人心,息邪说,孟子之后一人而已"③。不过从中国科学的近代化进程角度看,他们这一部分人对西方科学的全盘排斥,在明末清初西方科学传入中国的滚滚大潮中,只是逆历史潮流而动的一股小小势力而已。

（2）显性局部排斥。显性局部排斥是指基于儒学立场,对西方科学整体上持欢迎态度,但对西方科学的某些观点或理论予以排斥。如法国传教士白晋和巴明多,历经数年编译了《人体解剖学》一书,康熙原打算刊印并亲自做了校订,但最终因考虑到人体解剖有违礼教、不宜流传而作罢。"而在日本,杉田玄白翻译了《解体新书》。以这本书为开端,在日本兴起了

---

① （清）杨光先等:《不得已》,黄山书社 2000 年版,第 73—74 页。
② （清）杨光先等:《不得已》,黄山书社 2000 年版,第 195 页。
③ （清）杨光先等:《不得已》,黄山书社 2000 年版,第 196 页。

兰学。"①造成局部排斥的原因,有时是某种客观原因,如西方传教士在科学著作中掺进了宗教内容而引起了中国士人的反感,但更多的是出于中国士人对儒学某些观点的固守或教条主义的理解。为此,著名法国汉学家谢和耐在谈到这一情况时说:"一般说来,中国人都根据他们自己的传统,来判定欧洲传教士向他们讲授的内容。他们比较容易接受那些似乎与这些传统相吻合或者可能比较容易与之相融合的内容。"②

(3)隐性局部排斥。隐形局部排斥的情况较普遍。这类情况的发生同样是基于儒学的立场,但选择时不太自觉,好像出于本能。例如,对于《几何原本》,当时有相当多的人读不懂,因而影响了该书的传播。其源盖出于许多人习惯于使用图形和数字,而难于理解和接受几何的逻辑思维方式。也就是说,在特定情况下,儒学所秉持的直觉、辩证和整体性的思维方式束缚了儒士们。

3. 建构

对于中国传统士人来说,儒学即是世界观和方法论。他们在面对西方科学时,即便是接受也很少照单全收,大量的情况是基于儒学的立场对西方科学做出种种改造,即建构。例如,《几何原本》前六卷出版后,学界陆续出版了一批研究《几何原本》的著作,如方中通的《几何约》、杜知耕的《几何论约》、梅文鼎的《几何通解》和《几何补编》等。这些著作的作者们基于共同的儒学立场和各自对《几何原本》的理解,均对原作有所改

① [日]薮内清:《中国·科学·文明》,梁策等译,中国社会科学出版社1987年版,第134页。
② [法]谢和耐等:《明清间耶稣会士入华与中西会通》,耿升译,东方出版社2011年版,第241页。

动:有的简化了定理和证明,有的删去了求证,有的修改了图形,有的还掺进了中国古代数学等。

其实,这种建构工作在热烈拥抱西方科学的徐光启身上也有表现。徐光启在充分肯定《几何原本》逻辑方法价值的同时,特别对其致用功能给予了强调:"此书为用至广,在此时尤所急须。"①他在为《几何原本》所写的译序中反复申说"是书也,以当百家之用""盖不用为用,众用所基""则是书之为用更大矣""几何诸家藉此为用",等等。一篇仅五百字的《刻几何原本序》,"用"字竟然出现了十一次之多!一部古希腊的纯数学著作,在中国人这里,竟然被塞进去大量理学"经世致用"的观念!儒学的建构作用由此可见一斑。

4.同化

历史上,面对异质文化,儒学一向具有强大的同化功能。这一点在它与西方科学的关系上也得到了充分的体现。其中,贯穿有清一代的"中西科学会通"运动,就是贯彻"西学中源"理念对西方自然科学的一次大规模同化活动。其主要做法是:首先把西方自然科学的起源归于中国,然后用中学解释西学,最终把西方自然科学纳入某种程度上从属于儒学的中国古代自然科学的框架里。

四、结论

明末清初西学东渐中科学与儒学关系演变的历史表明了

---

① (明)徐光启著,王重民辑校:《徐光启集》,上海人民出版社1984年版,第77页。

以下几方面的结论。

（一）不断将科学精神、科学方法和科学思想融入儒学，是儒学现代化的必由之路

从陆王心学的由盛而衰到实学思潮的兴起，再到乾嘉汉学的出现，儒学的每一步发展都贯穿着科学的作用，具体点说，都贯穿着科学精神、科学方法和科学思想的融入。只不过，科学的作用在儒学发展的每一步侧重点有所不同而已。例如，实学思潮以科学精神的融入为重点，乾嘉汉学以科学方法的融入为重点。如果联系到清末今文经学以进化论等科学思想的融入为重点，现代新儒学则是科学精神、科学方法和科学思想的全面融入的话，似乎可以认为：科学促进儒学发展的形式不仅是从儒学内部"开出"科学，而且包括从儒学外部融入科学；通过这种融入，促使儒学逐渐形成主客二分的对象性关系的认识论模式，扩充既有的科学认知传统，并使之与弘扬儒学的优秀人文思想结合起来。或许，这正是儒学现代化的必由之路。

（二）儒学与科学之间的相容是主导方面，排斥是局部的、非根本的

西方科学进入中国后，的确遭到了一部分儒士的抵制，贯穿有清一代的"中西会通"运动和"西学中源"说对西方科学的传播也起到过一定的消极作用。但是，这相对于广大儒士对西方科学的热烈欢迎态度、明末改历和清代颁布新历均采用西历、清代启用传教士执掌历局，以及清政府对西方科学所采取的"节取其技能，而禁传其学术"的方针之于西方科学的积极作用，毕竟是局部的和非根本的。而且，"中西会通"运动和

"西学中源"说也有其合理的一面：它们实质上是儒士们以中国文化为本位，对西方科学的一种消化、吸收形式。这在中国科学的前现代化时期是必要的和不可避免的。至于乾嘉时期中国古代科学的复兴，不应简单地认为是对西方科学的一种阻止和对抗，因为当时中国古代科学的复兴整体上从属于乾嘉汉学反叛宋明理学，或者说主要是因应后者的需要。何况当时正处于革命时期的西方科学尚未稳居世界科学的主流地位。清中期，西方科学的传播不幸中断，根本原因在于基督教和儒学在伦理观念上的激烈冲突，与儒学对科学的态度无关。恰恰相反，正是儒学对科学的眷恋，一再延缓了冲突的爆发。之所以说儒学与科学的相容是主导方面，而排斥是局部的、非根本的，归根结底是因为，儒学的核心思想是"仁爱"和"爱人"，它绝没有理由阻止和反对人们为了自身的根本利益而认识和改造世界。儒学重伦理并不必然导致轻视或排斥科学，恰恰相反，正是由于儒学重伦理，所以有民本思想，进而倾向于重视事关百姓生活质量的农学和医学；正是由于儒学重伦理，所以有忠君思想，进而倾向于重视关乎君权神授和江山社稷的天文历法、数学和舆地学等。而在现代和未来，正是由于儒学伦理观念发达，所以不论是端正科学研究的方向、提高科研团队的工作效率，还是消除科学的负面作用，儒学都大有用武之地。

（三）科学与儒学的相容性不容低估，二者协调发展的前景是无限广阔的

明末清初，传教士出于传教的需要，借助儒士们对科学的偏好，而使西方科学得以大举进入中国，并很快使西方科学在天文历法、数学和地理学等领域获取了主导地位。反过来，儒

学也自始至终都在积极主动地吸收西方科学的养分。以汇集和消化西方科学为基本目的之一的《律历渊源》和《畴人传》等传世之作的编撰以及后者的一续再续表明，即便禁教后西方科学的引进中断了，但已经引进的西方科学在儒士阶层的传播和发酵仍在继续。可以说，自从西方科学传入中国，科学与儒学的良性互动就没有真正停止过。很明显，科学在中国的传播与发展需要儒学这一民族文化的配合和保驾护航，而具有与科学相容本性的儒学也能够为科学的传播和日后现代科学的快速发展提供取之不尽、用之不竭的思想资源。总之，二者的协调发展是历史的必然趋势，其前景是广阔无垠的。

儒学和科学具有广阔的协调发展前景*

——从西学东渐的角度看

在中国,不论是在发展科学技术的意义上,还是在弘扬传统文化的意义上,都绕不过儒学与科学的协调发展问题,因此长期以来,儒学与科学的协调发展问题一直是科学哲学、中国哲学和文化哲学等学术界共同关注的重大理论问题。

原则上说,儒学与科学的协调发展问题属于儒学与科学关系的范畴,而儒学与科学关系的研究角度是多元化的。这是因为,从共时性角度看,儒学与科学二者分别都有多个层次和多个侧面。例如,单就科学而言,它可以是一种知识、一种活动、一种社会制度,也可以是一种生活方式等,这些侧面都可以和儒学发生关系;它的每一个层次,如学科、理论、概念等也都可以和儒学发生关系。从历时性角度看,不同的时代儒学与科学的关系就更是千差万别的了。

着眼于历时性角度,我们注意到,西学东渐是一个极具价值的研究角度。因为西学东渐不仅是儒学与科学关系史的重要组成部分,而且是近代儒学与科学初次接触的时期,此时双

* 本文原载《山西大学学报(哲学社会科学版)》2009 年第 2 期,中国人民大学报刊复印资料《科学技术哲学》2009 年第 5 期转载。

方彼此分立,最能突显各自的本质和特点。所以,选择这样一个视角来研究儒学与科学的关系及其协调发展问题或许能够展示其他角度无法展示的许多东西。

一、西学东渐的历史分期

首先,通过对西学东渐历史分期问题的讨论,来简单回顾一下西方科学在中国传播的过程和特点。

(一)起点与终点

谈到分期问题,自然要明确起点和终点。西学东渐的起点应当符合这样的标准:它是西方科学进入中国的一个无歧义的标志性事件。

西方科学传入中国由传教士开始,其中最突出的一个人物是意大利传教士利玛窦。他来中国传播科学行动最早,成绩和影响也最大,所以被誉为"西学东渐第一人"。利玛窦在科学传播上的贡献主要有:第一,他与华人合作翻译了一批科学著作,主要是数学和天文学著作,包括《几何原本》(前六卷)及《测量法义》《同文算指》《乾坤体义》《浑盖通宪图说》等。第二,他在中国制造或向公众展示了一大批科学仪器,其中有天球仪、地理仪、日晷仪、简平仪等。第三,他给中国带来了有中文注释的世界地图。地图的传播改变了中国人的宇宙观和地理观。之前中国人对世界的概念是很"幼稚"的,直到此时才知道中国仅是世界众多国家之一,而且并非天下中心。

利玛窦在西方科学向中国传播的过程中做出了那么多贡

献,我们应该选择什么作为西学东渐的起点呢？这个选择在学界是有分歧的,主要意见有三种:其一,选择《几何原本》的出版作为起点,因为它是利玛窦引进科学中最重要的贡献。《几何原本》学术地位极高,是整个古希腊科学的精华之一,对以后科学的发展影响很大,如牛顿的《自然哲学的数学原理》就是模仿了《几何原本》的逻辑结构。经利玛窦介绍,徐光启才对该书的价值有了充分的认识,坚信该书能够起到改变中国人思维方式的作用。后来,恰如他所预期,此书的翻译出版在中国产生了深远的历史影响,乾嘉学派的主将阮元称,在全部译介过来的西书中"当以《几何原本》为最"。在《畴人传》一书中,梁启超对《几何原本》的评价是"字字精金美玉,为千古不朽之作"①。所以梁漱溟说:"中国自从明朝徐光启翻译《几何原本》,李之藻翻译《谈天》,西方化才输到中国来。"②其二,选择以《乾坤体义》的出版为起点,这是利玛窦在翻译《几何原本》之前编写的一部天文学著作,也是传入我国的第一部科学著作,《四库全书》中明确称《乾坤体义》是"西学传入中国之始"。其三,选择利玛窦1582年到达中国作为"西学东渐"的开始。利玛窦进中国确系西学东渐开始的一个标志性事件。他是带着一批科学书籍、三棱镜和地图等踏上中国国土的,并且迅速确定了"学术传教路线"。原则上说,上述三个事件作为西学东渐的起点都没问题,只是考虑到无论是翻译《几何原本》还是编著《乾坤体义》,虽然影响大且很重要,但都是一个

---

① 梁启超:《梁启超论清学史二种》,复旦大学出版社1985年版,第99页。

② 梁漱溟:《梁漱溟全集》第1卷,山东人民出版社1989年版,第333页。

过程,而利玛窦进中国不仅在三个事件中时间最早,而且时间确定,无可置疑,所以我们认为第三种意见比较合适。

"西学东渐"的终点又该怎样界定?严格地说,科学传播是没有终点的,直到现在仍然在传播。只要西方科学有比我们发达之处,我们就应把它介绍过来,这就是传播。而我们这里所讲的是在特定的历史条件下的终点,它应该满足两个条件:一是标志着传播内容开始与西方科学的发展大致同步;二是标志着西方科学在中国扎根,中国拥有了较有规模的科研机构,能够进行独立的科学研究。在终点的选择问题上,学界的分歧不大,一般认为应该选择1928年中央研究院的成立作为终点,因为它可同时满足两项条件:第一,此时科学在中国传播的内容已和西方科学的发展大致同步;第二,它标志着近代实验科学在中国的体制化,中国有了国家级较有规模的科研机构。1927年4月,中国国民党中央召开的一次政治会议决定建立这样一个科学机构,并委托蔡元培起草组织法;1927年11月成立筹委会,确定请蔡元培任院长;1928年6月9日,在上海东亚酒楼召开了正式的筹备会,宣告中央研究院成立。会上公布了研究院的组织法,规定中央研究院直属于国民政府,对内它是国家的综合性研究中心,对外它代表中国的最高科研机构。当时,中央研究院的建制已经比较健全,共有六个研究所,分别是地质研究所、气象研究所、天文研究所、物理研究所、工程研究所、社会科学研究所,不仅基本上涵盖了自然科学的各主要学科,还包含了社会科学研究机构。总之,中央研究院性质明确、功能健全、机构完备,所以以1928年6月9日该机构的成立作为中国科学体制化的标志是恰当的。

（二）分期问题

西学东渐的分期也是多元化的。为什么呢？因为科学的传播可以从传播主体分，也可以从传播内容、传播方式方法、传播受体等方面分，只要其中一方面有变化，就可以把它作为分期的依据。如传播的方法，最初西方科学的传播方法叫作"口授笔录"，即传教士口述原版著作的大意，中国人记录下来并进行文字加工，表述为符合中国人语言习惯的文字。后来就变为通外文的中国人或通中文的外国人直接翻译了，这种变化就可以作为分期的依据。但传播的内容、传播的方法、传播的受体等方面的变化要么阶段性不是很明确，要么相互交叉严重。所以，我赞成董光璧等先生的意见：选择以传播主体为主，兼顾其他为依据，将西学东渐分为三个时期，即传教士学术传教期、洋务运动技术引进期和先进知识分子科学启蒙期。每个历史时期都有比较明显的变化，有其鲜明的特点。

1. 传教士学术传教期

这一时期，科学传播的主体主要是耶稣会士，还有少量多明我会士和方济各会士等；科学传播的受体主要局限在中国社会上层，如皇帝、各级官员、少数社会贤达和后宫的太后、嫔妃等，范围比较狭小；科学传播的内容大致属于西方古代和中世纪科学，近代科学的成分比较少。如在天文学方面，当时哥白尼学说已经提出，但传教士并未详细介绍。另外，中国修改历法采纳的是第谷体系，该体系主要是建立在托勒密天文学体系之上的古代和中世纪天文学。所以这也是后来关于传教士传播科学的评价中争议最大的问题，即传教士传播科学为什么没有及时把哥白尼天文学传入中国，是否居心叵测？这个问题涉及许多方面,原则上说,他们并非有意而为,而是受制于各种客观因素。

2. 洋务运动技术引进期

这一时期,科学传播的主体是洋务派人士;科学传播的内容从明清之际主要是宫廷科学转向了抵御外侮的军事技术,如枪炮、弹药、军舰的制造等;同时也引进了一些主要服务于军事技术的民用工业,如煤矿、铁路、钢铁、纺织等;江南制造局和北京同文馆是科学传播的重镇,先后共翻译了一百多种科学著作,这些科学著作大部分是近代科学的主要成果,如牛顿力学、微积分、代数学、解析几何和化学等;从科学传播的受体看,该时期的最大成就是培养了一批技术人才和一批专事科技著作翻译及编撰的准科学家,为中国科学的近代化准备了人才。

3. 先进知识分子科学启蒙期

这一时期,科学传播主体变成了先进知识分子。他们主要由两部分构成:一是社会责任心强,追求进步、思想解放的知识分子,像康有为、梁启超等;二是受过留学教育的先进知识分子,如严复、陈独秀、胡适、鲁迅等。这两部分人中,以第二部分人为中坚力量,其中还有一个重要群体,就是以任鸿隽为代表、以理工科留学生为主体的"中国科学社"的成员。从科学传播的受体看,这一时期已经到达了民众阶层,或者说传播对象主要是民众。突出的标志是当时的新式学校已经发展到了农村乡镇,也就是科学教育已经社会化了。当时各级学校几乎都把科学教育作为教学的主要内容。传播内容不仅在科学知识方面已经和西方科学发展大体同步,而且重点转向了科学的核心,即科学精神、科学方法和科学思想。在当时,科学启蒙作为新文化运动文化启蒙的核心内容之一,它所提出的"赛先生"

主要不是指科学知识,而是指科学精神、科学方法和科学思想。应当说,向中国民众传播科学精神、科学方法和科学思想十分必要,也标志着先进知识分子对科学认识的深化,但令人遗憾的是,这场声势浩大的科学文化启蒙运动很快就把人们的注意力转向了寻找科学的人生观,以及运用西方科学的精神与方法整理国故,却没有引起对培养和引进科技人才、建立科研机构、独立发展中国的科技事业应有的重视。就是说,科学启蒙倒向了政治启蒙和学术启蒙,却没有在科学上结出人们所期待的丰硕果实。此外,传播渠道也拓宽了,除了欧美以外,增加了日本这个渠道,当时日本已经走到了中国前面,由于地缘和文化的关系,大批留学生涌向日本,通过日本来学习西方先进的科学技术。

二、西学东渐中儒学和科学的冲突与协调

(一)儒学和科学关系的实质

儒学与科学关系的实质是两种文化的关系。为什么呢?因为儒学是一种文化这一点是肯定的,它在中国传统文化中居于核心地位。但科学是不是文化呢? 这是有争议的,通常人们认为科学关注"事实",与价值无涉,因而不属于精神文化范畴。事实并非如此:科学不仅是人类创造出来的最富理性的精神产品,而且其中渗透着某种独立的精神气质,蕴含着科学的价值追求。美国科学社会学家默顿把科学的精神气质视为科学界的如下行为规范:尊重客观事实的普遍主义、及时发表成果和高度尊重他人劳动的公有主义、真理至上的无私利性,以

及绝不轻信任何已有理论的有条理的怀疑主义。可见,科学也是文化。

如果说科学是文化的话,那么,它仅仅是西方文化,还是普适性的世界文化? 从起源上说,尽管世界各民族文化都为科学的诞生作出了重要贡献,但科学主要是西方文化孕育的结果,而且长期作为西方文化比较核心的部分而存在,因此称其为西方文化未尝不可。然而,从历史发展的角度看,随着科学的传播和世界各国科学研究的蓬勃开展,科学已经逐渐世界化,具有全球性质,因此,今天我们就不应该再把它看作仅仅是西方文化了。

鉴于科学的全球性,可以认为,包括西方文化在内的所有民族文化都有一个和科学相适应、相协调的问题。反过来,科学则对文化土壤具有很强的选择性。科学就像一粒种子,需要特殊的水分、阳光、肥料等条件,如果水土不服,就会生存不下去。关于这一点学术界已经注意到了,比如默顿在他的博士论文中就专门对这个问题进行了深入的研究。他的基本观点是:"科学的重大的和持续不断的发展只能发生在一定类型的社会里,该社会为这种发展提供出文化和物质两方面的条件。"①中国台湾学者殷海光说得更加明确:"要科学能够顺利发展,必须社会文化的环境与它融合。科学是求真的。如果它所在的社会文化环境唯假是务,那就好像一团红炭丢在雪地上,怎么燃烧得起来?"②

---

① ［美］默顿:《十七世纪英格兰的科学、技术、工业与社会》,范岱年译,商务印书馆 2000 年版,1970 年再版前言第 15 页。
② 张斌峰编:《殷海光文集》第 3 卷,湖北人民出版社 2001 年版,第313 页。

（二）科学与儒学关系的三部曲

在整个科学传播过程中,中国的士人大致分为两派:进步派和保守派。进步派是儒学内部的反对派,具有一定的革新精神,有要求进步的强烈愿望。保守派拘泥于儒学,是儒学的卫道士。从保守派对待科学态度变化的角度看,科学与儒学的关系大致经历了以下三个阶段。

1.盲目排斥

在西学东渐的最初阶段,儒学对科学基本上是盲目排斥的。对此,陈独秀曾有过一个很好的说明:"欧洲输入之文化,与吾华固有之文化,其根本性质极端相反。数百年来,吾国扰攘不安之象,其由此两种文化相触接相冲突者,盖十居八九。"①儒学对科学的盲目排斥突出地表现为一系列的历史事件,其中主要有以下几个。

一是南京教案。以南京的最高行政长官、南京礼部侍郎沈潅为代表的一批士人,他们多次向皇帝上书,要求驱逐传教士。在他们写的奏折里面,对传教士有批判,对西方科学也有批判。在皇帝还没有批准的情况下,他们先下手为强,驱逐了中国南方的传教士。

二是"闽浙士人破邪论"。这是福建、浙江的士人发起的一场批判西方宗教和科学的运动,最后形成了《破邪集》一书。闽、浙两省的很多人(包括和尚)都参与了这一行动。

三是清初历狱案。这是围绕历法的一场尖锐斗争。明

---

① 　陈独秀:《吾人最后之觉悟》,《陈独秀文章选编(上)》,生活·读书·新知三联书店1984年版,第105页。

代,由于历法频繁出错,徐光启受命在汤若望等传教士的帮助下,于明末编写了《崇祯历书》。未及颁行,明朝灭亡了。清朝甫一建立,汤若望便将《崇祯历书》稍加修改并予更名献了上去。清帝立即下令颁布,并委任汤若望为钦天监监正。中国的许多重大事务历来都由钦天监选择黄道吉日,钦天监是皇权重镇。现在居然由一个德国人做监正,太令人不可思议了。所以,安徽黟县的一个小官吏杨光先尽管年过花甲,仍然奋不顾身地站出来上书反对。看起来是他一个人打前站,实际上代表了一批儒士。以至于杨光先去世后好多年还有不少人为他鸣冤叫屈,称颂他是中国最有骨气的文化人。杨光先一而再、再而三地写文章、上奏折声讨传教士和批判西方历法。最后他抓住了两件事:一是新历法封面上写有"依西洋历法"五字。堂堂中国,怎能用西洋历法?二是为荣亲王葬期择日荒谬。钦天监为荣亲王选择葬期用的是儒家一向排斥的洪范五行,而不是正五行。以这两件事为突破口,杨光先一再猛攻,最终把内阁说服了。此时恰值康熙年幼登基,鳌拜等辅政大臣把汤若望和钦天监的五位官员都判处了凌迟极刑,然后驱逐传教士,任命杨光先做钦天监监正。幸亏皇太后说情,汤若望免于一死,而五位钦天监官员还是被处死了。这一事件震动了全国。直到康熙亲理朝政,并组织了一场文武百官参加的天象观测实验、确认新历法远胜于旧历法后,才为抑郁去世的汤若望采取了一系列平反措施,并启用传教士南怀仁继任钦天监监正。

　　为什么会出现儒学盲目排斥科学的现象?原因主要有三:第一个原因是当时对科学与宗教的关系缺乏认识。整个西学东渐时期,基督教和儒学的冲突相当激烈。基督教教义的大部分内容和儒家伦理不合,如基督教主张每个人直接面对上帝,上帝面前人人平等;只许敬上帝,不许祭祖、祭父母和祭孔;严禁娶妾、休妻;重"父爱子",轻"子孝父";倡言男女平等,共同参与社会活动等。所有这些都招致了中国士大夫的激烈反对。科学是传教士带来的,又是他们传教公开使用的手段。在这种情况下,那些士大夫便把西方科学和宗教视为一体,反宗教连带着科学也一并反了。杨光先的一席话比较典型地说明了这个问题:"天下之人知爱其器具之精工,而忽其私越之干禁,是爱虎豹之纹皮,而豢之卧榻之内,忘其能噬人矣。"①杨光先把科学与宗教的关系比喻成虎豹与其纹皮的关系,认为不可因贪恋虎豹纹皮之美而把虎豹养于卧榻之上,忘记了它们吃人的本性。与虎谋皮,祸在旦夕矣!

第二个原因是"夷夏之分"的思想作怪。中国一向坚信中国是礼仪之邦、文明渊薮,中国之外不过是南蛮北狄西番东夷而已,"华夏中心论"由来已久、根深蒂固。儒学主流认为西方国家属于夷狄蛮番之流,来自西方的科学甚至不如素称"雕虫小技"的中国古代科学,所以对其持一种本能的鄙夷态度。

第三个原因是对与中国传统科学异质的西方科学不适应。西方古代科学是包容于以本体论为核心的思辨哲学之中的;与之相仿,中国古代的科学则是包容于以伦理本位为特色的儒学之中,是儒学的一部分,所谓"圣人制数""儒医不分"即是典型证据。中国古代科学和西方古代科学在理论基础上差异较大,因此导致一些中国人不适应西方科学。例如,在历法方面,杨

---

① 　(清)杨光先:《不得已(附二种)》,黄山书社2000年版,第28页。

光先说:"予以历法关一代之大经,历理关圣贤之学问,不幸而被邪教所搃绝,而弗疾声大呼为之救正,岂不大负圣门?"[1]他不是把历法看成科学问题,而是看成儒家圣贤学问。地理方面也是这样。"有识者以理推之,不觉喷饭满案矣! 夫人顶天立地,未闻有横立、倒立之人也……予顺立于楼板之上,若望能倒立于楼板之下,则信有足心相对之国"[2],这是杨光先批判汤若望的文字。"果大地如圆球,则四旁与在下国土洼处之海水,不知何故得以不倾? 试问若望,彼教好奇,曾见有圆水、壁立之水、浮于上而不下滴之水否?"[3]当时儒士们拒绝"地球"这个概念,认为"天德圆而地德方,圣人之言详矣"[4]。天地是什么形状,本来是一个科学问题,到了他们那里却成了圣人怎么说的,得问问孔孟先贤。此外,儒士们对望远镜也不认可,他们说望远镜"展小为大",把观察对象夸大、扭曲了,看到的都是假的。因此这个东西不可靠、不能用,否则就是中了传教士的圈套。

2. 蓄意同化

蓄意同化主要表现在"西学东源说"上。"西学东源说"认为,西方的科学是从中国传过去的,原本是中国的东西,其实质是要贬低西学,为其同化西学、吃掉西学张目。这个学说是怎样流行起来的? 大体分这样几步:第一步,它萌芽于明代遗民。黄宗羲、方以智、王夫之等人认为,西方科学没什么了不起,原本是我们中国古代都有的东西。他们为什么会有这一想法?

---

[1]　(清)杨光先:《不得已(附二种)》,黄山书社2000年版,第54页。

[2]　(清)杨光先:《不得已(附二种)》,黄山书社2000年版,第56—57页。

[3]　(清)杨光先:《不得已(附二种)》,黄山书社2000年版,第57页。

[4]　(清)杨光先:《不得已(附二种)》,黄山书社2000年版,第58页。

就是因为这个时候西方科学已经充分表现出了它的优越性。历法不用说了，经过历狱事件以后，西方历法已经战胜了中国的历法。其他如农学，徐光启在《农政全书》里也积极引进泰西水法等，这个时候已经不可能阻止西方科学的传播了。第二步，康熙亲倡"西学东源说"。在和大臣讨论西学时，康熙发表了他的观点："即西洋算法也善，原系中国算法，彼称为'阿尔朱巴尔'者（Algebra，即代数学的音译），传自东方之谓也。"①康熙明确承认西洋算法优越，但却一口咬定是从中国传过去的。他这么一说，"西学东源说"便一跃而为钦定的官方学说了。第三步，康熙钦定之后，当时的著名科学家梅文鼎立即响应，忙着为"西学东源说"找论据，并就传播途径提出了假说，认为是从西域"丝绸之路"传过去的，等等。第四步，在梅文鼎的带动下，更重要的是受康熙的影响，精英荟萃的乾嘉学派也参与进来。乾嘉学派利用其朴学的深厚功底遍检古籍，为"西学东源说"寻找证据。总之，西学东源说萌芽于明末，形成于康熙时代，兴盛于乾嘉年间，普及于晚清社会，基本贯穿了有清一代。

"西学东源说"的支撑点在哪里呢？就在于西方科学和东方科学有一定的相通之处。西方的古代科学和中国的古代科学都具有浓厚的经验性质，在某些层次或环节上心同此理，他们能想到的我们也能想到，只不过深度不同罢了。但是相通不等于相同。二者是彼此独立发展起来的，根本不存在源流关系。所以究其实，"西学东源说"不过是牵强附会、曲说巧辩。

---

① 章开沅主编：《清通鉴》，岳麓书社 2000 年版，第 1175 页。

客观地说,"西学东源说"也是有一定功绩的。首先,它在客观上促进了中国传统科学的复兴。在乾嘉学派大规模考证工作的推动下,我国很多已经失传的古代科学典籍又被重新发现了。另外,有的书散见于各书的引证之中,但谁也没见过全本,乾嘉学派的学者们便把它们辑佚起来,并加以校释、整理。原来我们不太清楚的中国古代科学,猛然间看起来竟那么辉煌,这就是中国古代科学的复兴。其次,它为西方科学的传播提供了合法性。既然西方科学源于中国,那么传播西方科学还有什么错呢?不过应当指出,"西学东源说"毕竟是过大于功的,因为它诱导中国士人误入了以经学治科学的歧途。本来科学是重经验研究、是要面对自然界的,但在"西学东源说"的蛊惑下,大批中国士人漠视研究自然、对西方科学熟视无睹,一头钻到故纸堆里,竟像研究经学一样研究自然科学,这怎么能真正推进对自然界的认识呢?所以尽管当时西方科学在中国的传播长达三个半世纪,但是其间积极消化吸收西方科学甚至独立开展科学研究的人并不太多。

3.有限接受

有限接受主要体现在"中体西用说"的流布上。"中体西用说"在晚清与近代史上经历了一个复杂的演变过程。在此,我们主要从科学的角度鸟瞰一下。

洋务运动时期,中体西用的含义重在"西用","中体"不过是一个招牌。为什么呢?因为洋务运动一开始引进西方科技的时候阻力很大,儒家的主流是反对的。正如李泽厚所说:"在'言技'阶段(即洋务运动时期),问题比较简单,'西学'不过是些声光电化、工厂、实业。顽固派是坚决反对的,认为这些东西是'奇技淫巧',有害人心,应该坚决拒绝,因此在他们那里就没有中学西学的关系问题，只要统统排斥西学就行了。"①所以洋务派提出"中体西用说"，把儒学定位为"中体"，西方的科学只是为儒学所用，这样引进西方科学的阻力就小一些了。

到了维新时期，以张之洞为代表的一些士人将"中体西用"进一步引申，演变为重在"中体"。"西用"可以要，但"中体"不能动。就是说你不能学西方的样子来改变中国的体制，中国的政治体制不能动，必须严加保护。

在上述两个阶段，特别是在第一个阶段中，"西用"基本上限于西方技术，而且主要是军事技术。

到了五四新文化运动时期，梁漱溟、张君劢等新儒家以及鼓吹东方救世思想的梁启超、在中西文化论战中力主折中的《东方杂志》主编杜亚泉和倡导"昌明国粹，融化新知"的"学衡派"人士代表着儒学的主流。新儒家对"中体西用"作了进一步阐释：首先，"中体"进一步缩小到精神，主要指价值观、世界观和人生观。在他们看来，西方科学只能管物质文明，精神文明还得靠儒学，正所谓"科学之为用，专注于向外"②；中体西用就是"故科学无论如何发达，而人生观问题之解决，决非科学所能为力，惟赖诸人类之自身而已"③。新儒家说人生观问题科学不能解决，唯赖诸人自己，是以他们所谓"中国人应坚守儒学"的观点为前提的。梁漱溟甚至断言："质而言之，世界未来文化就是中国文化的复兴，有似希腊文化在近世的复兴

---

①　李泽厚：《中国现代思想史论》，东方出版社1987年版，第313页。

②　张君劢：《科学与人生观》，山东人民出版社1997年版，第39页。

③　张君劢：《科学与人生观》，山东人民出版社1997年版，第38页。

那样。"①这一时期,儒学对待西方科学较之以往开明多了,对于引进和发展西方科学不再有异议,但仍严格限制科学的应用范围,不许科学染指人的精神领域。这一点与新文化运动中科学启蒙的主旨恰是相对立的。

如何评价中体西用? 首先,无论在哪个时期,"中体西用"都是主张对中国的儒学进行保护的,只不过保护的内容和程度不同。"中体西用"主张保护儒学没有错,因为儒学里渗透着我们中国文化的民族性,体现着中华民族之魂,在中国文化中始终占据核心地位,理应予以坚持和保护。所以,"中体西用"保持中国的文化本位乃至反对全盘西化,都是正确的。其次,"中体西用"是有局限性的,它没有彻底摆脱科学与儒学绝对对立的观点,而且更重要的是,它把儒学的一些东西屏蔽起来。虽然较之洋务派和维新人士,新儒家屏蔽得最少,仅仅是人生观、价值观,但是对于中国的民族性和文化本位,这种保护方法是不对的。把要保护的部分封闭起来,不让它和科学接触,这样做不利于中国文化本位的发展。应该让科学与儒学自由交流、充分碰撞,只有这样才能使儒学充分吸收科学文化的新鲜养分,真正达到保护和壮大儒学本位的目的。顺便指出,那种认为西方物质文明发达,中国精神文明发达,并以此为根据无端抬高儒学、贬低科学和其他西方文化的观点是错误的。精神文明与物质文明不可孤立存在、截然分割,缺乏物质文明基础的精神文明是有缺陷的,甚至是虚幻的;反之,缺乏精神文明维系的物质文明难以恒久,也不是真正的文明。

---

① 梁漱溟:《梁漱溟全集》第 1 卷,山东人民出版社 1989 年版,第525 页。

三、儒学与科学协调发展的可能性与广阔前景

通过上述考察,我们可初步形成以下基本认识。

(一)儒学与科学之间的对立是可以克服的

1.儒学与科学具有某种根本上的对立不容否认

在儒学与科学的关系上,历来有对立说、一致说和既对立又一致等多种观点。西方科学传入中国的实践表明,儒学与科学的冲撞贯穿始终,二者达到基本相容经历了一个痛苦的磨合过程。因此,二者具有某种根本上的对立不容否认。

之所以二者具有某种根本上的对立,其源盖出于它们是两种异质的文化。科学是一种颇具个性的独立文化形态,它崇尚"求真","求真"即是其核心价值。围绕"求真",科学具有一系列从属的价值观念、行为规范和评价指标等。与此形成对照的是,儒学的核心价值是"致善",围绕"致善",儒学也有一系列从属的价值观念、行为规范和评价指标等。如科学鼓励人们追问自然,永不停顿地探究自然奥秘;儒学则提倡"尽心知性""克己复礼为仁",注意内省功夫和个人修养,使人无暇返身向外,对研究大自然缺乏兴趣。科学提倡只问真理,不计利害;儒学则要么教导人们"精义入神,以致用也",提倡致用科学目的观,要么教导人们"亲亲相隐",为成全伦理而不必计较真伪。科学要求科学家具有彻底的怀疑精神,对包括自己在内的一切人的已有成果绝不轻信,一律依据经验事实和逻辑规则而持彻底的怀疑态度;儒学则要求人们宗经征圣、因袭前人、述而不

作、信而好古,等等。在西方科学传入中国的三百六十多年间,对西方科学认真消化吸收的毕竟是少数人,在西方科学的感召下投身科学研究事业的人更是凤毛麟角即是明证。

2. 儒学与科学之间往往对立与一致共存

儒学与科学之间的对立既不是纯粹的,也不是绝对的,在二者之间存在对立的地方,往往同时也存在一致性。例如,科学只问真理不计利害并不是根本不要利害,它实质上追求的是无用之大用,只要发现了自然界的真理,这真理通过技术迟早要赐惠于人类。而儒学倡导致用科学目的的观,并非与"求真"绝缘,只不过在这里,"真"即道德政治之真、德行实践之真,求真主要是"穷天理,明人伦"而已。所以,西方科学传入中国的过程中,对于西方的实用技术,一向具有民本主义色彩的儒学基本上持欢迎态度。而且,之所以传入过程自技术传播开始,直至甲午战争之前儒学主流对科学的理解一直没能跳出器用藩篱而坚持实行"节取其技能,而禁传其学术"的立场,这不仅与中国士人的传统科学观有关,也与儒学和科学之间存在一致性大有关联。尤其是,西方科学最终在中国实现了体制化,表明科学与儒学经过互相调适,是完全可以相容的。

3. 儒学与科学之间的对立可以化解

西方科学传入中国的过程表明,随着时代的发展,儒学与科学双方都处于永不停顿的变化之中,二者之间的关系自然也是如此。通过立足时代精神,对儒学阐幽发微、合理诠释和创造性转化,儒学与科学相互对立的地方可能会变得相容起来。例如,关于儒家"亲亲相隐"的主张,现在学界一般不是把它理解为宣扬以"情"或"私"去损"真",而是倾向于把它理解为当且仅当在处理人情与法律的关系时,儒家以"仁爱"和"人道"

为本。这样一来，就不妨碍人们在处理科学问题时，科学界甚至大众遵循"真理至上"的观念了。正像成中英先生在谈到传统文化现代化的时候所说的那样："我们是应维持现状，还是给它另一个阐释，使这个传统中的理想性与现实性需要结合起来，将传统中的理想的规范与现代性中理想的规范结合起来，这恐怕就是我们所说的融合问题。"①总之，儒学的这种为适应科学发展而发生的变化每时每刻都在发生着，所以二者之间相容的空间是相当广阔的。

（二）最大限度地适应科学的发展是儒学未来发展的基本方向

在一定意义上，一部西学东渐的历史实际上也就是儒学逐步适应科学的历史。我们看到，几经曲折，儒学最终还是接纳了科学并与科学取得了某种协调。这说明什么呢？说明接收、发展科学乃大势所趋，最大限度地适应和促进科学发展是儒学发展的基本方向。这一点在当代就更加明显了。进入 20 世纪以来，科学已经成为支持全球经济和社会发展的主导力量，在这种情况下，包括儒学在内的一切文化形态都无法回避和科学的关系，必须处理好和科学的关系，必须把是否有利于科学的发展作为自身评价的重要尺度。

目前，中国科学发展的状况颇不能令人满意。中国人口约占世界人口的五分之一，而科学贡献的比例却很低。近年来，中国的科学成果总量已经有了快速增长，但真正产生重大影响的科学成果依然很少。为什么我们的科学这么被动？文化的

---

① 成中英：《成中英自选集》，山东教育出版社 2005 年版，第 574 页。

不适应,特别是儒学文化的不适应是基本原因之一。当然,儒学文化并不是我们现在这个社会的唯一成分,甚至在某些方面,其他文化成分可能已经超过了儒学,但不可否认儒学仍是我国文化的内核。所以儒学和科学的适应性问题解决得不好应该是我国科学发展比较被动的一个原因。我们应该最大限度地使儒学适应科学的发展。适应是什么意思呢? 就是根据科学的需要,以科学为坐标改造儒学并批判性地继承儒学,决然摈弃儒学中和科学不相适应的东西。

以科学为坐标改造儒学,根本在于努力使儒学与科学的精神气质相一致。只有和科学的精神气质相一致的文化,才最有利于科学的发展。那么,与科学的精神气质相一致的文化是什么样的文化呢? 这个问题比较复杂,但有一点是肯定的:科学的精神气质蕴含着民主,也内在地要求民主,所以,正是"与科学的精神特质相吻合的民主秩序为科学的发展提供了机会"①。与科学的精神气质相一致的文化一定是蕴含民主精神的文化。例如,科学研究尽管是一项回报率相当高的社会公益事业,但它却具有投入多、周期长和风险大的特点。倘若在经济发展和资源配置中缺乏民主决策机制,那么,大权在握的行政长官们就很容易回避走依靠科技发展经济的道路,而对房地产、市容市貌项目和劳动密集型产品出口等见效快却不能从根本上加快经济发展的短视行为趋之若鹜。其他方面不说,仅此一点就足以显示民主精神对于科学的重要性了。为此,我们应当厚此薄彼,区别对待,即尽量阐发、发现和加强儒学中诸如

---

　　① [美]默顿:《科学社会学》,鲁旭东、林聚任译,商务印书馆 2003年版,第 364 页。

"兼听则明,偏信则暗""三人行,必有我师焉"等深藏的民主意蕴的内容,使之显露峥嵘;同时,对儒学中的尊卑等级观念等与民主相悖的成分进行批判、改造,或令其隐而不彰。而这就是以科学为坐标改造儒学的内容。

总之,中国要彻底摆脱科学落后的困境,引进、跟踪发达国家的科学固然重要,但最基础、最根本的一项工程乃是革新以儒学为中心的中国文化,使之尽快成为适宜科学生长的肥沃土壤。

(三) 充分利用儒学文化资源是科学发展的内在需求

1. 科学和技术具有一定的民族性

在西方科学传入中国的三百六十余年间,儒学受到了巨大冲击。和儒学发生冲撞的因素很多,其中包括西方宗教、新兴资产阶级文化、满族等少数民族文化、马克思主义等,但到头来儒学依然根深叶茂。这说明,其一,儒学本位强大、活力无限。任何文化都有自己的本位,作为数千年中华文明的结晶,儒学本位更是体大思精。与那么多异质文化,特别是某些强势异质文化的接触,都不能动摇儒学本位,足见其力量之强大。其二,儒学不应当也不可能以是否促进科学发展作为唯一的评价尺度,不可能仅仅适应科学的发展。也就是说,儒学对于科学的适应绝不是亦步亦趋、消极被动的;反过来,儒学对科学也还有一个反作用的问题。例如,为了最大限度地促进科学在中国这一特殊地域里的发展,科学应当主动和中国民族文化传统取得协调。从整体上说,科学的内容是普遍主义的,但它的某些成分以及它的发展形式是有一定民族性的,特别是技术更是如此。例如,科学语言、科学思维方式、技术的存在形式以及某些地方性的科学技术知识都具有一定的民族形式。科学和技术的民族性为科技发展主动适应各民族文化提供了可能性。

2. 儒学是促进科学发展的重要文化资源

作为一种文化,科学尽管具有以"求真"为核心的价值观念,但是对于科学的健康发展来说,仅有这些是不够的,它还必须面对以下诸问题:科学家为什么去研究,科学家怎样去研究,研究什么,研究出来怎么用,用在哪里,以及如何应对科学应用所引发的负面后果,等等。这些问题解决不好,那是一定会影响科学发展的。但是这些问题统统涉及价值观念问题,是科学本身不去研究的,在这种情况下,就需要人文社会科学的参与和支持。所以,这些年科学与人文的融合问题在世界各国已经引起广泛重视。人们普遍认识到,无论科学多么发达,都不能离开人文;相反,科学越是发达,它对人文的需求就越迫切。

在人文社会科学整体中,儒学是有重要地位的。特别在当代,随着科学负面作用的日益严重,如何预防和治理科学的负面作用,早已引起世界各国的普遍重视。很明显,这些问题解决不好,既会影响社会的健康发展,也会影响科学的健康发展。预防和治理科学引发的负面问题固然需要依靠科学的进一步发展,也就是通常所说的"魔高一尺,道高一丈",但仅仅依靠科学技术发展是不行的,因为科技引发的负面作用具有很大的人为性,负面作用发生的根源首先在社会制度和使用科技的人上;其次,科技工作者也应主动承担一定的责任,应当在提高公民科学素养、预见科技应用前景等方面发挥更大作用。假如不能不断优化社会制度,不断更新全社会的思想观念,不断协调、解决好人与人之间的利益关系,就是治标不治本,不可能从根本上真正解决科学负面作用的问题。所以必须有人文社会科学的参与,实行科学与人文的相互配合和协调。儒学是重要的、有特色的、极其宝贵的人文资源，它凝聚了中华民族几千年的智慧，在培育人的崇高思想境界、提高人的道德水准，以及协调人的心灵与肉体、人与人、人与社会、人与自然的关系等方面蕴藏着巨大的精神财富，因而对于预防、缓解和治理科学负面作用的问题具有不可估量的价值。

试论儒学与科学的相容性[*]

中华民族的复兴离不开中华民族文化的复兴,而中华民族文化的复兴不可避免地要求儒学的复兴。然而,长期以来,相当一部分人在儒学与科学的关系问题上片面强调儒学与科学的相斥性,坚持认为儒学排斥科学、阻碍科学,进而认为儒学与现代化不相容,提倡儒学复兴是一种复古守旧和历史的倒退。这一成见不消除,儒学的复兴将会阻力重重。换言之,儒学的复兴乃至民族复兴的实现,迫切要求在全社会消除儒学与科学关系问题上的成见,实事求是地认识儒学与科学的相容性。

一、"儒学与科学不相容"的几种代表性观点

关于"儒学与科学不相容"的具体观点有很多,在此择其要者略予分析。

* 本文原载《文史哲》2014 年第 6 期,《高等学校文科学术文摘》2015 年第 1 期论点摘要,《新华文摘》2015 年第 8 期论点摘编,《中国文化报》2014 年 5 月 21 日摘要。本文于 2016 年获山东省第三十次社科优秀成果三等奖。

（一）"不需要科学论"

一些人认为，儒学偏重修身养性，主张遇事返身内求，不鼓励面向外部世界，因而不需要科学。这一观点在学界较为流行。如早在 20 世纪 20 年代末，冯友兰先生就认为"中国哲学家不需要科学的确实性，因为他们希望知道的只是他们自己；同样地，他们不需要科学的力量，因为他们希望征服的只是他们自己"①，"中国没有科学，是因为按照她自己的价值标准，她毫不需要"②。首先，评价这一观点涉及儒学的流变。学界一般认为，原始儒学和宋明理学是有原则性区别的。用钱穆先生的话说，前者"重在当代之礼乐制度、政府规模上"，后者"则重在'格、致、诚、正'私人修养上"③，或者说，前者重视"王道"，后者重视"性"与"天道"。这说明偏重修身养性，力主遇事返身内求是从宋明理学开始的，原始儒学虽然也讲修身养性和返身内求，但整体上它的侧重点不在这里。因此，讲儒学观点，就不应以宋明理学取代原始儒学，而且鉴于二者的源流关系，应该更加重视原始儒学的观点才是。其次，就宋明理学的整体而言，也并没有主张绝对不需要科学，没有达到不顾人类肉体层面上的自我肯定方式，而一味主张人们应仅仅向内心求幸福的地步。理学家将知识区分为"德性之知"和"闻见之知"，以及后文即将谈到的宋明理学，尤其是程朱理学的"格物致知"论，

① 冯友兰：《三松堂学术文集》，北京大学出版社 1984 年版，第41 页。

② 冯友兰：《三松堂学术文集》，北京大学出版社 1984 年版，第24 页。

③ 钱穆：《两汉经学今古文评议》，商务印书馆 2001 年版，第 298 页。

即在一定意义上证明了这一点。

（二）"轻视科学论"

一些人认为,儒学视科学为"奇技淫巧",一向鄙薄科学技术。这种观点尽人皆知,流布甚广。中国古代谈到"淫巧",一般是指那些无益民生日用,徒矜工巧,仅供少数人耳目之娱者,所以老庄、墨子、管子和儒家都不同程度地反对"淫巧"。但除老庄外,其他各派都不排斥用于生产的技术。中国科学史界不少学者认为,儒家在反对"淫巧"方面较为宽容:"不过儒家不像墨家那么极端,他们认为音乐、宫殿的装饰还是必要的。"①其实,反对奇技淫巧包含注重物质生产领域里的技术应用的意思,就此而言,它对发展科学技术倒是有利的。至于"斥机器为害心",是庄子通过种菜老农之口,教训孔子的学生子贡的一句话:"有机械者必有机事,有机事者必有机心。"(《庄子·天地》)这是老庄的观点。尽管老庄的思想对儒学有影响,但整体上看,这种极端的观点不属于儒学。总之,那种基于"诋奇技为淫巧",断定儒学轻视科学的观点未免武断了些。

《新唐书·方技列传》有一段话被当成儒学轻视科技的证据,引用率很高,这句话是:"凡推步、卜、相、医、巧,皆技也……小人能之。"其实这是典型的断章取义,这段话原文是:"凡推步、卜、相、医、巧,皆技也。能以技自显于一世,亦悟之天,非积习致然。然士君子能之,则不迁,不泥,不矜,不神;小人能之,则迁而入诸拘碍,泥而弗通大方,矜以夸众,神以诬人,

---

① 席泽宗主编:《中国科学思想史》,科学出版社 2009 年版,第 235 页。

故前圣不以为教,盖吝之也。"①大意是:占星术、卜卦、医术等技术自有天生之质,一般人无法掌握它们,如果君子掌握了它们便会怎么样,小人掌握了它们又会怎么样,等等。这里绝无轻视技术之意,更非主张只有小人才能掌握它们。

《论语》中樊迟问稼一事也常被用作儒学轻视科技的证据。其实,孔子之所以严厉批评樊迟问稼,是因为在他看来,管理者的要务是率先垂范并引导百姓践行"礼""义""信"等道德规范,而不是混同于农人去耕地、种菜。或许这其中所包含的官与民壁垒森严和道德至上等观念有失偏颇,但其关于管理者要把管理职责放在首位的观点是正确的。这件事也无法证明孔子轻视和反对科技。

另一些人认为,儒学以德为"本",视科学为"艺",一贯主张"道本艺末",因此,可以据此断定儒学轻视科学。事实上,在儒学那里,"本""末"只限于"道""义"的基本关系而言,若具体言之,"艺"固然从属于"道",但"艺"并非可有可无,"艺"不仅须臾不可离,而且在一定范围内依然十分重要。

(三)"阻碍科学论"

近代以来,在儒学对科学的作用问题上,学术界、思想界占主导地位的观点是强调儒学对科学的阻碍作用,如严复、梁启超、孙中山、蔡元培、李大钊、陈独秀、鲁迅等,均有过此类观点。中国科技史大师李约瑟也说过:"在整个中国历史上,儒家反对对自然进行科学的探索,并反对对技术作科学

① (宋)欧阳修、宋祁撰:《新唐书》,第五册,中华书局编辑部编:"二十四史"(简体字本),中华书局 2000 年版,第 4433 页。

的解释和推广"①,"它对于科学的贡献几乎全是消极的"②。
就连主张光大儒学的新儒家中的某些人物,也自觉或不自觉地
持儒学"阻碍科学论"。如前述冯友兰早年对为什么中国古代
没有科学的探讨,以及梁漱溟在《中国文化要义》中关于中国
无科学的分析,都把中国没有产生实验科学的原因追溯到了儒
家思想。五四新文化运动对儒学的全面否定,尤其是1949年
以后,在意识形态领域对儒学曾长期持有批判立场,上述"阻
碍科学论"一直市场广大。例如,曾有清华大学的教授在英国
《自然》杂志上撰文大谈"孔子和庄子传统文化阻碍中国科
研",说什么"它们使得中国上千年一直处于科学的真空地带,
它们的影响持续至今"③。

毫无疑问,儒学与科学是两种性质不同的文化,二者存在
冲突因而儒学对科学具有阻碍作用,甚至儒学的某些成分对科
学的阻碍作用十分巨大,是十分正常的。问题是儒学对于科学
的作用是否几乎全是消极的,是否几乎从一开始就是一种灾难
性的障碍呢? 恐怕是需要慎重对待的。

首先,儒学并非与近代科学的诞生绝缘。近代科学诞生在
西欧,但对近代科学的诞生作出过贡献的并不局限于西欧,中
国、印度和阿拉伯文明都作出了杰出的贡献,这一点已经得到
世界学界的公认。其次,近代科学的诞生是多种原因促成的。

---

① [英]李约瑟:《中国科学技术史》第2卷,何兆武等译,科学出版
社、上海人民出版社1990年版,第8页。

② [英]李约瑟:《中国科学技术史》第2卷,何兆武等译,科学出版
社、上海人民出版社1990年版,第1页。

③ GONG P. Cultural history holds back Chinese research[J]. Nature,
2012,481(7382):411.

古希腊和中世纪科学传统的逻辑发展、资本主义生产方式的产生、文艺复兴运动的蓬勃开展、宗教改革运动的兴起、清教主义与科学在精神气质上的意外契合、工艺传统和学者传统的亲密携手等，都是重要原因。可以肯定地说，尽管近代科学的诞生有其文化上的原因，但绝不单单是文化因素所能决定得了的。另外，近代科学革命的发源地仅仅包括意大利、英国、法国等少数几个国家，断言凡不属于近代科学诞生地的国家的传统文化都是阻碍科学的，不仅不合乎逻辑，而且是地地道道的文化决定论。

近代科学没有在中国诞生的原因同近代科学在欧洲诞生的原因一样是复杂多样的。特别是应当注意以下事实：正值西方近代科学革命如火如荼之际，中国却处于由明末内忧外患、战争频仍，发展到明清易代、清王朝实行高压政策的时期。当时，中国的知识分子处在清廷文化专制主义的统治下，缀文命笔，动辄得咎。在这种形势下，思想与言论尚且不得自由，遑论科学革命！因此，把中国没有发生近代科学革命的责任全部推到儒学身上，实在是没多少道理。

总之，那种把儒学与科学完全对立起来，恣意夸大儒学的消极作用，甚至一笔抹杀儒学对科学积极作用的观点是要不得的。为此，需要完整、准确地理解儒学，实事求是地认识儒学与科学的关系，高度关注儒学与科学的相容性。

二、儒学与古代科学、近代科学的相容性

儒学与科学的相容性既是一个理论问题，也是一个事实问

题。因此,讨论这个问题不能无视历史事实。对于儒学与科学的相容性,如果说中国古代科技成就辉煌是间接事实证据的话,那么从中国古代一直到近代,其直接事实证据也是俯拾皆是的。

（一）儒学与中国古代科学相容性的若干表现

中国古代科学尽管不同于西方近代科学,却毕竟包含大量近代科学的成分,而儒学与中国古代科学的相容性可约略透露儒学与科学相容性的某些信息。我们应重视以下事实。

1. 儒学经典包含不少科技著作和大量科技知识

如《大戴礼记》中的《夏小正》,《小戴礼记》中的《月令》,《尚书》中的《禹贡》,《尧典》和《周礼》中的《考工记》等,都是中国古代的重要科技著作。至于儒家经典中所包含的分散的科技知识更是令人目不暇接了。例如《周易》号称"《易》道广大,无所不包,旁及天文、地理、乐律、兵法、韵学、算术"①,其他各种经书关于日食、月食、彗星和太阳黑子等异常天象的准确记载等数不胜数,以致经书中的科技知识对于历代科学家从事科技研究普遍起到了一定的启蒙作用,经学家们则认为,不习科技,难以治经。恰如戴震所说:"予弗能究先天后天,河洛精蕴,即不敢读元亨利贞;弗能知星躔岁差,天象地表,即不敢读钦若敬授;弗能辨声音律吕,古今韵法,即不敢读关关雎鸠;弗能考三统正朔,周官典礼,即不敢读春王正月。"②戴震甚至坚

---

① （清）永瑢、（清）纪昀等撰:《四库全书总目》卷一《经部一·易类序》,中华书局1965年版,第1页。

② 章学诚:《与族孙汝楠论学书》,《章氏遗书》卷二十二,1922年吴兴刘氏嘉业堂刊本。

持认为，中国经典业已囊括了中国古代天文历算的基本内容。

2. 在儒家历代经典中存在大量与科学方法、科学思想和科学精神息息相通的关于求知的精神、方法和态度的论述

如《论语》二十篇中有关的论述俯拾即是，仅在其前两篇《学而》和《为政》篇中，就有宣扬学用结合的"学而时习之，不亦说乎"，鼓励勇于纠正错误的"过则勿惮改"，主张勤于学习、独立思考的"学而不思则罔，思而不学则殆"，提倡实事求是的"知之为知之，不知为不知，是知也"，提倡大胆怀疑、言之有据的"多闻阙疑，慎言其余"等。这些内容在原有的儒学框架内，是服务于道德修养的，但一旦将其分离出来，就会变成科学方法、科学思想和科学精神的养分，或直接成为其构成部分了。

3. 中国古代科学技术在相当程度上依附于儒学

尽管墨学和道学包含大量科学技术，但从整体和长时段看，中国古代科学技术在相当程度上依附于儒学。第一，中国古代数学起源于《周易》和河图洛书，而且是《周礼》所规定的"六艺"之一，属于先秦训练官宦子弟的基本内容，唐代则将"算经十书"列为国子监诸生的必读书目。第二，号称"医学之宗"的《黄帝内经》的核心理论——阴阳五行学说，源于《尚书》和《周易》等儒家经典，儒家一向认为儒与医皆明心见性之学，为修身、事君、事亲之本，所以历代儒医不分，医为仁术，高水平的儒士往往由儒入医，医术精湛。甚至学界流行这样一种观点：宁为良医，不为良相。第三，儒家历来信奉通天、地、人为儒，一物不知，儒者之耻，所以科学技术知识被归类于儒者应当学习的知识范围。例如，在《四库全书》所制定的学科分类框架中，天、算、农、医诸学被归于"子部"，地理学被归于"史部"。第四，在科举考试中，经常把科学知识作为考察儒士的题目。

唐、宋和明代科举考试经常出现有关天文、历法和数学等自然科学类题目。如宋皇祐年间（1049—1053）的科举考试曾要求考生以赋的形式评论天文仪器；明成祖朱棣曾于永乐二年（1404 年）亲自下令，该年度的会试必须包括"博学"类题目，结果会试的策论涉及了天文和医学类内容。

4. 历代儒家学者与科学都有某种不解之缘

首先，中国古代科学家大都接受过良好的儒学教育，具有深厚的儒学素养，并能在科学研究的价值导向、研究方法等方面自觉地运用儒学思想。其次，许多知名儒家学者重视自然科学研究，有较高的科学造诣，如汉代的董仲舒、刘歆、扬雄、王充和宋代的张载、二程和朱熹等。清代著名科学家梅文鼎曾历数汉、宋两代精通数学的名儒。他说："自汉以后，史称卓茂、刘歆、马融、郑玄、何休、张衡，皆明算术……宋大儒若邵康节、司马文正、朱文公、蔡西山、元则、许文正、王文肃，莫不精算。"①最后，有些大儒甚至有科技著作传世，如明末清初的徐光启、黄宗羲、方以智，以及清代的戴震、阮元等。

（二）儒学与近代东传科学相容性的若干表现

自 1582 年利玛窦到中国至 1928 年中央研究院成立，历时三百四十六年的西学东渐是儒学与传教士带来的西方科学这两种异质文化不断磨合并走向融合的过程。在这一历史过程中，儒学与近代东传科学的相容性给人们留下了十分深刻的印象。

---

① （清）梅文鼎：《梅氏丛书辑要》卷十一，清光绪十四年（1888）上海龙文书局石印本。

首先，在西学东渐时期，儒学在历次转型中始终与近代东传科学相得益彰。西学东渐时期儒学发生了多次转型，相继出现了一系列儒学新形态，如明后期陆王心学的先兴后衰、明末清初的实学、乾嘉考据学、晚清今文经学和民国时期的新儒学等。其间儒学的每一次转型都有其西方科学的动因和背景；反过来，儒学作为中国文化的底色，通过其选择和重塑作用，也深刻影响了西方科学在中国传播的内容、形式、范围和速度等，从而充分体现了儒学与科学相斥基础上的相容性。例如，西方科学面向外部世界，汲汲追求外部世界的客观之"理"的精神，以及西方科学所表现出的实用、实理和实效等优秀品质，足以使之跻身实学，并成为整个实学的楷模，因此东传科学与明末兴起的实学思潮一拍即合，并对后者起到了推波助澜的作用，而汹涌澎湃的实学思潮也成为西方科学大面积输入中国的优质土壤。再如，西方科学大量的天文历法和地理等方面的知识，以及以实验和观察为核心的研究方法、以归纳和演绎为代表的逻辑思维方式等，为乾嘉考据学提供了有效的辅助工具和锐利的方法论武器，使得乾嘉学人在继承中国传统考据学方法的基础上如虎添翼。最终，乾嘉学派在贯彻"回到原始儒学经典"的主张上做得风生水起、成绩斐然，在中国经学史上达到了一个新高度，同时，乾嘉宿儒纷纷转身兼治数学和其他自然科学，也为西方科学的传播和中国传统科学的复兴送来了阵阵春风。此外，西方科学所提供的进化观念与力主社会体制变革的今文经学的互动，以及科学经由工业革命促使西方社会率先实现现代化所显示出的巨大威力，促使现代新儒学确立了以推动儒学现代化为主要奋斗目标的事实等，也无不凸显了儒学与科学的相得益彰。

其次，西学东渐时期西方科学的传播始终在"格物穷理"的名义下进行。[①]早在1602年，利玛窦在其具有传教大纲性质的《天主实义》一书中，率先把"西学"称作"格致学"。1607年，利玛窦在《几何原本》译序中，再次明确地赋予西学以"格物穷理"的名义，指出"吾西陬国虽褊小，而其庠校所业格物穷理之法，视诸列邦为独备焉。故审究物理之书极繁富也"，并且把几何学视为格物穷理的典范，认为"其所致之知且深且固，则无有若几何一家者矣"[②]。徐光启则在他的《几何原本》译序中，把西方科学界定为"格物穷理"，并明确地把西学中的神学排除在外："顾惟先生之学，略有三种：大者修身事天，小者格物穷理；物理之一端别为象数。一一皆精实典要，洞无可疑，其分解擘析，亦能使人无疑。"[③]至1612年，徐光启在《泰西水法》序言中再次重申："余尝谓其教必可以补儒易佛，而其绪余更有一种格物穷理之学……格物穷理之中，又复旁出一种象数之学。象数之学，大者为历法，为律吕；至其他有形有质之物，有度有数之事，无不赖以为用，用之无不尽巧极妙者。"[④]不难看出，徐光启借着赋予西方科学以"格物穷理"的名义对西学和中学同时进行了德、智二分。对西学而言，德者为天主教教义"修身事天之学"，智者为"格物穷理之学"；对中学而言，

---

① 在发现和论证明末清初西学借"格物穷理"之名进行传播方面，比利时汉学家钟鸣旦和台湾清华大学徐光台教授等做了大量工作。

② ［意］利玛窦：《译〈几何原本〉引》，徐宗泽：《明清间耶稣会士译著提要》，上海书店出版社2006年版，第198页。

③ （明）徐光启：《刻几何原本序》，徐光启撰，王重民辑校：《徐光启集》，上海古籍出版社1984年版，第75页。

④ （明）徐光启：《泰西水法序》，徐光启撰，王重民辑校：《徐光启集》，上海古籍出版社1984年版，第66页。

德者为修齐治平、成圣入贤,智者亦为"格物穷理之学"。这样一来,不仅西方科学和中国传统科学找到了统一性,而且西方科学和儒学也找到了统一性,从而使西方科学跻身为理学的一部分,为西方科学在中国的传播和发展铺平了道路,同时也促进了儒学的核心命题"格物穷理"由德性向认知方向的转变,为中国科学的现代化开了先河。此后很长时间内,西方科学在中国基本上就是在"格物穷理"或"格致"的名义下进行传播的。

事实上,在西学东渐过程中,儒士们强烈抵制西方宗教,而对传教士所带来的西方科学则基本持欢迎态度。因此,利玛窦也才制定了"学术传教"策略。尽管在明末南京教案和清初历狱案等事件中,曾一度出现了某些儒士攻讦西方科学的情况,但从根本上看,这种攻讦西方科学的现象通常受儒学和西方宗教激烈冲突的裹挟,具有某种暂时性和局部性,彻底反对西方科学的儒士毕竟是极少的。

三、儒学与现代科学的相容性

接着,让我们看一下儒学与现代科学的相容性。

(一)儒学对于中国现代科技发展的作用不容低估

在儒学对科学的作用问题上,一些人坚持认为"儒学与科学不相关",前者对后者无作用,他们的主要理由是:其一,儒学侧重内心修养,科学专注于外部世界,二者各司其职,互不相关;其二,科学的发展主要取决于科学的体制和运行机制,以及社会制度和经济条件等；其三，儒学在当代已经失去了制度化的基础，尤其其中最重要的两个制度，即科举制度和家族制度或者已经废除，或者已经处于一息尚存的状态。因此，儒学对科学的作用微乎其微，几近于零。

我认为，这种观点是不符合实际的。在古代，儒学作为中国的主流意识形态，是中国古代科学发展的主要文化背景；在现代，儒学仍然居于中国文化的核心，不论自觉与否，包括科学家、科技管理工作者、政府官员和企业家在内的每一位中国人的价值观念、审美情趣和文化心理结构中，都流淌着儒学的血液，活跃着儒学的基因。因此，儒学作为中国科学技术发展的重要文化环境，不可能不和科学发生相互作用。另外，那种以儒学在当代已经失去了制度化基础为由，消解儒学对科学作用的观点也是不符合事实的。事实是：一方面，家族制度并未真正消失，中国至今仍以家庭为物质生产、人口繁衍和日常生活的基本单位，家族制度在全社会，尤其在广大农村仍有较大市场；另一方面，儒学等传统文化的制度化并不仅仅表现为科举制度和家族制度，教育制度、文学艺术作品、民间习俗、典籍文献等也是儒学等传统文化制度化的重要载体。总之，儒学等传统文化通过各种渠道融入中国人乃至东亚文化圈许多人的精神世界里，薪火相传、世代绵延，儒学等传统文化对现代科学的作用是不容低估的。

（二）科学是儒学现代化的坐标之一

从根本上说，社会现代化除了工业、农业、科技、国防和社会治理的现代化以外，还包括文化现代化的问题。对于中国来说，文化现代化的重要内容之一就是传统文化，尤其是儒学的现代化,离开儒学的现代化,各方面的现代化将根基不牢,缺乏后劲。

儒学的现代化不可能是其完全独立于社会系统之外的自我发展,而应是儒学的自我发展和儒学与现代社会的政治、经济、文化的全面融合。由于科学技术在现代社会中的地位日益突出,儒学与科学的融合或者说儒学的科学化是儒学现代化的根本任务之一。儒学必须适应现代社会,保持与现代科学技术的高度相容性,成为促进现代科学技术发展的优良环境。任何阻碍现代科学技术发展的文化或文化成分,迟早要么被改造,要么被摈弃。从这个意义上说,科学可以说是儒学现代化的坐标之一。为此,儒学至少应当做到这样几点:第一,不断改造自身。作为中国传统文化的主体部分,儒学所包含的已有科学成分不仅需要重新改造、需要不断赋予其新的时代意义,而且它所包含的大量与科学技术不相适应乃至对科学技术发展起阻碍作用的成分更加需要予以改造。第二,扩大科学文化成分。具体来说,一是从现代科学的时代精神那里汲取灵感,既然人们已经普遍意识到,现代自然科学和中国古代哲学在哲学前提、核心观念和思维方式等方面存在一定的契合性①,那么儒学就完全有可能从现代科学发展的时代精神那里汲取灵感,不断丰富自己;二是引进现代科学的理论和方法,或者通过对自然科学成果的哲学概括,而提炼新的理论和观点来完善自己。第三,寻求科学的支撑。广义地说,科学也包括技术在内。从这个意义上说,科学对于儒学具有支撑作用,因为儒学像其他

---

① 参见 Fritjof Capra, *The Turning Point*: *Science*, *Society*, *and the rising Culture*, New York: Simon and Schuster, 1982.

种类的文化一样,也包含事业和产业两部分,而科学将深刻影响以表现儒学文化为内容的各式各样的文化产品的创作生产方式和传播、传承方式,将开辟以表现儒学文化为内容的各式各样的文化产品的生产力和供给力的新空间,同时将创造和扩大全社会对于儒学文化消费的种种新需求。

总之,对于儒学的现代化,科学不仅是无比丰富的思想资源,而且具有一定的导向作用,同时也是儒学的现代化发展的技术支撑条件。

（三）现代科技发展方向和消极后果的矫正亟须儒学的参与

首先,在现代社会,随着大科学时代科学活动规模的扩大和研究费用的增长,科学技术对政府和企业的依赖性日渐增强,科学技术为权力和资本所控制的程度也在同步提高,科学技术正在发生着一种由为全人类谋福利朝向消耗公共资源而为权力和资本服务的比重日渐增长的异化趋向。要有效克服和减缓这种异化趋向,以"仁"为核心、强调"以民为本"的儒学当是一种十分宝贵的思想资源。

其次,科学尤其是现代科学已经充分表明,要想妥善解决科学技术所引发的负面后果,亟待儒学这类人文资源的积极参与。原则上说,矫正科技所带来的负面后果需要多管齐下,如社会制度的改变、人类认识的提高、舆论和道德的约束以及法律制度的完善等。所有这些手段统统贯穿着人的价值观。要想端正人的价值观,强化解决科技所带来的负面后果问题的这些手段,需要从人类一切已有的文化中汲取养分。在这方面,儒学是大有可为的。儒学的核心价值目标有二：一是追求人与自然的和谐，二是追求人与人、人与社会的和谐。而一切科技负面后果的发生，在一定的意义上都是背离甚至践踏了上述两项价值目标的结果。因此，把儒学的人文精神和现代科学精神有机结合起来，对于避免和解决科学技术引发的负面后果问题，端正现代科学技术的发展方向，是至关重要的。

诚然，儒学对现代科学发挥积极作用是有条件的。对于儒学的作用需要进行客观、全面的分析，实事求是地弄清楚儒学的各个侧面和各种具体观点对科学所起作用的表现、性质、方式和条件等。如就儒学对现代科学所起作用的条件而言，儒学的"民本"思想对于科学家确立为人民、为国家而崇尚科学的价值观，以及端正科学技术应用的方向是有益的，但发挥这种积极作用的条件是必须将"民本"思想与其有可能包含的"忠君"思想相剥离；儒学的"天人合一"思想有助于科学家增强天人和谐意识、树立生态自然观和生态科学技术观，但发挥这种积极作用的条件是必须剔除"天人合一"思想有可能包藏的"天人一物""内外一理"乃至"天人感应"等糟粕，如此等等。

四、儒学与科学相容的理论根据

为什么儒学与科学具有相容性？要回答这个问题，需要先对儒学和科学的关系有一个基本定位。大致来看，儒学与科学主要表现为三重关系：在儒学作为中国哲学主体的意义上，二者是哲学和科学的关系；在儒学作为中华民族文化，以及在近代科学革命完成之前实验科学曾长期作为西方文化而存在的意义上,二者曾一度是东方文化和西方文化的关系;在儒学作为人文文化的意义上,二者是人文文化和科学文化的关系。在这三重关系中,儒学和科学双方分别表现出一系列不同的精神特性,而二者相容性的根据就深深扎根在这些不同层面上的不同精神特性之中。其中,双方各有一种精神特性是上述三重关系中所共同具有的,这就是"善"和"真"。在一定意义上,儒学与科学的关系表现为"善"与"真"的关系。儒学始终以提升人的精神境界为终极目标,是一种追求以"仁"为核心的善的哲学。科学求真、求力,也求利,尤其是在"后学院科学"时代,求力和求利的成分显著增长,但求真当是基础性的,这里的"真"并非绝对意义上的,而是包含一定的社会建构性。总之,儒学与科学均是"真""善""美"兼举,但儒学的核心在"善",科学的核心在"真"。

求真不仅要以求善为归宿,而且更为重要的是:第一,求善是以"真"作为前提环节之一的。在伦理问题上,尽管儒学一向重视言传身教的作用,但人类毕竟是理性动物,求善需要对什么是"善",什么是道德规范,以及求善的方式方法有一个准确而深入的认识。有了正确的求善意识,未必能真正做到善,但一般情况下,必定会更加有利于求善行为的施行,所以求善需要认识的配合,而认识的问题离不开"真"。儒学历来就有富有特色的求知传统。儒学的核心是"尊德性",但同时也认为必须"道问学"。"道问学"旨在追求三种知识:德性之知、原典之知和见闻之知。原典之知即是以孔子删定的"六经"为核心的儒家经典的本意。在一定意义上,"道问学"是"尊德性"的前提,所以儒家历来强调"以德摄知"。例如,孔子明确主张

"未知,焉得仁"(《论语·公冶长》),"知者利仁"(《论语·里仁》),认为"仁"即"爱人","知"即"知人",把"知"作为"得仁"的手段,视"利仁"为"知"的目的和出发点。孔子所确立的"以德摄知"传统被历代儒家发扬光大,例如孟子指出"仁之实,事亲是也;义之实,从兄是也;智之实,知斯二者弗去是也"(《孟子·离娄上》),进一步论证了"知"为"仁"和"义"服务的地位。董仲舒指出"仁而不知,则爱而不别也;知而不仁,则知而不为也"(《春秋繁露·必仁且智》),深入阐明了智、仁的关系,依然坚持"以德摄知"的立场。程颐说:"涵养须用敬,进学则在致知。"①朱熹进一步指出:"学者工夫,唯在居敬、穷理二事。此二事互相发。能穷理,则居敬工夫日益进;能居敬,则穷理工夫日益密。"②同样旨在阐明穷理之"知"和居敬之"德"的关系,强调"知"与"德"的相辅相成,以及"知"服务于"德"。王夫之强调见闻之知,认为"人于所未见未闻者不能生其心"③。戴震则明确提出了"德性资于学问"④的命题,把学问赫然置于"德性"的基础地位。

儒学的求知传统中,尽管把"明道德之善"作为"知"的基本方向,但它并没有否定或丢掉对自然万物的认识,而是把对自然万物之"知"主要限定在德性之知的范围之内,视"知"为

---

① (宋)程颢、程颐撰,王孝鱼点校:《二程集》,中华书局1981年版,第188页。

② (宋)黎靖德编,王星贤点校:《朱子语类》卷九,中华书局1986年版,第150页。

③ (明)王夫之:《张子正蒙注》,古籍出版社1956年版,第276页。

④ (清)戴震:《孟子字义疏证》卷上,戴震撰,杨应芹、诸伟奇主编:《戴震全书》第6册,黄山出版社1994年版,第165页。

实现"善"之目的的手段。儒学倡导致用科学目的观，并非与"求真"绝缘，也绝不反科学，只不过在它那里，"真"主要是伦理和性命之理以及政治之真、德行实践之真，求真主要是"穷天理，明人伦"，而自然之真必须从属和服务于伦理和性命之理以及政治之真。因此儒学对于科学具有内在的需求，如敬授民时需要天文历法，"要在安民富而教之"（《汉书·食货志》）需要农学，"上以疗君亲之疾，下以救贫贱之厄"①需要医学，治国安邦需要地理学，等等。

第二，求真离不开"善"的导向和规范。求真有一个端正目的、提高效率和矫正求真应用异化的问题。这三者均已涉及价值范畴，而价值的调整是离不开"善"的导向和规范的。关于"矫正求真应用异化的问题"已如上述，下面仅就前两点略加探讨。

1. 求真端正目的离不开"善"的导向

事实上，中国古代科学家研究科技的目的，大都深深打上了儒学的烙印。如最常见的目的有：其一，追求儒学所提倡的"强国富民"；其二，实践儒学的"忠""孝"道德；其三，扫除儒学经典所包含科技知识的阅读障碍，准确理解儒学经典的本义等。同样，儒学对现代科学家端正研究科技的目的也有一定的助益。按照爱因斯坦的观点，最值得提倡的现代科学家研究科学的目的应当是视科学为理解宇宙的神圣事业，此即"崇尚真理的价值观"。其具体内容为："首先，它意味着科学家应当：（1）坚信外部世界具有客观规律性；（2）坚信客观规律的可认

① （汉）张仲景：《伤寒杂病论》，河南科学技术出版社1982年版"自序"。

识性;(3)坚信认识趋向于简单性。其次,崇尚真理的价值观要求科学家有勇气把对自然界客观规律的认识作为自己的第一生活需要、作为自己生命不可分割的一部分。就是说,不是官本位、不是伦理本位,也不是金钱本位、名誉本位,而是事实本位、真理本位。"①崇尚真理的价值观可以帮助科学家恰当处理求真与致用的关系,确定正确的研究方向;可以帮助科学家战胜世俗因素的诱惑,保证科学研究的顺利进行。因此,树立崇尚真理的价值观既是杰出科学家的标志,也是科学家取得杰出成就的基本条件之一。就其属于价值观而言,崇尚真理的价值观是一种人文因素;就其属于科学的内在要求而言,崇尚真理的价值观又是一种科学精神。所以确切地说,崇尚真理的价值观是人文精神和科学精神的融汇,是一种典型的"科学人文"因素。基于此,它的培养离不开现实的和传统的人文文化的滋养。尽管历史上儒学在培育中国科学家崇尚真理的价值观方面存在种种局限性,但可用的思想资源还是不少,如儒学提倡的"天下为公"的理想、"敬事而信"的作风以及"知之为知之,不知为不知"的诚实态度等。

2.求真提高效率需要"善"的规范

从根本上说,科学活动是一种社会活动,而且随着科学活动规模的扩大,科学的社会性渐趋加强。在这种情况下,为了提高科学活动的效率,科学家必须恰当处理个人与他人、个人与集体、科学界与社会、个人与名利等方面的关系,而所有这些关系的处理,适当吸收儒家伦理必将大有裨益。儒学是一个博大精深的伦理思想体系,它所倡导的许多道德规范可以为科学

---

① 　马来平:《科技与社会引论》,人民出版社 2001 年版,第 102 页。

研究提供有效的伦理基础。例如,"诚"能够引导科学家实事求是,不作伪;"信"能够引导科学家坚守诺言,保持信誉;"恕"能够引导科学家推己及人,团结同事;等等。

　　诚然,儒学不是彻底的善,更不是唯一的善,这一点决定了儒学与科学的相容性,必定是有条件的和有一定限度的,但从"善"和"真"的角度看,二者的相容性是有某种必然性的。

儒学与科学具有根本上的相容性*

弘扬中国传统文化有一个正确对待儒学的问题，而要正确对待儒学，亟待端正对儒学与科学关系的认识。这是因为从五四新文化运动到"文化大革命"对儒学的激烈批判，深刻影响了几代人的观念。时至今日，仍有相当多的人秉持"儒学从根本上阻碍科学"的"相斥论"，即便在那些承认"儒学从根本上促进科学"的"相容论"的人中间，也有不少人仅限于口头承认，思想深处并没有真正解决为什么儒学与科学从根本上相容的问题，因而容易出现思想反复。鉴于科学是现代化最重要的内容之一，儒学与科学的相容与相斥之争将直接关系到儒学的现代命运，关系到弘扬传统文化的合法性、怎样弘扬传统文化，以及中国现代文化的建设方向问题，所以儒学与科学是否相容以及为什么相容等问题亟待澄清。

一、儒学与科学根本上相容的理论根据

大致来看，儒学与科学既是哲学与科学的关系，又是人文

* 本文原载《自然辩证法研究》2016 年第 8 期。

文化和科学文化的关系。由于哲学属于人文，所以说到底，二者是人文文化和科学文化的关系。从文化上看，儒学是一种具有中华民族特色、高度发达的价值系统，科学则既是人类真理性认识的结晶，又是人类社会性的求真活动。尽管儒学也包含关于人自身的认识、他人的认识，以及关于自我与他人关系的认识，尤其是关于自然界的认识等真理内容，而科学也包含科学家树立求真科学目的观等价值内容，然而，毕竟儒学的核心是价值，科学的核心是真理。因此，二者的关系主要是价值与真理的关系。不过，儒学并非唯一的价值，儒学属于道德价值，道德价值之外还有形而上学价值或宗教价值，以及审美价值等类型；同样，科学也并非唯一的真理，真理尚有逻辑与数学真理，以及价值真理等类型。因此，儒学与科学的关系是真理与价值关系的一种特殊表现形式。从真理与价值关系的角度看，儒学与科学的关系有以下特点。

（一）终极目的的一致

科学的目的是追求真理。但就终极目的而言，倘若科学只求真理，不去创造和实现价值、不能有益于人类，最终将会使科学活动远离人和社会的需要，丧失物质基础，并成为无意义的事情。所以，尽管科学整体上表现为价值中立，科学家的具体科学活动也应当以求真为目的，但科学的终极目的不能完全脱离价值，一定要实现价值，表现出对人和社会有益的意义。而儒学作为一个高度发达的价值系统，其核心思想是"仁"，高度关注如何爱人、如何有有益于人。所以，二者的终极目的是一致的。

儒学追求以"仁"为核心的价值，但价值目的不能脱离真理而孤立存在。人们追求价值需要解决价值是什么，以及追求价值的方法、途径是什么等认识问题。其中，如何认识和改造客观世界为人的利益服务是中心问题之一。事实正是这样，在培育和践行价值观上，尽管儒学一向重视言传身教的作用，但也强调从求真的角度对价值的内容、根据，以及践行的方式、方法有准确深入的认知。所以正像牟宗三先生所说，儒家历来强调"以仁摄智"。总之，儒学把"明道德之善"作为认知的基本方向，但并没有否定和忽视对客观世界的认知，只不过是把对客观世界之知限定在德性之知的范围内，把它视为实现儒学价值目的的工具。

（二）精神气质的相通

美国著名社会学家默顿认为："科学有其一套独特的历史上形成的社会规范，它们构成了科学的'精神气质'。"①默顿所说的这套"科学的社会规范"是指科学家在科学活动中应当遵循的诸如普遍主义、公有性、无私利性、有组织的怀疑等一套行为规范。这套行为规范为什么构成了科学的精神气质？这是因为，这套行为规范乃是约束科学家的有感情色彩的一套价值体系，在不同程度上它被科学家内化而形成他们的"科学良知"或"超我"，从而也成为科学区别于其他社会体制的本质特征。仿照默顿的这一做法，可以认为，儒学为人们所规定的成圣贤的一系列行为规范，如"仁、义、礼、智、信"等，也构成了约束儒士的有感情色彩的一套价值体系即精神气质。那么，这两

---

① ［美］默顿：《社会研究与社会政策》，林聚任等译，生活·读书·新知三联书店 2001 年版，第 6 页。

种精神气质是什么关系呢？

儒学属于道德价值，它在培育和践行价值观上，建立了一整套博大精深、细密严谨的行为规范体系。其中，大量行为规范与科学界的行为规范是息息相通的。例如，儒学主张任人唯贤，唯才是举，"外举不避仇，内举不避亲"①，人我之间不分社会属性，彼此都应该"己所不欲，勿施于人"②，"己欲立而立人，己欲达而达人"③。这是一种与科学界的"普遍主义"行为规范遥相呼应的另一种普遍主义；儒学关注利与义的关系，主张义重于利、利服从义，如孔子讲"君子喻于义，小人喻于利"④，董仲舒讲"正其义不谋其利，明其道不计其功"⑤。尽管儒学对于"利"的排斥有点过头，但就其所持私利绝对服从做人原则的鲜明态度上，毕竟包含着一种足以与科学界的"无私利性"行为规范相媲美的无私利性；儒家尽管讲宗经、征圣，讲君子三畏："畏天命，畏大人，畏圣人之言"⑥，但并没有丢掉怀疑精神。孟子说："尽信书，则不如无书。"⑦朱熹说："读书无疑者，须教有疑；有疑者，却要无疑，到这里方是长进。"⑧王充写下《问孔》

---

①　（秦）吕不韦：《吕氏春秋·孟春纪第一·去私》，《诸子集成》第六卷，上海书店 1996 年版，第 10 页。

②　杨伯峻译注：《论语译注·卫灵公》，中华书局 1980 年版，第166 页。

③　杨伯峻译注：《论语译注·雍也》，中华书局 1980 年版，第 65 页。

④　杨伯峻译注：《论语译注·里仁》，中华书局 1980 年版，第 39 页。

⑤　（汉）班固：《汉书·董仲舒传》，中华书局 1962 年版，第 2524 页。

⑥　杨伯峻译注：《论语译注·季氏》，中华书局 1980 年版，第 177 页。

⑦　杨伯峻译注：《孟子译注·尽心章句下》，中华书局 2005 年版，第325 页。

⑧　（宋）黎靖德编：《朱子语类》卷十一，中华书局 1986 年版，第186 页。

和《刺孟》名篇问难圣人,他和范缜在反对迷信的斗争中所体现的怀疑论哲学,以及在旷日持久的古文经学和今文经学之争中儒士们所表现出的对经典和名家注疏的怀疑精神,都是十分突出的。

科学家固然首先需要自觉遵守科学界的行为规范,但在求真活动中,往往也需要借用其他领域(比如儒学)的某些行为规范。例如,为了提高研究效率,科学家必须恰当处理个人与他人、个人与集体、科学界与社会以及事业与名利等方面的关系。适当吸收儒家伦理对处理好这些关系大有裨益。儒学所倡导的许多道德规范可以为科学研究提供有效的伦理基础,有助于营造一种讲信修睦、同心协力的科研环境。例如,"诚"能够引导科学家实事求是,不作伪;"信"能够引导科学家坚守诺言,保持信誉;"恕"能够引导科学家推己及人,团结同事;等等。

总之,儒学与科学各自的精神气质侧重点不同但又密集交叉,是息息相通的。

(三)思维方式的互补

儒学培育和践行价值观念的思维方式颇具特点:它主张主客体的统一甚或合一,而不是分离和对立;它关注的是人的问题,有关自然界和客体的认识最终要落实到人的存在和人生意义上去。为此,尽管儒家也讲"类推""比较"等带有逻辑性质的思维,但占据主导地位的思维方式则是整体思维、直觉思维和意象思维等。这些思维方式大都属于非逻辑的创造性思维范畴,而且儒家对这些思维方式的内涵、程式和作用认识独到、运用娴熟,积累了丰富的经验,所以能够起到充实科学求真思维方式的作用。毕竟在科学求真活动中,非逻辑的创造性思维方式占有相当大的比重,以至于爱因斯坦认为科学发现没有逻辑通道:"我们在思维中有一定的'权利'来使用概念,而如果从逻辑观点来看,却没有一条从感觉经验材料到达这些概念的通道。"①

科学求真的思维方式是实验方法和数学方法的结合。它对于儒学思维方式的补益作用,自明末西学东渐儒学与科学相遇开始,就异常鲜明地表现出来了。科学求真所习用的演绎、归纳等逻辑方法,以及注重经验证据的实证方法等迅速被引进到了儒学之中,并且对儒学起到了显著的改造和提升作用。

（四）社会功能的共济

科学真理投入应用,其社会功能的"双刃剑"性质已成为人们的共识。通常,科学的消极社会功能分为三个方面:其一,科学应用所带来的机械化、电子化和微电子化,造成了对人性的奴役和对人的主体性的束缚;其二,科学应用于战争,对人类生命安全造成了毁灭性威胁;其三,科学应用于工农业生产造成了生态失衡、环境污染、资源短缺等全球性问题。科学的这些消极的社会功能有些是和科学存在某种"如影相随"的关系,难以避免,更多的则是带有明显的人为性。但不论哪种类型,原则上都是可以救治的。救治科技所带来的消极的社会功能需要多管齐下,如社会制度的改变、人类认识的提高、舆论和道德的约束、法律制度的完善等。所有这些手段作用的发挥,

---

① ［美］爱因斯坦:《爱因斯坦文集》第 1 卷,许良英等译,商务印书馆 1977 年版,第 409 页。

统统受制于人的价值观。而要想端正人的价值观,亟须从人类一切已有的文化中汲取养分。在这方面,儒学尤为引人瞩目。在人与自然、人与人以及人与社会的关系上,儒学的价值目标集中体现为人与自然的和谐,以及人与人、人与社会的和谐。而一切科技消极社会功能的发生,在一定的意义上都包含着背离甚至践踏这一价值目标的重大因素在里面。因此,把儒学的人文精神和现代科学精神有机结合起来,对避免和解决科学技术引发的消极的社会功能,端正现代科学技术的发展方向,可谓正中肯綮。

在古代,儒学作为主流价值观念之社会功能的实现,科学一直参与其中。在现代,失去社会意识形态职能的儒学,要充分发挥其社会功能,必须主动适应科学。诚然,对于儒学如何适应科学,不同学派的意见是不一致的。例如,现代新儒家提出了诸如"三统"开出说、良知"自我坎陷"说、"暂忘"说等观点;马克思主义派则主张在马克思主义的指导下,对儒学实行创造性转化和创新性发展。

总之,儒学价值与科学真理终极目的的一致、精神气质的相通、思维方式的互补和社会功能的共济等,共同决定了儒学与科学具有根本上的相容性。

二、从宏观历史角度看儒学与科学具有根本上的相容性

儒学与科学的关系不仅是一种理论关系,更重要的,它还是一种历史事实。因为在中国,儒学与科学毕竟已经并存了若

干个世纪。从历史事实上看,二者是否相容呢?

儒学与科学的关系主要是儒学和近现代科学的关系,同时也附带包含儒学与中国古代科学的关系。中国古代科学的主要成分是技术,而且基于近代科学的立场,中国古代科学是科学的萌芽和素材,它与儒学的关系在一定程度上也透露着儒学与科学关系的信息。

（一）儒学与中国古代科学相容性的表现

1. 从儒学整体上看

首先,儒学包容中国古代科学技术。尽管墨学、道教和佛学包含大量科学技术,但从整体和长时段看,中国古代科学技术主要依附、包容于儒学。与西方古代科学类似,中国古代科学也在整体上具有浓重的猜测性、经验性和分散性,和儒学处于一种胶着状态。其次,儒学并不排斥科学。儒学作为一种"道德本位"的学说,它在儒学与科学的关系上持一种"道本艺末"的立场。过分突出道德地位、过高提出道德要求,是其偏颇之处,但"艺末"只是相对于道德而言。单就对科学技术的态度而言,儒学还是支持的。中国古代之所以天、算、农、医诸学科充分发达,明显地有儒家以下基本观念的一份功劳在里面:天文历法上,儒者本天;数学上,算在六艺;农学上,农为政本;医学上,医为仁术等。儒家强调"依于仁,游于艺"[1]及"通天地人曰儒""一物不知,儒者之耻"(扬雄语)。总之,尽管儒家重道德,但不片面轻智,还是鼓励儒士努力学习和掌握科学技术的。

_____

① 　杨伯峻译注:《论语译注·述而》,中华书局 1980 年版,第 67 页。

2. 从儒家经典的角度看

儒家经典及其历代汗牛充栋的注疏包含许多先进的科技著作、科技知识，如《大戴礼记》中的《夏小正》，《小戴礼记》中的《月令》，《尚书》中的《禹贡》《尧典》，以及《周礼》中的《考工记》等，都是中国古代的重要科技著作；至于儒家经典中所包含的分散的科技知识更是令人目不暇接了。例如，《周易》号称"《易》道广大，无所不包，旁及天文、地理、乐律、兵法、韵学、算术"①，《易》《诗》《书》《周礼》《仪礼》《礼记》以及《论语》《左传》等儒家经典中涉及许多数学问题，经北周数学家甄鸾整理并详加解释后，撰成《五经算术》，被列入"算经十书"，成为数学名著。各种经书关于日食、月食、彗星和太阳黑子等异常天象的准确记载更是随处可见；在儒家思想指导下编撰的历代正史在《天文志》《律历志》《地理志》《艺文志》《食货志》等部分都有关于天文学、数学、农学、医学和地理学等自然科学知识的专门记载，以致儒家经史著作中的科技知识对于历代科学家从事科技研究普遍起到了一定的启蒙作用。此外，儒家经典及其历代注疏中，还包含了大量科学方法、科学思想和与科学精神息息相通的关于求知的精神、方法、态度的论述等。

3. 从儒家士人的角度看

在儒学博学广识传统的影响下，一方面，历代科学家大都接受过良好的儒学教育，具有深厚的儒学素养，许多科学家甚至有儒学著作传世；另一方面，许多儒士，特别是知名儒士科学造诣精深，甚至在科学技术研究上有重要建树。

---

① 永瑢等撰：《四库全书总目提要》第一册，商务印书馆1931年版，第2页。

4.从儒家流派的角度看

为避免与文中其他部分重复,这里仅谈一点,即儒家流派的演变与中国古代科技的兴衰存在大致同步的现象。中国科技史界的研究告诉我们:中国古代科学技术的若干门类"在春秋战国时期奠下初基,到秦汉时期形成体系,并伴随着封建社会的发展而发展,大都到宋元时期出现了发展的高峰。到明清以后,又随着封建社会的衰败,科学技术的各个门类日见停滞不前,尤其是在欧洲崛起的近代科学技术面前,逐渐相形见绌"[①]。中国古代科学技术在春秋战国时期奠基、秦汉时期形成体系、宋元时期出现高峰和明清时期衰落,大致对应于春秋战国时期原始儒学形成、秦汉时期两汉经学兴起、宋元时期宋明儒学达到儒学高峰,以及明清时期儒学衰落。尽管儒学和中国古代科学各自发展的原因是多方面的,但它们作为中国社会两种最重要的文化现象长期共进退、正相关,表明二者的相容是历史常态。

总的来看,在古代,儒学与中国古代科学的基本关系是:中国古代科学包容于儒学、依附于儒学,是儒学的一部分。在儒学的思想框架里,中国古代科学得到了充分的发展,以致在世界长期居于领先地位。二者根本上的相容性是不容否认的。

(二)儒学与近代科学相容性的表现

自1582年利玛窦来华至1928年中央研究院成立,历时三百四十多年的西学东渐是西方近代科学在中国的传播过程,也

[①]　杜石然主编:《中国科学技术史·通史卷》,科学出版社2003年版,第930页。

是儒学与西方近代科学这两种异质文化不断磨合的过程,双方经历了一个从冲击到会通再到融合的过程。从始至终,公开反对西方近代科学的士人是少数。即便这少数人,也大都是因为反对西方宗教而连带着反对西方近代科学,士人们对传教士所带来的西方近代科学基本上是持欢迎态度的。传教士"学术传教"策略的实施,明末清初中国政府对西方历法的全面接受和正式颁行,以及清政府"节取其技能,而禁传其学术"的西学政策等,无不有力地证明了这一点。

与此同时,西学东渐时期儒学发生了多次转型,每一次转型都有其西方近代科学的动因和背景。例如,明末清初实学思潮和东传科学的良性互动,乾嘉汉学大量运用西方近代科学的知识和方法,清末今文经学充分利用了进化论的理论和思想,现代新儒学则是科学精神、科学方法和科学思想的全面融入等;反过来,儒学作为中国文化的底色,通过其选择和重塑作用,也深刻影响了西方近代科学在中国传播的内容、形式、范围和速度。

论及儒学与近代科学的关系,有一个问题不容回避:正值16—17世纪西方近代科学革命蓬勃兴起之际,传教士进入中国传教并热情传播西方科学,可是,以儒学为意识形态的中国却"错失良机",没有发生近代科学革命,是否说明儒学是抑制科学的呢?应当说,对儒学的这种谴责是没有道理的。这是因为,16—17世纪中国既没有出现近代科学革命机遇的事实,也没有出现近代科学革命机遇的可能。首先,仅凭当时传教士传播进来的一些西方近代科学,远不足以形成近代科学革命;其次,当时传播科学的中介是传教士,而传教士的最高使命是传教,他们不可能也没有条件把西方正在进行中的近代科学革命的成果一无遗漏地及时传播到中国。所以,在当时的历史条件下,即便是中国士人认识到了西方近代科学的价值,依靠传教士也不可能把西方近代科学革命引入中国。更何况连传教士都未必真正认识到西方近代科学的价值呢!

　　总的来看,儒学与近代科学的基本关系是:儒学促进了西方近代科学和古代科学在中国的传播,促进了中国古代科学的近代化转型;同时,该时期科学也有力地促进了儒学的嬗变。儒学与近代科学基本上处于一种良性互动的状态。鉴于近代科学与现代科学的同质性,儒学与近代科学根本上相容的特性,原则上也适用于儒学与现代科学的关系。

三、从微观历史角度看儒学与科学
具有根本上的相容性

　　儒学是一个具有文化性质的复杂系统,它有许多侧面和构成部分,如不同的学派、人物、学说、理论、概念等。原则上,儒学与科学从根本上的相容性应当在所有这些侧面和构成部分有不同程度的体现。在此,着眼于微观视角,我们选择“格物致知”这一儒学的核心概念,从其在思想史上的两次重大转向的历史事实中,动态地考察一下它与科学的关系,进而透视儒学与科学的关系。

(一)格物致知概念的第一次重大转向

　　“格物”和“致知”出自《礼记·大学》。宋以前,二者极少连用,而且一直没有引起人们的特别注意。当时人们对这两个

概念的理解很不统一，其中，汉代经学家郑玄的解释颇有影响。他认为"知"是知善恶、吉凶之所终始，把"格"训为"来"，"物"训为"事"。郑玄指出，人在格物时"其知于善深则来善物，其知于恶深则来恶物"，该释义旨在强调有关善恶的知识对于人的道德实践具有重要调节作用。

至宋代，在程朱理学那里，格物致知概念发生了第一次重大转向。

首先，格物致知的地位有了一个质的飞跃。程朱把《大学》篇从《礼记》中独立出来，使之成为儒家经典"四书"之一；同时，从短短的《大学》经文里概括出作为初学入德之门的三纲领、八条目。八条目的入手处也是最基础的一环，即是格物和致知。由此，格物致知一跃而为程朱理学乃至整个儒学的核心概念之一。

其次，格物致知被纳入了严整的理论体系。宋以前格物致知观众说纷纭的混乱局面终结，形成了程朱理学和陆王心学两派意见对峙。但双方均把格物致知纳入自己的理论体系，并且都视格物致知的目的为明善，共同赋予了格物致知以道德修养的意义域。

最后，程朱突出了接触外物和认识外物本质和规律的重要性。朱熹训"格物"为"即物穷理"，在"格物致知"中突出了"穷极物理"的步骤，实际上是把体认普遍道德原则的"天理"作为修身目标，而把认识万事万物之理作为体认"天理"的基本途径，从而突出了接触外物和认识外物的本质及规律的重要性。

显然，这次转向最重要的意义就是通过提升格物致知在儒学中的地位和实现格物致知认知意义的转换，为在儒学内部进行自然研究开辟了一条宽广的道路,且使得自然科学研究有可能进入儒学的核心地带。许多情况似乎为这一点提供了旁证:北宋博物学家、名僧赞宁称誉张衡发明地动仪是"穷物理之极至";宋代以后中国的博物学逐渐演变为"格致学",以致宋末和元代分别出现了冠名为《格物粗谈》和《格致余论》之类的科学著作,其中后者是号称"宋元四大家"之一的元代名医朱震亨的医学著作,朱氏在自序中称"古人以医为吾儒格物致知一事"[①];元代进士莫若为朱世杰的数学名著《四元玉鉴》所写的序中称数学为"古人格物致知之学"[②]。所有这些均是从认知意义上理解格物致知的,或许是对程朱格物致知说的一种响应。另外,宋代科学是中国古代科学的一座高峰,出现了诸如沈括、李冶、秦九韶、王祯等一大批科学大家。不少人认为宋代科学的繁荣和宋代理学密切相关。如李约瑟说:"因此,这样一个结论是并不牵强的,即宋代理学本质上是科学性的,伴随而来的是纯粹科学和应用科学本身的各种活动的史无前例的繁盛。"[③]李约瑟关于儒学对科学的作用曾有过一些负面的评价,但他却在其巨著《中国科学技术史》里多处对程朱理学赞颂有加,这至少表明,宋代科学繁荣和宋代理学之间的关系值得深究。

---

① 叶怡庭编著:《历代医学名著序集评释》,上海科学技术出版社1987年版,第274页。

② 靖玉树编勘:《中国历代算学集成》,山东人民出版社1994年版,第1468页。

③ [英]李约瑟:《中国科学技术史》第2卷《科学思想史》,何兆武等译,科学出版社、上海古籍出版社1990年版,第52页。

（二）格物致知概念的第二次重大转向

明代后半期，伴随着程朱理学的先衰后兴和王阳明心学的先兴后衰，形成了蔚为大观的实学思潮。在实学思潮追求实理、实效和实证理念的引导下，明末清初实学思想家的格物致知观发生了一次历史性的转向。

首先，格物致知说的认知含义获得相对独立。如果说在程朱理学那里，格物致知的认知含义还是囿于体认"天理"的道德柜架的话，那么到了明末清初实学家那里，格物致知的认知含义已经是相对独立的了。实学家们将面向外物、探求外物的本质和规律的含义明确赋予了格物致知。如颜元训"格"为"手格猛兽"之"格"，主张"格物"须实际去学习技能、磨炼生活和力行德目；训"致"为"推致"，主张实际地体察推演，把学问应用于日常生活，以使其对社会有用、有益。正是在这种格物致知观的指导下，颜元晚年主持的樟南学院设有星相观察室，教学内容涵盖礼、乐、书、数、天文、地理、五子兵法、水学、工业、象数等。至于方以智、王夫之等人，甚至提倡以具有观察、验证意味的"质测"作为即物穷理的方法了。

其次，王学末流格物致知观遭遇重创。自明代中叶王学勃兴，程朱学派对王学的抗争和批判就已经开始，至明末王学衰落、程朱理学复兴，程朱学派乃至王学内部对王学末流的批判更是一浪高过一浪。这一批判是全方位的，其中，批判王学末流深陷格心、正心而不知格物是焦点之一。如明代程朱理学派代表人物罗钦顺批评王学对格物致知的理解"局于内而遗其外,禅学是已"①。

　　最后,"格物穷理"概念逐渐用于指称科学。利玛窦等传教士在熟读儒家经典,以及用拉丁文翻译"四书"的基础上,精心选择了程朱用以解释"格物致知"的"格物穷理"概念指称包括神学和科学在内的西学。接着,同是意大利籍的传教士艾儒略在《西学凡》一书中,以介绍耶稣会学校所开设课程的形式,明确了格物穷理所应包括的学科内容。此后,传教士在中国开始正式使用"格物穷理"的名义传播西学。与此同时,主张强化格物致知认知含义的中国实学思想家们欣然接受了传教士的格物穷理观,但断然把神学排除在外,而且把中国古代传统科学也称之为格物穷理之学。例如,徐光启在为利玛窦起草的《译〈几何原本〉引》中说:"夫儒者之学亟致其知,致其知当由明达物理耳。"②他明确地把探究物理视为儒者格物致知之学的基本含义。

　　格物致知概念的第二次重大转向和第一次重大转向相比,明显的区别之一就是前者借助了外力。最初,明末清初实学家的格物致知观的认识含义只是在程朱理学以"明善"为目的的道德框架里取得了某种相对独立性,之所以格物穷理最终成为科学的代名词,传教士及其所传播的西方科学功不可没。那么,出现这样的结果,是否科学仅仅借用了程朱理学概念的躯壳,而与其格物致知说的内涵毫无关系呢? 答案应当是否定的。这是因为,明末清初以格物穷理之学命名科学不是空穴来

　　① 　(明)罗钦顺:《〈困知己〉二续》,中华书局1990年版,第109页。
　　② 　徐宗泽:《明清间耶稣会士译著提要》,上海书店出版社2006年版,第198页。

风,也不是传教士的一厢情愿。他们是在经过多年钻研、翻译儒家经典的基础上,才选择了"格物穷理"这一概念,也就是说,他们是有所本的。更重要的是,以格物穷理命名科学虽然由传教士发起,但最终变成现实的关键是中国实学思想家乃至更多的中国士人是否接受这一命名。历史事实告诉我们,实学思想家突出和强化格物致知的认知含义,以及对程朱理学格物致知说的新发展,乃是格物穷理与科学结缘的肥沃土壤。从这个意义上说,明末清初格物穷理对科学的正面作用,功劳主要应当归功于当时的实学思想家。

实学派格物致知观经由格物穷理概念对科学起到了双重正面作用:一是促进了西方科学的传播。西方科学获得了"格物穷理"的名义,实际上意味着至少在形式上,它被纳入儒学的范畴,这就使它在中国的传播取得了合法性,从而大大减少了传播过程中随时可能出现的种种阻力;二是推动了中国古代科学的转型。正是在认定中西科学都是格致之学的前提下,中国士人提出了"西学中源"说,并开始了贯穿有清一代大规模的中西科学会通运动。尽管"西学中源"说有失偏颇,但在实践上中西科学会通运动毕竟十分有效地推动了中国古代科学向近代科学的转型。

格物致知概念的两次重大转向说明,格物致知概念经历了一个认知含义不断扩大、最终成为具有完全独立认知性意义概念的过程。这说明,格物致知与科学是根本上相容的。一个概念,尤其是核心概念不可能脱离它所在的思想体系而孤立存在。格物致知与科学根本上的相容性在一定意义上说明了,儒学自身是具有与科学根本上相容的基因的。

总之,不论从事实上看还是从理论上看,儒学与科学都是根本上相容的。这种根本上的相容性为基于新的社会实践和时代要求、广泛汲取世界各国优秀文化养分,对儒学人文资源实现新的转化、升华和发展,进而构建中国强大的科技创新文化乃至整个社会主义新文化,展示了广阔的前景。

格物致知：儒学内部生长出来的科学因子[*]

　　"格物致知"是宋明理学乃至整个儒学的核心概念之一，而且深具认识论意味。因此，格物致知与科学的关系是考察儒学与科学的关系的一个重要窗口，抑或说，研究儒学与科学的关系，不可回避格物致知与科学的关系。

　　自宋代始，学界关于格物致知的理解一直聚讼不已，以致明代大儒刘宗周慨叹"格物之说，古今聚讼有七十二家"①之繁。明末清初以后，又别出格物致知与科学是否有关之争。"有关论"者认为格物致知包含对外物客观规律的认识维度，因而与科学有关；"无关论"者则坚称《大学》格物致知的本义是关于修身的功夫论，与科学无关。两种观点亦是聚讼纷纭，于今犹然。"无关论"者如劳思光先生认为"无论赞同或反对朱氏之学说，凡认为朱氏之'格物'为近于科学研究

　　* 本文原载《文史哲》2019 年第 3 期，《高等学校文科学报文摘》2019 年第 4 期主体转载，中国人大报刊复印资料《中国哲学》2019 年第 9 期全文转载。本文于 2021 年获山东省第三十五次社科优秀成果三等奖。

　　① 刘宗周著，吴光编校，陈剩勇、蒋秋华审校：《刘宗周全集》第二册《经术下》，浙江古籍出版社 2012 年版，第 618 页。

者,皆属大谬"①;侯外庐等先生认为:"物理既不是客观世界'草木器用'的知识,'吾心之知'亦不是从客观世界的研讨中取得的认识。……这样的格物致知,这样的即物穷理,致吾之知,实在谈不上有什么科学的意味。"②"有关论"者如《中国大百科全书·哲学卷》在解释"即物穷理"的条目中认为,"其中含有认清事物规律的合理因素。"③余英时先生说:"朱熹这一派人强调穷理致知,便是觉得理未易察……所以要一个个物去格,不格物怎么知道呢? 这里面显然牵涉到怎样求取知识的问题。"④成中英先生说:"朱子接受二程的指引,建立了一个就事物求真理(即物以穷理)的认知观。更重要的是,朱子对知识的重要性有下列的认识:知识能帮助我们把本性的善、本性的良知昭明影显。"⑤

究竟如何看待格物致知与科学的关系呢? 与其他概念一样,格物致知概念是流动的和变化的,因而格物致知与科学的关系也是流动的和变化的。仅仅局限于某一特定历史时代对格物致知及其与科学的关系进行争论,难以打破各执一词的僵局,应当把格物致知及其与科学的关系置于整个社会历史长河之中,动态地予以考察。若此,或许能找到解决争端的出路。

---

① 劳思光:《新编中国哲学史》第 3 册,生活·读书·新知三联书店 2015 年版,第 230 页。

② 侯外庐、邱汉生、张岂之主编:《宋明理学史》上册,人民出版社 1997 年版,第 402 页。

③ 胡绳主编:《中国大百科全书·哲学卷》,中国大百科全书出版社 1987 年版,第 334 页。

④ 余英时:《论戴震与章学诚》,生活·读书·新知三联书店 2005 年版,第 330 页。

⑤ 成中英:《创造和谐》,东方出版社 2011 年版,第 135 页。

本文将尝试从科技哲学的角度对格物致知概念的两次重大转向及其影响予以考察，以期加深对格物致知与科学关系的认识。

一、第一次重大转向：程朱理学格物致知说的形成

在儒学发展史上，程朱理学格物致知说的形成是一个重要事件，我们不妨将其称为格物致知概念的第一次重大转向。这次重大转向主要表现在以下两个方面。

（一）格物致知在儒学中地位的跃升

据考证，宋代以前，"格物"和"致知"仅出现于《礼记·大学》篇，而且也没有以"格物致知"或"格致"的形式连用。[①] 这表明它们一直是儒学中的普通概念，没有引起人们的特别注意，自然也没有对"中国古代科学"产生独立的直接影响。那时《礼记》注家众多，诸如郑玄、孔颖达、李翱等对"格物""致知"众说纷纭，漫无定论，而且基本上局限于伦理道德的范围。其中，汉代经学家郑玄的解释颇有影响。他认为"格"即"来"，"物"即"事"，"致"或为"至"，"知"是知善恶、吉凶之所终始，格物、致知即是"其知于善深则来善物，其知于恶深则来恶物，

---

① 　参见金观涛：《从"格物致知"到"科学""生产力"——知识体系和文化关系的思想史研究》，《"中央研究院"近代史研究所集刊》第 46 期，2004 年 12 月。

言事缘人所好来也"①。该释义旨在强调"知"的作用,认为
"致知"是"格物"的前提,善恶之知制约人的善恶行为和命运。
总之,都是囿于纯道德范围来理解致知与格物的关系。

至宋代,程朱发扬光大孟子的思想,尊信《大学》,把"大
学"篇从《礼记》中独立出来,将其列为儒家核心经典的"四书"
之首。朱熹进一步将《大学》分为一"经"十"传",重订章句,
新增"补传",并把"孔子之言、曾子述之"、仅有二百五十字的
《大学》经文的主旨概括为初学入德之门的三纲领、八条目。
八条目是实现三纲领的路径,而格物、致知则是八条目付诸实
施的入手处。朱熹一反自秦汉以来绝少讲格物致知的旧习,集
二程和张载等人之大成,在《大学章句》"补传"和《语类》等许
多场合,详尽阐发了格物的对象、方法和目的。与此相对应,心
学也高度重视格物致知概念。王阳明提出"致良知"说,对格
物致知给予了迥然相异的解释,认为"致知"是"致"自己心中
先验的"良知",而非从外界事物中获得知识。至此,格物致知
分别被纳入理学和心学两种对立的理论体系,成为宋明理学乃
至整个儒学的核心概念之一。

（二）格物致知彰显了面向外物的认知含义

关于格物致知,朱熹训"格"为"至",训"物"为"事",格物
即是接触事物,探求其理;训"致"为"推极",训"知"为"识",
致知即是"推极吾之知识,欲其所知无不尽也"②。格物致知的

---

①　郑玄注,孔颖达正义:《礼记正义》,阮元校刻:《十三经注疏》,上
海古籍出版社 1997 年版,第 1673 页。

②　（宋）朱熹:《大学章句》,《四书集注章句》,中华书局 1983 年版,
第 4 页。

要义是即物穷理,而且穷究到极致。用朱熹的话说即是"所谓致知在格物者,言欲致吾之知,在即物而穷其理也"①。在这里,"即物穷理"的含义有以下几点:致知必须格物,格物必须穷理,穷理必须穷尽,格物致知是一个基于格物量的积累而达到顿悟的过程。总之,朱熹突出的贡献是把格物解释为"即物穷理",从而使格物致知突破了单纯的道德视域,彰显了其认知含义。

1. 外物是格物的重要对象

在程朱看来,格物范围无限广大、无所不包,"语其大,至天地之高厚;语其小,至一物之所以然,学者皆当理会"②;"天道流行,造化发育,凡有声色貌象而盈于天地之间者,皆物也"③。他们反复申明,不论是圣贤书,人的道德实践、道德意识,还是客观外物,都是格物的对象。其中,作为格物对象的客观外物不容忽视。例如,有人问程颐:格物是外物还是性分中物? 他回答说:"不拘。凡眼前无非是物,物物皆有理。如火之所以热,水之所以寒,至于君臣父子间皆是理。"④当有人问朱熹,格物是否不当从外物上留意,只需内省即可时,他斩钉截铁地回答:"外物亦是物。格物当从伊川之说,不可易。"⑤当

---

① （宋）朱熹:《大学章句》,《四书集注章句》,中华书局1983年版,第6页。

② （宋）程颢、程颐:《河南程氏遗书》卷一八,王孝鱼点校:《二程集》,中华书局2004年版,第193页。

③ （宋）朱熹撰,朱杰人、严佐之、刘永翔主编:《朱子全书》第6册,上海古籍出版社、安徽教育出版社2010年版,第526页。

④ （宋）程颢、程颐:《河南程氏遗书》卷一八,王孝鱼点校:《二程集》,中华书局2004年版,第247页。

⑤ （宋）黎靖德编,王星贤点校:《朱子语类》卷一八,中华书局1986年版,第407页。

然,青年时代的朱熹也曾说过:"格物之论,伊川意虽谓眼前无非是物,然其格之也,亦须有缓急先后之序,岂遽以为存心于一草木器用之间而忽然悬悟也哉? 且如今为此学而不穷天理、明人伦、讲圣言、通世故,乃兀然存心于一草木、一器用之间,此是何学问? 如此而望有所得,是炊沙而欲其成饭也。"[1]这里,朱熹讲的是格物的轻重缓急和以伦理道德为终极目的的,旨在反对沉湎于草木器用之间而置穷天理、明人伦、讲圣言、通世故于不顾的做法,并非反对将草木器用作为格物对象。王阳明对朱熹的格物致知观提出了严厉批评:"朱子所谓'格物'云者,在即物而穷其理也。即物穷理,是就事事物物上求其所谓定理者也,是以吾心而求理于事事物物之中,析'心'与'理'而为二矣。"[2]朱子的论敌王阳明关于"析'心''理'为二"的批评,从反面证明了朱熹的格物对象的确是包括外物的。程朱之所以强调接触外物,是因为按照"理一分殊",总天地万物之"天理",与事事物物之理像月映万川那样彼此相通,是一个"理"。认识"天理",需要将有迹可循的事事物物之"理"作为入手处。

2. 格物过程包括洞察外物的性质和规律

一种观点认为,在宋明理学那里,格物致知的"物"对于"知"只是一个条件,一种启发人达到某种道德觉解的媒介,并无认识外物性质和规律的意思。这种说法针对陆王心学尚可,并不适用于程朱理学。朱熹明确指出,格物致知对事物之理不可只知其一,不知其二,或只知表面,不知底里,应该"推极吾

①　(宋)朱熹:《答陈齐仲》,朱杰人、严佐之、刘永翔主编:《朱子全书》第 22 册,上海古籍出版社、安徽教育出版社 2010 年版,第 1756 页。

②　(明)王阳明著,吴光等编校:《王阳明全集》,上海古籍出版社 2011 年版,第 50 页。

之知识,欲其所知无不尽也"①。他又说:"天地中间,上是天,下是地,中间有许多日月星辰,山川草木,人物禽兽,此皆形而下之器也。然这形而下之器之中,便各自有个道理,此便是形而上之道。所谓格物,便是要就这形而下之器,穷得那形而上之道理而已。"②总之,格物穷理既包括穷究事物的"所当然",也包括穷究事物的"所以然":"凡事固有'所当然而不容已'者,然又当求其所以然者何故。其所以然者,理也。理如此,固不可易。"③"所当然"指事物的当然之则;"所以然"指事物当然之则的根据和原因,即事物之"理"。在程朱那里,"致知之要,当知至善之所在"④,作为事物之"理"的"所以然"固然主要是指一切具体情境下,人的行为应止"至善"之"所以然",但由于应止"至善"之"所以然"往往与作为事物性质和规律的"所以然"颇有类同或相通之处,而后者较之前者,毕竟较易于为人所把握,所以格物穷理也要探究外物的性质和规律。正如作为当代新儒家代表人物之一的唐君毅所说:"然吾人应具体事物,以何者为当然,恒有待于吾人先知事物之实然及其所以然,由是而吾人知实然与其所以然之理,亦可助成吾人之知种种具体行为上之当然之理。"⑤正是因为如此,朱熹也才说:"虽草木亦有理存焉。一草一木,岂不可以格。如麻麦稻粱,其时

① (宋)朱熹:《大学章句》,《四书集注章句》,第 4 页。
② (宋)黎靖德编,王星贤点校:《朱子语类》卷六二,第 1496 页。
③ (宋)黎靖德编,王星贤点校:《朱子语类》卷一八,第 414 页。
④ (宋)朱熹撰,朱杰人、严佐之、刘永翔主编:《朱子全书》第 6 册,第 526 页。
⑤ 唐君毅:《中国哲学原论·导论篇》,中国社会科学出版社 2005年版,第 213 页。

种,其时收;地之肥,地之硗,厚薄不同,此宜植某物,亦皆有理。"①这里所说的"草木之理"分明包含草木的性质和规律。在谈到"合内外之理"时,朱熹说:"目前事事物物,皆有至理。如一草一木,一禽一兽,皆有理。草木春生秋杀,好生恶死。'仲夏斩阳木,仲冬斩阴木'皆是顺阴阳道理。自家知得万物均气同体'见生不忍见死,闻声不忍食肉',非其时不伐一木,不杀一兽,'不杀胎,不妖夭,不复窠',此便是合内外之理。"②这里,不仅申明事事物物之理包含事物的性质和规律,而且已经近乎涉及要尊重事物的性质和规律了。值得注意的是,朱熹有时甚至把格物穷理直接和当时的科学技术联系起来。他说:"历象之学,自是一家。若欲穷理,亦不可以不讲"③;"律历、刑法、天文、地理、军旅、官职之类,都要理会。虽未能洞究其精微,然也要识个规模大概,道理方浃洽通透。"④

　　总之,在程朱那里,格物的终极目的固然是体悟道德原理,但既然把穷究事物之理作为入手处,就不可避免地会旁及探求外物之性质和规律。为此,牟宗三先生认为,程朱所说的"理""于道德实践(成德之教)根本为歧出,为转向;就其所隐涵之对于经验知识之重视言,此处之'致知'即可视为道德实践之补充与助缘"⑤,这种对程朱格物致知观在认识论上转向的充

---

① (宋)黎靖德编,王星贤点校:《朱子语类》卷一八,第420页。

② (宋)黎靖德编,王星贤点校:《朱子语类》卷一五,第296页。

③ (宋)朱熹撰,朱杰人、严佐之、刘永翔主编:《朱子全书》第23册,第2892页。

④ (宋)黎靖德编,王星贤点校:《朱子语类》卷一一七,第2831页。

⑤ 牟宗三:《心体与性体(上)》,上海古籍出版社1999年版,第44页。

分肯定洵为至论。

3. 认知方法是格物方法的重要组成部分

与认为外物是格物的重要对象以及洞察外物的性质和规律包含于格物过程等观点相一致,程朱理学主张格物的方法既包括察之念虑等内省方法,也包括向外的认知方法,而坚决反对那种单纯依靠内省或完全弃用内省的做法。所以朱熹说:"今人务博者,却要尽穷天下之理;务约者又谓反身而诚,则天下之物无不在我,此皆不是。"①程朱不仅一再强调格物的途径包括求诸文字、应接事物、索之讲论、察之念虑等多种方式,同时也一贯重视分析和比较方法。朱熹说:"学问须严密理会,铢分毫析。"②"但求众物比类之同,而不究一物性情之异,则于理之精微者有不察矣。"③而且,当朱熹强调儒士们"如律历、刑法、天文、地理、军旅、官职之类,都要理会"的时候,他怎么可能会把认知方法完全排除在格物方法之外呢? 总之,程朱所主张的格物方法中,是包括观察、试验、比较、类比等科学认知方法在内的。

另外,关于格物方法,朱熹继承了二程的观点,在许多场合一再讲"豁然贯通",如"至于用力之久,而一旦豁然贯通焉"④等;而且与此相联系,程朱还一再讲"类推"。例如,朱熹把"致知"中的"致"解释为"推":"致,推极也。"⑤他认为"所谓格物

---

① (宋)黎靖德编,王星贤点校:《朱子语类》卷一一七,第2822页。

② (宋)黎靖德编,王星贤点校:《朱子语类》卷八,第144页。

③ (宋)朱熹撰,朱杰人、严佐之、刘永翔主编:《朱子全书》第6册,第530页。

④ (宋)朱熹:《大学章句》,《四书集注章句》,第7页。

⑤ (宋)朱熹:《大学章句》,《四书集注章句》,第4页。

者,常人于此理,或能知一二分,即其一二分之所知者推之,直要推到十分,穷得来无去处,方是格物"①。

如何看待程朱所主张的"贯通"与"类推"的格物方法呢?

首先,"贯通"和"类推"不是单纯的内省方法。关于这一点,程朱的态度十分明确。程朱认为,他们所主张的"贯通"和禅宗内省式的"顿悟"有质的区别。朱熹甚至专门批判了禅宗的方式,将自己讲的"豁然贯通"与禅宗的"顿悟"划清了界限。他说:"此殆释氏'一闻千悟,一超直入'之虚谈,非圣门明善诚身之实务也。"②其次,"贯通"和"类推"是以包含认知成分在内的具体格物活动的量的积累为基础的。关于这一点,程朱的观点是贯彻始终的。他们一再申明:"只是这一件理会得透,那一件又理会得透,积累多,便会贯通"③,"只是才遇一事,即就一事究竟其理,少间多了,自然会贯通"④,等等。

总之,程朱所主张的"贯通"和"类推"至少包含以下三重含义:其一,认识主体经验的积累;其二,从感性经验向理性认识的升华;其三,对外部事物客观规律的探究和洞察。"贯通"的前提之一是经验的积累,"类推"的前提之一是同类事物之理的相似。因此,作为格物方法的"贯通"和"类推"与科学发现的灵感、直觉等非理性方法有相通之处。事实上,科学发现的灵感、直觉等方法正是基于"贯通"和"类推"。尽管科学是理性的事业,但理性方法在科学认知中的作用是有限度的,以

---

①　(宋)黎靖德编,王星贤点校:《朱子语类》卷一八,第407页。

②　(宋)朱熹撰,朱杰人、严佐之、刘永翔主编:《朱子全书》第24册,第3493页。

③　(宋)黎靖德编,王星贤点校:《朱子语类》卷四四,第1140页。

④　(宋)黎靖德编,王星贤点校:《朱子语类》卷一八,第396页。

致爱因斯坦高度评价直觉在科学发现中的作用,他认为科学发现没有固定的逻辑通道,"只有通过那种以对经验的共鸣的理解为依据的直觉,才能得到这些定律"①。

二、第二次重大转向:实学思想家
格物致知观的形成

自明代中叶始,伴随程朱理学的衰颓而从中分化出的元气实体论思潮和从王阳明心学体系中分化出的气实体论思潮汇聚在一起,形成了蔚为大观的实学思潮。该思潮迅速成为儒学发展的主流。引人注目的是,继程朱之后,明末清初实学思想家格物致知观的形成,标志着格物致知又发生了一次重大转向。这次转向主要表现在以下几个方面。

(一)承认认知在格物致知中具有独立地位

在程朱理学的基础上,实学思想家进一步强化了格物致知说的认知含义。他们强调格物致知就应当研究天地万物之理,以致吾人之知识,强调知识对于外部世界的依赖性,从而改变了程朱理学格物致知说仅仅旁及认识客观外物的观点,而在格物致知中赋予认识客观外物以独立地位。例如,实学派代表人物颜元在对格物的解释上,一反以往诸家的观点,认为"格物

---

① [美]爱因斯坦:《爱因斯坦文集》第 1 卷,许良英等译,商务印书馆 1977 年版,第 102 页。

之'格'，王门训'正'，朱门训'至'，汉儒训'来'，似皆未稳"①，而把"格"训为"手格猛兽"之"格"、"手格杀之"之"格"，指出"格物谓犯手实做其事"②正像对于蔬菜，"必箸取而纳之口，乃知如此味辛。故曰：'手格其物而后知至。'"③在这里，颜元认为，格物的要义是认知必须接触外物，依靠实行。方以智把知识分为三类：质测、宰理和通几。其中，质测相当于科技知识，用他的话说即是"物有其故，实考究之，大而元会，小而草木蚕蠕，类其性情，征其好恶，推其常变，是曰质测"④。他将"格物"视为"质测之学"，认为"舍物，则理亦无所得矣，又何格哉！"⑤强调经验认识方法以及认识对于客观外物的依赖性。王夫之不仅一贯强调见闻之知，将见闻之知与德性之知并列看待，而且也赞同方以智，指出"盖格物者，即物以穷理，惟质测为得之。若邵康节、蔡西山，则立一理以穷物，非格物也"⑥。王夫之声称，以方以智所提倡的"质测"作为即物穷理的方法，这分明是要探求外物的客观规律了。陆世仪明确地将格物穷理分为格事理、格物理两种，指出"始从事理入，则切乎身心，继从物理观，则察乎天地"⑦；认为格物除"四书、五经、性理、纲目"外，"水利、农政、天文、兵法诸书，亦要一一寻究，得

①　颜元：《颜元集》，中华书局 1987 年版，第 491 页。

②　颜元：《颜习斋先生言行录》卷上，《颜元集》，第 645 页。

③　颜元：《颜元集》，第 159 页。

④　方以智：《物理小识》，商务印书馆 1937 年版，"自序"第 1 页。

⑤　方以智：《物理小识》，商务印书馆 1937 年版，"总论"第 2 页。

⑥　（明）王夫之：《搔首问》，《船山全书》第 12 册，岳麓书社 1992 年版，第 637 页。

⑦　陆世仪：《陆桴亭思辨录辑要（一）》卷三《格致类》，中华书局 1985 年版，第 32 页。

其要领"①。陆氏把格物分为格事理、格物理两种，又指出"从物理观，则察乎天地"，而且明确把水利、农政、天文、兵法诸书列入格物范围，其格物致知观的认知意味已是十分浓重的了。

（二）批判王学末流深陷格心、正心

自明代中叶王学勃兴，程朱学派对王学的抗争和批判就已经开始，至明末王学衰落、程朱理学复兴，实学思想家以及其他具有实学倾向的儒士对王学末流的批判更是一浪高过一浪。这一批判是全方位的，但批判王学末流深陷格心、正心而不知格物是焦点之一。例如，实学家顾炎武激烈抨击王学末流痴迷格心、正心而不知格物，背离孔门为学宗旨，"不习六艺之文，不考百王之典，不综当代之务，举夫子论学、论证之大端一切不问，而曰'一贯'，曰'无言'，以明心见性之空言，代修己治人之实学"②。实学家陆陇其批评道，若像王学末流那样"居敬而不穷理，则将扫见闻，空善恶，其不堕于佛老以至于师心自用而为猖狂恣睢者鲜矣"③。具有鲜明实学特点的明朝政治家、思想家、东林党领袖高攀龙批评王学末流把格物归结为格心、正心，实际是将儒学"入于禅"，极为有害。他指出："圣人之学所以与佛事异者，以格物而致知也。儒者之学每入于禅者，以致知不在格物也。致知而不在格物者，自以为知之真，而不知非物

---

① 陆世仪：《陆桴亭思辨录辑要（一）》卷四《格致类》，第44页。
② （明）顾炎武：《夫子之言性与天道》，顾炎武著，黄汝成集释，栾保群、吕宗力校点：《日知录集释》，上海古籍出版社2014年版，第158页。
③ （清）柯崇朴：《四川道监察御史陆先生陇其先生行状》，钱仪吉等编纂：《清代碑传全集》上册，上海古籍出版社1987年版，第103页。

之则,于是从心逾矩,生心害政,去至善远矣。"①

（三）以"格物穷理"指称科学

明代实学思潮兴起不久,1583 年,利玛窦等传教士进入中国内陆,传教士所传西方科学以其内容上的客观性、形式上的精密性、功能上的有效性等特点,与中国实学思潮一拍即合,迅速被实学引为同道,成为实学的一翼,并形成了二者良性互动的局面。自然而然,传教士和以徐光启为代表的热情接受和传播西方科学的一批儒家士人也成为实学的一支特殊力量。在传教士的带动下,实学思想家格物致知观发展到了以"格物穷理"指称科学。

最先把格物致知和西学联系起来的是利玛窦。利氏接受儒士们的建议,确立了"补儒易佛"的传教方针。他在采取儒冠儒服、广交士人、熟读儒家经典,以及用拉丁文翻译"四书"等多项措施的基础上,精心选择了程朱用以解释"格物致知"的"格物穷理"概念指称西学,进行了为西学正名的工作。在其宣传教义的代表作《天主实义》中,他基于亚里士多德关于"实体"与"依附体"相区别的观点,强调"物"与"理"乃是"实体"与"依附体"的关系。二者的这种关系决定了"理"在"物"中,"有物则有物之理","无此物之实,即无此理之实"②。致知必须"穷彼在物之理",从而把格物穷理由一个道德概念转换成一个认知概念;同时他认为,程朱理学的

①　(明)高攀龙:《高子遗书》卷九上,文渊阁《四库全书》本。

②　[意]利玛窦著,[法]梅谦立注,谭杰校勘:《天主实义今注》,商务印书馆 2014 年版,第 96 页。

所谓"太极"与"理"作为依附者,不可能是"物"的创造者,"物"的创造者只能是"天主",从而把程朱理学的"格物—穷理—致知"转换成"格物—穷理—知天主",把发现和认识"天主"堂而皇之地置换为格物的最高目的,赋予神学以格物穷理的名义。利玛窦在之后的《译〈几何原本〉引》中,重申包括科学在内的整个西学均是"格物穷理之学":"夫儒者之学亟致其知,致其知当由明达物理耳。物理渺隐,人才顽昏,不因既明累推其未明,吾知奚至哉?吾西陬国虽褊小,而其庠校所业格物穷理之法,视诸列邦为独备焉,故审究物理之书极繁富也。"①

　　同是意大利籍的传教士艾儒略在《西学凡》一书中,以介绍耶稣会学校为代表的欧洲学制与学科分类体系的形式,明确了格物穷理所应包括的学科内容。他指出,西学包括文科、理科、医科、法科、教科、道科六科,每种又细分为若干具体内容。其中,理科又称理学或哲学,是格物穷理的中心,分为逻辑学、物理学、形而上学、几何学、伦理学等。② 从此以后,传教士在中国无论传播宗教还是科学,均开始使用"格物穷理"的名义。例如,传教士毕方济在《灵言蠡勺》中将哲学译为"格物穷理之学"③,传教士傅泛际在《寰有诠》和《名理探》中分别将物理学

---

　　① 徐宗泽:《明清间耶稣会士译著提要》,上海书店出版社 2006 年版,第 198 页。

　　② 参见[意]艾儒略答述:《西学凡》,明崇祯《天学初函》本,第 1—13 页。

　　③ [意]毕方济:《灵言蠡勺引》,[意]毕方济口授,徐光启笔录:《灵言蠡勺》,明崇祯《天学初函》本,第 1 页。

和逻辑学视为穷理学的一部分。① 甚至不少传教士译著的书名都使用了与格物穷理相关的名词，如《空际格致》《坤舆格致》《坤舆格致略说》等。

由于明末清初实学思想家已具备承认认知在格物致知中具有独立地位的思想基础，所以他们顺利地接受了传教士将西学视为格物穷理之学的做法。但是，他们中间的绝大多数人都审慎地把神学与科学区别开来，认为只有科学符合儒家格物穷理的本意。甚至像徐光启那样的属于实学派的奉教士人也不例外。徐光启在他的著述中多次谈到格物穷理之学，例如，在为《几何原本》所写的序言中，他写道："顾惟先生之学，略有三种：大者修身事天，小者格物穷理，物理之一端别为象数。"②在为《泰西水法》写的序中，他写道："余尝谓其教必可以补儒易佛，而其绪余更有一种格物穷理之学……格物穷理之中，又复旁出一种象数之学。"③不难看出，在徐光启那里，格物穷理之学仅指自然科学，而不包括西方神学。另外，徐光启盛赞《几何原本》具有"四不必"（不必疑，不必揣，不必试，不必改）、"四不可得"（欲脱之不可得，欲驳之不可得，欲减之不可得，欲前后更置之不可得）、"三至三能"（似至晦，实至明，故能以其明明他物之至晦；似至繁，实至简，故能以其简简他物之至繁；

---

① 参见［葡］傅泛际译义，李之藻达辞：《寰有诠》卷一，明崇祯刻本，第1页；［葡］傅泛际译义，李之藻达辞：《名理探》卷一，商务印书馆1935年版，第1、5页。

② 参见（明）徐光启著，王重民辑校：《刻几何原本序》，《徐光启集》上册，上海古籍出版社1984年版，第75页。

③ （明）徐光启著，王重民辑校：《泰西水法序》，《徐光启集》上册，第66页。

似至难,实至易,故能以其易易他物之至难)等特点①,这不仅是对《几何原本》中几何知识和公理化演绎方法的赞誉,而且也充分表现了徐光启的格物致知观:格物是对自然界外物的性质和规律的探求,所致之知具有客观性、逻辑性和简单性,演绎方法是格物致知的重要方法。显然,在徐光启那里,科学知识与伦理道德已经完全分离,科学取得了真正的独立性。而且,徐光启坚持以格物穷理之学指称西方自然科学,并认为西方自然科学和西方宗教学一样,能够起到补儒易佛的作用。随后,儒士们又把中国古代传统科学也称为格物穷理之学。如熊明遇运用西方科学考证和完善中国传统科学的代表作就叫《格致草》。就这样,以"格物穷理之学"或"格致"指称"科学"的做法很快被中国儒士和清朝官方普遍接受。至晚清,洋务派和维新派又重新改造了"格致学",用以指称近代自然科学。1895年甲午战争之后,中国社会对科学技术的需要陡增,以"格致学"指称近代自然科学所具有的认知与道德"剪不断、理还乱"的局限性充分暴露,于是,20世纪初,格致学称谓完成了它的历史使命,而被由日本引进的"科学"称谓所取代。

三、两次重大转向的影响

格物致知概念的两次重大转向对于格物致知与科学的关

---

①　(明)徐光启:《几何原本杂议》,[意]利玛窦述,徐光启译,王红霞点校:《几何原本》,上海古籍出版社2011年版,第13页。

系意味着什么？它对于科学界的科学观和科学发展产生了什么实际的影响？下面,我们将扼要予以讨论。

（一）第一次重大转向对于科学界的科学观和科学发展的影响

程朱之前,儒家也重视对于道德的认识,如孔子讲"未知。焉得仁"①,"知者利仁"②等,把"知"作为"得仁"的手段,重视"知"对"仁"的作用。但那时,认识与道德的关系是比较外在的。程朱所实现的格物致知概念第一次重大转向的深意在于,程朱把认识因素作为体悟道德原则必不可少的一个环节而融入了儒家的道德修养理论,包括认识客观外物在内的认识因素,在儒学的核心层面得以显现,从而从认识论的角度强化了儒家"天人合一"的思想,进一步凸显出在儒学那里,人伦道德在一定程度上成为宇宙秩序的集中体现,人间伦理与宇宙万事万物之理获得了有限统一。这其中尽管不乏臆想和比附的成分,但客观上必定有助于人们把目光移向自然现象及其性质和规律的探求,进而使得格物致知对科学,确切地说是对作为"前科学"的"中国古代科学",以及科学界的科学观起到促进的作用。关于宋元时期中国科学技术全面发展而成为我国古代科学技术的高峰时期,已成学界共识,此不赘述。这里仅从以下两个角度略予说明。

第一,引发科学界纷纷从认知角度理解格物致知。许多宋元明科学家明确认为他们所从事的古典科学即是格物之学,或

① （宋）朱熹:《论语集注》卷三,《四书章句集注》,第 80 页。
② （宋）朱熹:《论语集注》卷二,《四书章句集注》,第 69 页。

者说是程朱"格物致知"说的实践。例如,宋代科学家陈景沂认为"多识于鸟兽草木之名"的生物学研究属于格物致知之学,他说:"且《大学》立教,格物为先,而多识于鸟兽草木之名,亦学者之当务也……以此观物,庸非穷理之一事乎。"①元代名医朱震亨在《格致余论》的序言中称"古人以医为吾儒格物致知一事"②。元代朱世杰的《四元玉鉴》由莫若所写的序中称数学为"古人格物致知之学"③。金代刘祁在《重修证类本草》的跋中认为中医药学是格物之学,"又饮食服饵禁忌,尤不可不察,亦穷理之一事也"④。明太祖朱元璋之子朱橚等在其所编医学著作《普济方》中说:"愿为良医力学者,当在乎致知,致知当在乎格物。物不格则知不至。若曰只循世俗众人耳闻目见谓之知,君子谓之不知也。"⑤明代李时珍则明确认为医学属于格物致知之学:"虽曰医家药品,其考释性理,实吾儒格物之学,可裨《尔雅》《诗疏》之缺。"⑥这些均是从认知意义上理解格物致知的。如果认定程朱格物致知说首次突破单纯的道德视域而彰显了格物致知认识含义的话,那么在宋元明时期程朱

---

① (宋)陈景沂:《全芳备祖》,农业出版社1982年版,"序"第9页。

② 叶怡庭:《历代医学名著序集评释》,上海科学技术出版社1987年版,第274页。

③ 莫若:《〈四元玉鉴〉序》,朱世杰:《四元玉鉴》,清嘉庆王萱铃家钞本,"序"第1页。

④ (金)刘祁:《重修证类本草跋》,张金吾辑:《金文最》卷二五,清光绪二十一年重刻本,第7页。

⑤ (明)朱橚等编:《普济方》卷二四三《脚气门》,文渊阁《四库全书》本。

⑥ (明)李时珍:《本草纲目》,黑龙江科技出版社2013年版,"凡例"。

理学逐渐成为显学的情况下,就有理由认为,上述情况当是对程朱格物致知说的一种响应。

第二,促成宋元明折射科学繁荣的"类书"繁荣局面。自宋代至晚明,以汇集百科知识的"类书"为表现形式的博物学发展迅速。这些"类书"包含大量科技知识,有的甚至是以科技知识为主的。所以,"类书"的繁荣从一个侧面折射了科学的繁荣。例如,南宋"类书"《事林广记》经元代学者增补后,包括43个部分,其中就有天象、历候、地舆、数学等;朱橚等人的《普济方》载药方多达61739首,是中国历史上规模最大的医药方剂"类书";李时珍的《本草纲目》是一部医学专著,同时也带有"类书"性质,该书将药材分为1892种,附方10000多首,其中有独创,也汇集了前人医学类书的成果,共计引证医学专著或类书800余种。整体上看,"类书"的繁荣明显受到程朱"格物致知"说的积极影响。许多"类书"作者在书中明确谈到了格物致知与认识自然的密切关系,如宋代学者程大昌在其"类书"《演繁露》的序中,开篇即交代了撰写此书的根据:"大学致知,必始格物。圣人之教,初学亦期其多识鸟兽草木之名也。"①宋代学者王应麟为罗愿的生物学著作《尔雅翼》所作的后序中,特别申明该书的出发点是:"惟《大学》始教,格物致知,万物备于我,广大精微,一草木皆有理,可以类推。"②宋代叶大有为王贵学《兰谱》所写的序中也声称,种兰是"格物非玩物"。此外,韩境在《全芳备祖·序》中指出,《全芳备祖》是部

---

①　《演繁露原序》,《四库全书》子部十《演繁露》卷一至三。

②　(宋)王应麟:《深宁先生文钞摭余编》卷二,王应麟著,张骁飞点校:《四明文献集(外二种)》,中华书局2010年版,第309页。

"独致意于草木蕃庑，积而为书"的作品，因为"大学所谓格物者，格此物也"，"昔孔门学诗之训有曰：多识于鸟兽草木之名"①。有的学者甚至以格物致知为书名，如宋代僧人赞宁的《格物粗谈》、明代曹昭的《格古要论》等。特别是明代书商胡文焕出版的《格致丛书》有181种、600余套之多（据《四库全书总目》），社会影响极大。该书是耶稣会士到达中国之前中国传统自然科学知识和其他各类知识的一次大规模展示。为此，美国著名汉学家艾尔曼认为，自程朱以后，"'格物'取代'博学'、文学鉴赏或佛教中的虚无主义，而成为专事经典、历代正史和自然研究的文人的圭臬"②。

　　基于上述情况，国内外科学史界大量学者明确承认程朱理学的格物致知观对科学界的科学观和科学发展起到了促进作用，因而对程朱理学实现了格物致知概念的第一次重大转向持认同态度。例如，日本著名科学史家薮内清说："而北宋儒学复兴，主张实用学问的儒者颇不乏人，他们注重功利，提倡霸国与强国，并以之教育学生，因此宋代很多儒生对于水利、算术和兵法有兴趣，得到了不少成就。"③韩国科学史家金永植先生指出，程朱格物致知观的提出，"这一变动的主要结果，便是对道德自我修养的重视，逐渐胜过了在文学和文化上的造诣，同时

　　①　陈景沂：《全芳备祖》，农业出版社1982年版，第5、7页。

　　②　［美］艾尔曼：《科学在中国（1500—1900）》，原祖杰等译，中国人民大学出版社2016年版，第6页。

　　③　转引自刘昭民：《理性的发皇——灿烂的宋元金科技》，刘岱总主编：《中国文化总论·科技篇·格物与成器》，生活·读书·新知三联书店1993年版，第180页。

也使人们对天地自然的兴趣与日俱增"①。英国科学史家李约瑟认为:"因此,这样一个结论是并不牵强的,即宋代理学本质上是科学性的,伴随而来的是纯粹科学和应用科学本身的各种活动的史无前例的繁盛。"②中国科学史家席泽宗在其主编的《中国科学技术史·科学思想卷》中列专节讨论格物致知说"对科学发展的影响",认为:"'格物'的'物'包罗万象,既有人文的,也有自然的。不少学者强调自然方面,因而将更多的注意力投向自然。由于'格物致知'又是一种认识事物的方法,它在认识自然方面的应用,促进了科学的发展。"③

（二）第二次重大转向对于科学界的科学观和科学发展的影响

格物致知概念的第二次重大转向经由格物致知派生的"格物穷理"概念对科学界的科学观和科学发展起到了更加突出的积极作用,主要表现在以下方面。

第一,提高了儒士们对自然科学的认识。既然"格物致知"是儒学的核心概念之一,而自然科学可以视为格致之学,那么,自然科学就绝非雕虫小技,而是关乎儒学根本的大事了,这一点成为当时不少儒士的共识。除徐光启、李之藻等一批奉教儒士和梅文鼎、王锡阐、薛凤祚等一批科学家以外,乾嘉学派

① ［韩］金永植:《朱熹的自然哲学》,华东师范大学出版社2003年版,第2页。

② ［英］李约瑟:《中国科学技术史》第2卷《科学思想史》,何兆武等译,科学出版社、上海古籍出版社1990年版,第527页。

③ 席泽宗主编:《中国科学技术史·科学思想卷》,科学出版社2001年版,第389页。

也持此观点。如乾嘉学派的代表人物之一江永就曾依据格物致知强调过自然科学的重要性。他说:"算学如海,勾股、三角八线为步历之管键,亦尝思之深而习之熟,颇知其要。程子论格物,天地之所以高深,亦儒者所当知。明于历算,而天地所以高深者,可以数计而得,不出户而知天下,不窥牖而知天道。此之谓矣。"①以戴震、惠栋为代表的乾嘉学者"凡治经学者多兼通"天算②,以致阮元称:"盖自有戴氏,天下学者乃不敢轻言算数,而其道始尊。"③

第二,促进了西方科学在中国的传播。西方科学获得了格物穷理的名义,实际上意味着至少在形式上,它被纳入儒学的范畴。这就使它在中国的传播取得了合法性,从而大大减少了传播过程中随时可能出现的种种阻力。应当说,明末清初西方科学大规模地涌入中国,"格物穷理"的概念是有功劳的。

第三,推动了中国古代科学的近代化转型,从而间接地对近代科学在中国的发生和发展做出了贡献。在西方古代科学实现转型并踏上具有普世性近代科学发展进程的情况下,中国古代科学何去何从是一个颇具挑战性的问题。将西方科学冠名为格物穷理之学,一方面增强了西方科学知识的地方性,提供了西方科学知识与中国本土文化深度融合的前提和条件;另一方面也为中国古代科学的发展和转型指明了方向,从而为中国古代科学顺利汇入世界近代科学主潮流开辟了道路。当时中国的科学家和热心科学的儒士们正是在西方科学和中国科

---

①　余龙光:《双池先生年谱》,北京图书馆编:《北京图书馆藏珍本年谱丛刊》第94册,北京图书馆出版社1999年版,第508—509页。

②　梁启超:《清代学术概论》,四川人民出版社2018年版,第33页。

③　梁启超:《中国近三百年学术史》,中华书局2015年版,第342页。

学都是格致之学的前提下,提出了"西学中源"说,并开始了贯穿有清一代大规模的中西科学会通运动。在这场运动中,中国古代科学发生了以下三方面的变化:

(1)复兴。在西方科学传入之前的明代前期,中国古代科学陷入了危机,科学人才(尤其是天文学人才)匮乏、大量科学经典失传,以致连徐光启都无法看到《九章算术》,宋元间的"天元术"已无人理解。这种情况在明末清初发生了根本性的转变,特别是在乾嘉学派形成以后,中国古代科学一度出现了复兴局面:从古籍中辑佚和发现了一大批古代科学著作;兴起了一股注疏、校勘和研究古代科学著作的高潮;出现了以科学家传记的形式总结和阐扬中国数理科学传统的皇皇巨著《畴人传》。

(2)纯化。中国古代科学长期包含大量占验成分,如数学中的"内算"、天文学中的占星术和地理学中的堪舆术等。这些占验成分使得中国古代科学表现出了某种神秘色彩。西方科学,特别是其中的近代科学部分为中国古代科学树立了典范,进而使中国人认识到了占验内容的荒谬性和危害。于是,明末清初中国古代各学科陆续开始清理和剔除各自所包含的占验成分。

(3)深化。以梅文鼎、王锡阐、薛凤祚和"谈天三友"等为代表的科学家们在西方科学的启发下,运用西方科学的理论和方法开展了独立的科学研究,取得了一批原创性的成果,从而深化和向前推进了中国古代科学。

格物致知概念的两次重大转向对科学界的科学观和科学发展所产生的上述影响从不同的侧面表明,格物致知概念的确包含科学内涵,而且愈来愈浓重,愈来愈为科学界乃至全社会所认同。

四、余论

关于以格物致知表征科学,晚清名臣张之洞曾在其广为流布的《劝学篇》中表达过这样一种观点:"《大学》'格致'与西人'格致'绝不相涉,译西书者借其字耳。"①这就提出了一个严肃的问题:明末清初用格物穷理概念表征科学,是否仅仅借用了程朱理学概念的躯壳,而与其"格物致知"说的内涵毫无关系呢?若然,实际上就是对格物致知概念发生第二次重大转向的一种否定。因此,很有必要予以澄清。

首先,明末清初以格物穷理之学命名科学不是空穴来风,也不是传教士的一厢情愿,他们是在经过多年钻研、翻译儒家经典的基础上,才选择了"格物穷理"的概念。也就是说,他们是有所本的,程朱理学的格物致知概念的确包含面向外物的认识维度。在这一点上,格物致知与西方近代科学是一致无二的。格物致知与西方近代科学的主要差异表现在认识方法上:西方近代科学主张运用干预自然、变革自然的实验方法来认识自然,格物致知未达到这一高度。但前面说过,格物致知并不排斥经验方法,而且在实学思潮的推动下,总的来说,格物致知的方法是朝着注重经验方法的方向发展的。

其次,以格物穷理命名科学虽然由传教士发起,但最终的

---

① （清）张之洞:《劝学篇·会通第十三》,《近代文献丛刊》,上海书店出版社 2002 年版,第 69 页。

实现却不是由传教士单方面所决定得了的，关键因素是中国实学思想家乃至更多的儒家士人是否接受这一命名。历史事实告诉我们，在明王朝内外交困、风雨飘摇的危亡时期，实学思想家基于对理学空疏误国的深刻反省，毅然革新程朱理学"格物致知"说，突出和强化格物致知的认识含义，乃是格物穷理与科学结缘的肥沃土壤。从这个意义上说，明末清初格物穷理对科学的正面作用，主要应当归功于当时的实学思想家。实学运动的实质是儒学认识含义质的扩张，抑或说是儒学朝向形成自己具有近代气质的认知传统迈出了关键一步。因此，明清间实学运动的意义不容低估，对实学思潮在儒学发展史上的地位当刮目相看。另外，在革新程朱理学"格物致知"说方面，实学派在儒学内部不是孤立的，而是得到了相当多儒家士人的赞同和支持的。学界认为，矢志革新程朱理学"格物致知"说的实学堪称"明清时代精神的集中反映和社会进步思潮的主流"①，"及至晚明时期，学术思想又转入另一个新的方向，实学思潮取代王学而起，奔腾澎湃，风起云涌……遂成为一时学术的新导向"②。可见，明末清初用格物穷理表征科学不是"《大学》'格致'与西人'格致'绝不相涉"，而是势在必行。

　　应当指出，一些人之所以否认格物致知与科学的关联性，说到底，是因为他们拒绝承认格物致知的科学内涵。在《大学》"补传"中，朱熹着重指出："是以《大学》始教，必使学者即凡天下之物，莫不因其已知之理而益穷之，以求至乎其极。至

---

　　①　葛荣晋主编：《中国实学思想史》中卷，首都师范大学出版社 1994年版，第 1 页。

　　②　王家俭：《清史研究论薮》，台湾文史哲出版社 1994 年版，第24 页。

于用力之久,而一旦豁然贯通焉,则众物之表里精粗无不到,而吾心之全体大用无不明矣。"①显然,在朱熹看来,格物致知的要义乃是:接触客观外物是达到体认至善之理目的的基本路径。应当说,程朱理学关于通过接触客观外物,最后达到体认至善之理目的的主张,包含着人的道德法则和客观外物的规律具有某种一致性的合理内核。宇宙与人生本来不二:人生是宇宙长期演化的结晶,它内在地属于宇宙,是其特殊的构成部分。宇宙与人生的这种有机关联性决定了知识与道德并非截然二分,而是相互包含和融合的。认识客观外物的规律有助于体悟和认识人的道德原则,甚或说,前者是后者的必要环节,人类对于道德的追求离不开知识的参与;同样,人类追求真理的科学活动也有机地包含着道德成分。人类追求真理的科学活动归根结底是有目的的,是要投入应用的。也就是说,是要关涉道德和价值的。因此,科学认知不应也不能像实证主义和逻辑实证主义那样拒斥道德,相反,应当把追求真理与追求崇高的道德境界结合起来并融为一体。正是基于知识与道德的上述关系,格物致知具有科学内涵才是必然的、毋庸置疑的。

　　总而言之,通过上面把格物致知及其与科学的关系置于整个社会历史长河之中所做的动态考察,可以看出,格物致知与科学并非无关,而是大有关联。格物和致知的认识含义最初隐匿在原始儒学的道德框架中,到了宋明理学那里,格物和致知连用,并且其含义发生了一次质的飞跃。格物致知的认识含义不仅开始受到重视,而且在整个儒学思想的系统中得到了初步安顿。后来,随着格物致知认识含义的逐步扩大,特别是至明

---

①　(宋)朱熹:《大学章句》,《四书章句集注》,第7页。

末清初儒学内部实学思潮兴起和西方科学传入之后,格物致知的含义再次发生质的飞跃,以致格物致知成为科学的代名词,最终实现了格物致知与科学的初步统一。格物致知概念的这一演变历史充分表明,格物致知具有丰富的科学内涵,它不是一个纯粹的道德概念,而是儒学内部生长出来的科学因子。这一点既决定了儒学与科学具有根本上的相容性①,也为儒学形成自己的认识传统,并与现代科学相接榫提供了内在依据。

① 参见马来平:《儒学与科学具有根本上的相容性》,《自然辩证法研究》2016 年第 8 期。

西医东渐中的科学与儒学的亲和性研究[*]

如果说,在明末清初第一次西学东渐中由于中国改历的迫切需要,天文历法和数学的东传成为当时的重中之重的话,那么 19 世纪中叶之后,由于新教传教士奉行"藉医传教"的方针,并且把行医当作服务于殖民势力在华谋取利益的重要工具,西医东渐便上升为第二次西学东渐的重头戏了。19 世纪中叶之后的西医东渐过程中,各种医学思潮纷争不断、高潮迭起,令人应接不暇。于是,关于西医东渐,人们对西医与中医的冲突津津乐道,而对于西医与中医及其背后的科学与儒学的亲和性却往往熟视无睹。为此,本文拟着重就西医东渐中的科学与儒学的亲和性予以初步探讨。

一、几个基本认识问题

研究西医东渐中科学与儒学关系的亲和性,需要首先明确

———————————

* 本文原载《山东大学学报(哲学社会科学版)》2020 年第 1 期,《高等学校文科学报文摘》2020 年第 3 期主体转载,中国人民大学复印资料《科学技术哲学》2020 年第 4 期全文转载。

以下几个相关的基本认识问题。

（一）中医是儒学在医学领域的特殊存在形式

从最直接的意义上看，西医东渐是中、西两种医学互动的过程。

就西医而言，西医不仅是各门自然科学在医学领域的具体应用，而且是以人的身体、生理、心理和疾病为研究对象的科学，是多学科交叉的研究领域。所以西医不仅是一门技术，而且也是科学的重要分支之一。

就中医而言，它大致包括医理、诊疗和药物三部分。医理是基础，它支配着诊疗和药物。如何诊疗、用什么药、如何用药，统统依据医理。通常认为，中医医理的核心观念是阴阳五行学说和元气说。阴阳五行学说和元气说在诞生之初蕴含着先秦诸子百家，尤其是道家和阴阳家的贡献。将阴阳五行学说和元气说系统引进医学的是形成于汉代的中医经典《黄帝内经》。该书以阴阳五行学说和元气说为纲，阐述生命的形成、疾病的发生和辨证施治的原则。而在汉代，不仅儒学已经取得独尊地位，而且阴阳五行学说和元气说也已是儒学的基本理论了。《汉书·艺文志》强调儒家自一开始就与阴阳理论有不解之缘，它为"儒家"所下的定义中，第一句就是："儒家者流，盖出于司徒之官，助人君顺阴阳、明教化者也。"著名中国哲学史家任继愈先生主编的《中国哲学发展史》则指出："由于从董仲舒开始，阴阳五行说已经成了儒家学说的一个基本组成部分，所以儒和医之间的联系也建立起来了。后世有不少医家都认为，作为医，如果不懂得儒家那一番道理，就只能是个庸医。这种情况也表明，中国的医学，乃是儒家哲学为父，医家经验为母的产儿。"①其实，不仅如此。中医和儒学在许多基本理论方面是一脉相通的。例如，儒家的核心思想是"仁"，中医则把"仁"作为行医的前提和出发点，故而李时珍《本草纲目》重刻本中写道："夫医之为道，君子用之于卫生，而推之以济世，故称'仁术'"②；儒家以"天人合一"作为自己的宇宙观，而中医以"天人合一"作为构建自己理论体系的基本框架，主张"与天地相应，与四时相副，人参天地"③；儒家重"礼"，强调伦理角色和社会次序，而中医以"君、臣、佐、使"为用药原则，借助对社会次序的认识来描述脏腑功能；儒家崇尚"中和"思想和"执两用中""执中权变"的中庸之道，而中医力主阴阳平衡是人体健康的重要标志，治疗当遵循"阴阳和合，阴平阳秘"，追求"致中和"。诸如此类，不胜枚举。这些情况表明，儒家的一整套基本理论和价值观念渗透进中医，成为中医之魂。因此可以认为，在一定意义上，中医既是医学，也是儒学在医学领域里的特殊存在形式，抑或说中医乃是医学领域的儒学。

强调中医是儒家思想在医学领域里的特殊存在形式，是否意味着贬低道家对中医的贡献呢？不是的。当我们论及道家对中医的贡献的时候，需要明确：首先，道家在先秦中医形成期的贡献十分突出，但汉代以后，儒家对中医的贡献就逐渐领先了；其次，道家对中医的贡献集中体现在阴阳气化、精气观和矛

---

① 任继愈主编：《中国哲学发展史（秦汉）》，人民出版社 1985 年版，第 611 页。

② （明）李时珍著，刘恒如、刘山永校注：《本草纲目·重刻本草纲目序》，华夏出版社 2013 年版，第 3 页。

③ 《黄帝内经·灵枢》卷十一《刺节真邪第七十五》，郝易整理，中华书局 2011 年版，第 338 页。

盾转化的思维方式等方面;最后,强调儒家对中医的贡献并不意味着对道家贡献的否定,而且儒、道两家对中医的贡献常常胶着在一起,难解难分。尤其是在中国封建社会后期,儒、道、释相互融合的趋势压倒了相互排斥的趋势,乃至一度出现了三教合一的现象。

既然中医和西医分别以儒学和自然科学为基础,甚或分别是儒学的一种特殊存在形式或自然科学的分支学科,那么中医与西医的关系从属于儒学与科学的关系,并且是后者的特殊表现形式,则是理所当然的了。

（二）科学与儒学关系在西医东渐中的重要地位

在西医东渐中,科学与儒学的关系具有不可忽视的重要地位。

1.西医东渐中的科学与儒学关系是中、西两种文化互动的重心

从根本上说,西医东渐是中、西两种文化冲撞和融合的互动过程,其中心乃是科学与儒学的关系。就西方文化而言,自近代科学革命开始,包括西医在内的科技文化即逐渐占据主导地位。羽翼丰满的科技文化逐渐在器物、制度和价值等不同的层面对社会各建制或各领域发挥引领和一定的支配作用。由于近代科技革命发生在西方,所以科学技术曾一度集中反映了西方文化追求真理的价值观、尊重客观规律的宇宙观和严密的逻辑思维方式等,成为西方文化的精华和最具代表性的部分。只是到了20世纪以后,科学技术才全面成为世界性的了。西医东渐时期,正是科学技术由西方地域性文化开始转变为世界性文化的时期。当时,西医和整个西方文化一起传入中国。19

世纪中叶以后,西医不仅是西方科学的一个分支,而且担当着西方科技东渐的"开路先锋"的角色。加之西医以人的生命这种最高级的物质运动形式为研究对象,在所有的自然科学门类中最复杂、最高级,并具有综合运用各门自然科学成果的特点,所以可以认为,西医东渐时期,西医是整个西方科学乃至西方文化的杰出代表。

就中国文化而言,尽管 20 世纪初儒学受到全面否定和激烈批判,黯然走下中国社会意识形态的神坛,但是,儒学作为中国文化主体的地位并未真正被撼动。在中国,文化上的古今中西之争从来没有真正停止过。西学东渐时期,中西两种文化在医学领域的关系,主要是儒学和西方文化的互动关系,而其主要发生在以下两个层面:一是作为儒学在医学领域特殊存在形式的中医与西医及西方科学的关系,二是作为西医东渐文化环境的儒学整体与西医及西方科学的关系。

总之,正是由于西医对于中国而言是一种异质的文化,而且是整个西方科学乃至西方文化的杰出代表,所以,西医一旦进入中国,便立即受到了来自以儒家文化为主体的中国文化的强力作用,上演了一幕幕中西医之争的大戏,从而使西学东渐时期的科学与儒学关系成为中、西两种文化互动的重心。

2. 西医东渐中的科学与儒学关系是各种医学思潮论争的根本点

在一定意义上,西医东渐是一场医学思想的斗争或革命。

西医传入中国后,从诊所到医院,从传教士办医院到国人办医院,从医院量的扩张到医院人才、器械、设施和管理等方面质的提高,以及利用开办医校、吸引留学生、迻译出版医学书刊、建立西药房及药厂等途径,西医在体制上迅速得到了巩固和发展。尤为重要的是,西医建立在精密的自然科学基础之上,它在许多疾病的治疗上尽展医理清晰、诊断准确、医疗过程透明、疗效立竿见影等风范,这给作为千年古医的中医造成了泰山压顶之势。随之,中医由一家独大降为西医的配角,甚至数度发生了生存危机。在这个过程中,相继促生了中国医学界形形色色的医学思潮。这些思潮,尤其是"废止中医论""保存中医论""中西医汇通论"和"中医科学化论"等有代表性的若干思潮的论争,无不以科学与儒学的关系为根本点:"废止中医论"割断了中医与科学的联系,认为中医与科学是完全对立的,是伪科学;"保存中医论"主张中医是与现代科学技术性质不同的"另一种科学",它与现代科学技术"道并行而不相悖",甚至既相容又可以互补;"中西医汇通论"认为中医与科学技术存在局部可通约关系,可以有选择地用科学技术完善和补充中医;"中医科学化论"认为中医与科学技术是完全可以通约的,中医发展的正确方向是不断用现代科学技术解释、完善和发展自己。总之,各种医学思潮的论争最终都汇聚于:如何看待中医的科学性? 中医和科学的基本关系是对立的还是相容的? 若基本关系是相容的,那么二者是否存在可通约性? 中医为什么能够在中国传统科学中独立存在下来? 中医的发展是回到中医经典,还是主要依靠现代科学技术提升自己? 如何看待中医在与西医觌面的过程中所暴露出来的现代科学技术局限性? 如此等等。所有这些,从现象上看各种思潮的论争的根本点是中医与科学的关系,但由于中医是儒学在医学领域里一种特殊的存在形式,所以各种思潮的论争的根本点在于科学与儒学的关系。

（三）西医东渐中科学与儒学关系的内容

较之西方科学其他学科东渐中的科学与儒学关系，西医东渐中科学与儒学关系的内容具有以下两个突出的特点。

第一个特点是多样性。除了直接的科学与儒学的关系以外，西医东渐中科学与儒学的关系尚有以下几种表现形式：其一，西医与中医的关系。前面已经说过，两者分别奠立在科学与儒学的基础上，二者的关系既是东西方两种医学的关系，也在一定程度上表征着科学与儒学关系。其二，科学与中医的关系。这实际上是以中医为中介的科学与儒学关系。其三，西医与儒学的关系。这实际上是以西医为中介的科学与儒学关系。其中，对于西医东渐中科学与儒学的关系，分别作为科学与儒学具体存在形式的西医与中医间的关系最直接、最重要。上述情况在其他学科东渐中的科学与儒学关系中极为少见。形式影响内容，它决定了西医东渐中科学与儒学关系的内容必定是丰富多彩、独具特色的。

第二个特点是儒学形式双重性的长期存在。和西方古代科学包容于哲学相类似，中国古代科学整体上主要隶属于儒学，所以在西医以外的其他学科东渐的过程中，都曾一度存在儒学形式的双重性情况。所谓"儒学形式的双重性"，是指在西学东渐过程中，在科学领域，儒学有两种基本的存在形式：一种是以直接形式存在的儒学；另一种是以间接形式存在的儒学，即以古代科学形式存在的儒学。由于在西方科学的冲击下，中国古代科学的其他学科相继汇入世界科学的主潮流，只有中医顽强地独立存在下来，所以，儒学形式的双重性唯独在西医东渐领域中一直保留了下来。这一现象不仅提供了关于儒学与科学具有相容性的新证据,同时也为人们提供了关于考察科学技术与中医这类民族性或地方性知识关系的一种新视角。

二、西医东渐中的科学与儒学
具有根本上的亲和性

整体上看,西医东渐中的科学与儒学关系在发生一定冲撞的同时,也呈现出根本上的亲和性,具体表现如下。

（一）面对西医和科学技术的冲击，中医不断做出重大调整

西医东渐中西医和科学技术对中医产生了一定冲击。这种冲击主要指西医东渐过程中,一方面,中医曾遭受来自民国政府的一次次施压和公开取缔;另一方面,在西医势力渐趋扩大的形势下,以西医界人士为主的一部分人一次次兴起攻讦中医的浪潮,以致引发了近现代史上的数次中医存废之争。这种作用一直贯穿西医东渐的始终,不过,在西医和科学技术的冲击及引导下,中医不断进行重大调整,使中医焕发青春、如虎添翼,从而踏上了现代化的征程。中医的调整贯穿于西医东渐的始终,并使中医主要发生了以下几方面的深刻变化。

1.中医学术内容上的变化

中医依据科学技术摈弃了大量猜测和臆说,纠正了延续多年的大量错误和偏见,不少经验认识和做法得到了现代医学理论的解释和验证,使得中医医术更加规范,从而更具科学性和

严谨性,如区分了经络与血管,知道了心脏会跳动,尿液不是从肠子进入膀胱的,人吸入的空气不是在五脏之间周游一圈而是进入肺;接受了许多西医病名,将中医里诸如气虚、血虚、痰湿、气郁等病名改称为"证";中医依据科学技术改进了病因、病机学,如认识到"外邪"有相当一部分是源于细菌、病毒、支原体等病原微生物和寄生虫,以及中毒、中暑等理化因素,"情志致病"亦有相当一部分是源于神经或体液异常、内分泌紊乱和免疫功能低下等。此外,在中医诊断中,其诊断方式转变为采用"四诊法"的同时,也适当运用现代仪器进行检查;药物方面较为重视药物构成成分的配置和中药剂型的改革等。

2. 中医人才教育方式的变化

尽管中国古代也出现过诸如唐代"太医署"之类的小规模的医学学校教育,但是,中国古代中医人才教育的主要方式是父传子、师授徒。西学东渐过程中,中医人才教育的方式由父传子、师授徒的传统方式全面转向了现代院校教育方式。这种变化引发了双重效应:一方面,提高了培养人才的效率,实现了人才教育的体制化和规范化等;另一方面,学生在校大部分时间是课堂学习,导致理论学习和临床实践的结合有一定的局限性,不利于中医感悟性、体验性等缄默知识的传授,对中医经典的学习和研究有所削弱等。迄今,关于院校教育应当适应中医特点,以师为主、把"师傅带徒弟"的个性化授业方式适当引入学校教育的呼声不绝于耳。

3. 中医学术研究方式的变化

过去,中医的学术研究全神贯注于中医经典的注疏、考据和药方的积累与编辑等方式。西医东渐以来,中医除了继续开展对古籍的整理和研究外,已经开始利用现代自然科学和人文社会科学的理论及方法,进行广泛和深入的中医药基础研究,以及临床研究和药物研究等。例如,西医东渐以来,我国在藏象肾脾研究、证候研究、经络研究、针刺镇痛和针刺麻醉研究,以及中医学术标准的规范化建设等医学基础研究方面,均取得了显著成就。在我国,中医的许多学术研究越来越成为现代自然科学研究的重要组成部分。不过,中医界对于这种学术研究方式的变化一直存在不同声音,认为中医的实验室研究是西医的做法,对中医是一种异化。一部分人认为,中医学术研究唯一的正途是回到研读中医经典的轨道上来。

4.中医学术交流方式的变化

宋代曾设立过"校正医书局",专事搜集、整理和刊印历代重要医籍;明代也成立过"一体堂宅仁医会"的民间医学团体(46人),但要么昙花一现,要么规模有限。整体而言,中医传统的学术交流开展的规模不是很大。著书立论,把自己从医的心得以及搜集和发现的药方公之于世,被称赞为"不藏私",是"立论以济天下后世"(明代名医吴有性语),这大概是古代医界学术交流最重要的方式之一。一般情况下,郎中们处于"进与病谋,退与心谋"(清代名医吴鞠通语)的相对封闭状态。西医东渐以来,中医学术交流已经实现了成立社团、创办期刊、举行学术会议等现代化方式。这一转变活跃了学术氛围,提高了交流效率,有效促进了中医的进步。当然,对中医学术交流方式的这一变化,中医界也有异议。异议者认为,中医学术水平的高低,关键在于对中医经典参悟的深浅,与他人交流的作用是相当有限的。

西医和科学技术促进中医所发生的变化绝不限于以上所述,诸如医生职业化、医院及其管理制度的设立和完善、公共卫生体系的建立等均属此范畴。西医和科学技术对中医的冲击固然是双方冲突的直接表现，但同时应该看到，冲击和中医的调整密不可分，冲击最终导致了中医的调整，而中医调整的实质是，中医和儒学在强大的压力下向科学技术的一种靠拢，是中医科学性的增强，以及儒学和科学技术接榫的过程。因此可以认为，西医和科学技术对中医的作用表明，科学与儒学是具有根本上的亲和性的。

（二）儒学和中医对西医持欢迎态度并对其发挥一定的建构作用

西医东渐中儒学和中医对西医的作用主要是一种"选择"的作用。所谓"选择"，主要是指以儒学化了的人为中介，即儒学思想首先内化为人的世界观、价值观、认识论，乃至生命观、身体观、生理观、疾病观等，然后通过人对西医和科学技术表现出迎拒作用。从西医东渐的历史实践看，充任当时儒学对西医和科学技术作用中介的，不仅包括社会上层人士，而且包括社会基层的老百姓。而"选择"虽表现为多种形式，但主要分为排斥、欢迎和建构三种形式。其中，欢迎是建构的前提，而建构则是欢迎的深化。

诚然，儒学对西医产生过一定的排斥。尤其是鸦片战争以后，新教传教士借助西方殖民势力进入中国，并且以行医作为传教和西方殖民势力经济活动先导的历史阶段，与基督教胶着在一起的西医所遭遇的以儒学为主体的中国文化的排斥情况更是司空见惯。从西医剖腹和截肢等外科手术长期不被接受，到误传西医"剜眼剖心""盗尸炼银""拐卖幼童""蒸食小儿"等，把西医妖魔化；从教会医院与民众之间层出不穷的医患冲突事件,到西医的生理观、身体观、疾病观与儒家传统观念的深层冲突等,应有尽有,不一而足。这种排斥贯穿于西医东渐全过程,但总的来看,随着西医东渐的深入,儒学对于西医的排斥呈弱化趋势,而欢迎则长期占据主流。

1. 关于欢迎

西医东渐过程中,从整体和主流上看,儒学对于西医是持欢迎态度的。鉴于西医对于儒学的冲击和影响直至清末才格外明显起来,所以这里将主要聚焦于清末民初主要儒家流派对西医的态度。清末民初,最有代表性的儒家流派是以康有为等为代表的今文经学派、以章太炎等为代表的"国粹派",以及以梁漱溟等为代表的早期现代新儒家。下面,将扼要考察一下上述流派对西医的态度。

晚清今文经学继承和发展了汉代今文经学的变异、进化思想,主张社会历史是不断发展变化的;同时依据《春秋公羊传》所说的"所传闻世""所闻世""所见世"三阶段,提出了社会发展的新的三阶段论。例如,晚清今文经学的集大成者康有为提出的三阶段论是"据乱世""升平世""太平世"。康氏认为,中国两千年来一直处于"据乱世",实行君主统治。应当通过变法,将社会推进到"升平世",实行君主立宪。将来再将社会推进到"太平世",实现民主共和,康氏以此论证了维新变法的合理性。晚清今文经学所主张的社会历史进化论不仅直接依据了达尔文进化论,而且与西方科学求变、求新、求真的科学精神是一致的。所以,它对中医和西方自然科学持欢迎态度。例如,康有为曾热情赞扬西医,1898 年出版的《日本书目志》是康有为向中国人介绍西学的一份详备的书目表,当时曾产生过重大影响。在这份长达十五卷的书目中,生理学和医学雄踞篇首，皆因康氏认为"大治在于医，故以冠诸篇焉"①。书目表每卷卷后均有作者"序"。在这些"序"中，康有为热情赞扬西方的解剖学、妇产学和生理学。他说："近泰西解剖之学至精微，贤列氏其冠冕矣。"②"若产婆学，尤关生理之本，泰西皆有学人专门考求。而吾中人弃于一愚妪之手，草菅人命数千年。"③"如生理之学，近取诸身，人皆有之，凡学者所宜，尽人明之。吾《素问》少发其源，泰西近畅其流，鳌杰儿氏、兰氏、歇儿蔓氏，大唱元风，兰氏阐析尤精矣。"④他还自学西医，"创试西药，如方为之"，治好了自己的病。

　　清末"国粹派"是一个资产阶级知识分子派别，古文经学是其主要思想资源之一，宗旨乃是保存国学，重铸国魂，反对欧化。该派别的基本主张有四：一是用国粹激发和增进爱国热忱；二是颂扬"国学"，批判"君学"，反对帝制；三是从"国学"中寻找变革政体、实行民主共和的根据；四是在效法西方各国政治的同时，必须立足于复兴中国文化。尽管"国粹派"在如何保存国粹和如何处理保存国粹与中国文化实现近代化的关系上具有明显的局限性，但它反对一味醉心欧化，主张中西文化互补和会通的基本观点是正确的。所以，它对西医和西方自然科学整体上是持欢迎态度的。例如，"国粹派"骁将、古文经

① （清）康有为著，姜义华、张荣华编校：《康有为全集》第三集，中国人民大学出版社2007年版，第278页。
② （清）康有为著，姜义华、张荣华编校：《康有为全集》第三集，中国人民大学出版社2007年版，第268页。
③ （清）康有为著，姜义华、张荣华编校：《康有为全集》第三集，中国人民大学出版社2007年版，第278页。
④ （清）康有为著，姜义华、张荣华编校：《康有为全集》第三集，中国人民大学出版社2007年版，第267页。

学殿军章太炎出身中医门第,精通中医医理,却不讳中医之短,不妒西医之长。他说:"脏腑血脉之形,昔人粗尝解剖而不能得其实,此当以西医为审……脏腑锢病,则西医逾于中医,以其察识明白,非若中医之悬揣也。"①他认为,较之中医,"西医则有化学家植物学家矿物学家,助其药学;理学家发明探热针 X 光显微镜,助其诊断;电学机械家助其治疗,此中西医一进一退之关键在焉"②。

　　早期现代新儒家是在五四新文化运动的激进派全面否定和批判儒学的刺激下而走上历史舞台的。在激进派看来,儒教是封建专制的理论基础,儒学"仁义道德"吃人,儒学与民主和科学完全对立,因此他们激烈抨击儒学,主张在中国彻底根除儒学。这种偏激态度刺激了以梁漱溟和熊十力等为代表的一批儒者。这批儒者针对激进派将中西等同于新旧、新旧等同于是非的独断文化观,基于文化的根本精神,将中西两种文化归结为不同民族生活样法和意欲方向的不同,进而揭露了西方文化的弊端,展示了中国文化的优长。他们认定,西方文化的路已经走到了尽头,未来将是中国文化复兴并成为世界文化的时代。他们的核心理念是,中国应当增强文化自信,充分认识到儒学并不比西方文化逊色,相反,却拥有西方文化不可企及的许多优长之处。中国不仅不应当根除儒学,相反要爱护、光大和发展之。儒学具有与科学和民主等现代化要素一致的深厚潜质,也一定能够实现现代化。所以,儒学如何实现现代化,如

---

　　①　章太炎:《论中医剥复案与吴检斋书》,《华国月刊》1926 年第3 期。

　　②　陈仁存:《章太炎先生医事言行》,《存仁医学丛刊》(香港)第二卷(1953 年)。

何在现代化中发挥引领作用是由早期现代新儒家提出的,后来
成为各时期现代新儒家的中心议题。既然如此,早期现代新儒
家对西医和西方自然科学持欢迎态度就是不言而喻的了。例
如,梁漱溟终生研究儒学和传统文化,被誉为"中国最后一位
儒家",其"中西文化比较"思想享誉海内外。梁漱溟基于中西
医比较,对西医赞誉有加。他说,中西文化"两方比较,处处是
科学与手艺对待。即如讲到医药,中国说是有医学,其实还是
手艺。西医处方,一定的病有一定的药,无大出入;而中医的高
手,他那运才施巧的地方都在开单用药上了。十个医生有十样
不同的药方,并且可以十分悬殊"①。他认为西医追求客观共
认的确实知识,中医习用猜测、崇尚天才,"这种一定要求一个
客观共认的确实知识的,便是科学的精神;这种全然蔑视客观
准程规矩,而专要崇尚天才的,便是艺术的精神"②。他还认
为:"西医是解剖开脑袋肠子得到病灶所在而后说的,他的方
法他的来历,就在检察实验。中医中风伤寒的话,窥其意,大约
就是为风所中,为寒所伤之谓。但他操何方法由何来历而知其
是为风所中、为寒所伤呢? 因从外表望着象是如此。这种方法
加以恶谥就是'猜想',美其名亦可叫'直观'。这种要去检查
实验的,便是科学的方法。这种只是猜想直观的,且就叫他作
玄学的方法。"③且不说梁漱溟对中医的看法是否准确,单就他

---

① 梁漱溟:《梁漱溟全集》第 1 卷,山东人民出版社 1989 年版,第
354 页。

② 梁漱溟:《梁漱溟全集》第 1 卷,山东人民出版社 1989 年版,第
355 页。

③ 梁漱溟:《梁漱溟全集》第 1 卷,山东人民出版社 1989 年版,第
357 页。

对西医是否持有肯定和赞扬的态度,则是一清二楚的。

儒学对西医整体上的欢迎态度,既充分显示了儒学对科学技术具有亲和性的内在基质,也充分显示了儒学对异质文化海纳百川的博大气度。

2. 关于建构

建构有以下多种表现形式。

(1)西医的主动适应。西医东渐初期,在儒学和中医的作用下,西医对中医做出了种种适应性努力,或者说中医对西医发挥了某种形塑作用。如传教士行医时,为了适应患者不了解西医而相信和依赖中医的心理,往往要学习一点中医;在西医诊断中加进了中医把脉问诊的步骤;有的传教士在自己所办的诊所里聘请中医坐诊,用以招徕患者,配合和补充西医;英国传教士、医学硕士合信(Benjamin Hobson)主张中西医应该沟通,在临床上中西药并用,他甚至说:"药剂以中土所产为主,有必须备用而中土所无者间用番药。"①

(2)中西医汇通和中西医结合工作影响西医发展。西医东渐过程中,在西医和西方科学技术的冲击下,中医界一部分人做了大量中西医会通和中西医结合的工作,以致形成了颇有影响的中西医汇通派。这些工作有不少是把西医经过改造纳入中医,其实质就是对西医的建构。此外,中国知识分子在研究或参与翻译西医著作的过程中,往往掺入儒学意识,从儒学和中医的角度理解和解释西医,从而使传入中国的西医较其本来面目表现出一定的变异。这也是对西医的建构。

---

① 转引自赵洪钧:《近代中西医论争史》,学苑出版社 2012 年版,第 58 页。

　　(3)中医和儒学的现代科技价值对西医产生了巨大诱惑力和挑战性。对于中医和儒学来说,西医东渐既是挑战,也是机遇。机遇的突出表现是,正是由于西医东渐,彰显了中医和儒学的现代科技价值。和中国传统科学的其他学科相比,中医与科学的关系表现出了两个突出特点:一是这种关系的深度与广度无与伦比,中医比中国传统科学中的任何学科都更加鲜明,更加集中地表征着儒学;二是中医集中放大了儒学所具有的整体性、关联性和有机性等特点。关于后者,无独有偶,恰恰是西医以其往往治标有余而治本不足和药物存在副作用等种种缺陷,也同样集中放大了科学技术所具有的分析性、机械性和还原论的弱点。于是在西医东渐中,当中医遇上西医,这两种放大共同造成了一种效应:彰显了中医和儒学的现代科技价值,即彰显了中医和儒学对于西医及现代科技具有补偏救弊的作用。不少人认为中医和儒学的补偏救弊作用只是到了20世纪后半叶甚至更晚才显现出来。其实,这一点早在西医东渐时期就已经十分明显了。面对具有关注病灶、细菌、细胞病变和头疼医头、脚疼医脚等特点的西医,中医以其"重在治人""治未病"和辨证论治,以及重视人体器官的有机关联、人体与自然环境的和谐相处及情志保持平衡等特点,在预防疾病、治疗顽症和慢性病、克服药物副作用等方面,显示出了突出的优点。其实,中医相对于西医的优点在很大程度上就是儒学对现代科学补偏救弊的作用,即儒学对现代科技的价值之所在。在现代社会,尽管西医和科学技术发展迅速,但由于人体生命是一个复杂的巨系统,具有自组织性、自稳态性和开放性,而且人的各种疾病还具有随机性、偶然性等不确定性,所以,西医在许多疾病面前无能为力。如何从中医和儒学中汲取智慧和营养,乃是关乎西医甚至整个现代科技前途和命运的重大时代性课题。

在中医和儒学对于西医"选择"作用的几种表现形式中，既然欢迎占主导地位，那么科学与儒学之间具有根本上的亲和性就是不言而喻的。而建构作用看起来是儒学和中医通过沟通中西医和缩小中西医差异而实现对西医的改造和同化，其实，它同时也为西医和科学技术改造和同化中医搭建了桥梁。甚至由于科学技术和西医的日新月异的高速发展，其对中医的改造和同化反倒占了上风。换言之，中医界所做的中西医会通工作，在中医和儒学对西医的改造和同化方面举步维艰，而在客观上却大大加速了西医和科学技术对中医的改造和同化进程。当然，无论是谁改造、同化谁，既然是改造和同化，就意味着双方的一种认同和接近。简言之，就是一种亲和性。

总之，西医东渐中的科学与儒学是具有根本上的亲和性的。

三、西医东渐中科学与儒学具有根本上亲和性的内在根据

为什么西医东渐中，科学与儒学会具有根本上的亲和性呢？我认为有以下几方面的原因。

（一）"知医为孝"

从儒学的角度说，医学一向为儒家所重视。在中国古代"经、史、子、集"的知识系统中，医学属于"子"类，这是因为"本草经方，技术之事也，而生死系焉。神农、黄帝以圣人为天子，

尚亲治之"①。更重要的是,不论是中医还是西医,都具有贯彻儒学基本理念的工具价值。

儒家学说的中心内容是一种伦理道德体系。其中,"孝"具有基础性地位。用《孝经》的话说即是"夫孝,德之本也,教之所由生也"②。原因是,"孝"制约着其他伦理关系,甚至关乎政治。"孝"是"敬天下之为人父者也""敬天下之为人兄者也""敬天下之为人君者也"③,也就是说,"孝"不仅是孝敬父母,事实上,它可以外推至尊敬兄长、顺从长官、忠于皇帝等。所以《孝经》强调,以"孝"化民便可以"天下和平,灾害不生,祸乱不作"④。基于此,儒家极为重视"孝",认为"孝"是大经大法,是人人应遵守的天经地义的纲纪:"夫孝,天之经也,地之义也,民之行也。"⑤汉代以后,统治者大都提倡以"孝"治天下。

于是,如何践行"孝"成为一大问题。原则上说,践行"孝"的途径有多种。其中,相当重要的一条途径就是"知医"。为此,医学界逐渐形成了"知医为孝"说。早在魏晋时期,名医皇甫谧就说过:"夫受先人之体,有八尺之躯,而不知医事,此所谓游魂耳!若不精通于医道,虽有忠孝之心,仁慈之性,君父危

① （清）爱新觉罗·永瑢等撰:《四库全书总目》卷九十一,中华书局1965年版,第769页。

② 胡平生译注:《孝经·开宗明义章第一》,中华书局2009年版,第1页。

③ 胡平生译注:《孝经·广至德章第十三》,中华书局2009年版,第30页。

④ 胡平生译注:《孝经·孝治章第八》,中华书局2009年版,第16页。

⑤ 胡平生译注:《孝经·三才章第七》,中华书局2009年版,第12页。

困,赤子涂地,无以济之,此固圣贤所以精思极论,尽其理也。"①到了宋明时期,理学家更是力推"知医为孝"说。程颢说:"病卧于床,委之庸医,比于不慈不孝。事亲者,亦不可不知医。"②程颐认为,人子事亲学医,"最是大事……今人视父母疾,乃一任医者之手,岂不害事? 必须识医药之道理,别病是如何,药当如何,故可任医者也"③。

"知医为孝"说的道理并不深奥,为此,该学说在古今儒士中影响很大。儒士们高度认同并自觉践行该学说。例如,宋朝大儒蔡元定说:"为人子者,不可不知医药、地理。"④明代儒医、"一体堂宅仁医会"的创办者徐春甫说:"父母至亲者,有疾而委之他人,俾他人之无亲者,反操父母之死生,一有谬误,则终身不复。平日以仁推于人者,独不能以仁推于父母乎?"⑤许多儒士也正是在"知医为孝"说的鼓舞下投身医学的。如明代名医王肯堂自述从医经过为:"嘉靖丙寅,母病阽危,常润名医。延致殆遍,言人人殊,罕得要领,心甚陋之,于是锐志学医。"⑥

---

① 皇甫谧:《甲乙经·序》,引自叶怡庭:《历代医学名著序集评释》,上海科学技术出版社1987年版,第213页。

② (宋)程颢、程颐:《河南程氏外书》卷第十二《二程集》,中华书局2004年版,第428页。

③ (宋)程颢、程颐:《河南程氏遗书》卷第十八《二程集》,中华书局2004年版,第245页。

④ (金)张子和著,邓铁涛等整理:《儒门事亲》,人民卫生出版社2005年版,第13页。

⑤ (明)徐春甫辑,崔中平等主校:《古今医统大全》上册,《医儒一事》,人民卫生出版社1991年版,第209页。

⑥ (明)王肯堂:《证治准绳》(上),《自序》,人民卫生出版社2001年版,第1页。

清代温病四大家之一的吴瑭回忆说："瑭十九岁时,父病年余,至于不起。瑭愧恨难名,哀痛欲绝。以为父病不知医,尚复何颜立天地间,遂购方书,伏读于苫块之余。"①

其实,在儒家看来,医不仅能为"孝"服务,也能进一步为"仁"服务。其一,医服务于"孝"就是服务于"仁"的根本,这是因为"孝弟也者,其为仁之本与"(《论语·学而》)。其二,医有助于实现"仁"的目标。"仁"即"爱人","仁"的目标是"亲亲而仁民,仁民而爱物"(《孟子·尽心章句上》)。治病救人就是施仁爱于民,"上以疗君亲之疾,下以救贫贱之厄"②,于是"仁"的目标才得以实现。其三,医是"仁"的践行。医的职业道德要求,医生的天职是治病。医生要处处为患者着想,视人之疾,犹己一体,不计报酬,不辞劳苦,尽心治病;而且,医生与患者的关系具有至上性和排他性。在医生面前,患者的一切社会属性全都遁去。不论贵贱、穷富、亲疏和长幼,均须一视同仁,所以人们通常认为"医为仁术""医儒相通"。

既然儒学这么看重医,又这么需要医,而且西医这么有疗效,中西医在职业道德上又这么如出一辙,那么在西医东渐中,儒学和中医对于西医持欢迎态度就是理所当然的了。

（二）双方均有一定的科学性和地方性

从医学的角度说,西医和中医双方都既具有一定的科学性,也具有一定的地方性。

①　(清)吴瑭著,南京中医药大学温病教研室整理:《温病条辨》,《自序》,人民卫生出版社 2005 年版,第 17 页。

②　(汉)张仲景:《伤寒论·序》,参见叶怡庭:《历代医学名著序集评释》,上海科学技术出版社 1987 年版,第 142 页。

1. 西医和中医都具有一定科学性

西医已然成为自然科学的分支之一，其科学性自不待言，关键是，中医是否具有科学性呢？西医东渐中，在中医的科学性问题上，中医界和思想文化界基于为中医辩护的立场，所提出的较为集中的一种意见是：中医正确与否不能以科学为标准，中医是与现代科学不同的"另一种科学"。例如，民国著名中医理论家恽铁樵认为："西方科学不是学术唯一之途径，东方医学自有立脚点。"①他的理由是："鄙意以为科学是进步的，昨日之是，今日已非，故不能谓现在之科学即是真是。"②就是说，在恽氏看来，科学的发展实际上是不断纠错、不断自我扬弃的历史，昨天、今天和明天的科学尽管面目不同，但同样都是科学，因而科学是多元的。既然如此，中医为什么不能称为科学呢？这种观点的主要问题是混淆了科学知识和非科学知识的界限。的确，科学是带有一定假说性质，具有一定社会建构性的。但是，科学追求真理的终极目标决定了科学的发展既是不断纠错的历史，更是从相对真理走向绝对真理的过程。尽管追求绝对真理的过程是无止境的，但是，基于经验事实的理论抽象、具有可检验性而又和已有科学知识相一致的知识，与错误知识或无法判定其真假的知识是有天壤之别的。客观真理性和普遍性是科学知识的本质属性，是科学知识与一切非科学知识相区别的分水岭。因此，科学归根结蒂是一元的，和科学平起平坐的所谓"第二种科学"是不存在的。

---

①　恽铁樵：《对统一病名建议书之商榷》，《医界春秋》1933 年总第 81 期。

②　恽铁樵：《对统一病名建议书之商榷》，《医界春秋》1933 年总第 81 期。

　　当然，认定中医不是"第二种科学"，并不必然意味着一刀切断中医与科学的联系。

　　首先，从根本上说，中医在认识论上是主张反映论的，它的理论深深扎根于人体器官、人体组织的形态和功能的客观基础之上。不少人认为，中医不讲解剖，中医理论根本没有生理解剖学的基础。其实这是一种误解，中医经典著作中并不乏解剖学的内容。例如《黄帝内经》早就指出："若夫八尺之士，皮肉在此，外可度量切循而得之，其死可解剖而视之。其脏之坚脆，腑之大小，谷之多少，脉之长短，血之清浊，气之多少……皆有大数。"①说的是，人活着时，可从体表进行触摸和测量；人死后，可通过解剖进行观察和测量。不仅可测知内脏质地的软硬，还可以用尺子、竹签和器皿测量"腑"库的大小、容纳水谷的数量、脉管的长短、血液的黏稠度和人死后血液的浓缩程度等。其解剖之细和范围之广，令人叹为观止。再如，《灵枢·肠胃》载"咽门重十两，广一寸半，至胃长一尺六寸"，所记食管长度基本正确；《灵枢·肠胃》又载：小肠"长三丈二尺"，回肠"长二丈一尺"，广肠"长二尺八寸"，大肠与小肠总长为55.8尺。古今长度有别，但大肠与小肠之间的比例与现代解剖学所得的大肠与小肠之间的比例大体一致。《灵枢·海论》载："脑为髓之海，其输上在于其盖，下在风府（腑）。"把脑髓的上界定在颅骨的最高点，下界定在风府穴的水平线，相当于枕骨大孔的水平线，这与现代解剖学的划分完全一致。《难经·四十二难》载："心重十二两，中有七孔三毛，盛精汁三合。""大肠重二

————————

　　①　《黄帝内经·灵枢》卷三《经水第十二》，郝易整理，中华书局2010年版，第237页。

斤十二两,长二丈一尺。广四寸,径一寸,当脐右回十六曲,盛谷一斗,水七升半。"《灵枢·平人绝谷》载:"小肠大二寸半,径八分分之少半,长三丈二尺,受谷二斗四升,水六升三合合之大半。"诸如此类,不胜枚举。或许上述解剖数据依然粗疏或欠精确,但中医重视解剖,努力将医学理论建立在人体生理解剖之上的旨意是一清二楚的。

其次,中医具有西医无可替代的许多合理性。其根本的合理性是,相对于西医"看人为各部机关所合成,故其治病几与修理机器相近",而中医"即在其澈头澈尾为一生命观念,与西医恰好是两套"①。具体来说就是:其一,中医注重人体器官之间以及器官与人体整体之间的有机联系;其二,中医注重人体及其器官与自然环境和社会环境的有机联系;其三,在中医医理的指导下,经过数千年众多医家的反复试验和大胆探索,中医积累了无数行之有效的药方;此外,还有魅力无穷的经络理论和针灸方法;等等。这些合理性不仅对于中医形成特色和提高疗效至关重要,而且对于整个现代医学的未来发展,可资借鉴和利用的潜力十分巨大。因此,我们应当坚定不移地爱护中医、发展中医;同时应当坚信,凡是中医有合理性的地方,大都是合乎科学的地方,即便一时不能说明其科学原理,随着科学的发展,将来迟早也会得到越来越充分的说明。

应当指出,中医的科学化意味着中医逐步汇入世界科学主潮流,是中医对壮大世界科学作出了贡献,而不是中医变成西医。近代自然科学诞生于西方,在科学诞生初期,称之为"西

---

① 梁漱溟:《梁漱溟全集》第 2 卷,山东人民出版社 1990 年版,第128 页。

方科学"理所当然。但是,随着现代科学事业的全球化和科学知识的去地方性,自然科学已逐步变为世界性的了。与此相关联,现代医学也已逐步具有普世性,而非单单是西方的了。所以,"西医"这个称谓不过是约定俗成,仅具象征意义,中医的科学化绝不等于中医的西化,而是中医的现代化。

2.西医和中医都具有一定的地方性

在一定意义上,西医和中医既是科学和儒学的关系,也是科学医和民族医的关系。如果说,民族医在一定程度上代表着地方性知识的话,那么在很大程度上,西医和中医的关系则是普遍性知识和地方性知识的关系。

中医的地方性是显而易见的。中医是儒学在医学领域的特殊表现形式本身,就是中医地方性的突出表现。然而,需要强调指出的是,中医并非完全的地方性知识,它包含着大量科学性成分,是地方性知识和科学知识的混合物。长期以来,中医主要以地方性知识的面目示人,而西医东渐以来,中医以各种方式摄入了大量科学知识,它所固有的科学成分得以极大地扩张,而且从此以后,其科学成分的扩张趋势从来没有停止过。

其实,西医也不是完全的普遍性知识。它也包含一定的地方性,而且,西医所包含的地方性知识成分之重,出乎人的意料。这是因为,西医所依托的科学知识也是有地方性的,其具体表现如下:首先从起源上看,近代科学起源于西方,是西方希腊理性传统、宗教改革、文艺复兴和资产阶级的兴起等众多经济、政治和文化因素共同作用的结果,并曾一度被作为西方文化的有机组成部分和杰出代表。尽管近代科学革命完成后,科学走向世界,逐渐实现了普世化,但胶着于科学之中的西方文化遗迹,即西方文化所赋予科学的地方性遗迹也还是难以消弭

殆尽的。其次,更重要的是从实践角度看,科学是一种在现代
社会越来越重要的人类实践活动。正是在这种实践活动中,科
学知识的生成、传播、辩护、应用都具有一定的情境性,和它欲
反映的事物的本来面目有某种偏离,从而使科学知识不可避免
地带上了一定的地方性。既然连科学知识都具有一定的地方
性,那么以科学为基础的西医也必定具有一定的地方性。

　　总之,尽管西医和中医各自所包含科学成分的多寡不可同
日而语,但由于双方在不同程度上都是地方性知识和科学知识
的混合物,二者性质相近又有一定的互补性,所以具有充分的
亲和性就是理所当然的了。

中国近现代科技思想史研究

利玛窦科学传播功过新论[*]

中国学术界对利玛窦科学传播功过的评价曾一度发生严重分歧,至今意见仍未完全统一。在我看来,其中主要涉及三个基本问题。一是科学传播的动机问题,二是科学传播的性质问题,三是科学传播的影响问题。这三个问题时常不是专门针对利玛窦个人的,而是涉及明末清初所有的外国传教士。由于利玛窦是这些外国传教士中的佼佼者和首屈一指的代表人物,所以在一定意义上,这三个问题也可以视为关于明末清初传教士科学传播功过评价的三个基本问题。对利玛窦科学传播功过的判定看似是一个仅仅涉及利玛窦乃至传教士评价的问题,其实这是一个包括对古希腊科学、中国古代科学和近代科学的看法,以及对中国科学近代化进程的看法等一系列科学思想史基本问题的复合性问题,所以予以辨明十分必要。

———————————

* 本文原载于《自然辩证法研究》2011 年第 2 期,《新华文摘》2011 年第 9 期论点摘要。本文获 2013 年度山东省社科优秀成果三等奖、山东省教育厅优秀成果二等奖。

一、科学传播的动机

关于利玛窦等传教士传播科学的动机,有一种意见十分尖锐:"利玛窦等人传播科学文化只不过是为了传播宗教的骗人的手段。当目的达到了之后,他们就不再介绍科学文化知识了,甚至阻碍中国人获得知识。"①这种意见有失公允。

(一)科学与宗教并非绝对对立

认为传教与传播科学纯粹是目的与手段关系的观点往往暗含一个前提,即科学与宗教是绝对对立的。由于二者是绝对对立的,所以传教士绝对不可能诚心诚意地传播科学,即便传播,所传播的也只能是落后的科学;而且对于宗教而言,科学仅是在特殊情况下偶尔使用的工具,一旦目的达到,就可以把它抛弃掉了。

从事实的角度说,科学与宗教绝对对立论无法解释这样的现象:耶稣会所属的罗马学院从创立之初就非常重视科学教育;根据默顿的研究,在近代科学的诞生过程中,清教起到了巨大的促进作用;近代以来,许多科学大师是虔诚的基督徒,如哥白尼、波义耳、牛顿、帕斯卡、焦耳等。从理论角度说,科学与宗教绝对对立论仅仅看到了科学与宗教对立的一面,但忽视了二者以下多方面的统一性:首先,宗教可以为科学提供形而上学

---

① 转引自余三乐:《论利玛窦对中西文化交流的贡献及其历史地位》,《肇庆学院学报》2007 年第 3 期。

前提或信念基础,基督教主张一神论,认为上帝是宇宙的唯一动因,因而肯定了宇宙的一致性;同时,根据创世说,既然上帝创造了一切,那么一切自然现象也必然具有一致性,而"自然界的一致性"乃是自然科学的形而上学前提。此外,宗教所主张的宇宙的可理解性、稳定性和规律性,以及宇宙的偶然性和特殊性等,都可以充当自然科学的形而上学前提或科学家信念的基础。其次,宗教可以为科学提供价值目标。科学研究是艰苦的事业,从事科学研究需要科学家持有正确而坚定的价值目标。在一定意义上,较之其他途径,通过信仰宗教,尤其是获得宇宙宗教感情是为科学家提供正确而恒久的价值目标最有力、最有效的途径之一。最后,宗教可以为科学提供认识方法上的帮助。科学以理性方法为主,与此不同,宗教则主要采用体验、启示象征和隐喻等非理性方法,在认识方法上,宗教可以为科学提供补充。

（二）传教与传播科学共同服务于更高的目的

耶稣会传教的内容是教人信仰上帝,慈言善行、清心寡欲、真诚做人、远离邪恶、待人如己等,目的是什么?目的是造福人类。而自然科学研究自然、探求真理,最终目的是使人类认识自然、利用自然,与自然和谐相处,也是为了使人类生活得更美好。所以,在造福人类上,二者的目的是一致的。这表明,传教和传播科学除了目的和手段的关系外,还有一层并列、互补关系。仅仅看到二者间的目的与手段关系而抹杀二者的并列、互补关系,是片面的、狭隘的。

传教和传播科学的互补关系典型地表现在教会学校的教育内容上。如上所述,就利玛窦当年在罗马学院所学的课程而言,自然科学课程占了不小的比重。学术传教是利玛窦到达中国之后的创造,那么,为什么耶稣会在利玛窦求学时期就开设了这些科学课程?这是因为,耶稣会懂得,自然科学不仅能够训练教士们的心智,而且能够提高教士们造福人类的能力。

（三）评价动机应结合效果

把传播科学视为纯粹的传教手段,这一观点既是对耶稣会传教的贬低,也是对耶稣会传播科学的贬低。其实,动机的评价不可单纯就动机论动机,而应结合效果,应当从动机与效果统一的角度看动机。这是因为,动机属于主观范畴,仅限于主观范畴很难判定动机的是非。由于动机归根结蒂要付诸实施,要产生效果,所以,结合效果看动机,从动机与效果统一的角度评价动机,就有了客观标准,所作出的评价也才能较为准确、实在。

利玛窦等耶稣会士传播科学的效果是什么呢?这一点本文后面即将述及。简单说来即是:对中国传统科学造成了巨大冲击,起到了为中国科学的近代化清理地基的作用;同时,利玛窦等人的科学传播也在一定程度上从科学知识、科学方法和科学观上对中国进行了科学启蒙,为20世纪初年五四新文化运动大规模的科学启蒙开了先河。

基于此,那种全盘否定耶稣会士传播科学动机的观点是不正确的。

（四）利玛窦翻译科学著作的动机

利玛窦传播科学最主要的方式是翻译和撰写科学著作。应当说,利玛窦翻译每一种科学著作的目的,是对利玛窦传播科学动机的最好注脚。

关于翻译《几何原本》的目的，利玛窦说，自 1605 年他开始从事一项"乍看起来与传教并没有直接关系，但实际上对传教非常有利的工作"①，徐光启也说过，他和利玛窦翻译《几何原本》是"趋欲先其易信，使人绎其文，想见其意理，而知先生之学，可信不疑，大概如是，则是书之为用更大矣"②。基于此可以认为，翻译《几何原本》含有为传播宗教服务的考虑。但同时利玛窦又说："窦自入中国，窃见为几何之学者，其人与书，信自不乏，独未睹有原本之论，既阙根基，遂难创造，即有斐然述作者，亦不能推明所以然之故，其是者己亦无从别白，有谬者人亦无从辨正，当此之时，遂有志翻译此书，质之当世贤人君子，用酬其嘉信旅人之意也。"③也就是说，翻译此书可以弥补中国传统数学理论性较弱的缺陷，促进中国科学发展，利玛窦对此是心知肚明的，我们也不能有意忽略。另外，徐光启对西方科学的仰慕和引进《几何原本》的强烈愿望也起到了一定的促进作用。

关于利玛窦自己带来或自己绘制的世界地图，一方面，它被利氏用作传教的工具；另一方面，也不能否认它有非宗教的动机。利玛窦在《坤舆万国全图》的跋中对地图的作用进行了宣传，他说："古人载而后人观，坐而可减愚增智焉。大哉，图史之功乎"，"敝国虽偏，而恒重信史，善闻各方之风俗与其名

① ［意］利玛窦：《利玛窦全集》第一册，光启出版社 1986 年版，第 4584 页。

② （明）徐光启：《徐光启集》，上海古籍出版社 1984 年版，第 75 页。

③ ［意］利玛窦：《译〈几何原本〉引》，朱维铮主编：《利玛窦中文著译集》，复旦大学出版社 2007 年版，第 301 页。

胜,故非惟本国详载,又有天下列国通志以至九重天、万国全图无不备者。"①显然,展示和出版地图具有使人坐而减愚增智、尽览四海风俗名胜的作用,利玛窦对此是一清二楚的。

关于《同文算指》,利玛窦没有谈及编译此书的动机,但他的合作者李之藻却说得十分明白:"往游金台,遇西儒利玛窦先生,精言天道,旁及算指,其术不假操觚(gū),第资毛颖,喜其便于日用,退食译之,久而成帙。"②《同文算指》乃是利玛窦应李之藻之请合作译出,主要动机是出于西方笔算方便快捷,"不用算珠,举笔便成"(李之藻语),与传教并无明显关系。

关于《测量法义》,利玛窦也没有谈及他向徐光启传授此书的动机,他的合作者徐光启在《题测量法义》中对该书是这样介绍的:"是法也,与《周髀》、《九章》之勾股测望,异乎? 不异也。不异,何贵焉? 亦贵其义也。"③可见,利玛窦向徐光启传授《测量法义》的动机,乃是用几何原理讲解测量术,其中蕴含着以此矫正中国数学与西方数学相比"其法略同,其义全缺"的弊端,与传教没有直接关系。

其他著作无须多列,上述情况足以说明利玛窦传播科学的动机并非完全服务于传教。

---

① 朱维铮主编:《利玛窦中文著译集》,复旦大学出版社 2007 年版,第 182 页。

② 朱维铮主编:《利玛窦中文著译集》,复旦大学出版社 2007 年版,第 649 页。

③ 徐光启:《徐光启集》,上海古籍出版社 1984 年版,第 82 页。

（五）传教与传播科学存在着一定的目的与手段关系十分正常

对于传教士而言，传教与传播科学的确存在着一定的目的与手段关系，这方面的证据很多。例如，利玛窦把某些自制的科学仪器和绘制的地图作为礼品送给地方官员、士人甚至皇帝，目的是疏通关系，为传教开辟道路；利玛窦甚至在他用中文标注的地图空白处写进宣教内容；利玛窦和其他传教士曾多次向罗马总会或某些神父去信求援，要求他们派科学素养高的传教士来华或馈赠科学书籍，所申明的理由往往是传教的需要。另外，人们公认利玛窦所开辟的传教路线是"学术传教"，所谓学术，科学技术是其主要内容之一，等等。

对于中国而言，传播科学的最佳主体固然是掌握先进科学技术的中国科学家，或西方职业科学家，但历史事实是，由于错综复杂的原因和中国的封闭政策，导致中国既不可能自动走上近代科学的道路，也不可能在明末清初就主动派遣留学生到海外学习西方自然科学。从当时西方和中国的具体情况看，历史选择了传教士作为传播科学的主体绝非偶然。由于传教士传教是其最高使命，在一定限度内传播科学为传教服务是十分正常的。这并不意味着他们认为传播科学除了宗教意义外别无他用，或对传播科学缺乏诚意甚至居心叵测。

总之，在以利玛窦为代表的入华耶稣会士那里，除了传播科学对于传教具有手段作用以外，传教与传播科学具有某种一致性，而且相对于传教，传播科学具有相对的独立性，具有自己独立的明确目的。在后一种情况下，中国进步士人对西方科学的崇尚和追求起到了某种促进作用。

二、科学传播的性质

以利玛窦为代表的耶稣会士所传播的科学与先进的近代科学是什么关系？是与近代科学毫无关系的纯粹从属于中世纪经院哲学的落后科学吗？这就是曾在中国一度引起争论的"传教士科学传播的性质"问题。

（一）利玛窦传播近代科学较少的原因

的确，利玛窦所传播的科学大都是近代以前的科学，而对于近代科学传播甚少。之所以如此，并非利玛窦有意不去传播近代科学，而是具有多方面客观原因的。

1. 哥白尼日心说的优势地位尚未形成

利玛窦所处的时代正是西方近代科学革命发生的时期。西方近代科学革命的实质是从古希腊和中世纪以经验性及思辨性为特点的科学朝向以实验和数学方法相结合为特点的科学转变。这场革命的起点是 1543 年哥白尼《天体运行论》出版，终点为 1687 年牛顿《自然哲学的数学原理》出版。前者宣告了日心说的诞生，后者宣告了将天上和地上宏观物质运动规律统一起来的经典力学大厦的建成。除哥白尼、牛顿以外，其间科学巨星还有第谷、开普勒、伽利略等人。哥白尼提出日心说以后，曾一度立足未稳，直到 18 世纪光行差被发现后，才获得了证实。此外，哥白尼日心说虽然较之托勒密地心说更具有简单性，但其本身不够完善，观测精度偏低，而中国当时最看重的就是计算精度。晚明之所以朝野改历呼声迭起，就是因为当时行用的大统历误差太大。在这种情况下,传教士选择传播第谷体系,而没有立即传播哥白尼学说是情有可原的。

2.利玛窦接受的教育受时代局限

耶稣会要求所有的会士在学校都要接受"七艺"教育,学习语法、修辞、辩证法、代数、几何、天文、音乐以及亚里士多德哲学,科学教育是其中的重要内容。利玛窦是在罗马学院接受大学教育的。该学院由耶稣会创始人依纳爵·德·罗耀拉(Ignacio de Loyola,约1491—1556)创办,由于利玛窦就读时,意大利是世界科学中心,所以该学院十分重视科学教育。该学院的科学课程设置大致如下:

第一学年:算术(全年)

第二学年:《几何原本》前4卷(四个月)

实用算术(一个半月)

地球仪(两个半月)

地理学(两个月)

《几何原本》第五、六卷(其余时间)

第三学年:古观测仪(两个月)

行星论(四个月)

透视画法(三个月)

钟表(其余时间)

与宗教活动有关的计算问题(其余时间)。①

---

① 转引自樊洪业:《耶稣会士与中国科学》,中国人民大学出版社1992年版,第5页。

　　尽管该学院的课程设置中，科学课程的分量已经比较重，内容也较全面，但由于通常情况下最新科学成果和大学课程设置之间有一个难以避免的时间差，所以其课程设置中较少包括诸如哥白尼日心说之类当时诞生不久的某些近代科学内容。基于这样的教育背景，利玛窦没有传播近代科学是可以理解的。

　　3. 利玛窦入华时中国科学正处于衰落期

　　中国古代科学源远流长、成就辉煌。源远流长说的是它萌芽于公元前的春秋战国时期，以后逐步形成了包含天、算、农、医等在内的强大科学知识系统；成就辉煌说的是它拥有大量令人叹为观止的科学成就。但是，中国古代科学在经历了秦汉、魏晋南北朝和宋元三次高峰之后，到了明代开始衰落。明代法律严禁私习天文，遂使天文研究后继乏人，历法年久失修，差错日隆；连带着数学研究荒疏，大量经典著作散失，以至像《九章算术》这类经典著作也难以见到了。这种情况必然会影响中国科学界对西方科学需求的强度和高度。既然如此，利玛窦没有传播近代科学也就不足为奇了。

　　（二）利玛窦传入中国的是一种新质的科学

　　尽管利玛窦传播近代科学较少，但对于中国人来说，利玛窦传入中国的科学是一种新质的科学。这种新质主要表现在以下几个方面。

　　1. 知识具有客观性、逻辑性和精确性

　　利玛窦所传播的科学知识，不论数学、天文学还是地理学，无不具有客观性、逻辑性和精确性。尤为典型的是，《几何原本》中的所有命题都是经过严密论证的，确然不易，无可怀疑。

这和中国某些传统知识所具有的玄虚不实、含混不清形成了鲜明对照。关于这一点,当时对西学最为精通的徐光启感同身受。他对《几何原本》曾有过一个著名评价,他说:"此书有四不必:不必疑,不必揣,不必试,不必改。有四不可得:欲脱之不可得,欲驳之不可得,欲减之不可得,欲前后更置之不可得。有三至、三能:似至晦实至明,故能以其明明他物之至晦;似至繁实至简,故能以其简简他物之至繁;似至难实至易,故能以其易易他物之至难。易生于简,简生于明,综其妙在明而已。"这里,对于《几何原本》的数学知识,"四不必"说的是其确定性,"四不可得"说的是其逻辑性,"三至三能"说的是其简明性。徐光启进一步认为,这些特点决定了西方科学知识较之中国传统科学知识的先进性:"吾辈既不及覩唐之十经,观利公与同志诸先生所言历法诸事,即其数学精妙,比于汉唐之世十百倍之,因而造席请益。"①

2. 尊重经验

在天文学上,利玛窦坚持利用仪器对日食和月食等天象进行观测;在地理学上,利玛窦注重对地理位置经纬度的实地测量。这实际上是向中国学术界传达了一种注重经验基础的方法论思想。长期以来,中国学术界的主流习惯于向儒家经典寻求真理,造成人们的认识常常脱离或落后于实践。因此,利玛窦等传教士所传达的实证观念和方法对中国的学术界产生了深远的影响。在利玛窦的影响下,徐光启重视经验基础的思想已经十分明确。他在请求修历的奏折中明确地表达了这一思

---

① (明)徐光启:《徐光启集》,上海古籍出版社 1984 年版,第 80—81 页。

想:"今所求者,每遇一差,必寻其所以差之故;每用一法,必论其所以不差之故。上推远古,下验将来,必期一一无爽。日月交食,五星凌犯,必期事事密合。"①梁启超指出:"利玛窦等输入当时所谓西学者于中国,而学问研究方法上,生一种外来的变化。其初惟治天算者宗之,后则渐应用于他学。"②就是说,这种变化不仅发生在科学界,而且也发生在人文社会科学界。学界公认,乾嘉学派所倡导的以实事求是为灵魂的考据学方法就是受西方天算学的影响而起的。著名语言学家王力说:"明末西欧天文学已经传入中国。江永、戴震都学过西欧天文学。一个人养成了科学脑筋,一理通,百理融,研究起小学来,也就比前人高一筹。"③

3.突出数学的方法作用

在《译〈几何原理〉引》中,利玛窦扼要论述了数量关系在人类认识和实践活动中的基础性作用。他认为要使认识达到"且深且固",离不开几何学,离不开考察事物的数量关系;而政治家、农民、医生、商人、兵家要把事情做好,也时时处处离不开几何学和对数量关系的把握,这种观点影响了一大批中国士人。例如,徐光启明确提出数学是"盖不用为用,众用所基"④。他认为在利玛窦等"泰西诸君子"所带来的科学中,数学是根

---

① (明)徐光启:《徐光启集》,上海古籍出版社 1984 年版,第333 页。

② 梁启超:《梁启超论清学史二种》,复旦大学出版社 1985 年版,第23 页。

③ 王力:《中国语言学史》,山西人民出版社 1981 年版,第 170—171 页。

④ (明)徐光启:《徐光启集》,上海古籍出版社 1984 年版,第 66 页。

本。徐光启说："格物穷理之中，又复旁出一种象数之学。象数之学，大者为历法，为律吕，至其他有形有质之物，有度有数之事，无不赖以为用，用之无不尽巧极妙者。"①徐光启的这一思想在中国知识界迅速形成了一种通过数量关系的分析和形式逻辑的运用而达到揭示事物本质的"由数达理"的思潮：李之藻提出了"缘数寻理，载在《几何》"②，王徵提出了"先考度数之学……而后可以穷物之理"③，王锡阐提出了"因数可以悟理"④，方中通提出了"格物者格此物之数，致知者致此知之理"⑤，等等。

显然，利玛窦所传播的科学尽管主要是西方中世纪科学的内容，但事实证明，后来这些知识大都纳入了近代科学的范畴，它们所显现出来的客观性、逻辑性、精确性品格，以及它们所体现的注重经验检验和数量分析的研究方法，具有明显的近代科学气质。

（三）利玛窦之后的耶稣会士与近代科学

利玛窦之后，以利玛窦为榜样，耶稣会士们在传播近代科学上付出了巨大努力。在此，仅列举天文学方面的以下事实。

1. 对于伽利略的天文学发现，传教士进行了及时而反复的

① （明）徐光启：《徐光启集》，上海古籍出版社 1984 年版，第 66 页。
② （明）李之藻：《〈同文算指〉序》，徐宗泽：《明清间耶稣会士译著提要》，上海书店出版社 2006 年版，第 205 页。
③ （明）王徵：《远西奇器图说录最》，徐宗泽：《明清间耶稣会士译著提要》，上海书店出版社 2006 年版，第 233 页。
④ （清）阮元：《畴人传》卷三十四，商务印书馆 1955 年版，第 429 页。
⑤ （明）方中通：《与梅定九书》。

介绍

　　1615 年,伽利略的《星际使者》刚刚出版 5 年,葡萄牙耶稣会士阳玛诺(Emmanuel Diaz,1574—1659)即在其《天问略》中扼要介绍了伽利略利用新发明的望远镜所作出的一系列发现。

　　1626 年,德国耶稣会士汤若望(Johann Adam Schall von Bell,1592—1666)在其《远镜说》中,更加详细地介绍了伽利略的天文新发现。

　　1627 年,瑞士耶稣会士邓玉函(Jean Terrenz,1576—1630)在其《远西奇器图说》中较全面地介绍了伽利略的力学成就。

　　1630—1634 年,参加中国修历、集体撰写《崇祯历书》的邓玉函、汤若望和意大利耶稣会士罗雅谷(Jacques Rho,1590—1638)分别在该历书中,对伽利略在《星际使者》中的天文学成就进行了全面、系统的介绍;同时,《崇祯历书》编制的许多星图和交食表等采用了伽利略的观察结果和计算方法。

　　2. 哥白尼的日心说最终是由传教士传进中国的

　　《崇祯历书》翻译了哥白尼《天体运行论》中十一章的技术性内容,引用了哥白尼的十七项观测结果,其中《五纬历指》以批判的口气介绍了地球自转说;汤若望在《历法西传》中提要介绍了《天体运行论》,但没有介绍其中的日心地动说。

　　1653 年,波兰耶稣会士穆尼阁(P. Nicolas Smogolenski,1611—1656)和薛凤祚翻译出版了《天步真原》,其中以哥白尼日心说为基础的天文表十分完整。

　　1760 年,法国耶稣会士蒋友仁(P. Michel Benoist,1715—1737)向乾隆帝进献《坤舆全图》,在该图的文字说明中,较完整地介绍了哥白尼日心说。

　　上述情况表明,明末清初耶稣会士所传播的科学远远超出了中世纪科学的范围,他们对传播近代科学付出了巨大努力,那种加在传教士头上的"阻挠近代科学传入中国"的罪名是莫须有的。

三、科学传播的影响

利玛窦及其耶稣会士同伴们传入的西方近代科学和带有近代气质的近代以前的科学以其内容上的客观性、形式上的精确性和系统性,以及功能上的有效性等优秀品质,对中国传统科学产生了巨大冲击。面对西方科学的挑战,保守派要么顽固反对引进,要么主张中学、西学分治并存,互不干扰。对此,革新派徐光启坚决反对。他认为,西方科学对中国科学造成挑战是好事,拒绝西方科学或实行中西科学分曹治事均有害无益,明智之举是因势利导,会通中西,寻求超胜之路。为此,他提出了著名的应对方略:"欲求超胜,必须会通;会通之前,先须翻译。"①该方略的要义是中国科学应当与西方科学实现融会贯通,在这个基础上取长补短,以求完善和发展中国传统科学。徐光启"中西会通"的思想不久便被学界广泛接受。晚明至有清一代,不论进步派还是保守派,两大阵营中,均有不少人以中西会通为己任,并为此付出了艰辛努力。不过,从理论倾向和实际做法上看,不同人会通的方式和目的差异很大。例如,有的人强调中西会通,意在为顺利引进西方科学铺平道路;有的

---

① (明)徐光启:《徐光启集》,上海古籍出版社 1984 年版,第 374 页。

人强调中西会通,实际上是以西学解释中学,目的在于说明西学可以融入中学的框架里,补充和完善中学;有的人强调中西会通,实际上是以中学解释西学,目的在于说明"西学中源";还有的人强调中西会通,旨在真正将中学和西学融会贯通、取长补短,探寻科学进一步发展的途径。

中国学者们所进行的中西会通工作,在很大程度上是对利玛窦等传教士传入的西方科学的一种消化、吸收、再创新,其结果是引发中国传统科学发生了一系列有利于奔向近代化的历史性转变。这些转变突出表现在以下几个方面。

（一）天文历法领域第谷体系占据主导地位

利玛窦踏上中国的土地后不久便觉察到,日食、月食等异常天象的预报是中国政治要务,但中国传统历法年久失修,误差严重,朝野上下对此忧心忡忡。尤其是当南京礼部尚书王忠铭答应把他带到京城去修正中国历法的错误时,他便下定了积极参与修历的决心。为此,利玛窦进行了多方面的努力和准备:对他的学生和关注历法的奉教士人进行天文、历法方面的训练,以期为历法改革准备人才,历法改革的领袖徐光启、李之藻等都曾追随利玛窦学习天文历法;1601 年 1 月 27 日,利玛窦在其呈送皇帝的奏疏中甚至直接表达了承担修历重任的迫切愿望;此外,他还数次致书罗马耶稣会,建议派遣通晓天文历法的耶稣会士来华,反复强调了参与中国修历对于推进中国传教事业的重大作用。尽管利玛窦本人亲自参与中国修历的愿望最终没有实现,但他所推动的中国以西学为基础的历法改革和传教士参与修历在他去世后不久得到了实现。明朝末年,在利玛窦最亲密的朋友、奉教士人领袖徐光启等人的主持下,通过历局官员和汤若望等传教士的共同努力,采用第谷体系的《崇祯历书》得以竣工。随后,明清易代,清廷立即颁发了依据《崇祯历书》制订的《洪宪历》,历法改革圆满完成。《洪宪历》的颁行表明,第谷体系取代中国传统历法占据主导地位,初步确定了中国天文历法摆脱传统历法的桎梏并朝着近代科学转型的方向。

（二）传统数学汇入近代数学主潮流

在利玛窦的带动下,继《几何原本》和《同文算指》之后,传教士们又陆续将平面三角学、球面三角学、对数和无穷级数等近代数学传入中国,所有这些成果,以及在中国历法中占据主导地位的第谷体系等,都充分显示了西方数学的严密、精确、便捷、有效等优点,迫使那些对西方科学怀有成见的中国士人提出了"西学中源"说,即认为西方科学原本是中国的,是从中国传到西方的。显然,这种观点是曲说巧辩、牵强附会,但一些士人却认为,只有承认西学中源,才能抵挡住西方科学的威胁,维护中国传统科学的威信。为此,这些士人翻箱倒柜,遍检古书,寻找西学中源的证据。后来,在康熙帝的支持下,越来越多的士人参与进来,尤其是以考据见长的乾嘉学派用力最勤。于是,出人意料的事情发生了:西学中源的论证并无实质性突破,反倒促成中国古代数学出现了一个短暂的复兴局面:辑佚和发现了一大批古代的数学著作,兴起了一股校注、辨伪和研究古代数学的热潮。

《几何原本》出版所引起的轰动效应表明,相对于中国以《九章算术》为代表的重视直觉和应用的思维取向,《几何原本》所倡导的重视理论证明和逻辑推理的思维取向表现出了巨大优势,中国学界开始重视基于公理化体系的理论的自明性和解释性;此时相继传入的西方数学所使用的尺规作图、笔算、纳皮尔算筹、比例规等,也显著提高了中国传统数学的作图和计算水平;中国学者开始以西方数学为坐标,重新汇集、整理和提高中国传统数学。最终,他们逐渐摒弃了"内算"之学中具有浓厚迷信色彩的成分;通过补充义理,提升了中国传统数学的水平;运用西方数学的理论和方法解决了中国传统数学未曾解决的难题;等等。这些努力表明,中国传统数学正一步步汇入近代数学主潮流。

(三)地理学近代化初现端倪

利玛窦在地理学方面的工作使中国人逐渐认清了中国在世界中的位置,开始放眼看世界;同时,也使中国人了解了绘制地图的先进技术,从而为清朝初年康熙帝亲自主持的《皇舆全览图》的绘制工程奠定了基础。

在中国历代皇帝中,康熙帝素以热心研习和倡导科学而著称于世。传教士利玛窦和张诚带来的《坤舆万国全图》与绘制的亚洲地图令他艳羡不已。由于中俄边界之争,1689 年《尼布楚条约》的签订更使康熙领略到了地图的战略性功用。于是,在张诚、巴多明等传教士的建议下,自 1708 年 7 月 4 日测量长城始,康熙帝组织了一次规模空前的全国地图绘制工作。

这次绘制工作以十余位传教士为主,组成数支队伍奔赴全国各省区,对山水城郭逐一用天文观测和三角测量等西法勘测。1718 年,《皇舆全览图》告成。当时,该图不论在绘制规模上还是在科学性上,都在世界上首屈一指。《皇舆全览图》最早以子午线上每度的弧长来决定长度标准,并因采用三角测量而使图中各地点的相对位置较精确;该图还首次发现经线 1 度的长度不等,从而为地球的形状为椭球形提供了新证据。此外,这次长达十余年的测绘是一次大规模的西学东渐。传教士在把西方先进的地图地理学知识较全面地输入中国的同时,还在直接参与测绘的二百多位中国人中间,培训了一批掌握西方测绘知识和方法的人才。所有这些都表明,地理学的近代化在中国已初露端倪。

有必要指出,中国传统科学的上述历史性转变对于中国科学的进步是至关重要的。明末的历史事实已经表明,中国传统科学的自我发展后劲乏力,已现停滞窘境。传教士传入的西方科学为中国传统科学注入了活力,不仅刺激了中国传统科学的短暂复兴,而且逐步引导中国传统科学向世界近代科学的主潮流靠拢。评价利玛窦等传教士科学传播的功过不应脱离这一现实。不消说他们传播的科学具有一定的近代科学性质和成分,即便他们传播的科学完全是中世纪和古代的,难道就可以对他们的功劳一笔抹杀吗?

近代科学发生在西方,但它不仅包含着其他民族的贡献,而且所昭示的方向也是世界性的。这是因为,实验方法和数学方法的结合是人类认识世界的必由之路,任何国家的科学,不论西方还是东方都必须沿着这一方向前进。正所谓"科学家有祖国,科学无国界"。中国科学的近代化之路十分曲折漫长,从 1582 年利玛窦入华一直到 1928 年中央研究院成立,用了三百多年的时间。在这三百多年间,明末清初西学东渐起到了扭转方向、扫除障碍、清理地基、准备条件的作用,在这当中,意大利传教士利玛窦功莫大焉!

"折衷众论,求归一是"*

——论薛凤祚的中西科学会通模式

作为清初民间科学传统的杰出代表,薛凤祚追随波兰传教士穆尼阁最先在历法中采用哥白尼日心说,最先把对数引进到中国,仅凭这两项贡献,他已足以荣膺"中国传播近代科学的先驱"的称号。然而,薛凤祚的科学贡献并不止于此,薛氏还有一项贡献理应载入史册,这就是在中西科学关系上,他实行了独具特色的会通模式。① 薛凤祚中西会通模式是怎样的?如何评价? 有何现代价值? 回答这些问题,对于深化薛凤祚研究,揭示薛凤祚科学思想的现代意义是至关重要的。

一、形形色色的中西会通模式

西方自然科学传入中国,以其内容上的客观性、功能上的有效性和形式上的系统性、精确性等优秀品质,对中国文化,尤

---

* 本文原载《文史哲》2012 年第 2 期,《高等学校文科学术文摘》2012 年第 3 期论点摘要。

① 参见马来平:《薛凤祚科学思想管窥》,《自然辩证法研究》2009 年第 7 期。

其是中国传统科学产生了巨大冲击。面对西方科学的挑战，保守派要么顽固反对引进西方科学；要么主张即便引进，也要中学、西学"分曹治事"①，以确保中国传统科学不受西方科学的影响而一仍如旧。中国近代科学先驱徐光启不仅主张积极引进西方科学，而且坚决反对让引进的西方科学与中国传统科学分曹治事。针对天文历法领域，他尖锐地指出了中西科学分曹治事的危害："夫使分曹各治，事毕而止。《大统》既不能自异于前，西法又未能必为我所用，亦犹二百年来分科推步而已。"②徐光启认为，迎接西方科学的挑战，关键在于中国应当因势利导，会通中西，寻求"超胜"之路。为此，他提出了著名的应对方略："欲求超胜，必须会通；会通之前，先须翻译……翻译既有端绪，然后令甄明《大统》、深知法意者，参详考定，镕彼方之材质，入《大统》之型模。"③

就中西科学的一般关系而言，"中西会通"方针具有一定的历史局限性。16—17 世纪是西方科学发生革命的时期，一方面是古代科学和近代科学互相交叉，另一方面是近代实验科学日新月异，而一旦近代实验科学得以确立，所谓"中西会通"就失去其合理性的根基了。明末清初传进来的西方科学是西方古代科学和近代实验科学的混合物，其中既有古希腊科学、中世纪西方科学，也有近代实验科学，但整体而言，是以西方古

---

① （明）徐光启：《徐光启集》，王重民辑校，上海古籍出版社 1984 年版，第 374 页。

② （明）徐光启：《徐光启集》，王重民辑校，上海古籍出版社 1984 年版，第 374 页。

③ （明）徐光启：《徐光启集》，王重民辑校，上海古籍出版社 1984 年版，第 374—375 页。

代科学为主的。较之近代实验科学,中国古代科学和西方古代科学均为"前科学",只不过它们是两种不同风格的"前科学"而已。"前科学"相对于科学仅仅包含着某些科学的种子和成分,它无法与近代科学平起平坐,更不可能真正实现全面"会通"。在以加速度前进的近代科学面前,一切"前科学"都只能向近代科学靠拢,汇入近代科学发展的浩荡洪流之中,最终"前科学"分化瓦解:有的部分被吸收,有的部分被改造,有的部分被抛弃。这种情形既是中国古代科学的结局,也是西方古代科学的结局。不过,"中西会通"方针也有明显的合理性:其一,中西两种古代科学各有特点,也各有长短,都深深根植于中西两类不同的文化之中,是带有一定民族色彩的"地方性知识"。"中西会通"方针有利于中国古代科学的进步,事实证明,在这一方针的指导下,也的确使中国古代科学一度大放光明,呈现复苏景象。其二,明末清初中国意识形态主流不仅秉持强烈的中国中心论,视西人为夷狄,激烈排斥西方宗教,进而连带着也对传教士带来的西方科学怀抱成见。在这种情况下,中西会通有利于营造接受西方科学的宽容气氛。

基于此,徐光启中西会通的思想被学界广泛接受。晚明至清代,进步派和保守派两大阵营中均有不少人以中西会通为己任,并为此付出了艰辛努力。不过,从理论倾向和实际做法上看,不同的人会通的方式差异很大。例如,有的人强调中西会通,意在为顺利引进西方科学铺平道路;有的人却是以西学解释中学,目的在于说明西学可以融入中学的框架里,补充和完善中学;有的人则是以中学解释西学,目的在于说明"西学中源";还有的人旨在真正将中学和西学融会贯通,取长补短,探寻科学进一步发展的途径。其中,影响最大的会通模式当是以下两种。

（一）"镕彼方之材质，入'大统'之型模"

这种模式承认西方科学高于中国科学，主张全面引进西方科学，以完善和巩固中国已有的传统科学。也就是说，会通方向乃是利用西学完善和巩固中学，让中国科学仍然沿着既定轨道前行。这种模式的主要做法是以西学解释中学，如徐光启用《几何原本》的理论和方法解释并证明了中国古代的勾股术，旨在证明西方科学和中国传统科学可以共通，前者能够融入后者的框架里，并且能够以前者所以然之"意"弥补后者仅具运算之"法"的缺陷。他还依据《几何原本》为中国的测量方法和"带纵开平方"（一元二次方程）解法等补"义"，即阐明其理论依据，等等。徐光启在《历书总目表》中，形容这种会通模式如作室用"大统"之"规范尺寸"，采西方"木石瓦甓"，其结果将是"百千万年，必无敝坏"。持该会通模式的人是以徐光启为首的一批明末清初奉教士人。

（二）"西学中源"同化西学

这种模式倡导"西学中源"说，认为中国科学体大精深，不乏"至精之理"。三角、代数、方程和地圆说等西方科学源于中国，因此持该会通模式的人认为，西方科学从根本上并没有越出中国科学的范围。显然，此派会通的方向是对西学釜底抽薪，抹杀西学的先进性和独立性，最终将西学归结为中学。具体做法是翻箱倒柜，从中国古代典籍中搜寻证据，支撑"西学中源"，与西学争夺科学发现优先权，即便证据模棱两可、似是而非也乐此不疲；同时以中学解释西学，如梅文鼎用中国古代的勾股术重新证明了《几何原本》中前六卷的一些命题,王锡阐用中国古代的勾股术在《圆解》一书中证明了西方的两角和、差的正弦、余弦公式等三角公式。二者均旨在模糊中西界限,为把西学归结为中学、吃掉西学开辟道路。梅文鼎虽然也一度表示过"夫理求其是,事求适用而已,中西何择焉"①,"且夫数者所以合理也;历者所以顺天也。法有可采,何论东西,理所当明,何分新旧,在善学者知其所以异,又知其所以同。……务集众长以观其会通,勿拘名相而取其精粹"②,但他毕竟是"西学中源"说的领军人物,是坚决站在以中学同化西学立场上的,所以在谈到自己会通西方传进来的球面三角(他称之为弧三角)的体会时,他踌躇满志地说:"盖于是而知古圣人立法之精,虽弧三角之巧,岂能出勾股范围,然勾股之用,亦必至是而庶无余蕴尔……。盖积数十年之探索,而后能会通简易,故亟欲与同志者共之。"③坚持这一会通模式者以梅文鼎、王锡阐为代表。

　　就上述两种会通模式而言,尽管前者曾受到学界批评,认为徐光启的后继者没有真正将其会通思想贯彻到底,"乃文定既逝,而继其事者仅能终翻译之绪,未遑及会通之法",终造成《崇祯历书》"尽坠成宪而专用西法"④,但从徐光启派中西会

---

① (清)梅文鼎:《勿庵历算书目》,王云五主编,商务印书馆 1939 年版,第 27 页。

② (清)梅文鼎:《堑堵测量》卷二,《梅氏历算全书》,光绪十一年(1885)敦怀书屋补修本。

③ (清)梅文鼎:《堑堵测量》卷二,《梅氏历算全书》,光绪十一年(1885)敦怀书屋补修本。

④ (清)王锡阐:《晓庵遗书·历说》,光绪间德化李氏刻《木犀轩丛书》本。

通的本意来说，该派与"西学中源"派的共同点是坚守中国传统科学，迫使西学服从于中国传统科学。其差异是：第一，前者会通的动机是"以西学通中学"，重在西学的引进；后者会通的动机是"以中学通西学"，重在同化和贬低西学；第二，前者最主要的成果是导致西方的第谷体系在中国官方历法中长期占据统治地位，中国天文学朝向近代化迈出了第一步；后者最主要的成果是导致了中国传统科学，尤其是中国传统数学的复兴，中国传统数学一度成为与西方科学相抗衡的主要阵地。

二、薛凤祚的中西会通模式和会通实践

薛凤祚提出的会通模式是"熔各方之材质，入吾学之型范"。薛凤祚继承了徐光启的会通思想，但有发展。他融会的不仅是"彼方"而是"各方"，也就是说，除了中国和西洋双方，包括阿拉伯的"回回历"也是可以的。入"吾学"之型模，"吾学"是什么呢？肯定不是中国传统历法。这是因为，首先，他严厉批评了中国传统历法的缺陷，并认为西法的精度胜过中法。他说："……历成名曰《授时》，遵用三百余年，崇祯（戊辰）西洋汤若望、罗雅谷译西历，其法视中加密，大清兴遂颁行天下。"①在薛凤祚看来，《授时历》是中国历法的高峰，但"三百年后渐不合"②，《崇祯历书》和《天步真原》两种西方历法均较中法完备、精密。其次，他明确反对拘守中国传统科学的狭隘

---

① （清）薛凤祚：《历学会通·旧中法选要叙》，清康熙刻本。
② （清）薛凤祚：《历学会通·考验》，清康熙刻本。

立场:"天道有定数而无恒数,可以步算而知者,不可以一途而执。"①他清醒地认识到中西历法从根本上是共通的,"二历数虽不同,理原一致,非两收不能兼美"②,双方各有优点,同时对于双方而言,"其失亦不能代为讳也"③。然而,薛凤祚并不认为承认西方历法高于中国历法有违爱国情怀,而是提出我们应当坚信"中土文明礼乐之乡,何讵遂逊外洋?然非可强词饰说也。要必先自立于无过之地,而后吾道始尊,此会通之不可缓也"④。最后,在回答如何会通、如何才能"自立于无过之地"时,他坦言,"中西文义各别,牵此就彼,易成怪诧","欲言会通,必广罗博采,事事悉其原委,然后能折衷众论,求归一是,非熟谙其理数不可"⑤。基于上述各项,可以认为,薛凤祚所说的"吾学"肯定不是中国传统的《授时历》《大统历》等成法,而应当是一种新学。

为此,薛凤祚在《历学会通》中摈弃成见,逐一介绍了当时在中国并存的五种历法:旧中法(即《大统历》)、新中法(即魏文魁改立的东局历法)、旧西法(即"回回历"或西域历法)、今西法(即《崇祯历书》之历法)、新西法(即穆尼阁《天步真原》中的历法)。他不是拘守五种历法中的任何一种,而是本着"旧说可因可革,原不泥一成之见;新说可因可革,亦不避蹈袭之嫌"的原则,"镕各方之材质,入吾学之型范","殚精三十年,

① (清)薛凤祚:《历学会通·正集》,清康熙刻本。
② (清)薛凤祚:《历学会通·考验》,清康熙刻本。
③ (清)薛凤祚:《历学会通·正集》,清康熙刻本。
④ (清)薛凤祚:《历学会通·正集》,清康熙刻本。
⑤ (清)薛凤祚:《历学会通·正集》,清康熙刻本。

始克成帙"①，完成了皇皇巨著《历学会通》，给出了以哥白尼日心说为基础、兼收多种历法之长的新历法。在《历学会通》中，薛凤祚中西会通的实际做法如下。

1. 吸收《崇祯历书》的经验，制定了自己会通中西的原则

薛凤祚将李天经撰写的"古今历法、中西历法参订条议"二十六条，以及自己提出的以《天步真原》和东局历法参订《崇祯历书》的"西法会通参订十一则"置于《历学会通》篇首，作为中西会通实践的指导思想，认为这样一来，"今参考其与新西法（指《天学真原》历法）当参订者六则，与中法当参订者五则，通于《时宪》参订二十六则，为制乃大备耳"②。

2. 选择以哥白尼日心说为基础

薛凤祚说，《历学会通》"其立义取于授时（即《授时历》）及《天步真原》者十之八九，而西域（即《回回历》）、西洋（即《崇祯历书》）二者亦间有附焉"③。《历学会通》中，《天步真原》所代表的新西法不仅在文字篇幅上超过了其他四种历法（该书新西法内容计十七卷，占介绍五种历法全部篇幅的近四分之一），而且在立法的理论和方法依据上，此书也是以《天步真原》为基础的。在薛凤祚看来，《崇祯历书》高于中国传统历法，而他和穆尼阁共同翻译、以哥白尼日心说为基础的《天步真原》历法又超过了以第谷体系为基础的《崇祯历书》历法，从根本上代表了当时最先进的历法。他说："明末西洋汤、罗二公以第谷法改正之，为法甚备，国朝颁行为《时宪历》。然汤、

---

① （清）薛凤祚：《历学会通·正集》，清康熙刻本。
② （清）薛凤祚：《历学会通·正集》，清康熙刻本。
③ （清）薛凤祚：《历学会通·正集》，清康熙刻本。

罗之法又未尽善。癸巳予从穆尼阁先生著有《天步真原》,于其法多所更定,始称全璧"①;"今《天步真原》复来,大西真原法复会通于中法,此道亦功成将退矣"②。在以新西法为基础的前提下,薛凤祚也兼顾了中国的历法传统,如以顺治十二年(1655年)冬至为历元;在运用西法三角时,考虑到中国的勾股运算直接表示出来的只有正弦、余弦、正切、余切四线,所以《历学会通》只用此四线;等等。此外,在《历学会通》中,薛氏还结合中法,运用西法对万历丙申年(1596年)八月朔日食,以及崇祯壬申年(1632年)三月望月食进行了计算。

　　3. 大幅度改进历法的算法

　　薛凤祚首次在历法中引进对数方法,使历法计算在简便性和合理性上有了质的飞跃。《历学会通》不仅就对数原理和对数的性质作了说明,还给出了"比例对数表""比例四线新表"和它们的用法。前者是一份常用对数表,后者是正弦、余弦、正切、余切的六位对数表。薛凤祚明确认识到了引进对数的巨大意义:"往年予与穆先生重订于白下(南京),且以对数代八线,觉省易倍之。"③"对数者,苦乘除之烦,变为加减,用之作历,省易无讹者也,此算经三变,可称精详、简易矣。"④在薛凤祚看来,对数简化计算的功能足以使中国历法摆脱由于理数繁微而造成的踟蹰不前局面:"……理数繁微,作法太难,令人多望洋之叹。即使有远想者,不过取昔人立成诸法,循数步推,甚至灵台世业,亦止因仍旧简,不知本原。夫不知其原,则不能通变诸

----

① (清)薛凤祚:《历学会通·考验》,清康熙刻本。
② (清)薛凤祚:《历学会通·今西法选要序》,清康熙刻本。
③ (清)薛凤祚:《历学会通·考验·正弦部序》,清康熙刻本。
④ (清)薛凤祚:《历学会通·正集·中法四线引》,清康熙刻本。

法,此其要在勾股,奈三角勾股,病检去不易,穆先生出而改为
对数。今有对数表,则省乘除,而况开方、立方、三四五方等法,
皆比原法工力十省六七,且无舛错之患,此实为穆先生改历立
法第一功。"①他还在《历学会通》中运用魏文魁传授给他的中
国传统的"开方秘法",简化了历法所涉及的许多开方运算,补
充和完善了《崇祯历书》中的平面三角和球面三角等三角学知
识。其中,球面三角知识较之《崇祯历书》增加了半角公式、半
弧公式和德式比例式等,并重视和强调中国传统的勾股术和开
方在天文历法中的应用等。在进位制会通方面,薛氏也有贡
献:他考虑到中国的百进位制使用简便而对数值的影响可以忽
略不计,便把西方度数的六十进位制改为中国惯用的百进制,
并将此举视为他在天文历法汇通方面的一项重要工作,他说:
"今有较正会通之役,复患中法太脱略,而旧法又以六成十,不
能相入,乃取而通之,自诸书以及八线皆取其六数通以十数。
然后羲和旧新二法、时宪旧新二法,合而为一,或可备此道阶梯
矣。"②他还给出了正弦造表法。《崇祯历书》本来已给出八线
表,却对在八线表中具有基础意义的正弦表的造表法采取了回
避态度,以致令人不知底里,使用时多有顾虑。薛凤祚便在
《历学会通》"正弦"中给出了详尽的正弦造表法,这也就是他
所说的"线虽为八,而割、切等法实皆秉之正弦。《今西法》割
圆表久镌行世,而独于取正弦之法,盖秘之也。学者求其法而
不得,将并所用之法而不敢信,非作者与传者之过欤? 往年予
与穆先生重译于白下,今《天学》且竣,溯流穷源,更授此学,弁

①　(清)薛凤祚:《历学会通·正集·比例对数表》,清康熙刻本。
②　(清)薛凤祚:《历学会通·正集·中法四线引》,清康熙刻本。

诸法之首。夫新西法,以对数代八线,取其便也,以正弦原法补八线,探其本也,于旧刻割圆表,功真倍之矣"①。

4. 以应用统领会通

在《历学会通·致用》篇中,薛凤祚以三角算法、乐律、医药、占验、选择、命理、水法、火法、重学、师学等领域的应用为目的,兼采中西,取长补短,将中西、古今科学会而通之,探求"遵其道而善用之,则劳可使逸,贫可使富,亦且危可为安,否可转泰"的深微至理。为此,薛凤祚称他的《历学会通·致用》篇是"今博选上下今昔畸文,并搜之六合之内外秘笈,积而成帙。兼就正有道,反复讨论,略窥半斑"②。

薛凤祚的中西会通模式和徐光启派中西会通模式的共同点是,二者在天文历法上最终都倒向了西学,但依然存在着差异:其一,前者倒向了哥白尼体系,后者倒向了第谷体系;其二,前者在会通理论上追求不分中西的创新之路,后者虽然也讲超胜,但对中学则明确持拘守立场。

三、薛凤祚中西会通模式的历史评价

不同中西科学会通模式论者之间是有斗争的。"西学中源"会通模式论者不仅对徐光启派会通模式不满,责备其"译书之初,本言取西历之材质,归《大统》之型模,不谓尽堕成宪

---

① (清)薛凤祚:《历学会通·考验·正弦法原叙》,清康熙刻本。
② (清)薛凤祚:《历学会通·致用》,清康熙刻本。

而专用西法"①，对薛凤祚会通模式也多有责难。责难突出表现在：其一，梅文鼎在对薛凤祚的科学成就，包括其中西科学会通成就的评价问题上持"薛王并举，抑薛扬王"论。梅文鼎宣称："北有薛，南有王，著述并自成家，可以专行。"②"近代历学以吴江（王锡阐）为最，识解在青州（薛凤祚）之上。"③"余尝谓历学至今大著，而其能知西法，复自成家者，独北海薛仪甫、嘉禾王寅旭二家为盛。薛书受于西师穆尼阁，王书则于《历书》悟入，得于精思，似为胜之。"④其二，阮元在《畴人传》中批评薛凤祚的中西会通不过是"谨守穆尼阁成法，依数推衍，随人步趋而已，未能有深得也"⑤。基于梅、阮二位崇高的学术地位，他们的观点影响很大。自清初迄今，在涉及薛、王的研究文献中，关于薛凤祚及其中西科学会通的评价，几乎无一例外地沿袭了梅、阮的观点。那么，是否梅、阮的观点就是无可挑剔的呢？我认为并非如此。

王锡阐在历算领域取得了令人瞩目的成绩，例如，历法方面，在测算日月交食的方法、确定日心和月心连线的方法、计算金星凌日和五星凌犯的方法等方面，他都有所创造。因此可以

---

① （清）王锡阐：《晓庵遗书·历说》，清光绪间德化李氏刻《木犀轩丛书》本。

② （清）梅文鼎：《绩学堂诗文钞》卷一，黄山书社 1995 年版，第28 页。

③ （清）梅文鼎：《勿庵历算书目》，王云五主编，商务印书馆 1939 年版，第 25 页。

④ （清）梅文鼎：《绩学堂诗文钞》卷一，黄山书社 1995 年版，第158 页。

⑤ （清）阮元等撰：《畴人传》，彭卫国、王原华点校，广陵书社 2008 年版，第 451 页。

说王锡阐在某些历算创造方面走到了薛凤祚的前面。然而,他逊于薛凤祚的地方也不容讳言。第一,如果说薛凤祚对中西科学的关系处理得比较得体,其中西科学会通模式较为合理的话,那么王锡阐殚精竭思所推动的"西学中源"说则不仅是错误的,而且对中国科学的近代化进程产生了严重的消极影响。第二,王锡阐在《五星行度解》中建立的宇宙模型与第谷体系有某种渊源关系,但他拒绝了第谷体系的虚体轨道概念和日心成分,说明他尽管西学素养较高,但也还是有严重缺陷的。第三,在历法运算方面,王氏的保守倾向突出。在其代表作《晓庵新法》中,为坚守中国传统历法的形式,全书竟一律采用文字叙述,无一张图表,连讲述三角学也使用纯文字,给读者带来了极大的不便。这与薛凤祚在历学中积极引进对数、大刀阔斧地简化和改进传统历法的计算方法形成了鲜明对照。考虑到这些,怎能笼统地断言王高于薛呢? 在一定意义上说,二人在天文历法领域工作在不同的"范式"内,难以比较,更宜于具体情况具体分析。事实上,王锡阐本人并没有自视高于薛氏,如康熙七年(1668 年),已过不惑之年的王锡阐给薛凤祚写的求教信就有力地说明了这一点。信中,他表示钦佩薛凤祚"学无不窥,尤邃天官家言",除了"以疑数端,请正高明"外,他还以后学身份恭敬地说:"生无它嗜,唯于历象之学究心多年,然而僻在江表,既少书器,又无师授,是以志弥苦而术弥疏,岁弥深而惑弥甚,苟得先生为之析疑妄。"[①]倘若再联想到薛凤祚出身名门,自幼受到良好教育,青年时代北上满城师从历学名家魏

---

① (清)王锡阐:《贻薛仪甫书》,《晓庵先生文集》卷二,道光元年(1821)俞钟岳校刊本。

文魁学习中国传统天文历法，壮年时期又南下南京，得波兰籍传教士穆尼阁西学亲炙，兼通中西，学养深厚，那么王锡阐这封信就更不是仅仅用"谦虚"二字解释得了的了。

至于说薛凤祚的中西会通不过是"谨守穆尼阁成法""随人步趋而已"[①]，一笔抹杀薛凤祚中西会通功绩的观点则更是错误的。前面说过，较之《历学会通》所列举的其他四种历法，穆尼阁传进来的《天步真原》历法从根本上说是当时最先进的。科学是崇尚普遍主义的，正像薛凤祚所说的那样："要必先自立于无过之地，而后吾道始尊。"[②]只有尊重真理，才能真正捍卫民族尊严。从这个意义上说，薛凤祚从"折衷众论，求归一是"出发，以《天步真原》历法为基础，兼收各种历法之长的做法并没有错。这种对待中西历法的态度，恰好体现了中国传统文化历来所倡导的实事求是精神，这远比那种强行把西方天文学硬塞进中国传统历法范型中的做法要高明得多。

一般来说，将中西两种异质的科学实现会通，是一件极其复杂的事情，其间可分为不同的层次：第一个层次是翻译，即拆除语言藩篱，使双方能够读懂对方；第二个层次是互释，即通过学理上的阐释，发现双方的异同；第三个层次是融合，即取长补短，剔除糟粕，融为一体，形成新质。应当说，第三个层次是中西会通的最高境界，前两个层次可视为第三个层次的准备步骤。不必说，薛凤祚在第一个层次上居功至伟，在第二个层次上做了不少工作，即便在第三个层次上，薛凤祚也并没有机械

---

① （清）阮元等撰：《畴人传》，彭卫国、王原华点校，广陵书社 2008 年版，第 451 页。

② （清）薛凤祚：《历学会通·正集》，清康熙刻本。

地"谨守穆尼阁成法"。从上述薛凤祚的中西会通实践看,在历法问题上,他既坚持了《天步真原》的基本立场,同时也对其作了力所能及的若干修正。

　　薛凤祚中西会通的模式是否理论上较为先进,但其会通成绩平平呢?不是的。会通实际上就是两种异质文化的互释互通、取长补短或者消化吸收再创新,这个过程有利于中国人对西方科学的认识、理解和接受,当然也有利于对中国古代科学的选择、改造和提高。《历学会通》逐一介绍了当时在中国并存的五种历法,使每种历法的优点和缺点一览无余,这显然是一种简洁明快、生动直观的中西会通工作。这种工作再辅以《历学会通·正集》中薛凤祚对《天学真原》历法的阐释和发挥等,无疑对于中国人认识、理解和接受《天学真原》历法颇为有益。黄宗羲、黄百家、方以智、方中通、王锡阐、梅文鼎、李光地、阮元等一批名流学者对《历学会通》的密切关注或潜心研究;《历学会通》一版再版,多达十八个抄本①;御制《数理精蕴》充分吸收了薛凤祚的成就;《历学会通》的部分内容被收入《四库全书》;薛氏传记被广泛收入《畴人传》《清史稿》《清史列传》《国朝耆献类征》《国朝先正事略》等重要典籍,所有这些事实都充分说明了薛凤祚的中西会通工作产生了广泛影响,成绩是不平凡的。

　　诚然,薛凤祚能够提出立意高远的中西会通模式并不是偶然的。中西科学会通模式的不同,体现着会通主体对中西科学乃至对一般意义上的科学理解的不同,质言之,体现着会通主

---

　　① 　参见石云里:《穆尼阁与薛凤祚:天步真原的创作、出版和接受》,王丽译,山东自然辩证法研究会编:《薛凤祚研究资料汇编》第2辑。

体科学观的不"镕彼方之材质，入《大统》之型模"和"西学中源"两种会通模式都在不同程度上将中国传统科学定格为会通的归宿，因而表明会通主体都在不同程度上将诞生地这一科学的社会属性置于科学知识的客观性之上：西方科学来自夷狄之地，中国科学源于华夏，因而后者必定高于前者。不难想象，上述两种会通模式所蕴含的科学观是带有某种民族主义色彩的。相反，薛凤祚"熔各方之材质，入吾学之型范"的会通模式蕴含着薛氏以下的观念：摈弃科学的社会属性，坚持以"折衷众论，求归一是"的"是"作为衡量知识科学性的最高标准。这种科学观已决然带有了普遍主义的意味，颇有点近代科学观的气息了。这一点渗透于《历学会通》的字里行间。在《历学会通》中，薛凤祚关于"理"的理解已经开始呈现如下特点：

（1）必然性。薛凤祚明确地说："试取一物而以度数成之，则有其当然与其不得不然者，即理也。"①

（2）普遍性。在薛凤祚看来，"虽各天一隅而理无不同"②，"盖霄壤中不越一理"③。

（3）客观性。薛凤祚认为："圣人体天之撰以前民用行习于其中者，咸知其当然矣，而不明其所以然，不知深微之理即在此日用寻常中也。"④

---

① （清）薛凤祚：《历学会通·致用·水法叙》，《四库全书》未收书辑刊，清康熙刻本。

② （清）薛凤祚：《历学会通·正集·中法四线》，清康熙刻本。

③ （清）薛凤祚：《历学会通·致用·水法叙》，《四库全书》未收书辑刊，清康熙刻本。

④ （清）薛凤祚：《历学会通·致用·致用叙》，《四库全书》未收书辑刊，清康熙刻本。

　　也正因如此，我们认为，明末清初，民族矛盾的上升导致儒学意识形态重构、实学思潮兴起，加上西方科学的冲击，格物穷理观念开始发生由重道德内省向重外部世界知识探求的方向转变。在这一科学观念鼎革的历史关头，应当说，薛凤祚是走在了时代前列的。

　　尤其需要强调的是，薛凤祚提出的中西会通模式具有不可忽视的现代价值。作为薛凤祚中西科学会通模式的精髓，"折衷众论，求归一是"包含着薛凤祚处理中西科学的基本原则，即只要是正确的、有益的，那就不分中西，广罗博采，为我所用。长期以来，在如何处理西方文化和中国文化的关系上，中国思想界徘徊于"中体西用"和"西体中用"的两极选择。其实，这两条路都不妥。"中体西用"的要害是中学保留什么、保留到什么程度不易把握，搞不好很容易走复古的路子；"西体中用"的要害是向西学学什么、学到什么程度亦不易把握，搞不好很容易盲目照搬，沦为全盘西化。在一定意义上，薛凤祚所主张的处理中西科学的上述基本原则完全可以推广，用来作为处理中西方文化关系和进行中国当代文化建设的方针。既不是西体中用，也不是中体西用，而是对"用"持一种"折衷众论，求归一是"的开放态度，或古为今用，或洋为中用，关键是求道理的正确、有益、有效，无须拘泥于中西、新旧，同时以"用"促"体"、以"用"养"体"。此外，"体"不等同于"传统"，也不囿于"传统"，而是在"用"的促进下，"体"永远处于一种"苟日新，日日新，又日新"的永恒发展状态。其间，文化取舍的标准是什么呢？标准就是有利于生产力发展和社会进步。只要符合这一标准的，不论中西、新旧，都可为我所用。各民族的生活环境不同、生活道路不同，因而其精神创造和物质创造也不同，于是便有了世界文化的多样性。正像生物的多样性不可或缺一样，文化的多样性也是不可或缺的。任何一种文化都有其特点和优点，也都有其缺点和局限性，所以世界上各种文化相互补充、相互依存，有一种共存共荣的关系。每一种文化都不可能独霸世界，相反，都要以其他文化作为自己的生态环境，都需要吸取其他文化的养分才能茁壮生长。对于世间各种文化形态，秉持一种开放、多元和宽容的心态，对于中国当代文化建设大有裨益。基于上述，可以认为薛凤祚堪称中西文化会通的先驱。

诚然，从中西会通的实践看，薛凤祚也有明显不足，其中最突出的就是他和穆尼阁对哥白尼日心说所进行的修改和掩饰，使不少人大惑不解，再加上《历学会通》作图草率，推导过程常常省略，有些计算方法缺少原理说明等，所有这些都严重影响了《历学会通》和哥白尼日心说在中国的传播速度和效果。

严复论束缚中国科学发展的封建文化无"自由"特征[*]

一、无"自由"：中国封建文化的特征之一

在中国近代史上，积极宣传和提倡西方近代"自由"思想①，是启蒙思想家严复的一项突出贡献。严复为什么要在中国积极宣传和提倡西方近代自由思想呢？这不仅与他把提倡个人自由和实行君主立宪作为"新民德"重要内容的基本主张有关，而且也与他的自由观和他对封建文化的基本认识有密切的关联。

主要受法国启蒙思想家卢梭和英国派自由主义政治思想

＊　本文原载《哲学研究》1995 年第 3 期，台湾清华大学《中国科学史通讯》1995 年 10 月号摘要，并被收入《山东大学百年学术集粹·哲学社会学卷》（山东大学出版社 2001 年出版）。

①　本文的"自由"概念有一定的含义，此含义是严复赋予的。严复所叙的"自由"是以近代资产阶级以"个性解放"为主要特征的自由，它和"民主"密不可分。在严复的思想中，自由是体，民主是用，这也是严复反对"洋务派""中体西用"的原因，严复的新的体用观并非简单移植西人之说，而是改铸西人之说（如斯宾诺莎的社会机体论）而来，其矛头直指封建社会"纲常名教"和专断政治，因而有明显的意识形态性质。所以，本文中的"封建文化"确指封建意识形态而不作他解。

家穆勒及斯宾塞等的影响,严复认为:"民之自由,天之所界也。"①个人自由天经地义,任何人不得侵犯。"侵人自由者,斯为逆天理,贼人道。"②正因为个人自由他人不可侵犯,所以自由绝非为所欲为,一意孤行。若无任何限制或约束,势必互相冲突,甚至弱肉强食,陷于强权社会。由此,严复得出了这样的结论:"故曰人得自由,而必以他人之自由为界。"意思是说,个人自由当以不害他人自由为界,严复所理解的自由大抵如是。

谈到中国封建文化,严复指出,和西方文化相比,二者之间一项根本性的差异即是"自由不自由异耳"③,许多其他差异即派生于此。所以,严复在列举中西文化一系列重大区别时说:"自由既异,于是群异丛然以生。粗举一二言之,则如中国最重三纲,而西人首明平等;中国亲亲,而西人尚贤;中国以孝治天下,而西人以公治天下……中国多忌讳,而西人众讥评。"④这表明,在严复的心目中,"无自由"当属中国封建文化的核心特征之一。

英文"自由"(liberty)谓无挂碍,不为外物拘牵而已,并无褒贬意味。可是,自古以来,中国的一些士人多以贬义理解自由。"中文自繇(由),常含放诞、恣睢、无忌惮诸劣义"⑤。自由一词在中国,"乃今为放肆、为淫佚、为不法、为无礼。一及

---

① 严复:《严复集》第一册,王轼主编,中华书局 1986 年版,第 35 页。
② 严复:《严复集》第一册,王轼主编,中华书局 1986 年版,第 3 页。
③ 严复:《严复集》第一册,王轼主编,中华书局 1986 年版,第 2 页。
④ 严复:《严复集》第一册,王轼主编,中华书局 1986 年版,第 3 页。
⑤ 严复:《严复集》第一册,王轼主编,中华书局 1986 年版,第 132 页。

其名,恶义坌集,而为主其说者之诟病乎!"①正是由于对自由怀抱成见,所以历史上,中国封建社会上层一向讳言自由,"夫自由一言,真中国历古圣贤之所深畏,而从未尝立以为教者也"②。一般自由尚且如此,至于政治自由,更是讳莫如深。"中国之言政也,寸权尺柄,皆属官家。"③"案政界自由之义,原为我国所不谈。即自唐虞三代,至于今时,中国言治之书,浩如烟海,亦未闻有持民得自由,即为治道之盛者。自不佞所知者言,只有扬雄《法言》,'周人多行,秦人多病'二语,行病对举。所谓行者,当是自由之意。舍此而外,不概见也。"④

　　说是"不概见",其实,中国与"自由"相近的概念除上述外也还是有的,"恕"与"絜矩"即是。为此,严复将中国的"恕"与"絜矩"观念与西方近代的自由观念作了比较。他说:"然谓之相似则可,谓之真同则大不可也。何则?中国恕与絜矩,专以待人及物而言。而西人自由,则于及物之中,而实寓所以存我者也。"⑤应当说,严复的意见是中肯的。"恕"与"絜矩"表明中国是主张道德修养框架中的自由的。孔子的"七十而从心所欲,不逾矩"可谓自由的至高境界了。然而,这个"矩"就是礼的矩,就是"天命"的矩,仍然是"非礼勿视,非礼勿听,非

　　① 严复:《严复集》第一册,王轼主编,中华书局 1986 年版,第133 页。

　　② 严复:《严复集》第一册,王轼主编,中华书局 1986 年版,第 2 页。

　　③ 严复:《严复集》第四册,王轼主编,中华书局 1986 年版,第930 页。

　　④ 严复:《严复集》第五册,王轼主编,中华书局 1986 年版,第 1279 页。

　　⑤ 严复:《严复集》第一册,王轼主编,中华书局 1986 年版,第 3 页。

礼勿言,非礼勿动",不过"完全达到自觉的程度"①罢了。一个人如果对儒家的伦理观念和规范真正心领神会,融会贯通,最终把伦理之"理"与欲望之"情"统一起来,达到"我愿意做的"和"我应该做的"高度统一的地步,也就有了充分的道德自由。但是,这种自由是十分有限的。在一个社会里,真正能达到道德自由境界的人并不多见。而且从原则上说,道德自由仅仅属于人的内心自由,与通常所说的自由,即政治自由、学术自由等外在自由尚有显著不同。道德自由主要适用于待人接物,而外在自由则主要适用于保护和伸张个人的权益,基于此,严复也才有关于恕、絜矩与西方自由观念差异的上述说法。在这里,严复实际上对"中国社会是否存在外在自由"给予了否定性回答。

　　总的来看,关于中国的自由问题,严复主要表达了两层意思:其一是中国的自由观念绝不同于西方近代的自由观念,严复主要讲了中国从贬义角度理解自由和主张内心道德自由等情况;其二是如果以西方的自由观为标准,可以认为中国根本无自由观念。严复在许多场合曾经表述过这一观点,例如,他在《孟德斯鸠法意》按语中说:"夫吾国固无真自由,而约略皆奴隶。"②他在比较中西法制情况时,曾特地引用过孟德斯鸠的话指出:"盎格鲁之民,最自由者也;泰东之民,无自由者也。"③

---

　　①　冯友兰:《中国哲学新编》第一册,人民出版社 1982 年版,第169 页。

　　②　[法]孟德斯鸠:《孟德斯鸠法意》,商务印书馆 1981 年版,第458 页。

　　③　严复:《严复集》第四册,王轼主编,中华书局 1986 年版,第935 页。

民主与自由互为依存，严复认为"中国未尝有民主之制也"①。此外，他发现中文本无与西文"liberty"相对应的词，是他第一个将"liberty"译为"自繇"，然后才定名为"自由"的。这一事实有力地从语言学角度说明了中国自由观念的缺乏。此外，严复曾多次揭露中国无自由的事实。他认为，在中国，妨碍百姓自由之最，莫若封建专制制度及其权力集团。"盖自秦以降，为治虽有宽苛之异，而大抵皆以奴虏待吾民，虽有原省（宽宏省察），原省此奴虏而已矣；虽有燠咻（关心），燠咻此奴虏而已矣。"②百姓皆奴隶、俘虏，何谈自由之有！在封建统治集团中，皇帝是危害自由的罪魁祸首："夫自秦以来，为中国之君者，皆其尤强梗者也，最能欺夺者也。"③究竟百姓是怎样无自由的呢？严复这样描述道："……东西立国之相异，而国民资格，亦由是而大不同也。盖西国之王者，其事专于作君而已；而中国帝王，作君而外，兼以作师。且其社会，固宗法之社会也。夫彼专为君，故所重在兵刑。而礼乐、宗教、营造、树畜、工商、乃至教育文字之事，皆可任其民，使自为之。"既然中国无自由，自由观念自然也是缺乏了。所以严复说："夫上既以奴虏待民，则民亦以奴虏自待。"④

嗣后，不少人接过严复的话题，把中国封建文化无自由这层意思说得更明确。其中，以复兴儒学、光大传统文化为己任的新儒家梁漱溟先生尤为引人注目。梁漱溟说："权力、自由

---

①　严复：《严复集》第四册，王轼主编，中华书局 1986 年版，第 1091 页。

②　严复：《严复集》第一册，王轼主编，中华书局 1986 年版，第 31 页。

③　严复：《严复集》第一册，王轼主编，中华书局 1986 年版，第 34 页。

④　严复：《严复集》第一册，王轼主编，中华书局 1986 年版，第 31 页。

这类观念,不但是中国人心目中从来所没有的,并且是至今看了不得其解的……他对于西方人之要求自由,总怀两种态度:一种是淡漠得很,不懂要这个作什么;一种是吃惊得很,以为这岂不乱天下!"①后来,在《中国文化要义》一书中,梁漱溟就径直把"民主、自由、平等一类要求不见提出,及其法制之不见形成"②赫然列为中国文化十四大特征的第九项了。

二、无自由特征与科学的不相容性

中国封建文化的无自由特征与科学的关系如何呢? 从严复的一贯思想看,他的观点是:二者的基本关系是不相容的。要说明这一点,只要对照一下严复对封建文化无自由特征的看法和对科学社会功能的相应看法就够了。

(一)从精神的角度看

一定的文化是一定社会的政治和经济在观念形态上的反映。封建文化则主要是中国封建经济和封建专制政治的反映。因此,中国封建文化无自由特征的基本属性是受封建经济和封建专制政治的支配并为其服务的。严复深刻地认识到,基于封建专制政治的需要,封建文化的无自由特征不可避免地要朝向对人民从精神上进行愚弄,即弱民愚民的方向发展。他说:

---

① 转引自梁漱溟:《中国文化要义》,学林出版社 1987 年版,第 51 页。

② 梁漱溟:《中国文化要义》,学林出版社 1987 年版,第 16 页。

"秦以来之为君,正所谓大盗窃国者耳。国谁窃？转相窃之于民而已。……质而论之,其什八九皆所以坏民之才,散民之力,漓民之德者也。斯民也,固斯天下之真主也,必弱而愚之,使其常不觉,常不足以有为,而后吾可以长保所窃而永世。"①弱民愚民,是维护封建专制统治的需要,也是封建文化不自由特征的必然结果,自由的人民不可侮,更不可弱愚,民之所以可弱而愚之,就在于民处于不自由的地位。而闭塞民智,使其不自由,正是封建专制和其卫道士们"圣人"的目的:"盖我中国圣人之意,以为吾非不知宇宙之为无尽藏,而人心之灵,苟日开瀹焉,其机巧智能,可以驯致于不测也。而吾独置之而不以为务者,盖生民之道,期于相安相养而已。"②但历史的发展证明,卫道士们本想借此繁荣其思想学说,但所走的恰是江河日下的相反道路:"儒术之不行,固自秦以来,愚民之治负之也"③。

与此相对照,严复认为,科学具有"增益智慧,变化心习"的巨大精神文化功能。例如,严复说:"格致之事不先,偏颇乏私未尽,生心害政,未有不贻误家国者也。"为什么科学会具有这样的精神文化功能呢？首先与科学的本质属性有关。严复在批判了中国旧学"致学者习与性成,日增惛慢""惛慢之余,又加之以险躁"之后,紧接着指出:"然而西学格致,则其道与是适相反。一理之明,一法之立,必验之物物事事而皆然,而后定之为不易。其所验也贵多,故博大;其收效也必恒,故悠久;其究极也,必道通为一;左右逢源,故高明。方其治之也,成见

---

① 严复:《严复集》第一册,王轼主编,中华书局 1986 年版,第 35—36 页。

② 严复:《严复集》第一册,王轼主编,中华书局 1986 年版,第 1 页。

③ 严复:《严复集》第一册,王轼主编,中华书局 1986 年版,第 14 页。

必不可居。饰词必不可用,不敢丝毫主张,不得稍行武断,必勤必耐,必公必虚,而后有以造其至精之域,践其至实之途。迨夫施之民生日用之间,则据理行术,操必然之券,责未然之效,先天不违,如土委地而已矣。"①这段话囊括了科学所具有的客观性、精确性、逻辑系统性和有效性等几乎所有的本质属性。然后严复得出结论说,正是由于科学具有这些属性,使得科学"其绝大妙用,在于有以炼智虑而操心思,使习于沈者不至为浮,习于诚者不能为妄。是故一理来前,当机立剖,昭昭白黑,莫使听荧。凡夫洞(恫)疑虚猲,荒渺浮夸,举无所施其伎焉者,得此道也,此又《大学》所谓'知至而后意诚'者矣"②。其次,科学之所以具有这样的精神文化功能,还与科学方法等因素有关。严复说:"夫不佞所谓科学,其区别至为谨严,苟非其物,不得妄加其目。每见今日妄人几于无物不为科学。吾国今日新旧名词所以几于无一可用者,皆此不学无所知之徒学语乱道烂之也。夫科学有外籀,有内籀。物理动植者,内籀之科学也。其治之也,首资观察试验之功,必用本人之心思耳目,于他人无所待也。其教授也,必用真物器械,使学生自考察而试验之。且层层有法,必谨必精,至于见其诚然,然后从其会通,著为公例。"③科学理论得之于科学方法,科学的性质及其功能无一不是基于科学方法,鉴于此,"一切物理科学,使教之学之得

---

① 严复:《严复集》第一册,王轼主编,中华书局 1986 年版,第 45 页。

② 严复:《严复集》第一册,王轼主编,中华书局 1986 年版,第 45—46 页。

③ 严复:《严复集》第二册,王轼主编,中华书局 1986 年版,第 282 页。

其术,则人人尚实心习成矣"①。运用科学方法从事科学研究事业,久而久之,就不仅能会通公例,增益知识和智慧,而且但知尚实,心习变矣。

一个意在愚民弱民,一个功在增益智慧、变化心习,封建文化的无自由特征与科学的某种对立性,是一目了然的。

(二)从物质生活方面看

严复深刻地认识到,封建文化的无自由特征使得中国老百姓在物质生活上也处于一种十分糟糕的境地。他尖锐地指出,封建专制统治者不希望百姓富有,更不希望百姓的物质生活水准能够得到不断提高,他们宁愿社会永远保持如下的状态:"神州之众,老死不与异族相往来。富者常享其富,贫者常安其贫。明天泽之义,则冠履之分严;崇柔让之教,则嚣凌之氛泯。偏灾虽繁,有补苴之术;崔苻虽夥,有剿绝之方。此纵难言郅治乎,亦用相安而已。"②封建专制统治者为什么不希望百姓富有和物质生活水平不断得以提高呢?严复指出,在封建专制统治者看来,人民的物质欲望是无穷无尽的。他们不愿看到这种欲望由于受到新物质不断出现的刺激,而趋向恶性膨胀。这种恶性膨胀一旦形成,百姓的物质欲望将永远无法遏制和最终予以满足。不足则争,一争就乱,这对于专制统治是相当危险的。所以严复揭露说,封建专制统治者认为:"夫天地之物产有限,而生民之嗜欲无穷,孳乳寖多,镵馋日广,此终不足之势

---

① 严复:《严复集》第二册,王轼主编,中华书局 1986 年版,第282 页。

② 严复:《严复集》第一册,王轼主编,中华书局 1986 年版,第 2 页。

也。物不足则必争,而争者人道之大患也。故宁以止足为教,使各安于朴鄙颛蒙,耕凿焉以事其长上。"①封建专制统治者既然认为"物产有限""不足则争",那么为了消除"动乱"而又能维持统治和自己的享乐,只有把解决问题的关键置诸道德的安贫乐道上,生产上"重节流"②、轻开源上去了。

与此相对照,严复认为,科学具有"富国阜民"③的巨大功能。"二百年来,西洋自测算格物之学大行,制作之精,实为亘古所未有。民生日用之际,殆无往而不用其机。加以电邮、汽舟、铁路三者,其能事足以收六合之大,归之一二人掌握而有余。"④另外,在论及欧美诸邦富强的原因时,严复说:"宗教家曰:欧美所以有今日者,以所奉之教之清真也。政法家曰:财富之所以日隆,商贾之所以日通者,以诸邦政法大改良也。此其言诚皆不妄,然皆不足以为近因。必言近因,则惟格致之功胜耳。何者?交通之用必资舟车,而轮船铁路,非汽不行,汽则力学之事也。地不爱宝,必由农矿之学,有地质,有动植,有化学,有力学,缺一则其事不成。他若织染冶酿,事事皆资化学。故人谓各国制造盛衰,以所销强水之多寡为比例。"⑤这些都是或正面、或侧面对科学物质生产方面提出的生动阐明。

科学为什么有如此巨大的物质功能呢?这依然主要取决于科学的性质和方法。前面我们引用过的严复那段全面论述

---

① 严复:《严复集》第一册,王轼主编,中华书局 1986 年版,第 1 页。
② 严复:《严复集》第一册,王轼主编,中华书局 1986 年版,第 3 页。
③ 严复:《严复集》第一册,王轼主编,中华书局 1986 年版,第 48 页。
④ 严复:《严复集》第一册,王轼主编,中华书局 1986 年版,第 24 页。
⑤ 严复:《严复集》第二册,王轼主编,中华书局 1986 年版,第 282—283 页。

科学性质的话,其实是既回答了科学为什么会有巨大的精神功能,同时也回答了科学为什么有巨大的物质功能。正是由于科学具有客观性、精确性、逻辑系统性和有效性等,所以"迨夫施之民生日用之间,则据理行术,操必然之券,责未然之效,先天不违,如土委地而已矣"①。在另一个地方,严复讲的也是这个道理。他说:"今夫学之为言,探赜索隐,合异离同,道通为一之事也。是故西人举一端而号之曰'学'者,至不苟之事也。必其部居群分,层累枝叶,确乎可证,涣然大同,无一语游移,无一事违反;藏之于心则成理,施之于事则为术;首尾赅备,因应釐然,夫而后得谓之为'学'。"②有了"藏之于心则成理"的科学,也才有"施之于事则为术"的技术。简言之,科学之所以有如此巨大的功能,原因就在于科学所提供的是关于外部世界的客观规律性的知识,根据这种客观规律性的知识,再加上适当的具体条件,就可以转变为行之有效的实用技术。在严复看来,有学无术,"学"为纸上谈兵;有术无学,"术"则墙上芦苇。近代实验科学把"学"与"术"真正统一起来了。总之,正是基于对科学巨大物质功能和精神功能的深刻理解,严复才反复申明:"富强之基,本诸格致。""富强以格致为先务。"③

一个要求人民知足安贫,一个足以富国阜民,封建文化的无自由特征与科学的某种对立性,也是一目了然的。

(三)从西方科学发展对于自由的依赖性看

西方科学发展对于自由的依赖性和中国封建文化的无自

---

①　严复:《严复集》第一册,王轼主编,中华书局1986年版,第45页。
②　严复:《严复集》第一册,王轼主编,中华书局1986年版,第52页。
③　严复:《严复集》第一册,王轼主编,中华书局1986年版,第43页。

由特征与科学的某种对立性是一个问题的正反两方面,二者交相映衬,互为佐证。

严复认为,西洋较之中国有许多长处,一是"无法之胜",即人与人之间捐忌讳,去烦苛,决雍敝。二是"有法之胜",即人知其职,不督而办;事至纤悉,莫不备举;进退作息,未或失节;无间远迩,朝令夕改,而人不以为烦。三是尊重科学,努力把一切都奠立在科学的基础之上。"且其为事也,又一一皆本之学术;其为学术也,又一一求之实事实理,层累阶级,以造于至大至精之域,盖寡一事焉可坐论而不可起行者也。"①西洋为什么有这么多长处? 换言之,这些长处所赖以产生和存在的决定性因素是什么呢? 严复响亮地回答:"推求其故,盖彼以自由为体,以民主为用。"②自由是民主的根本,而自由与民主一起,又是包括科学技术在内的其他诸多社会因素的根本。

严复之所以这样看重科学发展对自由的依赖性,这与他所接受的西方资产阶级激进自由主义思想是分不开的。站在激进自由主义思想的立场上看,社会由无数个人组成,并且科技、文化教育和经济等项事业,乃至整个社会的发展,归根结底取决于每个"个人"是否能够充分发挥自己的聪明才智和其他各种潜能。而欲达此目的,先决条件就是要保障个人的自由,只有个人的自由得到充分保障,社会才会出现如下有生气的现象:"一洲之民,散为七八,争雄并长,以相磨淬。始于相忌,终于相成。各殚智虑,此日异而彼月新,故能以法胜矣,而不至受

---

① 严复:《严复集》第一册,王轼主编,中华书局1986年版,第11页。
② 严复:《严复集》第一册,王轼主编,中华书局1986年版,第11页。

法之敝,此其所以为可畏也"①。相反,无自由将会"徒使人民不得自奋天能,终为弱国"②。

应当说,尽管严复的自由观具有资产阶级所固有的种种局限性,但是,严复强调科学对于自由的依赖性,还是有其明显合理性的。科学作为人类一种典型的理性事业,它对自由的需求尤其迫切。例如,它需要不受限制地交流一切科学研究结果和意见的可能性,即言论自由和教学自由等。那种由于发表自由严肃的学术见解而遭受威胁和迫害的情况是不应有的;它需要生活条件的自由,即人不应当为着获得生活必需品而工作到既没有时间也没有精力去从事个人活动的程度。如果上述两方面的自由是外在自由的话,那么它还需要一种内心的自由,即思想、精神和道德上不受权威和社会偏见的束缚,也不受一般常规和习惯的束缚。"只有不断地、自觉地争取外在的自由和内心的自由,精神上的发展和完善才有可能,由此,人类的物质生活和精神生活才有可能得到改进。"③

三、无自由特征严重束缚了中国科学的发展

(一)排斥科学研究方向

科学是人类理性最壮丽的事业,从科学发生与发展的内在

---

① 严复:《严复集》第一册,王轼主编,中华书局 1986 年版,第 11—12 页。

② 严复:《严复集》第五册,王轼主编,中华书局 1986 年版,第 1284 页。

③ [美]爱因斯坦:《爱因斯坦文集》第 3 卷,许良英等译,商务印书馆 1979 年版,第 180 页。

动力角度看,科学的起源和发展与人的好奇心及对普遍性的追求有密切的关联。中华民族一向以富有理性著称于世,为什么中国没有走上实验科学的道路? 除了其他种种原因外,这无疑与中国人的理性受到压抑、误导,因而缺乏选择科学研究方向的自由有关。严复指出,封建统治者为了维护专制,笼络人才,而实行了科举制度。"夫科举之事,为国求才也,劝人为学也。求才为学二者,皆必以有用为宗,而有用之效,征之富强;富强之基,本诸格致。不本格致,将无所往而不荒虚,所谓'蒸砂千载,成饭无期'者矣。"①开科取士本应为国家培养和选拔各种有用人才,而欲培养和选拔各种有用人才,就应当鼓励天下人学习科学,向真才实学的目标奋进,可事实怎样呢? "记诵词章既已误,训诂注疏又甚拘,江河日下,以致于今日之经义八股,则适足以破坏人材,复何民智之开之与有耶? 且也六七龄童子入学,脑气未坚,即教以穷玄极眇之文字,事资强记,何裨灵襟! 其中所恃以开瀹神明者,不外区区对偶已耳。所以审曑物理,辨析是非者,胥无有焉。以是为学,又何怪制科人十九鹘突于人情物理,转不若农工商贾之有时而当也。"②在封建社会,学人们被迫机械记诵词章,拘于训诂注疏,无法接触"审核物理,辨析是非"的科学,其结果是人才破坏、民智日下。

　　长期以来,封建卫道士诋毁科学的反面宣传也起了很坏的影响,如"陆王二氏之说,谓格致无益事功,抑事功不俟格致"③

---

　　①　严复:《严复集》第一册,王轼主编,中华书局1986年版,第42—43页。

　　②　严复:《严复集》第一册,王轼主编,中华书局1986年版,第29—30页。

　　③　严复:《严复集》第一册,王轼主编,中华书局1986年版,第44页。

云云。严复愤慨地说："盖陆氏于孟子,独取良知不学、万物皆备之言,而忘言性求故、既竭目力之事,惟其自视太高,所以强物就我。后世学者,乐其径易,便于惰窳敖慢之情,遂群然趋之,莫之自返。其为祸也,始于学术,终于国家。"①孟子主张存在"天之所与,不学自有"的"良知",又主张"万物皆备于我矣,反身而诚,乐莫大焉"②,其实质是主张幸福和真理都要从心里求,才能得到幸福和真理。只要充分发展我们内心的力量就足够了。中国许多哲学家和思想家继承和发挥了孟子的上述思想。例如,宋明时代的哲学家陆九渊、陆九龄和王守仁即是典型的代表人物。严复说:"前明姚江王伯安,儒者之最有功业者也。格窗前一竿竹,七日病生。其说谓'格'字当以孟子格君心之非,及今律格杀勿论诸'格'字为训,谓当格除外物,而后有以见良知之用,本体之明。"③这就把人的求知由向外、向自然引到向内反省、尽心知性的路上去了。尽管向内求知也有所得,但毕竟限制了人们从事科学研究的自由,堵塞了中国通向实验科学的路径,其后果是严重的。所以严复说:"夫中土学术政教,自南渡以降,所以愈无可言者,孰非此陆王之学阶之厉乎!"④"率天下而祸实学者,岂非王氏之言欤。"⑤

（二）窒息科学研究环境

科学以探求真理为宗旨。任何教条、权威和权力的束缚都

---

①　严复:《严复集》第一册,王轼主编,中华书局1986年版,第45页。

②　（宋）朱熹:《四书章句集注》,中华书局1983年版,第350页。

③　严复:《严复集》第一册,王轼主编,中华书局1986年版,第43页。

④　严复:《严复集》第一册,王轼主编,中华书局1986年版,第43页。

⑤　严复:《严复集》第一册,王轼主编,中华书局1986年版,第46页。

将不利于客观真理的发现和传播。同时,在探求真理的过程中,错误总是难免的,不允许犯错误无异于禁止探求真理,因此,发展科学需要宽松的学术环境。可是在严复看来,中国封建文化的不自由特征,使得中国不具备发展科学的良好学术环境,这可以从中国封建社会不容言论自由的情况窥见一斑。言论自由不仅是学术自由最关键的内容之一,也是其最基础、最起码的内容。因此,言论自由理所当然地成为严复关注的焦点。

严复认为言论自由本应该受到尊重。他说:"为思想、为言论,皆非刑章所当治之域。思想言论,修己者之所严也,而非治人者之所当问也。问则其治沦于专制,而国民之自由无所矣。"①在严复看来,从本质上看,"须知言论自繇(由),只是平实地说实话求真理,一不为古人所欺,二不为权势所屈而已,使理真事实,虽出之仇敌,不可废也;使理谬事诬,虽以君父,不可从也,此之谓自繇。"②可是在中国,一方面,言论通常为古贤先哲"先见""先言"的框架所限制,"且中土之学,必求古训"③,"尝谓中西事理,其最不同而断乎不可合者,莫大于中之人好古而忽今,西之人力今以胜古"④,"事事必古之从,又常以不及古为恨"⑤。另一方面,言论通常也为权势所屈,"中国之言政

---

① 严复:《严复集》第四册,王轼主编,中华书局 1986 年版,第973 页。

② 严复:《严复集》第一册,王轼主编,中华书局 1986 年版,第134 页。

③ 严复:《严复集》第一册,王轼主编,中华书局 1986 年版,第 29 页。

④ 严复:《严复集》第一册,王轼主编,中华书局 1986 年版,第 1 页。

⑤ 严复:《严复集》第一册,王轼主编,中华书局 1986 年版,第 51 页。

也,寸权尺柄,皆属官家"①,中国百姓的言论自由为权势所屈也就成为必然的了。严复在比较中西自由状况时说:"顾如王命论者,近世文明之国所指为大逆不道之言也。且以少数从多数者,泰西为治之通义也。乃吾国之旧说不然,必使林总之众,劳筋力,出赋税,俯首听命于一二人之绳轭。而后是一二人者,乃得恣其无等之欲,以刻剥天下,屈至多之数以从其至少,是则旧者所谓礼,所谓秩序与纪纲也,则吾侪小人又安用此礼经为!"②"俯首听命于一二人之绳轭",一二人"乃得恣其无等之欲,以刻剥天下,屈至多之数以从其至少"云云,足以把中国老百姓的言论通常为权势所欺的情形描画得活灵活现了。

此外,古人(主要是所谓"圣哲")与权势的结合形成了支配人们言论与行为的封建纲常名教。严复痛切地说:"西国言论最难自繇(由)者,莫若宗教⋯⋯中国事与相方者,乃在纲常名教。事关纲常名教,其言论不容自繇,殆过西国之宗教。观明季李贽、桑悦、葛寅亮诸人,至今称名教罪人,可以见矣。"③事关纲常名教,言论不容自由,这无异于给科学探索人为地划出了界区和套上了沉重的精神枷锁,其结果必然是阻滞和扼杀科学。严复深刻地看到了这一点,所以他明确地指出,中国教化学术误入歧途,致使实验科学不得产生。这是要由"六经五子"负相当责任的。他这样说道:"今日请明目张胆为诸公一

---

① 严复:《严复集》第四册,王轼主编,中华书局 1986 年版,第930 页。

② 严复:《严复集》第一册,王轼主编,中华书局 1986 年版,第118 页。

③ 严复:《严复集》第一册,王轼主编,中华书局 1986 年版,第134 页。

言道破可乎？四千年文物，九万里中原，所以至于斯极者，其教化学术非也，不徒嬴政、李斯千秋祸首，若充类至义言之，则六经五子亦皆责有难辞。嬴、李以小人而陵轹苍生，六经五子以君子而束缚天下，后世其用意虽有公私之分，而崇尚我法，劫持天下，使天下必从己而无或敢为异同者则均也。"①

（三）弱化科学研究精神

科学研究精神是科学家的精神命脉，也是科学诞生和发展的根本性条件之一，一个人缺乏科学研究精神就不是真正的科学家，一支科学研究队伍离开科学研究精神则毫无战斗力。科学研究精神的含义十分丰富，但核心在于求真精神。什么是求真精神？严复回答说："亚理斯多德尝言：'吾爱吾师柏拉图，胜于余物，然吾爱真理，胜于吾师。'即此义耳，盖世间一切法，唯至诚大公，可以建天地不悖，俟百世不惑。未有不重此而得为圣贤，亦未有倍此而终不败者也。"②他频频称赞西方科学家的求真精神。例如，他除了赞扬过布鲁诺和伽利略以外，还曾热烈地赞扬过哥白尼和达尔文在创立各自学说中所表现出的求真精神："二说初立，皆为世人所大骇，竺旧者，至不惜杀人以杜其说。"哥白尼和达尔文经受住了严峻考验，"弥攻弥固"，最终证明其学说"其不可撼如此也"③。

<hr />

① 严复：《严复集》第一册，王轼主编，中华书局 1986 年版，第 53—54 页。

② 严复：《严复集》第一册，王轼主编，中华书局 1986 年版，第134 页。

③ 严复：《严复集》第五册，王轼主编，中华书局 1986 年版，第1345 页。

　　然而,封建文化的无自由特征不但不鼓励,反而压抑和削弱学术界的求真精神,如严复所指出的从师不从"真"、信上不信"实"、迷古而抑"验"。严复指出,西方之所以崛起,除了刑政则屈私以为公之外,关键即在于学术则黜伪而崇真。"斯二者,与中国理道初无异也。顾彼行之而常通,吾行之而常病者,则自由不自由异耳。"①中国古代也曾有过黜伪崇真的主张。例如,荀子在《正名》中说:"知有所合谓之智。"荀子在这里所谓的"智",就是今天所谓的"真理"的意思。可是,为什么在现实生活中不能真正推广开来,坚持下去呢?很重要的一条,就是因为缺乏自由的文化环境。换言之,中国封建社会无自由的文化环境,阻碍了黜伪崇真精神的施行。

　　严复着重揭露了科举制度弱化求真精神的表现。科举制度是中国封建文化的重要组成部分,而且封建文化无自由的特征在科举制度中显得最为充分和典型。因此,科举制度对求真精神的弱化是封建文化无自由特征对求真精神弱化的重要组成部分和反映。严复认为,科举制度在泯灭人们的求真精神、培养和训练人们的作伪心习方面起了很坏的作用。在科举取士过程中,试场作弊现象比比皆是,"如关节、顶替、倩枪、联号、诸寡廉鲜耻之尤,有力之家,每每为之,而未尝稍以为愧也"②。按理说人应当"知之为知之,不知为不知,是知也",可是,八股之士竟能无所不知,何故?"剿说是已。夫取他人之文词,腼然自命为己出,此其人耻心所存,固已寡矣。"③此外,

①　严复:《严复集》第一册,王轼主编,中华书局1986年版,第2页。
②　严复:《严复集》第一册,王轼主编,中华书局1986年版,第41页。
③　严复:《严复集》第一册,王轼主编,中华书局1986年版,第41页。

平日作伪现象也十分严重："至其平日用功之顷,则人手一编,号曰揣摩风气。即有一二聪颖子弟,明知时尚之日非,然去取所关,苟欲求售,势必俯就而后可。"①在这样污浊的风气中,求真精神的弱化是不可避免的。为此,严复气愤地说,在科举制度毒害下,士人们"当其做秀才之日,务必使之习为剿窃诡随之事,致令羞恶是非之心,旦暮梏亡,所存濯濯,又何怪委贽通籍之后,以巧宦为宗风,以趋时为秘诀。否塞晦盲,真若一丘之貉。苟利一身而已矣,遑恤民生国计也哉!"②

　　总的来看,严复早在中国实现近代科学体制化之前,就敏锐地洞察到了科学与自由的某种对立性,以及封建文化无自由特征对科学发展的严重束缚性,是十分难能可贵的。这是他在科学意识和文化意识上超越前人,尤其是超越近代地主阶级改革派、"洋务派"和早期资产阶级改良派的突出表现之一。中国要救亡、自强,必须引进和发展近代科学自不待言,问题是,单纯地、孤立地引进和发展近代科学行不行?严复断然做了否定性回答。在他看来,近代科学诞生于,也深深地植根于西方充满自由气质的文化土壤之中。引进和发展近代科学,必须首先考虑在中国大力提倡自由,从而为近代科学生长提供适宜土壤的问题。用严复自己的话说即是:"今之称西人者,曰彼善会计而已,又曰彼擅机巧而已。不知吾今兹之所见所闻,如汽机兵械之伦,皆其形下之粗迹,即所谓天算格致之最精,亦其能事之见端,而非命脉之所在。其命脉云何?苟扼要而谈,不外于学术则黜伪而崇真,于刑政则屈私以为公而已。斯二者,与

---

①　严复:《严复集》第一册,王轼主编,中华书局1986年版,第41页。
②　严复:《严复集》第一册,王轼主编,中华书局1986年版,第41页。

中国理道初无异也。顾彼行之而常通,吾行之而常病者,则自由不自由异耳。"①在这里,严复批评和嘲笑了"洋务派"等人物的浅薄,同时也表达了他的"自由乃科学生长土壤"的深刻思想。严复的这一思想至今仍然闪烁着耀眼的光辉。在当代中国,同样不可孤立地发展科学,而必须高度重视和切实研究改良科学生长的土壤问题。20 世纪 80 年代以来人们逐渐认识到的科技与政治、经济、文化等社会因素协调发展的道理,已明显包含了这层意思。尽管较之旧中国,新中国在自由问题上已得到了较好解决,但从科学发展对人的外在自由和内在自由多方面的、较高的要求来说,我们依然有许多值得改进的地方。也正是由于这个缘故,资产阶级启蒙思想家严复的有关论述,至今对我们依然有着不可低估的现实意义。当然,对严复思想本身的局限性、复杂性和资产阶级改良派的软弱性(反过来看则是封建势力的深厚、复古思潮的强大)也不可低估,这也是严复晚年回归孔孟且"枯木死灰""委心任化"的缘由之一。记取这一教训,扬弃严复思想中的糟粕,把历史观和价值观统一起来,正是今日的当务之急,这也是我们为什么不因噎废食、重温严复思想的原因之所在。

---

① 严复:《严复集》第一册,王轼主编,中华书局 1986 年版,第 2 页。

严复论传统认识方式与科学[*]

　　蔡元培说："严氏于天演论外,最注意的是名学……严氏觉得名学是革新中国学术最重要的关键。"①严复本人则对自己翻译《穆勒名学》的工作给予了异乎寻常的估价:"此书一出,其力能使中国旧理什九尽废,而人心得所用力之端;故虽劳苦,而愈译愈形得意。"②考虑到逻辑学以研究思维形式及其规律为宗旨,是影响和支配认识方式的重大因素,因此可以认为,严复对于认识方式在文化传统中的核心地位是有一定自觉意识的。因此,在探讨传统文化与科学的关系时,传统的认识方式与科学的关系就不能不是他的重要论题之一了。

---

　　* 本文原载《自然辩证法通讯》1995 年第 2 期,中国人民大学报刊复印资料《自然辩证法》1995 年第 5 期转载,台湾清华大学《中国科学史通讯》1995 年第 10 期摘要,并被收入《中国新时期社会科学成果荟萃(历史类)》(中国经济出版社 1998 年出版)。本文于 1996 年获山东省第十一次社会科学优秀成果三等奖。

　　① 蔡元培:《五十年来中国之哲学》,《蔡元培全集》第四卷,中华书局 1984 年版,第 352 页。
　　② 严复:《严复集》第三册,王轼主编,中华书局 1986 年版,第546 页。

一、科学认识方法是西方近代科学兴起
和发展的关键

在近代史上,中国社会对科学的认识经历了一个明显的渐进过程。鸦片战争时期,地主阶级改革派主要从技术,尤其是军事技术的层面看科学。典型的观点即是魏源所说的:"夷之长技有三:一战舰、二火器、三练兵养兵之法。"洋务运动时期的"洋务派"以及早期资产阶级改良派依然主要从技术层面看科学,认为"西学"主要包括"西文"(外国语)和"西艺"(西方工业技术和军事技术)两部分。不过,他们已经开始注意到科学和技术的区分,注意到技术背后的科学成分。正如王韬在《格致书院丙午年课艺序》中所说:"今近一切西法,无不从格致中出。制造机器,皆由格致为之根柢,非格致无以发现真理。"于是,从洋务运动中期起,在继续引进西方军事科技的同时,开始大量翻译出版西方的算学、重学、水学和声、光、化、电等各门类自然科学书籍。在洋务运动后期,此类书籍占到译书总数的百分之四十左右。到了戊戌维新时期,维新派某些人对于科学和技术关系的认识就十分清晰了。如康有为说:"西人自希腊昔贤,即讲穷理,积至近世,愈益昌明,究其致用,有二大端,一曰定宪法以出政治,二曰明格致以兴艺学。"[1]

但是,在中国最早认识到科学的深层结构是科学认识方法

---

[1]　梁启超:《万木草堂小学学记》,《梁启超选集》上卷,易鑫鼎编,中国文联出版社 2006 年版,第 56 页。

的,恐怕非严复莫属了。严复不仅对科学和技术的区别与联系有异常透彻的了解("诸公应知学术二者之异。学者,即物而穷理,即前所谓知物者也。术者,设事而知方,即前所谓问宜如何也。然不知术之不良,皆由学之不明之故;而学之既明之后,将术之良者自呈。此一切科学所以大裨人事也"①),而且他还敏锐地看到了科学尚有更深层的结构存在。1895 年,严复在《论世变之亟》这篇引起重大反响的论文中指出:"今之称西人者,曰彼善会计而已,又曰彼擅机巧而已。不知吾今兹之所见所闻,如汽机兵械之伦,皆其形下之粗迹,即所谓天算格致之最精,亦其能事之见端,而非命脉之所在。其命脉云何? 苟扼要而谈,不外于学术则黜伪而崇真,于刑政则屈私以为公而已。"西人富强的真谛既不是技术,也不是科学,而是黜伪崇真的科学认识方法和屈私为公的政治原则。在这里,严复已经分明把科学认识方法作为科学的深层结构看待了。严复称逻辑学"为一切法之法,一切学之学"②也含有这层意思。正是基于这一认识,严复对于反经院哲学的斗士和最早系统研究实验科学方法论的培根给予了高度评价:"是以制器之备,可求其本于奈端(牛顿);舟车之神,可推其原于瓦德(瓦特);用电之利,则法拉第之功也;民生之寿,则哈尔斐(哈维)之业也。而二百年学运昌明,则又不得不以柏庚氏(培根)之摧陷廓清之功为称首。"③

---

① 严复:《严复集》第五册,王轼主编,中华书局 1986 年版,第1248 页。

② 严复:《严复集》第四册,王轼主编,中华书局 1986 年版,第1028 页。

③ 严复:《严复集》第一册,王轼主编,中华书局 1986 年版,第 29 页。

在严复的心目中,科学认识方法最主要的内容是归纳方法和演绎方法的结合运用。其中,尤以归纳方法为重要:"然而外籀术(演绎法)重矣,而内籀之术(归纳法)乃更重。"①为此,他把近代科学认识方法论命名为"实测内籀之学"。他说:"科学所明者公例,公例必无时而不诚。"②"内籀者,观化察变,见其会通,立为公例者也。"③"外籀者,本诸一例而推散见之事者也。"④在《名学浅说》中,严复详细阐述了归纳方法的"四层功夫":第一,通过观察、试验,广泛收集有关事实材料;第二,在详细占有事实材料的基础上,通过分析、研究,建立假说;第三,运用演绎法,对提出的假说进行推导;第四,用事实和实验对假说进行验证。他把这四层功夫概括为:"四层者何? 曰:观察、设臆、外籀、印证也。"⑤把观察方法、实验方法、演绎方法和假说方法等统统作为归纳方法的具体环节看待,归纳法俨然成了整个科学方法论的代名词。这种做法异常突出地暴露了严复科学认识方法论思想的两项弊端:过分夸大了归纳法在科学认识方法论中的地位和作用,同时也对整个科学认识过程的复杂性估计不足。不过,归纳法毕竟是科学研究中一项举足轻重的方法,而且本质上是属于经验论的,而作为一名非职业科学家的严复又是主要出于反对具有浓重唯心主义先验论色彩的中

① 严复:《名学浅说》,商务印书馆 1981 年版,第 64 页。

② 严复:《严复集》第一册,王轼主编,中华书局 1986 年版,第 100 页。

③ 严复:《严复集》第二册,王轼主编,中华书局 1986 年版,第 98 页。

④ 严复:《严复集》第二册,王轼主编,中华书局 1986 年版,第 280 页。

⑤ 严复:《名学浅说》,商务印书馆 1981 年版,第 67—74 页。

国旧学向西方寻找科学认识方法论武器的。因此,理解稍有偏差是可以理解的。关键在于,他的最大功绩是看到了科学认识方法、科学和西方富强三者之间依次传递的内在联系和支配性关系,从而在一定程度上引起了中国人对科学认识方法和一般认识方式的关注,以及对中国传统认识方式的特别审视。

二、中国传统认识方式亟待变革

严复指出,在科学领域,中国远没有形成一套完整、系统、有效的科学认识方法体系。中国封建社会的认识方式发展缓慢,长期滞留在日常认识方式的水平上。“乃由秦以至于今,又二千余岁矣,君此土者不一家,其中之一治一乱常自若,独至于今,籀其政法,审其风俗,与其秀桀之民所言议思维者,则犹然一宗法之民而已矣。然则此一期之天演,其延缘不去,存于此土者,盖四千数百载而有余也。”①这种传统认识方式和科学不相适应,主要表现如下。

（一）宗经征圣

严复反复强调,秦以来的专制主义统治者一直对人民施行愚民政策,其主要措施之一就是“取人人尊信之书,使其反复沈潜,而其道常在若远若近,有用无用之际”②。使人们对某些

---

① 严复:《严复集》第一册,王轼主编,中华书局 1986 年版,第136 页。

② 严复:《严复集》第一册,王轼主编,中华书局 1986 年版,第1—2 页。

官方钦定的所谓"经典"逐渐产生崇奉和依赖心理,遇事无不以经典为依据,从而达到专制主义用经典统一、束缚人民思想的目的,这就是所谓的"宗经"。经典出自圣人手笔,宗经必然"征圣",二者不可分割。封建社会大一统的专制统治造就和培养了中国人"宗经征圣"的思维定式。

严复认为,在中国,"宗经征圣"的思维定式表现得十分顽强,它导致人们"以谓世间事理,皆可即书本中求之。吾国人言,除六经外无书,即云除六经外无事理也"①,"一切皆资于耳食,但服膺于古人之成训,或同时流俗所传言,而未尝亲为观察调查使自得也"②。更有甚者,即便明知圣人言与事实不符,也尽力文过饰非,百般开脱:"凡事不分明,或今世学问为古所无,尊古者必以秦火为解;或古圣贤智所不逮,言行过差,亦必力为斡旋,代为出脱。如阮文达知地圆之说必不可易,则取'旁陀四隤'一语,谓曾子已所前知;又知地旋之理无可复疑,乃断《灵宪》地动仪,谓张平子已明天静。"③至于对待孔子,则更认为他"生知将圣,尤当无所不窥",因而对他的言论"武断支离,牵合虚造,诬古人而厚自欺"④。"宗经征圣"的风气由士大夫浸渍到民间,流毒之深广,尤不堪言:"是以社会之中常有一哄之谈,牢不可破,虽所言与事实背驰,而一犬吠影,百犬吠

---

① 严复:《名学浅说》,商务印书馆1981年版,第65页。
② 严复:《严复集》第二册,王轼主编,中华书局1986年版,第281页。
③ 严复:《严复集》第一册,王轼主编,中华书局1986年版,第51页。
④ 严复:《严复集》第一册,王轼主编,中华书局1986年版,第51页。

声之余,群情汹汹,驯至大乱,国之受害,此为厉阶。"①

　　严复认为,古代的"经"与"圣"固然有许多可取的地方,不可断然抛弃。但是,如果事事都必须以"经""圣"为准绳,唯有俯首受教,不敢有半点差池,这就是谬误甚至是有害的了。严复分析说:"夫五千年世界,周秦人所阅历者二千余年,而我与若皆倍之。以我辈阅历之深,乃事事稽诸古人之浅,非所谓适得其反者耶!世变日亟,一事之来,不特为祖宗所不及知,且为圣智所不及料,而君不自运其心思耳目,以为当境之应付,员枘方凿,鲜不败者矣!"②

（二）"求诸方寸"

　　中国古人一向崇尚直觉,注意和强调运用直觉方法认识事物的本质。如老子讲:"不出户,知天下,不窥牖,见天道。"(《老子》第四十七章)贬低感官经验,夸大内心体验作用。《庄子·外篇》也反对"以管窥天,以锥指地"的经验认识方式,而提倡内心体验。张载说:"大其心则能体天下之物。"朱熹在解释所谓"体"时说:"体是置心物中。"这里的"置心物中"即是直觉。王阳明将"格物致知"之"格"训为"正",主张去人欲,致良知,"谓当格除外物,而后有以见良知之用,本体之明"③,对直觉方法作了进一步发挥。严复充分认识到了中国崇尚直觉的思维特点,并把这一特点与中国旧学"不离文字"的学术

---

　　①　严复:《严复集》第二册,王轼主编,中华书局 1986 年版,第281 页。

　　②　严复:《严复集》第一册,王轼主编,中华书局 1986 年版,第 51—52 页。

　　③　严复:《严复集》第一册,王轼主编,中华书局 1986 年版,第 43 页。

传统联系起来。不过,他称直觉方法为"求诸方寸"。他说:
"盖吾国所谓学,自晚周秦汉以来,大经不离言词文字而
已……夫言词文字者,古人之言词文字也,乃专以是为学,故极
其弊,为支离,为逐末,既拘于墟而束于教矣。而课其所得,或
求诸吾心而不必安,或放诸四海而不必准。如是者,转不若屏
除耳目之用,收视返听,归而求诸方寸之中,辄恍然而有遇。此
达摩所以有廓然无圣之言,朱子晚年所以恨盲废之不早,而阳
明居夷之后,亦专以先立乎其大者教人也。"①

"求诸方寸"作为一种思维方法,具有如下两点突出特征。

1."整体统观"

"整体统观"即着眼于整体看事物,不是通过分析整体了
解部分,而是以整体驾驭部分。严复认为,中国许多学人凡事
往往只知其然,不知其所以然,不能深求其故。原因何在呢?
"此无他,得之以浑,而未为晰故也。"如何为晰?"盖知之晰者
始于能析,能析则知其分,知其分则全无所类者,曲有所类。此
犹化学之分物质而列之原行也。曲而得类,而后有以行其会
通,或取大同而遗其小异,常、寓之德既判,而公例立矣。此亦
观物而审者所必由之涂术也。"②又如,"曰二仪,曰五行,中国
言数与理者之宗也……其为用,不独以言物质而已。帝王德运
之相嬗,鬼神郊祀之分列,推而至于人伦之近,物色之常,音律

---

① 严复:《严复集》第二册,王轼主编,中华书局 1986 年版,第 237—
238 页。

② 严复:《严复集》第四册,王轼主编,中华书局 1986 年版,第
1046 页。

之变,藏府之官,无一焉不以五行为分配。"①区区二仪、五行理论,就把自然与社会、人间与地狱、人与物等统统联系了起来,仿佛包容和解释了一切。然而,它"牵涉傅会,强物性之自然,以就吾心之臆造,此所以为言理之大蔀,而吾国数千年格物穷理之学,所以无可言也"②。

2."臆想而非实测"

"求诸方寸"的思维方法是建立在片面强调和夸大"心"与"思虑"作用的基础之上的。因此,按照这个方法认识事物常常沦于臆想而非实测。严复经常指责中国旧学依靠臆想而非实测,他甚至认为,中国旧学中相当多的一般性理论和学说是通过臆想得来的。例如,他说:"旧学之所以多无补者,其外籀非不为也,为之又未尝不如法也,第其所本者大抵心成之说,持之似有故,言之似成理,媛姝者以古训而严之,初何尝取其公例而一考其所推概者之诚妄乎?此学术之所以多诬,而国计民生之所以病也。中国九流之学,如堪舆、如医药、如星卜,若从其绪而观之,莫不顺序;第若穷其最初之所据,若五行支干之所分配,若九星吉凶之各有主,则虽极思,有不能言其所以然者矣。无他,其例之立根于臆造,而非实测之所会通故也。"③严复认为,中国九流之学的普遍性理论大抵为心成之说,根于臆造,未免失之偏激,但中国旧学中的这种倾向确乎是比较普遍和严重

---

① 严复:《严复集》第二册,王轼主编,中华书局 1986 年版,第290 页。

② 严复:《严复集》第二册,王轼主编,中华书局 1986 年版,第290 页。

③ 严复:《严复集》第四册,王轼主编,中华书局 1986 年版,第1047 页。

的。严复强调指出，靠臆想是不会产生科学的，王阳明的所谓"吾心即理，而天下无心外之物矣"的观点和方法是错误的。"是言也，盖用孟子万物皆备之说而过，不自知其言之有蔽也。"①

（三）短于逻辑

在中国古代，辩证逻辑成就最大形式逻辑方面，虽然《墨经》《淮南子》等贡献良多，但应用不广，且曾长期中绝。为此，有中国文化"长于伦理，短于逻辑（主要指形式逻辑）"之说。如爱因斯坦说过："西方科学的发展是以两个伟大的成就为基础，那就是：希腊哲学家发明形式逻辑体系（在欧几里得几何学中），以及通过系统的实验发现有可能找出因果关系（在文艺复兴时期）。在我看来，中国的贤哲没有走上这两步，那是用不着惊奇的，要是这些发现果然都做出了，那倒是令人惊奇的事。"②中国传统文化在认识方式上短于逻辑说或有争论，但严复显然为持此说者。也正是为了补救中国文化的这一缺陷，他于维新变法失败后的一个时期内才怀抱"闵同国之人，于新理过于蒙昧，发愿立誓，勉而为之"③，翻译了《穆勒名学》等书，不久又译述了《名学浅说》，并自称"若能使《穆勒名学》等书得转汉文，仆死不朽矣"。

---

①　严复：《严复集》第二册，王轼主编，中华书局 1986 年版，第 238 页。

②　［美］爱因斯坦：《爱因斯坦文集》第一卷，许良英等译，商务印书馆 1977 年版，第 574 页。

③　严复：《严复集》第三册，王轼主编，中华书局 1986 年版，第 527 页。

中国传统文化短于逻辑表现在许多方面,现仅就严复提到的主要几点列举如下。

1. 知识不成系统

严复认为,真正的科学知识应当在具备客观真理性的基础上,同时也具备逻辑系统性。"是故西人举一端而号之曰'学'者,至不苟之事也。必其部居群分,层累枝叶,确乎可证,涣然大同,无一语游移,无一事违反;藏之于心则成理,施之于事则为术;首尾赅备,因应厘然,夫而后得谓之为'学'。"与此相对照,他认为中国的学术都"语焉不详,择焉不精,散见错出,皆非成体之学而已矣"①,很难称得上是严格的科学。他明确地指出:"取西学之规矩法戒,以绳吾'学',则凡中国之所有,举不得以'学'名。"②中国许多门类的知识缺乏逻辑系统性,说明中国人逻辑思维意识比较淡薄。

2. 轻视归纳法

"吾国向来为学,偏于外籀,而内籀能事极微。"③与此相适应,轻视归纳法也是我国旧教育的一大流弊:"盖吾国教育……更自内外籀之分言,则外籀甚多,内籀绝少。"④中国人对于演绎法比较熟悉,而对归纳法比较陌生,典型的表现即是"中国由来论辨常法,每欲求申一说,必先引用古书,诗云子曰,而后以当前之事体语言,与之校勘离合,而此事体语言之是

①　严复:《严复集》第一册,王轼主编,中华书局 1986 年版,第 52 页。
②　严复:《严复集》第一册,王轼主编,中华书局 1986 年版,第 52 页。
③　严复:《名学浅说》,商务印书馆 1981 年版,第 64 页。
④　严复:《严复集》第二册,王轼主编,中华书局 1986 年版,第 281 页。

非遂定"①。

3. 概念模棱两可

概念清楚乃逻辑思维和科学研究的前提,用严复的话说即"诸公应知科学入手,第一层工夫便是正名"②。然而,"所恨中国文字,经词章家遣用败坏,多含混闪烁之词,此乃学问发达之大阻力"③,尤其不便引进和发展科学。对此,严复本人亲身的体会尤为深刻:"今者不佞与诸公谈说科学,而用本国文言,正似制钟表人,而用中国旧之刀锯锤凿,制者之苦,惟个中人方能了然。然只能对付用之,一面修整改良,一面敬谨使用,无他术也。"④中国文化中的一些概念含混,有时竟可达到足以让人如堕五里雾中的境地。严复说,一个精彩的例证,"即如中国老儒先生之言气字。问人之何以病?曰邪气内侵。问国家之何以衰?曰元气不复。于贤人之生,则曰间气。见吾足忽肿,则曰湿气。他若厉气、淫气、正气、余气,鬼神者二气之良能,几于随物可加。今试问先生所云气者,究竟是何名物,可举似乎?吾知彼必茫然不知所对也。然则凡先生所一无所知者,皆谓之气而已。指物说理如是,与梦呓又何以异乎!……出言用字如此,欲使治精深严确之科学哲学,庸有当乎?"⑤此类例子还有

---

① 严复:《名学浅说》,商务印书馆 1981 年版,第 64 页。

② 严复:《严复集》第五册,王轼主编,中华书局 1986 年版,第1247 页。

③ 严复:《严复集》第五册,王轼主编,中华书局 1986 年版,第1247 页。

④ 严复:《严复集》第五册,王轼主编,中华书局 1986 年版,第1247 页。

⑤ 严复:《名学浅说》,商务印书馆 1981 年版,第 18—19 页。

很多,"他若心字天字道字仁字义字,诸如此等,虽皆古书中极大极重要之立名,而意义歧混百出,廓清指实,皆有待于后贤也"①。诚然,中国讲究训诂,尤其有清一代,小学发达。可惜的是"其训诂非界说也,同名互训,以见古今之异言而已。且科学弗治,则不能尽物之性,用名虽误,无由自知。故五纬非星也,而名星矣;鲸、鲵、鲟、鳇非鱼也,而从鱼矣;石炭不可以名煤,汞养不可以名砂,诸如此类不胜偻指"②。

三、变革传统认识方式,促进近代科学发展

既然西方近代科学兴起和发展的关键在于认识方式的科学化,而中国传统的认识方式又在许多方面表现出不利于科学发展的特征,因此,为了促进中国近代科学的发展,必须从根本上对中国传统认识方式进行变革。严复所提供的变革方案可以归结为一句话:培养中国人的"尚实心习"。在他看来,尚实心习对于人们认识和改造外部世界是最重要、最根本的,"诚人类极宝贵高尚之心德"③,尤其对于中国人来说更是如此。"呜呼!使神州黄人而但知尚实,则其种之荣华,其国之盛大,虽聚五洲之压力以沮吾之进步,亦不能矣。"

具体言之,严复认为,培养中国人的"尚实心习"主要应从

---

① 严复:《名学浅说》,商务印书馆 1981 年版,第 19 页。
② 严复:《严复集》第四册,王栻主编,中华书局 1986 年版,第1031 页。
③ 严复:《严复集》第二册,王栻主编,中华书局 1986 年版,第282 页。

如下三方面入手。

（一）"读无字之书"

严复认为,首当其冲的是解决认识的方向问题,即认识的起点问题。严复反复强调了认识起点问题的重要性,并明确地坚持如下观点:"吾人为学穷理,志求登峰造极,第一要知读无字之书。"①"无字之书"意指外部客观世界,"读无字之书"即提倡直接研究外部客观世界,从外部客观世界获得第一手的实际经验,也就是他常说的"与万物直接研究"②,"与实物径按"③。严复坚决反对读第二手书,并一一指明了读第二手书的危害。他说:"赫胥黎言:'能观物观心者,读大地原本书;徒向书册记载中求者,为读第二手书矣。'读第二手书者,不独因人作计,终当后人;且人心见解不同,常常有误,而我信之,从而误矣,此格物家所最忌者。而政治道德家,因不自用心而为古人所蒙,经颠倒拂乱而后悟者,不知凡几。"④他认为,中国传统学术研究,尤其是以陆王心学为代表的旧学,不论"宗经征圣"也好,求之方寸也罢,说到底,就是一个耽于第二手书的问题,因此他得出结论说,是读第一手书,还是读第二手书,"诸公若问中西二学之不同,即此而是"⑤。

严复之所以强调"无字之书",这与他从培根、洛克和穆勒

---

① 严复:《严复集》第一册,王轼主编,中华书局 1986 年版,第 93 页。
② 严复:《名学浅说》,商务印书馆 1981 年版,第 66 页。
③ 严复:《严复集》第二册,王轼主编,中华书局 1986 年版,第 285 页。
④ 严复:《严复集》第一册,王轼主编,中华书局 1986 年版,第 93 页。
⑤ 严复:《严复集》第一册,王轼主编,中华书局 1986 年版,第 93 页。

等人那里接受的经验论有关。严复在中国近代哲学史上较早地对认识的基本要素有了明确的认识。他说："盖我虽意主，而物为意因，不即因而言果，则其意必不诚。"①人是认识主体，物是认识客体，脱离物所得到的认识必定是不可靠的。穆勒把人的知识分为元知与推知两类，并且说："人之得是知也，有二道焉：有径而知者，有纡而知者。径而知者谓之元知，谓之觉性，纡而知者谓之推知，谓之证悟。故元知为智慧之本始，一切智识，皆由此推。"严复在包含上述文字的段落下面写下了如下的按语："穆勒氏举此，其旨在诚人勿以推知为元知，此事最关诚妄。"②接着又举例作了进一步说明。可见，严复赞同和接受了穆勒的观点，肯定元知对认识的基础性和决定性作用。此外，他欣然接受了洛克的白板说，提出了"心体为白甘，而阅历为采和"③的认识论命题，强调实际经验对人的心灵这张白纸画什么图案的基础性和决定性作用。可以说，这些舶来的哲学观点，乃是严复主张读"无字之书"的思想根源。

严复呼吁中国人从故纸堆里解放出来，以客观世界为认识的指向或起点，有点类似于文艺复兴时期西方思想家引导人们把认识的指向或起点从中世纪的神学天国转向自然存在的举动。遗憾的是，文艺复兴迎来的是一发不可收的近代自然科学大潮，而严复关于读"无字之书"的呼吁却落落寡合、渺无反

---

① 严复：《严复集》第四册，王轼主编，中华书局 1986 年版，第 1037 页。

② 严复：《严复集》第四册，王轼主编，中华书局 1986 年版，第 1028 页。

③ 严复：《严复集》第四册，王轼主编，中华书局 1986 年版，第 1050 页。

响,只是到了五四时期甚至更晚,才真正融汇成时代最强音。

(二)"不得以既成外籀,遂与内籀无涉"

认识的起点由故纸堆转向客观世界,这固然是形成"尚实心习",进而有利于促进发展科学的重大一步,但是,读"无字之书"毕竟主要是表达了一种"尚实"的愿望或意向,并不能保证在实际的认识过程中真正把"尚实"落到实处。为此,严复进一步讨论了认识方法问题,并提出了"不得以既成外籀,遂与内籀无涉"的认识原则。该项原则的实质是强调演绎不能脱离归纳而进行,演绎用以作为大前提的一般原理,一定要通过归纳方法从客观实际中得出。关于这一原则,严复在《穆勒名学》的按语中是这样说的:"此节所论,当于后部篇四第三节参观,始悟科学正鹄在成外籀之故。穆勒言成学程途,虽由实测而趋外籀,然不得以既成外籀,遂与内籀无涉;特例之所苞者广,可执一以御其余。此言可谓见极。"①

严复提出上述认识原则是明确针对中国旧学的。他认为,从认识方法的角度看,中国封建旧学有三大特点:第一,偏爱演绎法。此前文已述及,这一特点和"宗经征圣"的认识心习有密切的因果关联。第二,演绎多疏漏。大部分封建文人未必精通三段论,他们运用演绎法往往是自发的,但这无关紧要。关键是,他们脱离归纳法进行演绎,演绎所用大前提往往是没有归纳基础和事实根据的。用严复的话说即是"第其所本者大抵心成之说""何尝取其公例(普遍原理)而一考其所推概者之

---

① 严复:《严复集》第四册,王轼主编,中华书局 1986 年版,第 1047 页。

诚妄乎?""无它,其例之立根于臆造,而非实测之所会通故也"
"不实验于事物,而师心自用,抑笃信其古人之说者,可惧也
夫!"严复举例说,像五行支干的分配、九星各主吉凶等常用来
作为演绎大前提的理论和观点,有什么根据呢?既然大前提有
误,演绎推理的结论就很难靠得住了。所以,"原之既非,虽不
畔外籀之术无益也"①。第三,要害在先验论。中国旧学为什
么在认识方法上偏爱演绎法,而演绎又多疏漏呢?要害乃在于
中国旧学本质上是属于唯心主义先验论的。严复一针见血地
指出:"西语阿菩黎诃黎(apriori,先验的)。凡不察事实执因言
果,先为一说以概余论者,皆名此种。若以中学言之,则古书成
训十九皆然;而宋代以后,陆、王二氏心成之说尤多。"②

　　既然中国旧学有如上种种缺陷,那么,严复提出"不得以
既成外籀,遂与内籀无涉"的认识原则,就可谓非常切中时弊
了。同时,严复提出这一认识原则还有另外一个重要依据,那
就是他认为这一原则是西方科学认识方法的关键,并且已被充
分证明是行之有效的。他在提出这一原则后,紧接着就写道:
"西学之所以翔实,天函日启,民智滋开,而一切皆归于有用
者,正以此耳。"③

　　(三)"严于印证"

　　检验是认识方式的重要一环。离开检验,认识结果的真伪

---

　　①　严复:《严复集》第四册,王轼主编,中华书局 1986 年版,第 1047、
1032、1048 页。

　　②　严复:《穆勒名学》,商务印书馆 1981 年版,第 192 页(夹注)。

　　③　严复:《严复集》第四册,王轼主编,中华书局 1986 年版,第
1047 页。

不能判定，认识无所遵循，势必会影响认识活动的正常进行。严复十分重视印证即检验的作用，提出了"严于印证"的认识原则。他认为科学理论之所以具有不可轻易推翻的威严和力量，就在于坚持了"严于印证"的缘故："而三百年来科学公例，所由在在见极，不可复摇者，非必理想之妙过古人也，亦以严于印证之故。"①他追随穆勒，认定"归纳实测""演绎推理""印证"是"明诚三候"，即认识客观真理的三个基本环节或步骤，并指出："是以明诚三候，阙一不可。阙其前二，则理无由立；而阙其后一者（印证），尤可惧也。"②至于检验的标准，严复先后提出是"实事"（"虽系前圣所已言，已怀所先有，乃至人人所共信者，皆就实事试察信否"③）、"事实"（"今夫理之诚妄，不可以口舌争也，其证存乎事实"④）、"物"（"是故吾心之所觉，必证诸物之见象，而后得其符"⑤）、"物物事事"（"一理之明，一法之立，必验之物物事事而皆然，而后定之为不易"⑥）等。尽管说法不完全相同，但大致可认为是客观事物或客观实际。虽未达到实践标准的高度，但仍不失经验论立场。

严复之所以提出严于印证的认识原则，同样也是针对中国旧学的。他认为中国旧学忽视检验，不讲或缺乏检验。事实

---

① 严复：《严复集》第四册，王轼主编，中华书局 1986 年版，第1053 页。

② 严复：《严复集》第四册，王轼主编，中华书局 1986 年版，第1053 页。

③ 严复：《名学浅说》，商务印书馆 1981 年版，第 66 页。

④ 严复：《严复集》第一册，王轼主编，中华书局 1986 年版，第 99 页。

⑤ 严复：《严复集》第二册，王轼主编，中华书局 1986 年版，第238 页。

⑥ 严复：《严复集》第一册，王轼主编，中华书局 1986 年版，第 45 页。

上,旧学的许多理论压根儿就是不可检验的。"譬如今课经学而读《论语》至'子曰:巧言令色,鲜矣仁',此其理诚然。顾其理之所以诚然,吾不能使小儿自求证也,则亦曰:'孔子圣人,圣人云然,我辈当信。'无余说也。"①孔子有些话也许是对的,但是无法检验,人们只好盲目信奉,不及深究了,这种情况在旧学中十分普遍。另外,像陆王心学一类的理论则师心自用,根本经不起检验,也回避检验。严复辛辣地嘲讽道:"夫陆王之学,质而言之,则直师心自用而已。自以为不出户可以知天下,而天下事与其所谓知者,果相合否? 不径庭否? 不复问也,自以为闭门造车,出而合辙,而门外之辙与其所造之车,果相合否? 不龃龉否? 又不察也。"②正是由于缺乏检验这一环节,才使得陆王心学之类的"伪科学"阻碍科学发展,却恣意行于世,长期得不到根除。

---

① 严复:《严复集》第二册,王轼主编,中华书局 1986 年版,第 283 页。

② 严复:《严复集》第一册,王轼主编,中华书局 1986 年版,第 44 页。

纠正重官轻学传统心习
优化科学发展文化环境[*]

—— 严复论传统职业兴趣观念与科学

　　职业兴趣观念是指人们在职业追求和选择方面的思想观念，它关系到社会上每个人的前程和自我价值的实现。因此，它是社会价值体系，因而也是社会文化传统的有机组成部分之一。当代著名英国社会学家、科学社会学奠基人之一的默顿（R. K. Merton）在他那篇分析 17 世纪英国的科学、技术与文化互动关系的著名博士论文里，就是把职业兴趣观念的转移作为影响科学发展进程的关键性社会文化因素的。我们发现，19 世纪与 20 世纪之交的中国近代启蒙思想家严复在分析传统文化与科学的关系时，事实上就已经敏锐地抓住了职业兴趣观念这一重大视角，并且以此作为传统价值观念与科学关系的一个典型案例进行了分析。这一点，过去长期未引起学术界的应有注意，下面试作一初步梳理。

　　* 本文原载《自然辩证法研究》1995 年第 2 期，台湾清华大学《中国科学史通讯》1995 年 10 月号摘要。

一、传统职业兴趣的中心

严复指出,中国社会的职业形形色色,但粗略地说,除了"官"和"兵"以外,"民"大致可分为士、农、工、商几类。"今夫民之为类众矣!顾以大分言,则亦如古人所区之士农工商足已。"①在所有这些职业中,最受人们青睐的,唯"官"莫属。换言之,中国人的职业兴趣观念往往集中于"做官"一途。"中国重士,以其法之效果,遂令通国之聪明才力,皆趋于为官。百工九流之业,贤者不居。即居之,亦未尝有乐以终身之意,是故其群无医疗、无制造、无建筑、无美术,甚至农桑之重,军旅之不可无,皆为人情所弗歆,而百工日绌。"②中国上上下下"顾功名之士多有,而学问之人难求"③。许多读书人更是心系做官,无暇他顾。"士自束发受书,咸以禄仕为达,而以伏处为穷。若孟轲所谓无恒产有恒心者,厥几人哉!"④古人如此,今人亦然。问前清之士,何事而习举业、纳资粟,"曰:以做官故"。问今之士,何事而入学校、谋出洋,"曰:以做官故"。问前清之士和今

---

① 严复:《严复集》第二册,王轼主编,中华书局 1986 年版,第 293 页。

② 严复:《严复集》第四册,王轼主编,中华书局 1986 年版,第 1000 页。

③ 严复:《严复集》第一册,王轼主编,中华书局 1986 年版,第 29 页。

④ 严复:《严复集》第二册,王轼主编,中华书局 1986 年版,第 292 页。

之士,何事而皆勤运动、结政党,"曰:以做官故"。① 做官须读书,读书为做官。读书人"非群聚于官,觅差求任,则无从得食"②。与做官相比,其他任何职业都未免黯然失色。尤其那些从事科学技术研究,企求做一名纯粹的科学家或技术专家的人是没有社会地位的。严复慨然兴叹:"故鄙人居平持论,谓中国欲得实业人才,如英之大斐 Davy(戴维)、法拉第 Farady、瓦德 James Watt(瓦特)、德之杜励志 Dreyse、克鹿卜 Krupp 等,乃为至难。何则? 中西国俗大殊,吾俗之不利实业家,犹北方风土之难生桔柚也。"③就连外国人也看到了这一点。当时一位外国友人曾指出,中国的一大弊端是:"今子之国,承专制之余,民稍俊秀,即莫非官。"④中国人以"做官"为中心的职业兴趣观念之强烈,令人叹为观止。

二、传统职业兴趣的形成

中国人以"做官"为中心的职业兴趣观念是如何形成的呢? 在严复看来,从社会根源上说,当与中国封建社会的根本

---

① 严复:《严复集》第二册,王轼主编,中华书局 1986 年版,第294 页。

② 严复:《严复集》第二册,王轼主编,中华书局 1986 年版,第294 页。

③ 严复:《严复集》第一册,王轼主编,中华书局 1986 年版,第206 页。

④ 严复:《严复集》第二册,王轼主编,中华书局 1986 年版,第294 页。

属性有关。严复一向认为："夫中国亲亲贵贵之治,用之者数千年矣,此中之文物典章与一切之谣俗,皆缘此义而后立。故其入于吾民之心脑者最深而坚,非有大力之震撼与甚久之渐摩,无由变也。"①就是说,包括以"做官"为中心的职业兴趣观念在内的文物典章与一切谣俗,皆缘于中国"亲亲贵贵之治"。而所谓"亲亲贵贵之治",要言不过是中国封建社会宗法本性的具体表现而已。严复认定,中国封建社会具有浓重的宗法本性:"中国社会,宗法而兼军国者也。"②宗法社会别尊卑、重阶级,事天尊君,人与人之间无平等可言。用严复的话说即是:"古宗法之社会,不平等之社会也。不平等,故其决异议也,在朝则尚爵,在乡则尚齿,或亲亲,或长长,皆其所以折中取决之具也。"③在这不平等的人际关系中,官贵民卑是绝对的、不可动摇的,这一点充分表现在中国封建社会"以吏为师"的特点之中。严复认为,"以吏为师"是随着中国封建社会的诞生而诞生的现象,所以他说:"若秦所为,以吏为师。"④而且,这一点一直是中国社会有别于西方社会的有代表性的特点之一:"盖西国之王者,其事专于作君而已;而中国帝王,作君而外,兼以作师……中国帝王,下至守宰,皆以其身兼天地君亲师之众责。兵刑二者,不足以尽之也。于是乎有教民之政,而司徒之五品

---

①　严复:《严复集》第一册,王轼主编,中华书局 1986 年版,第 119—120 页。

②　严复:《严复集》第四册,王轼主编,中华书局 1986 年版,第 925 页。

③　严复:《严复集》第四册,王轼主编,中华书局 1986 年版,第 928 页。

④　严复:《严复集》第二册,王轼主编,中华书局 1986 年版,第 279 页。

设矣;有鬼神郊禘之事,而秩宗之五祀修矣;有司空之营作,则道理梁杠,皆其事也,有虞衡之掌山泽,则草木禽兽,皆所咸若者也。卒之君上责任无穷,而民之能事,无由以发达。使后而仁,其视民也犹儿子耳;使后而暴,其过(遇)民也犹奴虏矣。为儿子奴虏异,而其于国也,无尺寸之治柄,无丝毫应有必不可夺之权利,则同。"①既然"官"与各种职业的"民"在地位和权益的差别上这样高低悬殊和根深蒂固,那么人们在择业心理上造成向"官"方向的严重倾斜就是毫不令人感到奇怪的了。

此外,从体制根源上说,严复认为之所以形成以"做官"为中心的职业兴趣观念,中国的科举制度是难辞其咎的。中国的科举制度萌芽于汉代,隋以后正式制定和采用分科取士制度,宋以后科举均用经义,明清两朝则规定应试文章一律以四书五经的文句为题,以八股为格式,以朱熹《四书集注》等书为立论准绳。所以严复说:"汉代有射策甲科,公车上书,至隋唐则有科目,及赵宋则易词赋为经义。由是八股乃为入官正途。而其弊至于本朝而极。"②八股取士束缚和限制了知识分子的思想和视野,致使他们以为除八股应试工具以外,再无别的学问。"他书一切不观"(顾炎武语)更使他们认定,除科举入仕以外别无前程。在漫漫数千年的中国封建社会里,全社会的职业兴趣观念畸形发展,完全倾向"做官"一边。例如,"士之当穷居,则忍饥寒,事占毕。父兄之期之者,曰:得科第而已。妻子之望之者,曰:得科第而已。即己之癋寐之所志者,亦不过曰:得科

---

① 严复:《严复集》第四册,王轼主编,中华书局 1986 年版,第 928—929 页。

② 严复:《严复集》第二册,王轼主编,中华书局 1986 年版,第 281 页。

第而已。"①其实,在所有的八股之士中,真正爬上去达到做官目的的,毕竟凤毛麟角。究其实质,科举取士不过是一种统治术或者说一场骗局而已。严复酣畅淋漓地写道:"悬格为招矣,而上智有不必得之忧,下愚有或可得之庆,于是举天下之圣智豪杰,至凡有思虑之伦,吾顿八纮之网以收之,即或漏吞舟之鱼,而已暴鳃断鳍,颓然老矣,尚何能为推波助澜之事也哉!嗟乎!此真圣人牢笼天下,平争泯乱之至术,而民智因之以日瘝,民力因之以日衰。"②但是,科举制度是中国封建社会的一种特殊建制,它毕竟从体制上把中国文人挤到了一条狭窄的"做官"路上去,进而助长了以"做官"为中心的职业兴趣观念的滋生、蔓延和泛滥。

若从较深层次来看,中国人以"做官"为中心的职业兴趣观念的形成,恐怕还要追溯到中国人传统价值观的核心中去。严复认为,在一定意义上,中西之间的许多差异可以归结为如下一点:"中国以学为明善复初,而西人以学为修身事帝。"③"明善复初"(寻找和培养人性中固有的善)、"修身事帝"(人的天职乃侍奉上帝),短短八字,异常恰切而透彻地概括了中西价值观在根源和基本精神上的差异。在中国古代思想家中,关于价值观的主张不尽一致,但大致来看,崇尚义、德,明善复初也还是占主导地位的。与此同时,许多思想家,尤其是儒家学者在明善复初的任务、途径和方式等问题上,区分了君子与小人、劳心者与劳力者、工匠和士等阶层的差异,积极宣扬等级特权的合理性。毋宁说,在他们的价值观念中,维护和追求等级特权乃是主旨之一,最终诱发形成了强大的所谓"世俗价值观"。"唐宋以来,有'福'、'禄'、'寿'三星之说,就是表示人们所追求的是福禄寿三项。这可以说就是世俗的价值观……世俗的价值观在汉晋唐宋明清时代,持续不绝。一般人所追求的'富贵荣华'、'声色货利',也就是'升官发财'。"①由此可见,中国人以"做官"为中心的职业兴趣观念既是传统价值观的一部分,又深深地根植于中国传统价值观的整体和核心之中。

三、传统职业兴趣的危害

严复深刻地认识到了以"做官"为中心的职业兴趣观念对中国社会,尤其是对中国发展科学的危害。

首先,从社会需要来说,官员的设置宜简不宜繁,否则将会给科学和其他事业的发展,甚至整个社会发展造成危害。在严复看来,不独官宦,而且整个士大夫阶层都"开口待哺",是不劳而获的寄生虫。"是故士者,固民之蠹也。唯其蠹民,故其选士也,必务精,而最忌广;广则无所事事,而为游手之民,其弊也,为乱为贫为弱。"②事情远不止如此,"此不独财用不足之可忧,而奔竞成风,廉耻道丧,他日政之改良,几何可预计已。且

---

①　张岱年:《试谈价值观与思维方式的变革》,《现代化》1986 年第10 期。

②　严复:《严复集》第一册,王轼主编,中华书局 1986 年版,第 42 页。

如是将使农工商之中,无秀杰挺出之家。虽所居之士,得天最厚,然欲使富媪不阋精华,编户悉资饱暖,不亦甚难也哉!不亦甚难也哉!"①政繁官冗,不仅加重了社会负担,而且有可能助长腐败,妨碍政治清明。因此,严复坚决反对广选士、叠置官。"呜呼!官之众,国之衰也。"②同时,他提倡让更多的人研究农、工、商等专门学问。他说:"农工商各业之中,莫不有专门之学。农工商之学人,多于入仕之学人,则国治;农工商之学人,少于入仕之学人,则国不治。野无遗贤之说,幸而为空言,如其实焉,则天下大乱。"③

其次,从个人发展的角度看,有的人适宜做官,有的人可能更适宜于从事科学研究或做其他事情。如果不分青红皂白,都争着去做官,势必会造成人才浪费。既不利于个人的发展,也不利于社会,不利于科学和其他事业的发展。"使强奈端(牛顿)以带兵,不必能及拿破仑也,使毕士马(俾斯麦)以治学,未必及达尔文也。"④为此,严复意味深长地说:"假使治泰西学校之所治,而以之为仕进之梯,将使精于化学之士,听民讼狱;学为制造之家,司国掌故。虽八股无用之学,由之而弃,而如此所学非所用何哉?吾未见一国之遂治也。"⑤八股时代,仕学不分,糟蹋人才,固然可惜;新式学校建立以后,仕学不分,所学非

---

① 严复:《严复集》第二册,王轼主编,中华书局 1986 年版,第294 页。

② 严复:《严复集》第二册,王轼主编,中华书局 1986 年版,第294 页。

③ 严复:《严复集》第一册,王轼主编,中华书局 1986 年版,第89 页。

④ 严复:《严复集》第一册,王轼主编,中华书局 1986 年版,第89 页。

⑤ 严复:《严复集》第四册,王轼主编,中华书局 1986 年版,第903 页。

所用，更是可叹。

最后，从治学的角度说，学问贵在专心和富于献身精神。一个人一旦为升官发财所迷惑，学术生命就难以为继了。严复谆谆告诫他的儿子："且妻子仕官财利之事一诱其外，则于学问终身门外汉矣。学既不明，则后来遇惑不解，听荧见妄，而施之行事，所谓生心害政，受病必多，而其人之用少矣。"[①]从全社会来看，当官的人多了，做学问的人就少了；从个人来看，在一定限度内，学问人当官后可以利用手中的特权获得某些做学问上的便利条件，但是从根本和长远上说，当官与做学问之间通常是成反比例的。无数事实证明，不当官而出学术成就的是多数，既当官又出学术成就的是少数；当官而又有学术成就的人，其代表性成就往往是在不当官的时候做出的。严复洞察了"官"与"学"的相斥性，是其思想深刻过人之处。

四、传统职业兴趣的纠正：体制与政策措施

显然，为了给科学的发展，乃至整个社会的发展创造良好的文化环境，应当坚决纠正以"做官"为中心的传统职业兴趣观念。今天看来，严复在这方面发表的许多言论依然熠熠生辉。

首先，严复提倡实行"名位分途"，这实际上是从体制和政策上根绝以"做官"为中心的职业兴趣观念作祟的一种对策。

---

① 严复：《严复集》第三册，王轼主编，中华书局1986年版，第780页。

他说:"学成必予以名位,不如是不足以劝。而名位必分二途:有学问之名位,有政治之名位。学问之名位,所以予学成之人;政治之名位,所以予入仕之人。若有全才,可以兼及;若其否也,任取一途。如谓政治之名位,则有实任之可见,如今日之公卿百执事然,人自能贵而取之。"①在这里,严复实际上是在提倡行政和业务按不同系列确定职务和职称,其用意在于冲破官中心或官本位观念的束缚,在名分和实际利益上给予业务人员以适当的承认和鼓励。通常,国家提倡什么、鼓励什么,对于职业兴趣观念的合理化影响重大。过去,中国之所以职业兴趣观念失重,要害就在于封建政权对官在名分和实际利益上的大幅度倾斜。要纠正上述偏向,需要政策上的倒转,对于热心从事科技和其他实业的人员,在名分和实际利益上应予以公正对待。鉴于一定数量的人当官也还是有必要的,因此根据社会需要和从业人员的具体情况,实行名位分途,各得其所,当不失为一项合理之举。

在实行名位分途时,严复强调一定要对官吏和专业技术人员一视同仁,不可失之偏颇。他说:"国家宜于民业,一视而齐观,其有冠伦魁能,则加旌异,旌异以爵不以官。爵如秦汉之封爵,西国之宝星,贵其地望,而不与之以吏职。吏职又一术业,非人人之所能也。如是将朝廷有厉世摩钝之资,而社会诸业,无偏重之势,法之最便者也。"②对有成就的专业技术人员一定要予以奖励,但最好不是委以官职,而是采取封爵、授勋之类的

---

① 严复:《严复集》第一册,王轼主编,中华书局 1986 年版,第 89 页。
② 严复:《严复集》第四册,王轼主编,中华书局 1986 年版,第 1000 页。

办法,在政治地位、社会声望和经济利益上给予提高或补偿。

严复对于优待和保护专业人员给予了热切关注和高度评价。他认为,这样做不仅能使专门人才学有所成、成有所归,充分施展才华,而且也含有民权的意味在里面。他说:"今即任专门之学之人,自由于农、工、商之事,而国家优其体制,谨其保护,则专门之人才既有所归,而民权之意亦寓焉。天下未有民权不重而国君能常存者也。治事之官,不过受其成而已,国家则计其效而尊辱之。如是,则政治之家亦有所凭依,以事逸而名荣,非两得之道哉?"①

五、传统职业兴趣的纠正:思想与观念变革

严复还认为,要彻底纠正以做官为中心的职业兴趣观念,也还有一个思想认识的变革问题。其中,主要是在实业界和全社会树立如下观念。

(一)实业可贵

严复指出,实业"西名谓之 industries","主于工冶制造之业","大抵事由问学,Science,施于事功,展用筋力,于以生财成器,前民用而厚民生者,皆可谓之实业"②,简言之,实业与今天所说的"工业"相当,却包含了更多的以科学技术为基础的

---

① 严复:《严复集》第一册,王轼主编,中华书局 1986 年版,第 89—90 页。

② 严复:《严复集》第一册,王轼主编,中华书局 1986 年版,第 203 页。

经济部门。19 世纪与 20 世纪之交的中国内忧外患，贫弱交加。当此之际，严复十分看重实业对于救亡救贫的重大意义。他主张，相对于官场的争权夺利、钩心斗角，唯实业乃有救贫之实功，"至于政治为学，不得其人，则徒长嚣风，其于国尤无益，皆不若实业有明效之可言也"①。实业功效，大者如矿、路、舟车、冶炼、纺织、兵器等，有目共睹，"乃即言其小小，至于缄线锥刀、琉璃瓷纸"等，也功不可没。"故吾谓实业为功，不必著意于重且大，但使造一皮箱、制一衣扣、一巾、一镜之微谫，果有人焉，能本问学以为能事，力图改良旧式，以教小民，此其功即至不细，收利即至无穷耳。"②严复关于官场政治与利民实业的鲜明对比，给人留下了难忘的印象。

（二）实业人才尤为可贵

严复认为，两千年来，中国教育基本上是失败的。"二千余年，非志功名则不必学，而学者所治不过词章，词章极功，不逾中式，揣摩迎合以得为工，则何怪学成而后，尽成奴隶之才。"③中国两千年培养出的人才，说他们"尽成奴隶之才"未免言之过激，但如果说"中国前之为学，学为治人而已。至于农、商、工、贾，即有学，至微，谫不足道"④，则要中肯得多了。中国

① 严复:《严复集》第一册，王轼主编，中华书局 1986 年版，第209 页。

② 严复:《严复集》第一册，王轼主编，中华书局 1986 年版，第209 页。

③ 严复:《严复集》第二册，王轼主编，中华书局 1986 年版，第 281—282 页。

④ 严复:《严复集》第二册，王轼主编，中华书局 1986 年版，第292 页。

的人才状况如此,而社会的生存与发展又迫切需要大批实业人才,所以严复反复强调实业人才的难得与可贵。他说:"使人才如瓦德、如法拉第、如大斐者,而可以财易得,则英国虽人以兆金为价,其为廉犹粪土耳。呜呼! 是三人者,皆实业家也。"①严复对瓦特、法拉第、戴维一类科技人才的看重,使人不禁想到 20 世纪 40 年代一位美国海军次长对当时留美火箭专家钱学森的评价:钱学森"无论在哪里,他都抵得上五个师"。应当说,严复对于科技人才价值的估计,眼光之敏锐,毫不逊色于那位美国海军次长,甚至可以说,在认识的真切和深度上更胜一筹! 顺便指出,严复对科技和实业人才的高度评价绝非出于一时的冲动,而是有其充分根据的。如下的一段表白,清晰地表达了严复对于科技和实业人才的深刻认识:"盖言禹之功,不过能平水土,俾民奠居而已;言稷之功,不过教民稼穑,免其阻饥而已。实业之事,将以转生货为熟货,以民力为财源,被之以工巧,塞一国之漏卮,使人人得饱暖也。言其功效,比隆禹稷,岂过也哉!"②功过于治水之大禹和五谷神之稷,足见严复对于科技和实业人才的厚爱了。

(三)实业人员自尊自爱和提倡求真精神

实业人士应该最懂得实业和实业人才的重要性。严复一贯高度评价求真精神,他指出,一个从事实业的人,假如"不自知操业之高尚可贵,惟此有救国之实功,耻尚失所,不乐居工商

---

① 严复:《严复集》第一册,王轼主编,中华书局 1986 年版,第210 页。
② 严复:《严复集》第一册,王轼主编,中华书局 1986 年版,第207 页。

之列,时时怀出位上人之思,将其人于实业终必不安,而社会亦无从受斯人之庇也"①。既然有志于实业,则"必先视其业为最贵,又菲薄仕宦而不为者,而后能之"②。为此,严复面对一班就读于上海商部高等学校的莘莘学子,语重心长地说:"诸君子既已发愿,置身实业界中,则鄙人有极扼要数语,敬为诸君告者。一、当早就实行之阅历,勿但向书籍中求增知识。二、当知此学为中国现今最急之务。果使四百兆实业进步,将优胜富强,可以操券;而风俗民行,亦可望日进于文明。三、当知一己所操,内之有以赡家,外之有以利国,实生人最贵之业。更无所慕于为官作吏,钟鸣鼎食,大纛高轩。四、宜念此业将必有救国利民之效,则吾身宜常与小民为缘。其志欲取四万万之众,饔飧而襦裤之,故所学所能,不但以供一己之用已也。行且取执工劳力之众,而教诲诱掖之,使制器庀材,在在有改良之实。"③他认为,有志青年应尽可能地献身于国家最急需的实业工作。他对当时留洋学生不能有更多的人选择理工科而深表遗憾:"观于今日出洋学生,人人所自占,多法律、政治、理财诸科,而医业、制造、动植诸学,终寥寥焉!""治西学者,每不欲学工程,以学之往往成屠龙之技故,此亦弊之必见于十年以后者,可慨也夫。"④

---

① 严复:《严复集》第一册,王轼主编,中华书局 1986 年版,第 206 页。

② 严复:《严复集》第一册,王轼主编,中华书局 1986 年版,第 207 页。

③ 严复:《严复集》第一册,王轼主编,中华书局 1986 年版,第 207 页。

④ 严复:《严复集》第四册,王轼主编,中华书局 1986 年版,第 1001 页。

　　严复认为,光大求真精神对于抵制以做官为中心的职业兴趣观念十分重要。在《论今日教育应以物理科学为当务之急》一文中,他对中国两千年来以"学古入官"和"非志功名不必学"为特征的传统教育进行了猛烈抨击,并提出以"勤治物理科学"作为改变旧教育培养的不良心习的基本对策。为什么勤治物理科学能达到此目的呢? 其中很重要的一个原因就是,自然科学是求真的,而且能培养人的求真精神。他热烈地赞扬了西方科学界的求真精神:"当此之时,所谓自明而诚,虽有君父之严,贲、育之勇,仪、秦之辩,岂能夺其是非! 故欧洲科学发明之日,如布卢奴(布鲁诺)、葛理辽(伽利略)等,皆宁受牢狱焚杀之酷,虽与宗教龃龉,不肯取其公例而易之也。"① 严复一贯高度评价求真精神,他十分推崇亚里士多德的如下名言:"吾爱吾师柏拉图,胜于余物,然吾爱真理,胜于吾师。"② 而且,他把求真精神和提高中国民智民德的水平联系起来,断定:"使中国民智民德而有进今之一时,则必自宝爱真理始。"③

　　诚然,由于时代条件的限制,严复在对传统职业兴趣观念问题的看法上也还是有一定的历史和阶级局限性的。例如,他对于以做官为中心的传统职业兴趣观念产生根源的分析尚显单薄。这一观念在社会主义条件下并未根绝的事实证明,其必定有更复杂和更深刻的根源存在。再如,如何纠正以做官为中

---

　　① 严复:《严复集》第二册,王轼主编,中华书局 1986 年版,第282 页。

　　② 严复:《严复集》第一册,王轼主编,中华书局 1986 年版,第134 页。

　　③ 严复:《严复集》第一册,王轼主编,中华书局 1986 年版,第134 页。

心的传统职业兴趣观念绝非一个简单的问题,严复在这方面提供的见解很重要,但远不是全面的和彻底的。不过总的来看,严复关于传统职业兴趣观念与科学关系的论述比较新颖,也有一定的深度。严复在传统文化与科学之间千头万绪的联系里面,能够对传统职业兴趣观念与科学关系的问题给予较特别的关注已属不易,而他身处封建文化的重重包围,却能够对重官轻学的传统心习有较冷静的观察和客观分析,更是难能可贵。

严复的上述思想具有重要的现实意义。当前,我国正处在由计划体制向市场体制转变的过渡时期。市场经济是以市场而非以权力作为调节资源、生产、流通和分配手段的。因此,客观上它要求政府在大幅度精减官员的同时,在职能上实现由单纯的领导或指挥向宏观调控和服务的方向转变,以及结构上的相应调整。这样,一方面,社会将不再像计划体制下那样需要较多的人当官,而需要尽量多的人去从事科学技术和其他实业部门的工作;另一方面,市场体制下的"官"要有真才实学和浓厚的服务意识,养尊处优、长官意志那一套行不通了。这些转变不可阻挡,但转变的实现有一个速缓问题。欲使转变少些曲折和反复,亟待尽快实现人们在有关"官"的传统观念上的彻底变革。显然,对于实现此一观念变革,严复有关纠正重官轻学心习的一系列思想将是一笔极其珍贵的精神财富。

中国现代科学主义核心命题刍议[*]

——兼论自然科学方法在人文、社会科学中应用的限度

20 世纪上半叶,科学主义在中国得到广泛传播,并在众多的新旧思潮中异军突起,一度在中国学术和社会思潮的发展中居于主导地位。迄今,在中国学术各个领域和文化观念的各个层面上,科学主义的痕迹依然清晰可辨。所以,当人们回顾和总结 20 世纪中国学术思想史和一般思想史时,有关科学主义的话题总是被一次次地提起。

不过,我们注意到,已发表的有关中国现代科学主义的众多文献中,往往对科学主义与政治、哲学、科学和文化的互动关系关注有余,对"科学方法万能"这一中国现代科学主义核心命题本身的考察则重视不够。鉴于该问题对于认识中国现代科学主义的关键意义,以及它对于自然科学方法在人文、社会领域中应用限度问题的高度相关性,本文拟从 20 世纪中国学

---

* 原载《文史哲》1998 年第 2 期,《高等学校文科学报文摘》1998 年第 3 期、《新华文摘》1998 年第 7 期摘要,中国人大报刊复印资料《科学技术哲学》1998 年第 5 期转载。本文获 1999 年度山东省社科优秀成果三等奖。

术发展的角度,对"科学方法万能"谈点初步看法。

一、中国现代科学主义的传播与发展

科学主义是近代自然科学趋向发达并产生相当社会影响的产物。它具有哲学性质,但并未形成一个独立的哲学派别,而是许多哲学派别中的某种共有成分。其中,以实证主义、马赫主义和逻辑实证主义所表现出来的科学主义倾向最为突出和典型。

科学主义以崇拜科学、夸大科学的认识功能、文化功能和社会功能为特征。它通常包括三方面的含义:其一,科学范围无疆,即现象界不存在科学不能研究的对象;其二,科学方法万能,即原则上科学方法可用来解决人类在现象界所面临的一切问题;其三,科学知识独尊,即科学知识最精确、完备和可靠,在各种知识类型中地位最高,是一切知识的典范。由于科学方法是科学用以研究任何对象、获取任何知识的工具和手段,所以,在上述三层含义中,"科学方法万能"居核心和支配地位。正是由于这个缘故,在我们所见到的十余种西方重要词典和知名学者关于科学主义的定义里,都突出地刻画了科学主义的这一特征。例如,著名的《韦氏第三版新国际英语词典》(*Webester's Third New International Dictionary*)为科学主义所下的定义是:"认为自然科学方法应该被用于包括哲学、人文和社会科学所有研究领域的一种主张;断定只有这样的方法可以富有成果地应用于知识追求。"

中国的科学主义是一种舶来品。20世纪初年,在封建王权崩溃、儒家文化受到严重冲击的形势下，一批知识分子起而主张以科学为基础，重建中国的学术和文化，改造中国人的人生观和精神面貌。他们相信，西方文化的精华在于科学。科学不仅能使人正确地认识和对待自然，而且也能使人正确地认识和对待社会与人的精神生活，因而仿效西方，在科学的基础上重建中国的学术和文化，不仅必要而且可行。他们这种无条件崇拜科学的观念，就其理论根源而言，是直接从实证主义、马赫主义和实用主义等西方科学主义思潮那里搬来的。诚然，较之西方，中国的科学主义有了某些变异。不过，它毕竟保持了西方科学主义的本质特征。而且，从科学主义在中国由微而著的传播和发展过程看，"科学方法万能"乃是始终贯穿其中的一根红线。

在中国近代史上，严复被誉为"第一个真正了解西方文化的思想家"[1]，也是最早认识到科学的深层结构是科学方法[2]，以及较早具有科学主义倾向的人。早在1895年，严复就以同代人少有的敏锐目光指出，西人富强的真谛既不是技术，也不是科学，而是黜伪崇真的科学方法和屈私为公的政治原则。为此，他不遗余力地向国人介绍天演哲学，引导人们把进化论所揭示的自然规律当作观察包括社会在内的宇宙万物的世界观和方法论。他潜心翻译西方逻辑学著作，称逻辑是"一切法之

---

[1]　冯友兰：《中国哲学史新编》第六册，人民出版社1989年版，第151页。

[2]　参见马来平：《严复论传统认识方式与科学》，《自然辩证法通讯》1995年第2期。

法,一切学之学"①。他对最早系统研究科学方法论的培根给予高度评价,认为"二百年学运昌明,则又不得不以柏庚氏之摧陷廓清之功为称首"②。这些无不表明了他对科学方法的高度自觉和重视。不过,当严复把科学视为救亡的"不二法宝"而断定"西学格致,非迂涂也,一言救亡,则将舍是而不可"③,以及声称他所迻译的《名学》"此书一出,其力能使中国旧理什九尽废,而人心得所用力之端,故虽劳苦,而愈译愈形得意"④的时候,已经分明具备"科学方法万能"的思想基础了。

相对于严复个人,一个因创办"中国科学社"而勇敢地迈出了中国现代科技体制化第一步的留美学生团体,则是较早具有"科学方法万能"萌芽意识的一批中国人。就在这个团体于1915年所创办的《科学》杂志的发刊词中,青年科学家们激烈地抨击了传统的经术道德,指出了人民"精神形质上皆失自立之计"、国家不足图存的危亡局势,大声疾呼:"继兹以往代兴于神州学术之林,而为芸芸众生所讬命者,其唯科学乎,其唯科学乎!他们俨然以唯科学主义者自居了。由此联系到科学社的主要成员在《科学》杂志上连续撰文申明:"科学之本质不在物质,而在方法……诚得其方法,则所见之事实无非科学者"(任鸿隽语),"盖科学必有所以为科学之特性在……此特性者何?即在科学之方法"(胡明复语)。可以认定,在他们那里,

---

① 严复:《严复集》第四册,王轼主编,中华书局 1986 年版,第 1028 页。
② 严复:《严复集》第一册,王轼主编,中华书局 1986 年版,第 29 页。
③ 严复:《严复集》第一册,王轼主编,中华书局 1986 年版,第 46 页。
④ 严复:《严复集》第三册,王轼主编,中华书局 1986 年版,第 546 页。

科学本质上是科学方法,而科学万能则本质上是科学方法万能。

到了五四新文化运动时期,在一部分先进知识分子那里,科学方法万能的观念已是十分自觉和极其鲜明的了,陈独秀即是典型的一例,他在这方面的言论较多,影响也很大。例如,在《圣言与学术》一文中,他说:"今欲学术兴,真理明,归纳论理之术,科学实证之法,其必代圣教而兴欤。"在这里,他分明是将科学方法的地位与统治中国数千年的"圣教"并驾齐驱了。在《新文化运动是什么》一文中,他说:"社会科学是拿研究自然科学的方法,用在一切社会人事的学问上,像社会学、伦理学、历史学、法律学、经济学等,凡用科学方法来研究、说明的都算是科学,这乃是科学的最大的效用","用思想的时候,守科学方法,才是思想,不守科学方法,便是诗人底想象或愚人底妄想"。这就不仅把自然科学方法视为社会科学的唯一方法,而且把自然科学方法视为一切学术乃至一切思维的唯一方法,这正是典型的"科学方法万能"论。

诚然,中国现代科学主义的传播和发展真正形成高潮,乃是20世纪20年代初那场著名的科玄论战中的事。在这场论战中,科学方法万能作为中国现代科学主义的核心命题,被阐发得最彻底、最系统。

1923年2月,张君劢应邀为清华大学一批即将出国的留学生做了一场报告,声称人生观非科学所能为力,只能靠玄学来解决。随后,著名地质学家丁文江发表了《玄学与科学》一文反驳张君劢,主张人生观无法同科学分家,人生观问题的解决非科学莫属,由此引发了一场波及全国学术界的"科玄论战"。这场争论涉及许多重要的哲学和文化问题,但科学能否解决人生观乃至科学方法在人文、社会领域应用的限度问题始终是焦点之一。在这个焦点问题上，以丁文江、胡适为代表的科学派的观点是科学不仅能解决人生观的问题，而且世间一切现象都受科学方法的支配。一言以蔽之：科学方法万能。例如，科学派的急先锋丁文江反复声称："科学的万能，不是在他的结果，是在他的方法。"①科学派主将胡适始终认为："我们也许不轻易信仰上帝的万能了，我们却信仰科学的方法是万能的，人的将来是不可限量的。"②科学派干将、心理学家唐钺申明："我的浅见，以为天地间所有现象，都是科学的材料。"③

　　自 20 世纪 20 年代开始，像英国的培根一样，胡适在中国的学术界刻意倡导了一场方法革命。他认为："我们观察我们这个时代的要求，不能不承认人类今日的最大责任与最需要是把科学方法应用到人生问题上去。"④按照他的理解，假设和实验是自然科学方法最重要的两个成分。因此，整个自然科学方法可以概括为"大胆的假设，小心的求证"十个字。宣传、解释这一"十字真言"，并通过哲学史研究、小说考证和古史辨伪等方式为其提供应用上的示范，贯穿了胡适的整个学术生涯。胡适所提倡的科学方法在中国学术界产生了巨大影响，涌现了一大批追随者。所以可以认为，胡适的方法革命是中国现代科学

---

　　①　张君劢、丁文江等：《科学与人生观》，山东人民出版社 1997 年版，第 193 页。

　　②　葛懋春等编：《胡适哲学思想资料选》上册，华东师大出版社 1981 年版，第 313 页。

　　③　张君劢、丁文江等：《科学与人生观》，山东人民出版社 1997 年版，第 290 页。

　　④　葛懋春等编：《胡适哲学思想资料选》上册，华东师大出版社 1981 年版，第 265 页。

主义传播和发展的一个重要环节。而且，胡适的科学主义也是以科学方法万能为基本精神的。

总的来看，在科学主义的传播过程中，维新派严复奠定了科学方法万能思想的基础；中国科学社的青年科学家具备了科学方法万能思想的萌芽；陈独秀等"五四"思想家有了较为明确的科学方法万能思想；而在"科玄论战"时期的科学派那里，科学方法万能则形成了理论系统。在这前后，胡适等人把科学方法万能由中西文化之争的层面引进、贯彻到各个具体的学术研究领域，成为一批激进知识分子试图全面改造中国传统学术的思想武器，从而极大地影响了中国现代学术的面貌和进程。

二、科学方法万能的功过是非

不难理解，在中国，不论是缺乏实验科学的 20 世纪初年，还是科学技术较为发达的今天，讴歌并适当推广应用科学方法，都是一件顺应学术发展和社会发展潮流的好事。为此，科学主义者倡言科学方法万能对当时的学术研究确实起到了某些积极作用，主要表现在以下方面。

（一）矫正学术方向

长期以来，中国学术的研究方向一直是面向经典、面向古人的。"述而不作，信而好古"之风盛行，大量学者的一生都花费在了对经典著作的破解和注释上。20 世纪以后，中国学术这种脱离实际的研究方向开始逐步得以矫正。科学主义及其科学方法万能的传播无疑参与和加强了这种对学术方向的矫正。科学方法万能包含着实证精神的底蕴,它视经验事实为科学理论最可靠的基石。因此,它倾向于把学人的目光和注意力引向自然和社会的经验世界。

（二）拓展学术方法

不言而喻,相对于中国的传统学术,整体上实验科学是新质的东西。因此,随着科学主义及其科学方法万能论的传播,自然科学方法以其特有的新质使中国传统学术的研究方法得以丰富、完善、整合和改造。正是在这种背景下,人们看到,20世纪上半叶,自然科学的实验方法、数学方法以及归纳和演绎的有机结合等传统,在中国的学术研究中得到大量引进和推广。例如,早在20世纪20—30年代,中国就有人致力于把数量统计方法引进社会研究领域,出版了《历史统计学》之类的著作。方法的突破是学术研究最根本的突破。自然科学方法对中国学术研究方法的补充和改造,有力地促进了中国学术的发展和进步。

（三）提高方法意识

中国传统学术研究并非没有自己的研究方法。但是,过去的学人对方法不够重视,运用方法的意识比较淡薄,相当多的人是凭借经验甚至模仿他人从事研究的。科学主义及其科学方法万能论的传播,使人们真切地看到了西方学人由于手中握有精良的自然科学方法,致使"从前人所看不清楚的天河他们看清楚了;所看不见的卫星,他们能看见了;所看不出来的纤维组织,他们能看出来了。结果,他们奠定了三百年来新的科学的基础,给人类开辟了一个新的科学的世界"(胡适语)。这些给中国学人以心灵上的震撼,使他们认识到了研究方法的重要性,从根本上提高了方法的意识和运用方法的自觉性。正如有的学者所说,由于五四运动前后科学主义锐意宣扬科学方法,"而后青年皆知注重逻辑。至清末民初,文章之习,显然大变"(熊十力语)。同时,在科学主义传播的潮流中,中国涌现出大批科学方法论方面的著述,并且出现了胡适这样名噪一时的方法论学者,这一切的出现并不是偶然的。

但是,显而易见,不论就社会改造而言,还是学术研究而言,科学主义提倡科学方法都走过了头。说到底,科学方法万能乃是一个错误命题。

就学术领域而言,科学方法万能的错误突出地表现在它完全忽视了自然现象和人文、社会现象所形成的人们感觉上的质的差别,进而完全忽略了自然事实和人文、社会事实之间质的差别。

首先,自然事实和人文、社会事实的构成是不同的。自然事实通常与人无关,主要表现为实物;而人文、社会事实大都与人有关,除了少量实物以外,主要表现为事件、行为、言语、观点,以及情感、意志等非实物的东西。也就是说,在许多情况下,人文、社会事实本身就是不同形式的人的主观意识。

其次,自然事实和人文、社会事实渗透意识的程度与性质不同。在自然科学研究中,人们对自然事实的观察和理解往往与研究者的背景知识和经验有一定关联,纯粹的中性科学事实是不存在的。在人文、社会领域的研究中,主体意识对人文、社会事实的渗透或主体意识与人文、社会事实的相互作用更加频繁、普遍和强烈。同时,由于利益机制和价值观念的驱使,认识主体对人文、社会事实的"先入之见"和"意识导向"往往表现得十分偏狭和固执,这种意识渗透和自然事实较"公允""平和"的意识渗透形成了鲜明的对比。此外,很多情况下,人文、社会事实会因为主体意识的不同或认识过程的不同而呈现不同的面貌,甚至可以把某些人文、社会事实看作认识主体和认识客体之间相互作用过程中逐步生成的东西。这种情况较之主体意识对自然事实的有限渗透,已经有了性质上的不同。

科学方法万能的错误还表现在它对自然事实之间必然的、稳定的联系和人文、社会事实之间必然的、稳定的联系的根本区别上,即自然规律与人文、社会规律之间根本区别的漠视上。在科学主义那里,既然科学方法是对研究对象进行分类和归纳,进而求出其秩序的理性工具,那么显而易见,科学方法是否适用于某一对象,当然是以该对象是否存在秩序即存在规律为前提的。在这一点上,玄学派和科学派是一致的。所以,张君劢说:"苟有方法而公例之不立如故,则有方法等于无方法而已!"[1]两派的分歧集中在:人文、社会领域是否存在规律?辩之者说有,争之者说无,双方对峙不下。在科学主义者看来,凡是存在事实的地方,就一定存在事实之间的秩序和规律,只不过事实复杂得不容易分类、不容易求出它们的秩序和规律罢了。因果律是普遍的,因而规律也是普遍的。人文、社会领域不仅存在规律,而且与自然规律是同质的。总之,承认人文、社会领域存在与自然领域同质的规律是科学方法万能论的理论支柱之一。

科学主义把规律归结为因果律一种形式是明显错误的。同样,它否认自然规律与人文、社会规律的根本区别也是十分错误的。仅以自然规律与社会规律而言,前者作为一种盲目的、无意识的力量起作用,与人的价值观念无关;后者则是通过

①　黄克剑、吴小龙编:《张君劢集》,群言出版社 1993 年版,第 67 页。

人,或者说通过人的有意识、有目的的活动来表现和实现的。它与人的价值观念密切相关,而且易受大量具体条件和偶然因素的干扰,因而表现出更强烈的随机性。试图在社会领域里寻找出自然领域里那样"不可移易"的规律是很难的。至于人文规律,由于它与人的意识、情感的联系更加密切,因而,它与自然规律的区别就更加明显。

不论是对自然事实和人文、社会事实之间质的差别的漠视,还是对自然规律和人文、社会规律之间质的差别的漠视,实质上都是科学主义对人文、社会科学研究对象及研究任务特殊性的一种漠视,进而是对人文、社会科学所侧重或独具的丰富多彩的研究方法的一种排斥。显然,这对繁荣学术研究是一件极为有害的事情。

总之,科学主义着力阐发科学的文化功能,试图把科学方法广泛引进人文、社会领域之中,这是正确的,可谓顺应时代潮流之举。但它企图用科学方法包办人文、社会领域中的一切研究,不承认人文、社会科学有自己独立的研究方法,这是不正确的,也是不可能的。

此外,在中国现代科学主义者那里,科学方法万能包含有相当浓重的归纳万能论成分。相当多的中国现代科学主义者都把科学方法理解为分类和归纳。例如,丁文江说:"我们所谓科学方法,不外将世界上的事实分起类来,求他们的秩序。等到分类秩序弄明白了,我们再想出一句最简单明白的话来,概括这许多事实,这叫做科学的公例。"①相比较而言,胡适对

---

① 　张君劢、丁文江等:《科学与人生观》,山东人民出版社 1997 年版,第 42 页。

科学方法的理解倒还全面一点。但是,胡适所说的假设属于逻辑方法的范畴,证据检验也不等于实验检验,而是一种基于搜集个例的归纳证明。所以,和其他科学主义者一样,胡适所理解的科学方法基本上囿于形式逻辑方法的范畴,并且实际上是以归纳证实为重心的。

把科学方法归结为形式逻辑方法,这是对自然科学方法的误解,因为逻辑方法并非自然科学的特有方法,自然科学特有的、核心的方法是实验方法和数学方法。实验方法使得自然科学研究能够在人工控制的条件下,较自如地搜集信息、分析信息和严格地检验假说及理论;数学方法使得自然科学研究能够从量的角度深化认识事物的质,并且利用形式化语言提高自然科学理论和假说的清晰性及可预见性。在认识过程中,自然科学之所以能够做到最大限度地减少错误并始终保持凯歌行进的势头,实验方法和数学方法的有机结合起了关键性的作用。

对于片面强调归纳方法、夸大归纳方法作用的归纳万能论,包括恩格斯在内的许多哲学家都曾做过十分透彻的批判,此不赘言。单就归纳万能论在人文、社会科学领域内对学术研究的影响而言,其要害是,它极易引导人们把精力集中在搜集实例的微观上的、现象上的研究,而相对忽视对研究对象宏观上的和实质上的把握。事实上,中国现代科学主义的确给中国的学术研究带来了这样的危害。正如人们所遗憾地看到的,胡适本人以及“胡适派”的许多人在中国通史、断代史或思想史、哲学史等学术领域,极少发表具有宏观规律意义的论点或论著,却多半表现为对一些细枝末节的考证、翻案、辨伪等。

三、正确认识自然科学方法的应用限度

中国现代科学主义的科学方法万能命题在中国学术史上带来的消极后果，突出了正确认识自然科学方法在人文社会科学领域中应用限度问题的迫切性和尖锐性。关于这个问题，目前仍然颇有争议。一些人至今坚持当年科学主义者那样的观点，认为自然科学方法在人文、社会领域中是通行无阻的，一些地方之所以暂时不能应用或不能完全应用自然科学方法，乃是主客观条件所限，一切人文、社会科学研究最终都要向自然科学看齐，在自然科学那里取得统一。当然，也有人对自然科学方法在人文、社会领域中的应用采取一种基本上拒斥的态度，认为零敲碎打可以，实质上的应用是不可能的。

或许，自然科学方法在人文、社会领域中应用的限度根本不存在一条壁垒分明的边界线。但是，原则上说，在该问题上至少应明确如下两点。

（一）在真、善、美关系的框架中大致认识自然科学方法的应用限度

对于各门自然科学、社会科学和人文科学而言，真、善、美不仅是它们各自有所侧重的研究内容，而且是它们共同追求的理想境界。因此，从真、善、美关系的框架鸟瞰自然科学方法的应用限度，当不失为一个适当的角度。

在真、善、美的多重关系中，值得我们注意的是，真、善、美既有各自分工、彼此独立的一面，又有真是善和美的基础的一

面。合目的性不可完全脱离合规律性,不合规律性的目的是注定要落空的,因而真是善的基础。合情趣性是以人认识和掌握客观世界的规律并善于利用规律达到目的的实践活动在人与对象之间建立起审美关系为前提的,因此从美的发生和起源看,真是美的基础。此外,就美作为历史的成果,作为一个客观对象看,美是客观真实、艺术真实和本质真实的统一,也是以真为基础的。

依据上述情况,可就自然科学方法在人文、社会科学中的应用限度提出如下几点看法。

1. 自然科学方法原则上适用于一切求真活动

自然科学方法是人们在追求自然界真理的活动中所发展起来的一整套认识方法。这套方法使得自然科学所达到的认识结果(即自然真理)具备了其他领域的真理性认识难以望其项背的内容上的确定性、形式上的精确性和融贯性、动态上的开放性、功能上的有效性等。基于此,可以毫不夸张地说,自从近代科学诞生以来,三四百年间,经过数代人的努力,尤其经过现代自然科学的洗礼,自然科学方法已经达到了相当发达、有效的地步。尽管自然真理和人文、社会领域的真理有一定的区别,但由于任何真理本质上都是主客观的相符合,具有根本上的一致性。因此,可以认为至少在原则上,自然科学方法适用于一切领域中的求真活动,并且足以成为人文、社会领域求真方法的典范。诚然,这里的真是认识论意义上的而非本体论意义上的。就是说,这里的真是指真理性的认识,而不是指与虚假相对立的事实或存在。许多事实或存在的发现并不需要科学方法的参与,反过来,科学方法也不一定适合用来发现某些事实或存在。

2. 自然科学方法在人文、社会科学中的应用有广阔的天地

善和美都建立在真的基础之上，这意味着不论致善还是审美，都把求真视为自己的一个环节、一种成分。既然自然科学方法原则上适用于一切求真活动，那么，自然科学方法在人文、社会科学中的应用就是有广阔天地的。那种对自然科学方法在人文、社会科学中的应用持排斥态度的观点是错误的。

3. 人文、社会科学在整体上各自具有独立的研究方法

与真、善、美各有分工，彼此独立的情况相一致，它们的研究方法在整体上也是各有分工、彼此独立的。例如，致善主要是一个认识、掌握和运用价值判断的问题。审美主要是一个通过感性形象感受和领悟的问题。致善、审美和求真在研究方法上的交叉和渗透，并不影响各自研究方法在整体上的独具特色。这一点决定了，人文、社会科学尽管在局部上都可以应用自然科学方法，但在整体上，它们各自具有独立的研究方法，那种认为自然科学方法在人文、社会领域中通行无阻，人文、社会科学最终要以应用自然科学方法的程度作为自身成熟标志的看法是不正确的。

4. 积极审慎地推广应用自然科学方法

既然自然科学方法在人文、社会领域中的应用具有广阔的天地，那么尽量推广应用自然科学方法，并实现其与人文、社会领域研究方法的综合运用，无疑是一件既利于人文、社会科学的发展，又利于自然科学发展的美事。不过，我们必须认识到，人文和社会现象的相关因素往往难以从整体中截然分离，即便有的因素能够分离，它们的量化指标也难以选择。这就使得人文、社会现象不易定量化，不具备可重复性，因而从根本上限制了自然科学方法推广应用的广度、深度和速度。例如，在 20 世

纪 80 年代的一项调查中发现,自然科学方法在人文、社会领域中推广应用的情况是不那么令人乐观的。仅以在各门人文、社会科学中已有悠久应用历史并以应用成绩斐然著称的数学方法而言,它的推广应用可以说是步履艰涩、进度缓慢的。据调查,1983—1987 年,正值我国"科学方法热"掀起高潮的时期,在一些人文、社会科学学科的主干杂志中,应用数学方法的文章数量占所刊载文章总数的比例,除经济学科较高以外,其他学科一般都很低,如法学为 2.6%,哲学为 1.3%,史学为 4.2%,文学为 2.4%;从应用质量上看,在上述学科主干杂志所发表的应用科学方法的文章中,有相当数量的文章不过是"贴标签式"和"零点式"的应用(对自然科学概念或方法零星地、比喻式地应用)而已。①

此外,不论在何种领域,都有一个根据具体情况对自然科学方法灵活运用的问题,为此,很有必要提出如下几个问题予以讨论。

(1)人文、社会科学中的求真活动有哪些类型?

我们说过,自然科学方法适用于人文、社会科学中的一切求真活动,这就不可避免地要涉及人文、社会科学中的求真活动究竟有哪些类型的问题。这个问题比较复杂,因为在一般情况下,人文、社会科学中的求真活动往往是和该学科中的致善或审美活动交织在一起的。这里谈人文、社会科学中的求真活动,只能是相对意义和局部意义上的分离。不过,虽然全面划分人文、社会科学中求真活动的类型不是一件易事,但我们还

①　参见孙小礼等主编:《方法的比较——研究自然与研究社会》,北京大学出版社 1991 年版。

是可以大略举出几类常见情况来的，如搜集事实、抽象概念、溯因求果、概括规律、构建体系和数量研究等。这些活动大量存在于人文、社会科学研究之中，而且在所有这些活动中，都要这样那样地运用自然科学方法。例如在抽象概念过程中，人文、社会科学在概念的明晰性上，应当向自然科学学习。自然科学概念通常是十分确切的，不易引起歧义。人文、社会科学则不同，许多学术争论往往是由于概念不清引起的。自然科学在抽象概念时用了什么方法呢？关键的一条是它们注意了概念的可证实性或可检验性，即牢牢抓住了抽象概念的经验基础，言必有据，据则可证。人文、社会科学要想做到概念清晰或相对清晰些，应当力戒游谈无根，在"多一点实证精神，少一点臆想成分"上下功夫。要努力把概念扎扎实实地建筑在尽量详尽的客观事实的深厚基础上。

（2）自然科学方法在人文、社会科学中的运用有哪几种方式？

这个问题实际上就是怎样运用自然科学方法的问题，只不过比较原则一些罢了。大致来说，在人文、社会科学中运用自然科学方法主要有以下三种方式。

一是移植。移植就是照搬，拿过来直接用。例如，统计一部文学作品中某些或某个关键词的使用频率，就是直接运用数学工具。

二是创造性运用。方法与对象密切相关。对象变了，方法也要变。自然科学方法是研究自然界的方法，而自然界所具有的机械的、物理的、化学的和生物的等各种运动形式，较之人类思维和社会运动是较低级的运动形式。这一点决定了在人文、社会领域中直接移植和照搬自然科学方法的路子是很狭窄的。

根据人文、社会现象的特点,对自然科学方法进行创造性的改造和变通,当是人文、社会领域应用自然科学方法的基本方式。从目前自然科学方法在人文、社会领域中应用的情况看,那些对人文、社会研究具有实质意义的自然科学方法应用,无不属于这种应用方式。例如,已在经济学、历史学和管理科学、决策科学等领域获得一定应用的模型方法即属此类。模型方法的核心步骤是依据研究目的,从研究对象中提炼出主要的因素、过程和关系,通过定性分析,建立起基本上反映对象本质特征的数学模型。建模的过程也就是在充分考虑研究对象的性质、特点的基础上,对各种自然科学方法和人文、社会科学方法综合运用及创造的过程。

三是通过自然科学方法论和哲学间接运用。自然科学方法论是科学技术哲学的一个分支,也是西方科学哲学的研究重心。它的主要任务是对各门自然科学的具体方法进行研究,并在一定哲学理论的支配下概括总结各门科学共用的研究方法理论。哲学是自然科学和社会科学的概括和总结,其中一个相当重要的材料来源就是自然科学方法论。不容否认,自然科学方法论和哲学都可以在人文、社会科学中获得广泛应用。这种应用实质上是科学方法的另一种方式的创造性运用,即通过哲学思维的途径,逐级对自然科学方法进行创造性改造,然后加以运用。

(3)自然科学方法在人文、社会科学中有哪些实际作用?

这个问题和第一个问题有交叉。可以说,在人文、社会科学每一种类型的求真活动中的运用,都是自然科学方法的一种实际作用。但除此以外,自然科学方法在人文、社会科学中还有一种战略性、全局性的作用,这就是思维方式、思考角度或开辟思路上的作用。

　　顺便说及,对研究复杂系统的自然科学方法的推广应用应予特别重视。20世纪自然科学发展的趋势之一是"向复杂性进军"。自然科学愈来愈重视对复杂现象的研究,随之也就发展出了一系列用于研究复杂现象的方法。例如,信息论、控制论、一般系统论、耗散结构论、突变论、协同学、超循环理论和混沌理论等分支学科的方法即属此类。较之自然现象,人文、社会现象是名副其实的复杂系统。因此,在人文、社会领域创造性地应用上述分支学科的方法尤为重要。应用中十分关键的有三点:一是要真正熟悉上述分支学科方法的本身,二是要进行扎扎实实的资料搜集和考订工作,三是研究者要有较高的理论素养、多学科的知识背景和敏锐的洞察力。

科技体制研究

默顿命题的理论贡献[*]

——兼论科学与宗教的统一性

　　作为默顿科学体制社会学的开山作,《十七世纪英格兰的科学、技术与社会》一书最突出的成就乃是"默顿命题"的提出。默顿命题不仅在整个科学社会学的发展史上具有崇高的学术地位,而且对于科学史、科学哲学、宗教学以及一切涉及科学与社会关系问题的广大研究领域也产生了十分深远的影响。尽管如此,学术界一直有人对默顿命题持有异议。在 20 世纪 80 年代,关于默顿命题的争论曾形成过一个高潮,迄今种种不同的声音依然时断时续,未见消歇。那么,对于默顿命题的争论与理论贡献究竟应该如何评价? 这里试作一初步探讨。

一、关于默顿命题的争论

　　20 世纪 30 年代末,作为一名年轻的社会学博士生,默顿主观上并没有想写一部科学社会学的著作,而是试图把科学、

　　* 本文原载《自然辩证法研究》2004 年第 11 期,《高等学校文科学术文摘》2005 年第 1 期主体转载,《中国社会科学文摘》2005 年第 2 期摘要。

文化军事和经济等都看成一种社会体制,进而理清这些社会体制之间的真正关系。尤其是,他想"发展一些关于'观念'或'文化'在社会系统中的作用以及关于观念对于社会系统之稳定和变迁的影响的理论思想"①。为此,默顿选择了 17 世纪的英国作为研究对象,因为 17 世纪英国正处于世界科学的中心,不仅成就巨大,涌现出了牛顿、波义耳、哈维等一大批科学巨匠,而且成立了英国皇家学会,较之其他各国率先实现了科学的体制化,因而科学技术与社会的互动关系是十分突出和典型的。正如默顿所说:"十七世纪的英格兰文明为这样一种关于科学与技术中的兴趣的转移及兴趣焦点的研究,提供了特别丰富的材料。"通过研究,默顿得出了两个最主要的结论:第一,"由清教主义促成的正统价值体系于无意之中增进了现代科学"②;第二,经济、军事和技术问题是 17 世纪英国科学革命的重要原因。鉴于第一个结论所具有的巨大革命性,人们通常将之称为"默顿命题"或"默顿论题"。有时,则统称上述两个结论为"默顿命题"。

《十七世纪英格兰的科学、技术与社会》发表后,并未立即引起重视,只是到了 20 世纪 60 年代前后,美苏之间空间科学竞赛拉开帷幕,伴随着"科学本身被广泛当作为某种社会问题或引起社会问题的一个富源的时候"③,人们才开始关注《十七

---

① 　[美]巴伯:《科学与社会秩序》,顾昕等译,生活·读书·新知三联书店 1991 年版,第 3 页。

② 　[美]默顿:《十七世纪英格兰的科学、技术与社会》,范岱年等译,商务印书馆 2000 年版,第 183 页。

③ 　[美]默顿:《十七世纪英格兰的科学、技术与社会》,范岱年等译,商务印书馆 2000 年版,第 2 页。

世纪英格兰的科学、技术与社会》及其所提出的命题,并主要就清教主义与科学关系的命题展开了争论。多年来,关于清教主义与科学关系命题的争论主要集中在两个方面:一是默顿命题所涉及的"清教主义"和"17 世纪英国科学革命"两个基本概念的理解问题;二是清教主义对科学的作用问题。前者是后者争论必然要遇到的,服务于后者,所以整个争论的核心乃在于清教主义作用的问题。

大致来说,关于清教主义作用性质的争论主要分为两个方面:一方面是清教主义对科学是否有正面作用;另一方面是在承认清教主义正面作用的前提下,这种正面作用的程度如何。

不少人着眼于科学与宗教的相互冲突的普遍状况而断然否认清教主义对科学会有什么正面作用。的确,在人类社会的历史上,科学和宗教相冲突的事实太多太多,它们给人留下的印象太深刻了。且不必说伽利略、布鲁诺和塞尔维特等人的冤魂总是萦回在人们的心头不肯散去,描写或评论科学与宗教冲突的著作可谓数不胜数,即便是每时每刻发生在眼前的象征着科学与宗教冲突的人物和事件,也足以令人目不暇接了。基于此,默顿命题引起了激烈的反对。关于这一点,默顿曾数次做过申辩。他的基本观点是:从认知的角度看,宗教与科学是不相容的;但从文化的角度看,二者就有某种共性。其理由也就是《十七世纪英格兰的科学、技术与社会》中所反复申明的:在文化价值观念上,宗教,确切地说是 17 世纪英国的清教,表现出了突出的向善性、功利性和理性等。而这些,恰恰是科学所具有和所需要的价值观念。

对于宗教来说,它的文化含义远比其教义来得更深刻些。教义乃僵硬条文,主观性很强;而宗教的文化含义则是通过众多教徒的言行、信仰和信念等体现出来的,已经具有了"集体无意识性"。宗教的文化含义与宗教教义联系密切,但二者远不是一回事——前者高于后者,并超越了后者。宗教的文化含义相对于宗教教义具有相对独立性。为此,默顿特别强调,清教对 17 世纪英格兰科学的作用是无意的和间接的。用他的话说即是:"在发展这一假说时,很大程度上出自这样一种思想,即这是起源于加尔文教义的宗教伦理的始料未及的后果。"①在承认清教主义对于科学具有正面作用的前提下,如何估价这种作用的程度? 这种作用是否为决定性或不可取代的呢? 在争论中,有些学者正是这样认为的。默顿指出,这是一种"最易引起混乱的误解","某些走马观花式地浏览了此书的评论者想把下述观点强加给笔者:即,若无清教主义,就不会有近代科学在十七世纪英格兰的集中发展,如果笔者真的持有这种观点,那就是愚昧至极了"②。在默顿看来,历史社会学一向主张,一个特殊的、具体的历史发展对于其他同时或后来发生的发展从来都不可能是不可或缺的。《十七世纪英格兰的科学、技术与社会》假定了一种功能性要求,即需要给尚未体制化的科学提供以社会和文化的形式而出现的支持,但它并没有预先假定只有清教才能够发挥这种功能。诸如经济的、政治的,以及科学自身的等大量因素,都对新科学的诞生发挥了重要作用,清教主义仅在那个历史时期和地点提供了主要(但不是独一无二)的支持。这是历史上发生的情况,但并非不可或缺。

---

① 〔美〕默顿:《十七世纪英格兰的科学、技术与社会》,范岱年等译,商务印书馆 2000 年版,第 18 页。

② 〔美〕默顿:《十七世纪英格兰的科学、技术与社会》,范岱年等译,商务印书馆 2000 年版,第 13—14 页。

二、宗教与科学不是简单的对立关系

不论对默顿命题的争论多么激烈,也不论这种争论还将持续多久,事实表明,默顿命题的提出在学术界所产生的影响是极其广泛和深刻的。它已经和正在表现出多方面的理论意义。其中尤为重要的是,它使人们认识到宗教与科学不是简单的对立关系。

从世界观和认识论的角度说,宗教和科学具有明显的对立性。二者的基本立场和出发点不同,甚至是对立的。宗教的基本立场和出发点是:第一,相信超自然、超物质的东西的存在,同时赋予这些超自然、超物质的东西以超人的力量;第二,以信仰为基础。宗教在一定的限度内也主张理性,如清教。但宗教所主张的理性主义是半截子的,远不彻底。对于宗教教义的核心观点,它要求教徒必须绝对服从和信仰,不许有一点点怀疑,否则将受到宗教"清规戒律"的无情惩处。宗教改革家马丁·路德甚至诅咒"理智是魔鬼的第一个荡妇";同时,宗教所主张的理性主义是为信仰服务的,其宗旨是以理性为工具,使信仰更稳固、更长久。

相反,科学的基本立场或出发点是承认物质世界及其发展规律的客观性和自主性。它排斥人类对自然界及其发展规律一厢情愿地或随心所欲地变更,更排斥超自然、超物质的东西对自然界及其客观规律的干涉,毋宁说,科学压根就不承认世界有超自然、超物质东西的存在。否则,那就意味着承认自然界飘忽不定、难以捉摸,无异于取消了科学研究本身。此外,科学精神的核心是理性。科学并不绝对排斥信仰,甚至它所依赖的某些前提认识也带有某种超验的信仰性质,但是,科学承认这些信仰是为了给理性开辟道路,服务于理性。基于彻底的客观主义立场,科学积极倡导普遍怀疑的态度,这种态度是宗教所绝对不能接受的。

但是,宗教与科学是否"完全对立"呢? 应当说,宗教与科学"完全对立"的观点存在着许多难以自圆其说的漏洞。例如,按照这一观点,宗教"谬误"无法与科学"真理"相抗衡。宗教在科学的猛攻之下,一军又一军地放下武器,一个城堡又一个城堡地投降了。其结果是,随着科学的加速发展,科学领域日趋扩大,宗教地盘日渐缩小,最终必将导致科学取代或消灭宗教的结局。事实上,这是绝对不可能的。宗教以信仰为基础,而人不能没有信仰;科学认识的边界总是有限的,而且,人们在科学上每解答一个问题,就会在深层次上遇到更多的新问题,而"信仰的主要特征即在于它包含有不能被了解的东西"(叔本华),宗教是十分擅长用象征和感悟的方式对未知世界进行整体把握和神秘预测的。再如,按照宗教与科学完全对立的观点,很难圆满解释科学家具有宗教信仰的现象。有人说,科学家的信仰根源于家庭、社会和文化背景,和科学活动是各自独立、互不相干的。这种解释丝毫经不起科学家本人所作说明和事实真相的检验,如爱因斯坦声称:"科学没有宗教就象瘸子,宗教没有科学就象瞎子。"[①]为此,人们看到"在科学家中间,越是从事宏观世界和微观世界领域科学研究的科学家,越

――――――――――

① ［美］爱因斯坦:《爱因斯坦文集》第三卷,许良英等译,商务印书馆 1979 年版,第 182—183 页。

是需要经常深入思索宇宙的本原、世界的本质、生命的意义以及运动的原动力等无法用科学实验手段解决的根本问题,信教者的比例也比较高"①。

此外,宗教与科学完全对立的观点也不能圆满解释西方某些宗教社会里科学高度发达的现象。由于科学发展的动力因素是多重的和复合的,很难由西方某些宗教社会里科学的高度发达而逻辑地推论出宗教是有益于科学的结论,但是至少可以认为,西方某些宗教社会里科学的高度发达,对于宗教与科学完全对立的观点是一个相当棘手的难题。

宗教与科学"完全对立"的观点存在上述及其他种种难题,表明它是有缺陷的。人们有理由怀疑,宗教与科学并非完全对立的。他们或许存在有某种统一的关系。事实正是这样。扼要地说,宗教与科学的统一关系主要表现在以下几个方面。

(一)宗教可以为科学提供形而上学前提

科学把握世界的方式带有突出的有限性、相对性和暂时性,任何特定的科学认识活动,只有把研究对象从世界统一体的无限、绝对和永恒的状态中剥离开来,才有可能进行。实验方法的基本职能就是通过人为控制或种种变革措施将研究对象置于一种有限、相对和暂时的状态。然而,鉴于有限与无限、相对与绝对、暂时与永恒的有机联系,科学不可能完全与绝对、暂时、永恒切断联系。由实证主义滥觞的科学主义思潮千方百计地拒斥形而上学,终究以失败而告终,表明了以把握无限、绝

---

①　任延黎、杜继文、李申等著:《高科技与宗教》,天津科学技术出版社 2000 年版,第Ⅵ页。

对、永恒为己任的形而上学对于科学具有牢不可破的前提性。那么，科学所需要的形而上学前提来自哪里？除哲学以外，还要来自宗教。因为和哲学一样，宗教理论也具有典型的形而上学性质，在许多地方可以为科学提供形而上学前提。例如《圣经》主张一神论，认为上帝是宇宙的惟一动因，因而肯定了宇宙的一致性；同时根据《圣经》提出的创世说，既然上帝创造了一切，那么一切自然现象也必然具有一致性，而"自然界的一致性"乃是自然科学的形而上学前提。此外，宗教所主张的宇宙的可理解性、稳定性与规律性，以及宇宙的偶然性和特殊性等，都可充当自然科学的形而上学前提。

（二）宗教可以为科学提供价值目标

科学家从事科学活动的动机各式各样，但主要有两种类型，一种是"为我"的，另一种是"超我"的。诸如为了智力上获得快乐，为了猎取名誉、地位或者为了追逐物质上的利益等，即属于"为我"的动机；为了追求真理或理解宇宙等即属于"超我"的动机。显然，怀抱"超我"的动机从事科学活动，将易于引导科学家百折不挠、一心一意地投入研究活动，对科学发展最为有利。怎样才能使科学家获得"超我"的科学动机呢？原则上途径有很多，如社会教育、个人修养等。毋庸置疑，宗教信仰也是途径之一，因为宗教是一种自觉的信仰系统，是对人的价值存在的意义世界和追求。一个人一旦皈依宗教，无异于把肉体和灵魂统统交给了信仰，并且把自己生命的全部意义和价值统统系于维护和实现自己的信仰。就是说，他将从自私欲望的镣铐中解放出来，而达到真正的"超我"境界。当然，科学家所信仰的宗教并不一定与上帝相联系，它可以是追求真理、痴迷宇宙奥秘的一种"宇宙宗教感情"。在一定的意义上,较之其他途径,通过信仰宗教,尤其获得宇宙宗教感情是为科学家提供牢靠价值目标的极其有效的途径。爱因斯坦甚至认为"……科学只能由那些全心全意追求真理和向往理解事物的人来创造。然而这种感情的源泉却来自宗教的领域"①;同时,他非常看重与上帝没有联系的广义的"宇宙宗教感情",他说:"我认为宇宙宗教感情是科学研究的最强有力、最高尚的动机。只有那些作了巨大努力,尤其是表现出热忱献身——要是没有这种热忱,就不能在理论科学的开辟性工作中取得成就——的人,才会理解这样一种感情的力量,唯有这种力量,才能作出那种确实是远离直接现实生活的工作。为了清理出天体力学的原理,开普勒和牛顿花费了多年寂寞的劳动,他们对宇宙合理性——而它只不过是那个显示在这世界上的理性的一点微弱反映——的信念该是多么深挚,他们要了解它的愿望又该是多么热切!"②

（三）宗教可以为科学提供认识方法上的补充

宗教作为人类的认识活动之一,在认识方法上与科学大相径庭。大致上,科学主要采用实验、观察和逻辑推理等理性方法;宗教则主要采用体验、启示、象征和隐喻等非理性方法。也正因为二者差别明显,所以宗教可以为科学提供认识方法上的补充。

---

① ［美］爱因斯坦:《爱因斯坦文集》第三卷,许良英等译,商务印书馆1979年版,第182页。
② ［美］爱因斯坦:《爱因斯坦文集》第一卷,许良英等译,商务印书馆1976年版,第282页。

例如,在整体认知上,宗教对科学具有补充作用。对于认识对象,科学往往从其局部或要素入手,而宗教则擅长于整体或全局的揣度和把握。一般情况下,宗教人士把自然界的客观规律作为与人脑思维这种"主体精神"相对应的"客体精神",并对这种"客体精神"自发地怀抱一种向往、敬仰和热烈追求的心情,由此形成了宗教人士乃至许多科学家那种执着的宗教感情。正如爱因斯坦所说:"我们认识到有某种为我们所不能洞察的东西存在,感觉到那种只能以其最原始的形式为我们感受到的最深奥的理性和最灿烂的美——正是这种认识和这种感情构成了真正的宗教感情。"[1]在这种宗教感情的支配下,不仅是某些科学家,甚至是某些宗教人士通过直觉、体验等非理性方式达到了对认识对象的整体把握。这种整体把握尽管还未达到科学知识的形态,但它对于科学家进一步深入研究意义重大。所以,有学者认为:"宗教信仰的惊奇情感、形象手法、象征符号等在表达其对无限整体的把握时可曲径通幽,其前瞻性和模糊性亦可给科学思维带来启迪和补充。"[2]在现代,随着科学向宇观和超微观两极世界认识的大幅度扩张,宗教方法对事物整体把握的能力和作用越来越受到科学界的重视,以至于许多人认为,宗教神秘主义提供了一个协调一致和尽善尽美的整体框架,它能容纳现代科学,尤其是物理学领域最先进的理论。

有必要指出,当前,对于中国社会而言,正确认识宗教与社

---

[1]　许良英、赵中立等编译:《纪念爱因斯坦译文集》,上海科技出版社 1979 年版,第 50 页。

[2]　卓新平:《中国知识界对宗教与科学关系之论》,彼得斯等编:《桥:科学与宗教》,中国社科出版社 2002 年版,第 241 页。

会的关系具有重要的现实意义。长期以来,宗教与科学"完全对立"的观点,一直在中国居于主导地位。在相当多的人的心目中甚至潜意识中,宗教是唯心主义的有神论,是对自然和社会歪曲的、虚幻的反映,是毒害人民的精神鸦片。基于这种认识,中国社会虽然主张公民有信仰宗教的自由,也有不信仰宗教的自由,但事实上,主流社会对宗教是持冷漠与排斥态度的。可是一旦追寻人们这种关于宗教与科学"完全对立"的观点和对宗教的基本认识是怎样形成、有什么根据的时候,就会立刻发现,它们赖以存在的根基十分脆弱:中国相当多的人对宗教近乎无知,既没有阅读过起码的宗教著作,也没有与宗教人士有过认真的对话。他们关于宗教及其与科学关系的基本认识主要来自对某些思想家只言片语的机械理解,以及对宗教与科学相冲突的某些历史事件笼统、僵化和肤浅的解释。中国社会迫切需要在宗教及其与科学的关系上进行"解蔽",应当从根本上弄清宗教的真正含义、社会作用,以及它与科学的关系,以期端正对待宗教的态度,充分而正确地发挥宗教在社会发展中的积极作用,得当而有效地抑制其消极作用。

　　总之,在宗教与科学的关系问题上,默顿命题最突出的理论贡献是:在宗教与科学"完全对立"的观点十分盛行的历史情况下,它勇敢地冲破了该学说所造成的思想藩篱,告诉人们仅仅看到宗教与科学在世界观和认识论上的对立是一种肤浅和简单化的观点,二者在某些侧面还存在着协调和一致。作为一种文化现象,宗教与科学从不同的侧面反映了人类的向往和追求,分别体现为一整套价值观念体系。由于二者都与人的本性和人的需要息息相关,因而这两套价值观念体系必定会出现某种交叉和耦合。应当说,宗教与科学这种文化上的一致性不是一时一地或可有可无的,而是基于宗教与科学的内在联系,是经常地、随时随地存在着的。清教如此,其他宗教概莫能外。

三、默顿命题的其他理论意义

此外,默顿命题还表现出了其他方面的理论意义,现简单举例如下。

(一)宗教与科学可以互相利用

在现代,迫于科学的强劲势头,宗教利用科学已经做得很不错了。例如,宗教利用科学论证宗教教义,宗教利用科学技术的先进工具和器械装备自己等。相比之下,科学利用宗教则做得很不够。其间的原因,一方面是因为科学的强大,使得人们对于利用宗教没有迫切感;另一方面是因为大多数人对于宗教与科学协调的一面以及宗教的可利用价值认识不足。默顿命题肯定了宗教与科学在文化上的协调一致性。这就促使人们应当从以下几个方面加强对宗教的利用。

第一,培养"宗教科学精神"。宗教精神所包含的执着、勤奋、坚韧不拔等成分,对科学家从事科学研究十分有用。因此,科学家应当仿效信教者,有意识地培养自己类似宗教精神的精神,即"准宗教精神"。在一定的限度内,准宗教精神是一种有益的人类精神。在这方面,有些杰出的科学家有很深刻的体会。如爱因斯坦说:"我常常听到同事们试图把他的这种态度归因于非凡的意志力和修养,但我认为这是错误的。促使人们去做这种工作的精神状态是同信仰宗教的人或谈恋爱的人的精神状态相类似的;他们每天的努力并非来自深思熟虑的意向或计划,而是直接来自激情。"①"我认为宇宙宗教感情是科学研究的最强有力、最高尚的动机。只有那些作了巨大努力,尤其是表现出热忱献身——要是没有这种热忱,就不能在理论科学的开辟性工作中取得成就——的人,才会理解这样一种感情的力量,唯有这种力量,才能作出那种确实是远离直接现实生活的工作。"②

第二,吸取宗教伦理的合理成分。大凡宗教都十分重视对教徒的伦理教育。不能认为教徒都是道德高尚的人,但宗教所注重的许多伦理观念对于科学家的伦理教育或道德修养还是有用的,如乐于行善、淡泊名利、以诚待人、富于同情心和爱心等,对于协调科学队伍内部的人际关系,以及协调科学家和社会的人际关系都包含有益的成分。

第三,发掘宗教典籍中的科学材料。在人类社会早期,科学与宗教是浑然一体的。古代的化学、医学和天文学等科学知识往往是宗教活动的副产品。此外,正是因为宗教与科学有协调的一面,所以历代都有许多宗教人士热衷于科学,进而在自己的宗教著作中记载下了许多颇有价值的科学材料。例如,受到宗教迫害的塞尔维特的关于血液小循环的发现就是以 6 页的篇幅记载在他的大部头宗教著作《基督教的复兴》(1553年)中的。再如,中国古代卷帙浩繁的《道藏》(其中包括经戒、科仪、符图、炼养等经书,以及诸子百家文籍)就包含了许多有

---

① 〔美〕爱因斯坦:《爱因斯坦文集》第一卷,许良英等译,商务印书馆 1979 年版,第 103 页。

② 〔美〕爱因斯坦:《爱因斯坦文集》第一卷,许良英等译,商务印书馆 1979 年版,第 282 页。

价值的科学素材。佛教经籍中也包含一些科学素材。尽管这一点已经引起了世人的关注，如李约瑟通过对中国《道藏》的大规模研究，仅炼丹术就写了厚厚的四册，但仍有许多工作有待于人们进一步去做。

第四，鼓励宗教人士宣传科学。在中国历史上，宗教人士传播科学是有特殊贡献的。西方近代科学传入中国，就是通过利玛窦、汤若望、南怀仁等一大批传教士得以实现的。这件事表明，在一定限度内，传教与传播科学是可以兼容的。今天，我们要普及科学是否可以适当借用一下宗教的力量？或许对于那些有宗教信仰的人来说，由教徒在宗教政策允许的范围内进行科普，他们会更容易接受一些；而对于一般听众，这样做也可能会收到事半功倍的效果。鼓励宗教人士宣传科学，这应当是我们进行科普工作的一个新课题。有些科普方式，如组织宗教界的科普报告会、吸收宗教界人士参加科普讲习团等，不妨尝试一下。

（二）开辟了科学发展文化动因研究的新方向

关于科学发展，在相当长的一段时间内，人们主要关注科学自身的原因，如科学理论与科学实验的关系、科学理论之间的关系，以及科学理论的内容与形式的关系等。在马克思主义和在它影响之下的知识社会学的推动下，科学发展的外部原因开始引起人们的注意。在科学发展的外部原因方面，如果说最先强调社会生产和经济需要的重大作用，是马克思主义的功劳的话，那么，最先明确强调文化因素的作用，当归功于默顿的科学社会学。之所以说"明确强调"，是因为在默顿之前，已有人以各种不同的方式对科学发展的文化因素有所涉猎，如有人研究过科学发展与教育的关系、科学发展与哲学关系等。但是，可以肯定地说，正是默顿率先明确地强调了文化因素的作用。他不仅以"默顿命题"的形式对科学与清教伦理这样的文化因素的关系进行了大规模的经验研究，而且他以之作为"全书基础的一个主要假说"乃是这样一种观点："科学的重大的和持续不断的发展只能发生在一定类型的社会里，该社会为这种发展提供出文化和物质两方面的条件。"①这表明，默顿关于科学发展文化动因研究的目的是异常明确的。正因为如此，在序言中他开宗明义，声称："本论文首要关注于近代对科学的欢迎和赞助态度的某些文化根源。用更一般化的术语来说，它是关于构成了大规模科学事业的基础的某些文化价值的一项经验性研究。"②尤为难能可贵的是，默顿研究科学发展的文化动因并无意过分夸大文化因素对科学发展的作用，而是既反对片面夸大阶级因素作用的观点，也反对片面夸大精神文化因素作用的"唯心主义"，认为经济因素和文化因素"这二者对科学的合法化起着互相支持的作用，并且各自为科学的合法化作出独立的贡献"③。

　　默顿命题对文化因素作用的揭示以及对于文化因素在科学发展中地位的恰当估价，产生了多方面的学术影响。它不仅为科学社会学研究树立了典范，也为促进科学史研究由内史向

---

① ［美］默顿：《十七世纪英格兰的科学、技术与社会》，范岱年等译，商务印书馆 2000 年版，第 14—15 页。
② ［美］默顿：《十七世纪英格兰的科学、技术与社会》，范岱年等译，商务印书馆 2000 年版，第 28 页。
③ ［美］默顿：《十七世纪英格兰的科学、技术与社会》，范岱年等译，商务印书馆 2000 年版，第 16 页。

外史及"内史与外史相结合"方向的转变立下了不朽功勋。为此，著名科学史家科恩说："罗伯特·K·默顿的《十七世纪英（格兰）的科学、技术与社会》于1938年发表以来的半个世纪里，它至少在两个知识领域成为经典：定量科学史和科学社会学。"①科学史家和科学哲学家库恩也指出，默顿的博士论文提出了关于"大文化"如何影响科学发展的概念，这个概念应当被结合到科学史的发展现在必须遵循的"新方向"之中。②

---

① 转引自林聚任：《清教主义与近代科学的制度化——默顿论题及其争议和意义》，《自然辩证法通讯》1995年第1期。

② 参见［美］默顿：《十七世纪英格兰的科学、技术与社会》，范岱年等译，商务印书馆2000年版，第2页。

默顿科学规范再认识[*]

当前，如何从健全科技体制、提高科技人员的道德素养、改善全社会的科技环境等方面多管齐下，重建学术规范，从根本上提高中国科技队伍的战斗力，已经成为中国科技界的当务之急。鉴于默顿科学规范思想是学术规范研究方面一项最基础、最成熟和影响最大的工作，因此，欲达重建学术规范之目的，无论如何不应脱离对默顿科学规范思想的理解和践履。为此，笔者最近重读默顿关于科学规范的有关论述，对于过去的理解又有一些修正和补充，特略述如下。

一、默顿科学规范的必然性

对于默顿科学规范而言，其形成背景在一定程度上彰显着它的存在根据和思想内核，因此，弄清默顿科学规范形成的背景有助于对它的深入理解。默顿本人没有系统阐述过这个问题，但相关资料表明，默顿科学规范形成的历史和学术背景主要有以下几点。

＊ 本文原载《自然辩证法研究》2008 年第 4 期。

（一）阐明科学与社会关系的需要

20世纪20—30年代，第一次世界大战和随后接连发生的经济危机，充分暴露了科学的负面作用。在战争手段全面升级、化学武器滥用，以及机器生产所造成的生产过剩、生产结构调整和工人失业中，科学所扮演的角色给人们留下了灰色印象。于是，在大众层面，抱怨、批评甚至反对科学的声浪四起，而在思想文化界，具有程度不等的反理智主义和反科学主义色彩的思潮更是气势汹汹。旨在批判或否定理性的所谓新黑格尔主义、现象学、存在主义、弗洛伊德主义等哲学思潮就是在这个时候得以流行的。梁启超以"科学破产"概括当时欧洲知识界的心态，张君劢则称该时期为"新玄学时代"："此二三十年之欧洲思潮，名曰反机械主义可也，名曰反主智主义可也，名曰反定命主义可也，名曰反非宗教论亦可也。"①这些情况严重干扰了科学工作的正常秩序，使科学界强烈感受到了社会对科学发展的制约作用。

16—17世纪近代科学刚刚诞生，科学制度几乎还提不出任何要求社会支持的理由的时候，自然哲学家尚能证明科学具有"赞颂上帝，为大众谋利益"的社会功能。然而，随着科学规模的扩大及其社会功能的急剧膨胀，科学逐步成为社会发展的主要目标，反倒使科学家模糊了科学与社会的联系，心安理得地"认为自己独立于社会，并认为科学是一种自身有效的事

---

① 张君劢、丁文江等：《科学与人生观》，山东人民出版社1997年版，第100页。

业,它存在于社会之中但不是社会的一部分"①。现在,科学对社会所产生的负面作用,以及反理智主义和反科学主义思潮的泛滥,对那种认为科学可以完全脱离社会而具有纯粹自主性的观念无疑是当头棒喝。这种情况迫使人们在对待科学的态度上必须"自信的孤立主义态度转变为现实地参与革命性的文化冲突之中"②,必须清醒地认识到科学并非独立存在于社会之外,而是作为社会的一部分,与社会整体及其各个部分处于一种复杂的相互作用之中,从而认真对待科学与社会的关系。而要澄清科学与社会的关系,关键的一点是说明科学作为一种社会制度所具有的精神气质是什么,用默顿的话说就是:"受到抨击的制度必须重新考虑它的基础,重审它的目标,寻找它的基本原则。危机唤起了自我评估。"③

总之,正是阐明科学与社会关系的需要"导致了对现代科学的精神特质的明确化和重新肯定"④。为此,默顿在回忆这段历史时说:"无论周围的环境如何影响科学知识的发展,或者,考虑一下我们更熟悉的问题,无论科学知识最终如何影响文化和社会,这些影响都是以科学本身变化着的制度结构和组织结构为中介的。为了研究科学与社会之间那些相影响的特

---

① ［美］默顿:《科学社会学》,鲁旭东、林聚任译,商务印书馆 2003年版,第 362 页。

② ［美］默顿:《科学社会学》,鲁旭东、林聚任译,商务印书馆 2003年版,第 362 页。

③ ［美］默顿:《科学社会学》,鲁旭东、林聚任译,商务印书馆 2003年版,第 362 页。

④ ［美］默顿:《科学社会学》,鲁旭东、林聚任译,商务印书馆 2003年版,第 362 页。

征以及这些影响是如何发生的,因而有必要扩大我以前的努力
去发现一种思维方式,以便思考作为制度化的精神特质的科学
(它的规范方面)以及作为社会组织的科学(科学家之间的互
动模式)。"①

（二）由纳粹主义所引发的政治论战的一部分

20世纪30年代初,科学史上发生了非同寻常的两件大
事:一件是1933年德国希特勒上台后,纳粹政权对科学施行种
族主义政策:凡与非雅利安人合作或接受了非雅利安人科学理
论的科学研究,均在被禁止或受限制之列。爱因斯坦和哈伯等
一批优秀科学家因为种族歧视遭到放逐。海森堡、薛定谔、
冯·劳厄和普朗克都因为没有与爱因斯坦的"犹太物理学"划
清界限而受到当局的指责。另一件是苏联把科学武断地划分
为无产阶级科学和资产阶级科学,以20世纪30年代初在列宁
格勒召开的全苏遗传学与育种会议为起点,上演了一幕压制和
迫害遗传学等学科和从事相关研究的科学家的闹剧。这两件
事引起了世界科学界对科学自主性的关注,不久在英国还引发
了一场关于科学的"计划与自由"的国际性大讨论。默顿认
为,上述事件,尤其是纳粹迫害科学家事件的发生表明,每个国
家的社会规范与科学规范都有可能发生冲突。一旦冲突发生,
"科学的精神特质规范必定被牺牲掉了,因为它们的要求与政
治上所强加的有关科学有效性和科学价值的标准背道而

---

① ［美］默顿:《科学社会学散忆》,鲁旭东译,商务印书馆2004年
版,第32页。

驰"①。科学的精神特质包括功能上必需的要求,即对理论或概括的评价要依据于它们的逻辑的一致性和与事实的相符性,而政治伦理会引入理论家与此无关的种族或政治信仰的标准。为了预防和抵制对科学自主性的侵蚀和损害,社会学家有责任也有义务从理论上揭示和阐明科学规范,以期帮助科学界对于科学规范保持一种高度的自觉意识;同时,使全社会也在一定程度上了解科学与科学家迥异于其他社会制度和社会角色的特殊性,进而爱护、尊重科学和科学家。所以,默顿称他的关于科学规范的两篇论文实际上是由纳粹主义所引发的政治论战的一部分。事实上,《科学的规范结构》最初就是应一位来自纳粹统治下的法国难民乔治・古尔维奇(Georges Gurvitch)之邀而写的,文章发表在此人所创办的《法律社会学与政治社会学杂志》创刊号上,题目也被改为《论科学与民主》。总之,正是捍卫科学的自主性,以及为抵制纳粹主义对科学的摧残而提供理论基础,成为默顿在《科学与社会秩序》和《科学的规范结构》两文中引进并深入研究"科学的精神特质"概念的直接原因。

（三）功能主义理论的内在逻辑发展

在社会学界,默顿属于功能主义学派,而且与帕森斯(T. Parsons)齐名,是该学派的领军人物。按照功能主义的观点,社会是一个有机整体,由多种多样的社会制度组成。一种社会制度之所以存在,乃在于它能够满足社会赋予的某种基本

---

① ［美］默顿:《科学社会学》,鲁旭东、林聚任译,商务印书馆 2003年版,第349页。

需要,即具有某种功能。反过来,为了完成某种功能,每种社会制度也必须具有一定的社会规范结构,即一定的价值体系。对于科学制度而言,扩展被证实了的知识是其功能。那么,它的社会规范结构是什么呢? 就是说,基于功能主义立场,默顿理所当然地要把科学规范结构研究作为对科学的社会研究的重点。事实正是这样,在 1938 年发表的题为《十七世纪英格兰的科学、技术和社会》的博士论文中,尽管默顿还没有充分认识到具有一套科学规范乃是科学制度化的本质特征之一,不过,这种思想的萌芽已经具备了。例如,在该文中,默顿写道:"一旦科学成为牢固的社会体制之后,除了它可能带来经济效益以外,它还具有了一切经过精心阐发、公认确立的社会活动所具有的吸引力……社会体制化的价值被当作为不证自明、无需证明的东西。但是所有这一切在激烈过渡的时期都被改变了。新的行为形式如果想要站住脚……就必须有正当理由加以证明。一种新的社会秩序预设了一套新的价值组合。对于新科学来说,也是如此。"①在这里,默顿已经明确认识到,近代科学实现制度化以后,具备了一种新的价值组合。事实上,他关于新教伦理与科学价值观念相一致的比较研究正是基于这种明确的认识。随后,根据博士论文一个脚注中提出的"现在准备研究科学与其周围的社会体制之间的这种关系"②的计划,在博士论文发表的同一年,默顿写下了《科学和社会秩序》一文。这篇论文首次引入了"科学的精神特质"概念,并将其定义为

---

① ［美］默顿:《十七世纪英格兰的科学、技术与社会》,范岱年等译,商务印书馆 2000 年版,第 122 页。

② ［美］默顿:《十七世纪英格兰的科学、技术与社会》,范岱年等译,商务印书馆 2000 年版,第 5 页。

"用以约束科学家的有感情色彩的一组规则、规定、惯例、信念、价值观和基本假定的综合体"①。从此以后,在默顿的科学社会学研究路线上,发生了一种从把科学作为知识社会学的一个"战略研究基础"到把科学作为本身值得研究的对象的转变,开始重视对科学精神特质的研究。接着,1942年默顿便发表了他那篇旨在具体阐明科学规范的《科学的规范结构》一文。为此,默顿声称:"1942年论科学的精神气质的论文,它是相当快地从《科学、技术与社会》引导出来的。"②

二、默顿科学规范的基本精神

一般认为,默顿科学规范理论无非是其所提出的普遍主义、公有性、无私利性和有组织的怀疑这四条规范。实际上,默顿科学规范理论要比单纯的四条规范丰富得多。从默顿的有关论述中可以看出,除四条规范外,默顿科学规范理论至少还应包含这样一些要点:其一,含义:科学规范是指约束科学家的有感情色彩的一整套价值体系;其二,存在形式:以科学活动中科学家对各种行为的"规定、禁止、偏好和许可的方式"③而存在;其三,起作用的机制:通过科学界的奖励和惩罚得以稳固,

---

① ［美］默顿:《科学社会学》,鲁旭东、林聚任译,商务印书馆2003年版,第301页。

② ［美］默顿:《十七世纪英格兰的科学、技术与社会》,范岱年等译,商务印书馆2000年版,第7页。

③ ［美］默顿:《科学社会学》,鲁旭东、林聚任译,商务印书馆2003年版,第363页。

通过年轻一代的社会化薪火相传；其四，与社会制度相匹配的本性："与科学的精神特质相吻合的民主秩序为科学的发展提供了机会"①；其五，与认知规范相辅相成：两种规范共同实现科学的体制目标；其六，功能：保护科学的自主性，用默顿的话说就是："科学不应该使自己变为神学、经济学或国家的婢女。这一情操的作用在于维护科学的自主性。"②

　　单就四条规范而言，它们也不是孤立存在的，而是含有共同的基本精神。默顿认为，科学规范是由"科学的制度性目标"所决定的，"制度性规则（惯例）来源于这些目标和方法。学术规范和道德规范的整体结构将实现最终目标"③。科学的制度性目标是"扩展被证实了的知识"，而"知识是经验上被证实的和逻辑上一致的对规律（实际是预言）的陈述"④。既然科学知识是奠定在经验事实和逻辑基础之上，那么，社会因素和个人主观因素的大量侵染，必定会造成科学知识的失真，甚至妨碍科学的正常发展。因此，为了保证科学制度性目标的实现，需要科学家在生产科学知识的各个环节中都要尽可能地防止和减少社会因素和个人主观因素对科学知识的侵蚀。这一点乃是默顿所揭示的科学家行为规范的宗旨或基本精神。四条规范从不同的侧面担当着堵塞社会因素和个人主观因素污

---

　　①　［美］默顿：《科学社会学》，鲁旭东、林聚任译，商务印书馆 2003年版，第 364 页。

　　②　［美］默顿：《科学社会学》，鲁旭东、林聚任译，商务印书馆 2003年版，第 352 页。

　　③　［美］默顿：《科学社会学》，鲁旭东、林聚任译，商务印书馆 2003年版，第 365 页。

　　④　［美］默顿：《科学社会学》，鲁旭东、林聚任译，商务印书馆 2003年版，第 365 页。

染科学知识内容的职责。

普遍主义主张,评价科学知识的唯一标准是符合经验事实且与已被证实了的知识相一致,与发现者个人的社会属性无关。这一条主要是防止在科学评价过程中社会因素和个人的主观因素对科学知识的干扰。因为在评价过程中,若任凭社会因素和个人的主观因素侵袭,就有可能要么使非科学的东西混进科学;要么把真正科学的东西排除在外,从而造成妨碍科学、压制科学的恶劣后果。公有性主张科学发现是社会协作的产物,科学发现一旦做出,就应当通过发表立即进入交流过程,将其置于科学共同体的随时检验之中,以期既便于防止社会因素和个人主观因素的侵袭,也便于其他人随时加以利用,最终达到促进科学顺利发展的目的。无私利性主张发展科学知识高于科学家的个人利益,这一条是从科学家从事科学活动的心理层面,防止社会因素和个人的主观因素对科学知识的干扰。严格地说,工资、奖励、资助和地位等外在的东西与科学成果不对等,也无法对等,对于科学家来说是可遇不可求的。如果科学家怀揣名利之心,把科学当做猎取个人名利的工具,那就极易误入投机取巧、弄虚作假的歧途。有组织地怀疑主张科学家对于包括自己在内的一切人的工作都不可轻信,应持一种高度批判性的怀疑态度。这一条是针对科学家在科学活动过程中应具有一定的科学态度和科学精神,从而防止社会因素和个人主观因素对科学知识的干扰而言的。默顿曾明确说过:"科学态度的另外一个特征是有组织的怀疑。"①有组织的怀疑实际上

---

① ［美］默顿:《科学社会学》,鲁旭东、林聚任译,商务印书馆2003年版,第357页。

是把所有的已有科学理论统统置于科学共同体成员共同参与的、在不同环节以不同方式进行的、永不间断的检验或待检验状态。这对于克服社会因素和个人主观因素对科学的侵袭以及科学理论的不断发展相当重要。

在四条规范中，普遍主义是基础，也最重要。因为一切科学活动最终都要落脚到科学知识的评价上。而普遍主义则从科学知识的评价标准上为科学的客观性提供了根本保障。应当说，其余三条都是从不同侧面服务于保障科学客观性的。另外，有组织地怀疑和普遍主义都涉及科学检验。两者的区别是：前者侧重于要不要检验；后者侧重于怎样检验，即检验的形式和标准问题。

总之，四条科学规范共同规定了科学家的行为方式，塑造了科学家的整体形象，形成了科学的"精神特质"，进而为科学的自主性提供了充分的理论根据。

通常，人们把默顿科学规范视为科学精神的范畴，默顿本人也把科学规范视为科学的精神特质。然而，在具体阐述科学精神的内容时，许多人往往并不直接援引默顿科学规范。例如，我国许多人关于科学精神的内容所提到的往往是"求实和崇尚理性是科学精神的主要内容"①，"追求逻辑上的自洽与寻求可重复性的经验证据"②，"什么是科学精神？科学精神中最重要的，一个是实事求是，一个是追求真理，这是最根本的内容"③等。于是，有人便提出疑问：科学规范与科学精神究竟是

---

① 李佩珊、许良英：《20世纪科学技术史》，科学出版社1999年版，第757页。

② 《中华读书报》2000年1月3日。

③ 《中华读书报》2000年1月3日。

什么关系？默顿科学规范是否表达了科学精神？

　　首先，默顿科学规范的确表达了科学精神。应当说，关于默顿科学规范是否表达了科学精神，默顿已经基本上说清了。主要的理由是，作为一种社会制度，科学的目标决定了科学家这一社会角色应当持有哪一组价值规则，这一组价值规则代表了科学所特有的精神。至于科学规范与其他社会规范局部上的交叉或重叠当属正常。这是社会制度区分的相对性和社会整体的有机性使然。或许，某一规范的内容在其他社会制度中有表现，但两者未必完全相同。另外，科学规范是指约束科学家的有感情色彩的一整套价值体系，在科学中，它是作为一个相互关联的有机整体，甚至是与认知规范一起作为一个更大的整体而起作用的。或许对于其他社会制度来说，默顿科学规范中的某一个或某几个规范是适用的，但罕见所有默顿科学规范全体都适用的情况。如普遍主义和公有性不太适用于宗教，普遍主义和无私利性不太适用于文学艺术，公有性不太适用于哲学，等等。加斯顿（J. Gaston）说得好："关于科学的规范，似乎特别的问题是：做为一组，它们是科学界所独有的。"①所以从整体上说，默顿科学规范的确表达了科学精神。

　　其次，默顿科学规范表达了科学精神的核心内容。关于科学精神的含义是一个见仁见智的问题。事实上，由于科学自身的复杂性和变动不居，在科学精神问题上恐怕永远也不可能有一个统一的看法。科学精神是相对于科学形体而言的东西。关于科学形体，一般认为最主要的是三个侧面：一是关于世界

---

　　①　［美］杰里·加斯顿：《科学的社会运行》，顾昕等译，光明日报出版社 1988 年版，第 221 页。

客观规律的真理性知识体系;二是一种探讨世界客观规律的社会性认识活动;三是一种以发展真理性知识为目标的社会制度。就第一个侧面而言,科学精神与科学成果的哲学意蕴大致相当;就第二个侧面而言,科学精神与科学方法的基本精神大致相当;就第三个侧面而言,科学精神与科学家行为规范的基本精神大致相当。通常人们在谈论科学精神的时候,往往与科学活动相关联,很少有专门针对科学知识而言的。所以在一般情况下,科学精神的含义主要包括后两项内容,也就是默顿所说的学术规范(即技术规范或认知规范)和道德规范(即科学规范或社会规范)。不过,在默顿那里,科学规范与"科学规范的基本精神"未加区别,是等价的,因为他所说的四条科学规范概括性很强,既可视为科学家具体的行为规则,也可视为科学规范的基本精神。此外,人们在阐述科学精神的时候,有专门列举科学方法本质内容的,如求实、创新、追求精确等;有把科学方法的基本精神与科学规范两者综合在一起的,如把科学精神概括为实事求是、敢于创新、勇于实践和百家争鸣等;也有专指科学规范的,默顿即属此例。默顿曾明确指出,科学规范即是科学精神特质的核心部分。尽管默顿科学规范带有逻辑实证主义的先天弊端,不可能完美地表达科学精神,但可以认为,默顿规范基本上表达了科学精神的核心内容:普遍主义主要表达了客观主义和理性主义,公有性主要表达了含有谦虚、诚实意蕴的高度尊重他人的劳动成果的自觉意识,无私利性主要表达了把追求真理无条件地置于个人利益之上的求真精神,有组织的怀疑主要表达了高度的怀疑批判精神。显而易见,默顿规范表达的所有这些内容与上述我国学界关于科学精神的一些概括基本上是一致的。

三、默顿科学规范的有效性

默顿科学规范的观点提出以后，很快成为默顿学派的研究纲领。该学派所进行的科学奖励制度研究、科学社会分层研究、科学交流研究、科学与其他社会制度互动关系的研究等，在一定的意义上均可视为对默顿科学规范思想的检验和发展。

但是，默顿的科学规范观点受到了一些社会学家和科学家的批评。尤其是 20 世纪 60 年代和 70 年代之交的数年间，批评声浪曾一度比较高涨。其中，最为集中的批评意见是否认默顿科学规范的有效性。① 在批评者看来，默顿所制定的四条规范是主观的、空想的，科学界在科学实践中并不按照默顿的科学规范行事，甚至压根就不存在控制科学家行为的所谓"社会规范"。

如何看待默顿科学规范的有效性呢？我认为至少应强调以下两点。

（一）默顿科学规范是有根据的"应然"

简单来说，默顿科学规范是基于科学的制度性目标而提出来的。就是说，科学的制度性目标要求科学家"应当"具有那样的行为规范，反过来，科学界只有按照科学规范行事，才能充

---

① 具体批评意见及默顿学派的回应可参见徐梦秋、欧阳锋：《对默顿科学规范论的批评与默顿学派的回应》，《自然辩证法研究》2007 年第 9 期。

分实现"扩展被证实了的知识"这一科学的制度性目标。其间的缘由乃是前面说到的：扩展被证实了的知识，即扩展建立在观察和实验事实基础之上的知识，需要最大限度地抑制社会因素对科学知识的侵蚀。而四条规范恰恰就是从不同的侧面抑制社会因素对科学知识的侵蚀的。既然是"应当"，那么这四条科学规范就不一定会被科学界的每一个人都高度自觉地接受，因而，由于制度性目标的压力，在某些科学家那里，偶尔有失范行为是正常的。默顿已经意识到了这一点。例如，在讲到普遍主义时，他说："普遍主义在理论上被有偏差地肯定了，但在实践上却受到压制。"①在谈到公有性时，他强调保守科学发现的秘密是公有性的对立面，并且批评了著名科学家亨利·卡文迪什（H. Cavendish）因谦虚而违反公有性的行为："卡文迪什因为他的才能，或者因为他的谦虚而受到尊重。但是，从制度方面考虑，依照科学财富共享的道德要求来看，他的谦虚完全用错了地方。"②后来，默顿对失范即越轨现象特地进行了一系列专题研究。不过，个别违反规范现象的存在不足以说明科学界践履默顿科学规范的全部情况。关于这一点，默顿指出："没有哪种社会制度能绝对地使其规范获得普遍遵从。不能因对科学规范的偶尔背离，如伪造数据，就错误地得出结论，说它仅仅是认识论的或者仅是观念性的规范（同样，也不能因为出现凶杀偶尔违背了道德和法律规范，而下结论说它们完全是无关紧要的）。同样根据理论社会学，我也不会坚持这些科学

---

① ［美］默顿：《科学社会学》，鲁旭东、林聚任译，商务印书馆2003年版，第369页。

② ［美］默顿：《科学社会学》，鲁旭东、林聚任译，商务印书馆2003年版，第371页。

规范都是一成不变的,纵使它们被刻在了永久性的石碑之上。"①

　　不过,应当指出,尽管默顿科学规范是"应然",但它是有一定经验根据的。默顿说:"尽管科学的精神特质并没有被明文规定,但可以从科学家的道德共识中找到,这些共识体现在科学家的习惯、无数讨论科学精神的著述以及他们对违反精神特质表示的义愤之中。"②这表明,默顿关于科学规范内容的选择和确定充分考虑到了科学家的习惯、无数讨论科学精神的著述,以及在对违反精神气质表示义愤中所包含的"科学家的道德共识"等经验事实。

　　关于默顿科学规范的"应然"性质,默顿的夫人朱克曼在晚年也曾明确指出过。她说:"作为普遍的规范,科学的精神特质指明了科学家共有的期待或观念:科学家应该如何进行研究以及如何对待其它科学家。"③

　　另外,在叙述每一条规范时,除了理论上的论证外,默顿也是处处以经验事实为基础的。例如,在《科学的规范结构》一文的"普遍主义"一节中,默顿说道:"纽伦堡的法令不能使哈伯(Haber)制氨法失效,'仇英者'(Anglophobe)也不能否定万有引力定律。沙文主义者可以把外国科学家的名字从历史教科书中删去,但是这些科学家确立的公式对科学和技术却是必

---

　　① ［美］默顿:《社会研究与社会政策》,林聚任等译,生活·读书·新知三联书店 2001 年版,第 7 页。

　　② ［美］默顿:《科学社会学》,鲁旭东、林聚任译,商务印书馆 2003 年版,第 363—364 页。

　　③ ［美］朱可曼:《科学社会学五十年》,《山东科技大学学报》2004 年第 2 期。

不可少的。无论纯种德国人（echt-deutsch）或纯种美国人最终的成就如何，每一项新的科学进展的获得，都是以某些外国人从前的努力为辅助的。普遍主义的规则深深地根植于科学的非个人性特征之中。"①

对默顿科学规范的诸种批评意见大都混淆了"应然"与"实然"的界限，而是立足科学界行为规范的"实然"来批评默顿，应当说，这是对默顿本意的一种误解。

（二）现实中默顿科学规范具有不可忽视的效用

为了检验默顿科学规范以及应对有关的批评，默顿学派曾经进行了许多经验研究。或许考虑到普遍主义的根本性，这些经验研究大都是针对普遍主义的有效性而进行的。比较有代表性的经验研究是：第一，默顿和朱克曼于1971年发表的关于物理学领域里的顶尖级期刊《物理学评论》的计量学研究。他们利用了该期刊1948—1956年这几年间作者、编辑与评议人之间的通信、编辑所做决定的记录、稿件在评议人中的分配、对论文的评价和最终处理意见等档案资料，对它的评议人制度进行了严密的计量学研究。其研究结论是："评议人对论文所运用的评议标准大致是相同的"，"评议人和作者的相对地位对评价方式没有明显影响"②。第二，科尔兄弟二人（J. R. Cole和S. Cole）于1972年发表的以美国物理学界为主要研究对象的关于科学分层和科学奖励制度的经验研究。该项研究使用

---

① ［美］默顿：《科学社会学》，鲁旭东、林聚任译，商务印书馆2003年版，第366页。

② ［美］默顿：《科学社会学》，鲁旭东、林聚任译，商务印书馆2003年版，第673页。

了十余个大小不等的物理学家的群体样本进行数量分析,最后两位社会学家说:"我们得出的一般结论是:科学的确在很大程度上接近它的普遍主义理想。"①第三,加斯顿于 1978 年发表的关于英美科学界的奖励系统研究。加斯顿从《美国科学家》和《英国科学知名人士》两部权威性工具书中,随机抽取了英美两国各 300 位科学家,其中物理学家、化学家和生物学家各 100 位。然后,汇集了这 600 位科学家的有关资料,并对他们的承认变量、科学产出率以及各种变量之间的关系进行了分析。得出的结论是:科学家任现职研究机构的声望、职业年龄、获得博士学位机构的声望等先赋变量对奖励和引证等承认变量的影响是微不足道的,因而英美科学界奖励系统的运行基本上是遵循普遍主义原则的。

另外,哈斯特龙(1979 年)、加斯顿(1971 年)、沙利文(1975 年)等人对公有性进行了经验研究,得出的共同结论是:绝大多数科学家赞成论文应及时发表,甚至主张论文发表前就应当在同行之间进行必要的讨论。

当然,默顿科学规范与科学实践之间毕竟是有些距离的。之所以如此,其源盖出于默顿所采取的实证主义科学观的哲学立场。实证主义关于理论与观察界限分明的假定、科学事实对科学理论证实的关系以及真理问题上的积累发展观等,已被哲学界公认为是粗放的,甚至是不切实际的。不难想见,建立在这样的哲学基础之上的科学规范必定会与生动活泼的科学实践存在一定的距离。不过,实证主义追求科学客观性的总体方

---

① ［美］乔纳森·科尔、［美］斯蒂芬·科尔:《科学界的社会分层》,赵佳苓等译,华夏出版社 1989 年版,第 255 页。

向没有错,因而,默顿科学规范的基本精神也还是可取的。尽管它只能不断接近而不可能绝对实现,但毕竟是引导科学家不断实现自我超越的一种目标和理想,值得科学家坚持不懈地去追求。

总之,我们绝不能因为科学规范在事实上不能绝对地实现,就认为它是荒谬和无意义的。试想,假如科学家完全抛弃默顿的科学规范甚至反其道而行之,对同一科学理论的检验可以因时、因地、因人而异,科学可分为不同种族的科学,科学家对自己的发现可以随意无限期地保密,科学论文中允许写进招徕顾客的广告语,科学家从事科研活动可以像资本家那样唯利是图,对已有的科学理论只许因循守旧而不许丝毫怀疑,等等,那将是一种什么局面呢? 若如此,科学大业如何正常进行? 科学知识又怎能不断进步? 因此,从反面看,默顿科学规范的基本精神也是无可厚非的。科学知识社会学从批判科学规范走向全面否定科学规范是错误的。因为否定了理想中的科学规范,科学家在处理科学共同体内部的关系时将无所遵循,失去判断科学家行为是非的标准,乱了科学家角色的"方寸",进而必定导致科学整体上的功能紊乱乃至消亡。总之,科学规范对于保障和维持科学的自主存在及健康发展具有不可忽视的效用。

贝尔纳科学社会学思想再认识[*]

在科学社会学方面,贝尔纳学派做了大量出色的工作,不过,早期他们用力最勤、影响最大的一件事情,就是力主科学的可计划性,并在阐发计划科学的理论基础和实施对策等方面做出了突出贡献。

一、贝尔纳计划科学理论的得失

20 世纪 30 年代,在苏联科学迅速发展的刺激下,英国科学界爆发了一场关于"科学是要自由还是要计划"的激烈争论。争论的核心问题是:国家科学事业计划的可行性,以及这种计划的范围、方式和程度。

计划科学反对派的代表人物是英国化学家、哲学家波兰尼(M. Polanyi)。1940 年,波兰尼发起成立了一个"科学自由学会"与计划科学观点相抗争。至 1946 年,会员已发展到 450

  * 本文原载《科学学研究》2006 年第 5 期,《新华文摘》2007 年第 2 期摘要,中国人民大学报刊复印资料《科学技术哲学》2006 年第 12 期转载。本文获山东省优秀社科成果二等奖。

人,并且以诺贝尔奖获得者、物理学家布里奇曼(P. W. Bridg-man)为首成立了分会。波兰尼一派主张:科学是完全自主的事业,自由不仅是科学家的权利,也是发展科学最有效的手段。科学的充分发展会自动促进社会其他目标的实现,社会不应也不必干预科学。总之,计划科学不仅不可行,而且危害严重,其主要危害有以下方面。

第一,违背科学本性。人们对真理的追求是个人化和高度随机性的活动,其中充满了大量不可预见和不可控制的非逻辑因素或社会因素。无视这些因素的存在而强行计划,乃是对科学本性的违背,其结果必定与科学自身的目标南辕北辙。

第二,取消基础科学。基础科学求真,应用科学致用,二者互相制约,不可偏废。计划科学的实质是突出国家目标,旨在应用。其结果将是以应用科学取代基础科学,而缺失基础科学的科学是没有前途的。

第三,改变评价标准和评价主体。既然计划科学极易把国家目标凌驾于科学自身的目标之上,那么以短期社会功利的有无与大小衡量科学价值(即改变科学评价的尺度)将在所难免。而评价标准的改变又会进一步导致科学评价主体的改变,即科学评价权将由科学共同体转移到政府手中。所有这些改变都会为政府干涉科学界内部事务以及科学界少数善于钻营的人恣意妄为留下巨大空间。

计划科学派的代表人物是贝尔纳(J. D. Bernal)。1938年,英国科学促进会甚至成立了科学的社会与国际关系分会,专事宣传和推进计划科学的活动。尽管英国政府最终并未采纳贝尔纳学派的主张,但该学派关于自由科学无效,只有通过国家计划,科学的巨大潜能才能充分实现等观点的影响是十分深远的。该学派的观点集中反映在贝尔纳的《科学的社会功能》一书中,主要有以下方面。

第一,计划有助于科技资源的合理配置,提高科研效率。科技资源总是有限的,为了避免资源浪费,对科学适当计划是必要的。要提高科研效率,并使科学更好地服务于社会,必须实施计划管理。当然,"这是一项非常困难的任务,因为要把科学事业组织起来就有破坏科学进步所绝对必需的独创性和自发性的危险。科学事业当然决不能当作行政机关的一部分来加以管理,不过无论在国内还是在国外、特别是在苏联,最新的事态都表明,在科学组织工作中把自由和效率结合起来还是可能的"①。

第二,计划可以实现基础科学和应用科学的良性循环。由于资本家唯利是图,科学成果通常可以在最易获利的领域里迅速得到应用,但这些领域往往并非其最能发挥作用的地方,相反,在最能发挥作用的地方,科学成果却难以得到应用。所以,"在一个无政府状态的生产制度下,我们难以把科学上的可能性和技术上的需要结合起来。"②计划科学有助于改变这种状况,使科学成果各得其所、合理应用,进而让科学的合理应用为基础研究提供条件,刺激其发展,最终在基础科学和应用科学之间建立起良性循环。

第三,计划和自由可以有效结合。对科学实行计划管理,并不一定像有些人所说的那样,会限制或妨碍科学家的自由。

---

① [英]J. D. 贝尔纳:《科学的社会功能》,陈体芳译,商务印书馆1982 年版,第 25—26 页。

② [英]J. D. 贝尔纳:《科学的社会功能》,陈体芳译,商务印书馆1982 年版,第 206 页。

"应该把现代的科学自由看作是行动的自由而不仅是思想的自由。"①所谓"行动自由",就是科学家不仅有从事研究的自由,而且还要有获得所从事研究必要条件的自由。对科学实行计划管理,就是为了通过组织的力量为科学家排忧解难,使之不仅有思想上的自由,而且还有行动上的自由。

第四,计划科学可以实现科学研究方向的高度灵活性。科学计划应当是深思熟虑和充分考虑科学发展不可逆料性质的。为此,贝尔纳系统提出了若干制订科学计划的原则,如保持高度的灵活性,不断修改计划;发展突出地带,注意易被遗忘的角落,尤其是学科间的交叉领域;调动本学科及相邻学科最有才能的人集中攻坚;理论研究和实验研究互通信息、加强合作;基础研究和应用研究保持灵活的适当比例,并保证二者密切联系;等等。

贝尔纳学派和波兰尼一派围绕计划科学和自由科学的争论最终并未达成和解及统一认识,反而导致了许多复杂的理论问题。科学计划的实质是社会需要和国家意志的表达,以及科技资源的配置。科学家有义务也有责任为社会需要和国家的正当意志服务,过分强调科学家或科学共同体的自由而无视社会需要和国家的正当意志不妥。因此,波兰尼一派将科学自由绝对化,矢口否认科学计划的正当性的观点是片面的。不过,社会需要和国家的正当意志毕竟是一厢情愿,它必须依靠科学家的创造性研究,必须高度尊重科学发展的客观规律才能真正实现。不论是创造性的研究还是科学发展的进程,都不可避免

---

① ［英］J. D. 贝尔纳:《科学的社会功能》,陈体芳译,商务印书馆1982年版,第435页。

地会遭遇大量偶然的和不可逆料的因素的作用,体现社会需要和国家意志的科学计划不论事先考虑得多么周到、细致,都不可能与实际的科学研究进程完全吻合,许多情况下甚至连基本的吻合都难以做到。因此,科学计划必须把科学家的自由研究视为自己的组成部分,在科技资源配置等方面为科学家的自由研究留下足够充分的余地;并保持高度的灵活性,随时准备鼎力支持科学研究中出现的一切有希望的苗头和捕捉科学发展中出现的机遇。总之,在 20 世纪 30 年代那样的历史条件下,贝尔纳学派排除资本主义国家意识形态的偏见,基于苏联的实践,洞察和承认计划科学的合理性,满腔热情地支持和倡导计划科学,充分表现了该学派博大的胸怀和超前的历史眼光。

二、贝尔纳科学社会功能研究的功过

贝尔纳在分析科学时表现出了三大特点:定量研究、理论模式、政策和管理研究。[①] 正是由于研究方法的恰当,使得贝尔纳在"对科学的社会研究",尤其在科学的社会功能研究上做出了卓越贡献。

(一)独立提出了科学社会功能的时代课题

与马克思主义经典作家在分析生产力与生产关系的辩证

---

① 〔英〕M.戈德史密斯、〔英〕A.L.马凯主编:《科学的科学——技术时代的社会》,赵红州、蒋国华译,科学出版社 1985 年版,第 239 页。

运动过程中触及科学的社会功能问题不同,贝尔纳是从对科学
自身审查的角度提出并研究科学的社会功能问题的。按照贝
尔纳的说法,第二次世界大战结束后,世界之所以陷入困窘状
态是否完全由于滥用科学的缘故,已经并非不言而喻的道理
了。"科学必须首先接受审查,然后才能够为自己洗刷掉这些
罪名。"①所谓"科学必须首先接受审查",就是以批判的眼光,
运用科学的方法研究科学自身,其中首当其冲的就是考察科学
的社会功能问题。显然,对于研究科学的社会功能问题而言,
立足于生产力与生产关系的相互作用和立足于科学的批判性
审查是两个大不相同的角度。前者服务于分析物质生产方式
和社会发展规律的目的,后者服务于正确理解科学的需要,
或者说它原本就是理解科学的一部分。这两种角度各有特
色,自有彼此不能取代的优长之处。而且人们看到,贝尔纳
这种"科学必须首先接受审查"的诉求,实际上已经是一种对
"科学学"的呼唤了。甚至可以认为,一部《科学的社会功
能》就是一部综合运用自然科学和社会科学的理论与方法反
观科学的理论著作。为此,学界一致认为,《科学的社会功
能》是科学学的奠基之作,而贝尔纳本人则被公认为科学学
的创始人之一。

(二)无情揭露了科学负面功能的社会根源

贝尔纳指出,资本主义不顾人民的根本利益、对科学施行
唯利是图地滥用,理应对科学的负面作用全面负责。简言之,

---

① [英]J. D. 贝尔纳:《科学的社会功能》,陈体芳译,商务印书馆
1982 年版,第 34 页。

科学的负面作用的根源是"对科学的资本主义应用";科学家有责任也有义务关心科学的应用,组织起来并带动群众与资本主义制度进行斗争。贝尔纳身居资本主义制度之中却能勇敢正视和无情揭露其弊端,是难能可贵的。此外,贝尔纳所进行的科学负面功能的根源与控制研究事实上开了"全球问题研究"的先河,并具有某种示范作用。

（三）提出了充分发挥科学正面功能的一套完整设想

贝尔纳不仅从理论与历史事实的结合上,充分阐明了科学诞生以来对人类社会所发挥的种种正面作用,而且围绕发挥科学的正面社会功能提出了一整套弥足珍贵的完整设想,包括:扩大科学人才的数量和改革教育,提高科学人才的培养质量;改革科学实验室和科学研究所内部与外部的组织形式,提高科学应用的速度和效率;改组科学家之间的学术交流,以及科学家与大众间的交流,以利于科学的应用;建立灵活而可靠的科学经费筹措制度;制定科学战略,实施计划科学;端正科学目的,努力为人类谋福利;推动科学改变社会;等等。这些设想充分展示了贝尔纳作为一名资深科学家和卓越科学社会学家的睿智与才华。

（四）树立了科学社会史上的一座丰碑

基于全面阐发科学社会功能的需要,贝尔纳把目光投向了科学社会史。他指出:"现有的科学史只不过是伟大人物及其成就的一种虔诚的记录,也许用来鼓舞青年科学工作者是适宜的……不过如果我们要了解象目前所存在的科学机构的意义和它同其他机构以及同一般社会活动的复杂关系,我们就必须设法写出这样一本历史。"①可以认为,这一席话既是贝尔纳对科学内史论的严肃批评,也是他所奉行的科学外史论立场的宣言书。贝尔纳不仅在《科学的社会功能》中辟专章回顾科技与社会的互动关系史,而且还把这一视角贯穿于全书的每一章节;兹后,他又专门"拿科学和社会间的相互作用来做论题"②写出了一部《历史上的科学》,从而以纲要的形式提供了科学社会史的一个简本。尽管这个简本存在史料单薄、理论粗疏等缺陷,但毕竟有筚路蓝缕之功。

贝尔纳对科学社会功能的研究上的局限性也是明显的。在科学负面功能的根源问题上,贝尔纳集中强调了资本主义制度的责任固然正确,但远远不够:第一,在不同的资本主义国家和地区,科学的负面功能不同;在社会主义制度下,科学的许多负面功能依然存在。这表明一定存在超越社会制度的根源。事实上,科学负面作用的社会根源除了社会制度以外,还有个人或集团利益驱动以及人类价值观念、道德规范、法律意识等方面。第二,从贝尔纳把科学的负面作用仅仅归结为资本主义唯利是图的应用上看,他是持科学"与价值无涉"或科学"价值中立"观点的。但事实上,科学既不是"与价值无涉",也不是"价值中立",而是一把双刃剑,同时具有正负双重价值。明确这一点具有重要的实践意义,它告诫人们:即便是对科学成果抱有正确的应用目的和使用正确的应用方法,科学成果也必定是正负价值相伴而生的。因此,在希冀获得科学成果正面价值

---

① ［英］J.D.贝尔纳:《科学的社会功能》,陈体芳译,商务印书馆1982年版,第48页。

② ［英］贝尔纳:《历史上的科学》,伍况甫等译,科学出版社1981年版,第25页。

的同时,一定要对必定会出现的负面价值有所预见和有一定的预防措施。那种认为科学"与价值无涉"或科学"价值中立"的观点不仅错误,而且是有害的。

三、经济需要与科学发展关系上的机械理解

尽管贝尔纳学派对马克思主义哲学情有独钟,而且在发展和传播马克思主义哲学方面不遗余力,但该学派也存在某些误读马克思主义哲学的地方。例如,当贝尔纳强调辩证唯物主义不仅可以启发人们的思路,以便求得特别丰硕的成果,而且可以起到"统一规划和组织科学研究各分支相互之间的关系和科学研究各分支同包含这些分支的社会过程之间的关系"①作用的时候,他对马克思主义哲学功能的理解显然就有失偏颇了。诸如此类,不一而足。这里,仅就贝尔纳本人在经济需要与科学发展关系上的机械理解略陈陋见。例如,贝尔纳在谈到苏联处理经济、技术上的需要与科学发展关系的情况时说道:"科学事业的组织原则是:在问题与解决办法之间应存在有来有往的交流渠道。由工厂实验室以精确方式提出的工业上的问题,交给了技术研究所。凡是需要解决的问题属于现有技术知识范围之内的,便在那里予以解决。如果事实证明人们对大自然的机制缺乏某种较为基本的理解,便把问题提交科学院处理。这样工业就可以向科学界提出新的和根源性的问题。同

---

① 　[英]J.D.贝尔纳:《科学的社会功能》,陈体芳译,商务印书馆1982年版,第332页。

时,大学或科学院有了任何基本发现,也立即把这种发现转告工业实验室,使一切有用的发现尽快用于实践。"①且不必说,当时苏联科学的运行情况并非像贝尔纳所说的那么简单,仅就他对苏联科学运行情况的观察结果及其所持的毫无保留的赞扬态度而言,无疑表明了贝尔纳在经济与技术的需要和科学发展关系问题上的基本观点为:科学发展是按照"工业提出问题—技术研究—科学研究"的模式进行的。简言之,经济和技术上的需要是科学发展的直接动力。

在另一个地方,贝尔纳则明确指出:"极其粗略地阅读一下科学史就会知道:促使人们去作科学发现的动力和这些发现所依赖的手段,便是人们对物质的需求和物质工具。"②以至于在作为《科学的社会功能》出版 25 周年纪念文集的编者们看来,贝尔纳的基本观点引起了争论:"大多数持反对意见的人认为,任何将科学研究引向合乎社会需要的企图,都将窒息创造力,并会带来有害于科学本身的后果。"③

表面上看,贝尔纳的这种观点与马克思主义哲学的观点一致,但细细推敲,贝尔纳的理解未免机械了些,原因有以下方面。

首先,关于经济需要是科学发展主要动力的观点不是一个僵硬的教条,而是一个有待继续深入研究的论断。科学的发生

---

① ［英］J. D. 贝尔纳:《科学的社会功能》,陈体芳译,商务印书馆 1982 年版,第 325—326 页。

② ［英］J. D. 贝尔纳:《科学的社会功能》,陈体芳译,商务印书馆 1982 年版,第 40 页。

③ ［英］M. 戈德史密斯、A. L. 马凯主编:《科学的科学——技术时代的社会》,赵红州、蒋国华译,科学出版社 1985 年版,第 4 页。

和发展一开始就是由生产决定的吗？要回答这个问题,前提是确定科学何时发生,是古代还是近代,而解决科学何时发生的问题又进一步涉及什么是科学、如何理解科学的问题。可见,所有这些问题都可以讨论,而且学界也一直在争论不休。一般认为,科学诞生于近代,不论是西方古代还是东方古代,都仅有科学的萌芽或科学的素材。由于古代科学萌芽具有明显的经验性,固然它主要产生于生产实践并由生产决定。但即便如此,当时也还是有大量科学萌芽源于神话、巫术、宗教、哲学和常识等非生产因素的。倘若承认科学诞生于近代,那么,要对"科学发生和发展是否一开始就是由生产决定的"给出一个明确的回答,就需要对文艺复兴前后科学发生和发展的具体情况给予认真考察。

不言而喻,近代科学的诞生得益于多方面的因素,如文艺复兴、宗教改革、资产阶级兴起等。这其中生产的需要当然也是重要因素之一,但它在其中所起作用的比重如何,是否位居首位？可说是迄无定论。在近代科学的诞生过程中,有三个人堪称关键性人物。他们恰好也分别受到了马克思、恩格斯和一位著名科学史家的高度评价。马克思赞誉弗兰西斯·培根为"现代实验科学的真正始祖"①,恩格斯认为"自然研究通过一个革命行动宣布了自己的独立,仿佛重演了路德焚毁教谕的行动,这个革命行动就是哥白尼那本不朽著作的出版。"②科学史家丹皮尔(W. C. Dampier)推崇"伽利略真可算是第一位近代

---

①　《马克思恩格斯全集》(第 2 卷),人民出版社 2015 年版,第10 页。

②　[德]恩格斯:《自然辩证法》,人民出版社 2018 年版,第 10 页。

人物"①。如果近代科学的兴起应当归功于生产的话,那么,这三位人物对近代科学诞生所作出的开创性贡献理应来自生产需要或至少受到生产的巨大推动。可事实是,哥白尼日心说的提出是他关于天体运动简单性与和谐美的追求,对历史上日心说萌芽观点的继承与改造,以及他本人持久观察天象的产物。培根实验科学的思想则是他批判经院哲学的结果:"他深感经院哲学不能增进人类对于自然的知识与支配自然的能力,且看出亚里士多德的'最后因'于科学毫不相干,于是就着手去研究一种新的实验方法理论。"②同样,伽利略以其关于落体定律、摆和抛射体运动的卓越研究而为动力学奠定了基础,并为实验与数学相结合的科学方法提供了典范的历史贡献,也主要基于他对亚里士多德的力学和哲学的批判,以及对阿基米德和开普勒等先驱传统的发扬光大。

此外,历史事实证明,在一定条件下,非生产因素也会对推动科学发展起支配作用。例如,在"文化大革命"等极左思想占上风的年代,中国曾一度不能正确对待知识分子,致使中国的科技发展元气大伤;相反,改革开放以后,随着政治路线的调整,中国的科技发展欣欣向荣。上述正反两方面的情况表明:政治因素对科学发展的作用不可低估,有时甚至是决定性的。

其次,历史唯物主义关于经济需要是科学发展主要动力的观点不是孤立的。欲正确、全面地理解它,必须将其置于整个历史唯物主义体系之中。应当注意到,马克思主义经典作家还

---

①　[英]丹皮尔:《科学史及其与哲学和宗教的关系》,商务印书馆1979年版,第195页。

②　[英]丹皮尔:《科学史及其与哲学和宗教的关系》,商务印书馆1979年版,第191页。

有一些与此密切相关的观点。例如,恩格斯曾明确表示,他并不认为一切思想观念(包括形形色色的虚假观念)都以经济发展为条件。事实上,他关于经济需要是科学发展主要动力观点的完整提法是这样的:"史前时期的低级经济发展有关于自然界的虚假观念作为自己的补充,但是有时也作为条件,甚至作为原因。虽然经济上的需要曾经是,而且愈来愈是对自然界的认识进展的主要动力,但是,要给这一切原始谬论寻找经济上的原因,那就的确太迂腐了。"①接着,他又以哲学为例,讲了经济发展对思想观念领域起支配作用的条件。他说:"经济在这里并不重新创造出任何东西,但是它决定着现有思想资料的改变和进一步发展的方式,而且这作用多半也是间接发生的,而对哲学发生最大的直接影响的,则是政治的、法律的和道德的反映。"再如,恩格斯或许唯恐人们对经济和技术需要的作用理解得过于绝对而强调指出:"并不是只有经济状况才是原因,才是积极的,而其余一切都不过是消极的结果。这是在归根到底不断为自己开辟道路的经济必然性的基础上的互相作用。"②

　　或许,对于马克思主义关于自然科学发展依赖物质生产观点的较为完整的理解应当是这样的:第一,经济需要对科学发展的动力作用是归根结底意义上的和有条件的。其中,主要条件是科学内部逻辑发展的需要与经济需要的契合。任何经济需要都不可能超越甚至违背科学内部的逻辑发展需要而起作

---

①　《马克思恩格斯全集》第 37 卷,人民出版社 1971 年版,第 489 页。
②　《马克思恩格斯全集》第 39 卷(上册),人民出版社 1971 年版,第 199 页。

用。第二,经济需要对科学发展的动力作用不是一成不变的。在有些情况下或一定范围内,科学内部逻辑发展的需要会上升为科学发展的主要动力;此外,政治实践、经济制度、社会意识、精神文化和教育等因素对科学发展都具有动力作用,并且在一定条件下也都有可能成为主要动力。一般来说,一个学科或研究领域在发展初期往往是经济需要起主导作用,而在成熟期则是由不断提高既存理论与自然界相一致的范围和精度的内在要求所驱动。要确定经济需要对科学发展的作用,需要结合具体的历史情况给予具体的分析,绝不是一句"主要动力作用"所能敷衍得了的。

齐曼的后学院科学论*

　　作为贝尔纳学派 20 世纪后期的传人,英国皇家学会会员、著名物理学家、科学社会学家约翰·齐曼(John Ziman,1925—2005)与贝尔纳最明显的不同,就是他的科学社会学研究充分吸收了默顿学派和科学知识社会学(SSK)学者的研究成果,并且始终以默顿科学规范理论作为自己的研究主题。在科学社会学上,齐曼最突出的贡献有二:一是后学院科学论,即认定目前科技发展主潮流的性质是后学院科学;二是依据时代的变化,发展了默顿的科学规范理论,提出了由学院科学向后学院科学发生转变时期科学规范的新形态。对于齐曼的这两项贡献应作如何理解和评价? 本文拟就此略述管见。

一、作为齐曼科学规范思想理论前提的后学院科学论

　　科学规范是科学家在科学活动中基本价值观念的体现。

　　* 本文载于《自然辩证法通讯》2014 年第 4 期,中国人民大学复印资料《科学技术哲学》2014 年第 10 期转载,《中国社会科学文摘》2014 年第 12 期论点摘编。

一个时代的科学规范必须和该时代科技发展主潮流的性质相吻合，抑或说，一个时代科技发展主潮流的性质乃是影响和制约该时代科学规范的最重要因素之一。因此，考察齐曼的科学规范思想，一件不容回避的工作就是对他把当代科技发展主潮流的性质概括为后学院科学的观点做出中肯的评价。

齐曼认为，自 20 世纪 70 年代始，"在不足一代人的时间里，我们见证了在科学组织、管理和实施方式中发生的一个根本性的、不可逆转的、遍及世界的变革"①。就是说，科学发生了由学院科学向后学院科学的转变。最初，齐曼强调了后学院科学的以下特征：运行管理化、知识价值化、职业结构的动态性、应用性、多学科性、协作性、仪器精密性、网络化、国际化、资源专门化和集中化等。② 后来，在《真科学》中，齐曼将后学院科学的特征精炼地概括为以下几点：集体化、稳态化、效用化、政策化、产业化和官僚化。

一些学者对齐曼的后学院科学论表示怀疑，认为只能作为假说，尚不能成为定论。③ 那么，究竟该如何看待齐曼的后学院科学论呢？

后学院科学论绝非意味着齐曼仅仅提出了一个新的术语，其实质是关于 20 世纪 70 年代以来世界科技发展主潮流性质的判断问题。这一判断是否正确，关键取决于 20 世纪 70 年代

① ［英］约翰·齐曼：《真科学——它是什么，它指什么》，曾国屏等译，上海科技教育出版社 2002 年版，第 81 页。

② HICKS D M, KATZ S J. Where is science going？［J］. Science, Technology, & Human Values, 1996, 21(4): 379—406.

③ HICKS D M, KATZ S J. Where is science going？［J］. Science, Technology, & Human Values, 1996, 21(4): 379—406.

之后世界科技发展主潮流是否发生了转折性的历史变化,这种变化是否使得 20 世纪 70 年代之后的世界科技发展主潮流出现了恰如齐曼所描绘的那样一组特征。显然,要想解决后学院科学论是假说还是事实的争端,最终还是要回到历史事实中去,即用 20 世纪 70 年代前后世界科技发展的事实作为判据。不过,把齐曼的判断与其他思想家较有影响的同类判断进行比较也有一定效果。因此,为简便起见,这里仅采取以下两个特殊视角。

(一)从二战后世界科技发展态势看

二战后,尤其是 20 世纪 60—70 年代以来,世界科学技术发生了翻天覆地的变化,其中,最根本的变化就是科学技术由个人和大学行为变为国家和企业行为,国家开始培植科学技术、依靠科学技术和监管科学技术了。

所谓培植科学技术,是指国家以及国家领导和影响下的企业和私人机构对科学技术的资助力度逐渐增大。发达国家基本上达到或趋近了 GDP 值制约下科技和社会各项事业协调发展要求的最大限度;发展中国家和欠发达国家也正在竞相不断扩大对科技的投入。

所谓依赖科学技术,是指整个社会正在逐步奠定在科学基础之上,经济正在变为知识经济,社会正在变为知识社会。国家开始向科学技术索取,科学技术几乎成为作为国家管理者的政治家手中的"摇钱树"了。例如,20 世纪 90 年代初,美国总统克林顿在其国会报告中说:"投资技术就是投资美国的未来:一个增长的经济,能为美国工人提供更多的高技能、高工资的工作;一个更加清洁的环境,能有效地利用能源提高利润,减少污染；一个更强大、更具有竞争力的私有部门，能保持美国在世界主要市场上的领先地位；一个每一个学生都能感觉到挑战的教育体系；一个受到鼓舞的科学技术研究共同体，不仅着重解决我国的国家安全问题，而且还要保证我们的生活质量。"①

所谓监管科学技术，是指世界各国正逐步加强对科学技术的管理，尽管世界各国由于政治制度的不同，管理科学技术的方式也不同，但毫无疑问，每个国家都有不断完善着的科技政策，都试图使科学技术这一"勾勒姆"（Golem）服从国家意志，让科学技术放任自流的政府几乎不存在了。

正是在这种情况下，人们看到，作为一个新生的普通社会体制的科学技术正呈现出一系列新的特征，如以下方面。

现代科学的发展呈现出综合化趋势，研究战线越拉越长，研究对象日趋扩大、复杂，科学仪器与设备日趋大型、精密、复杂、昂贵，随之，单枪匹马和小作坊的研究方式已经捉襟见肘，而代之以团队合作、大兵团作战甚至国际性联合了。上述情况和齐曼所说的集体化是相吻合的。

在发达国家，对科学技术发展的支持力度已经达到或趋近可能范围内的最大限度，尽管科学技术的规模、研究成果等仍在逐年增长，但增长速度已经趋缓并相对稳定了。这一点和齐曼所说的稳态化大致相当。不过，就世界范围而言，大量发展中国家和欠发达国家科学技术增长的空间仍然很大，科学技术增长的稳态化趋势远未最后形成。

科学技术已经和整个国家的发展捆绑在一起，包括基础研

---

① 樊春良：《全球化时代的科技政策》，北京理工大学出版社 2005年版，第 45—46 页。

究在内的整个科学技术已经被紧紧地置于国家科学目标的约束之下,只不过对于不同学科或科学技术的不同层面,国家目标的约束作用有所不同而已。这一点大致相当于齐曼所说的效用化。

现在世界各国都有自己不断完善着的科技政策,都在试图把科技发展纳入国家的既定轨道。或许,不同国家管理科学技术的艺术有高有低,但无论如何,科学技术再回到二战前那样的自主程度是不可能了。这一点或许就是齐曼所说的政策化。

二战后,科学与产业的关系空前地被拉近了。产业内部包括基础研究在内的研发能力日益增强;从事高新技术产业并且做到产学研一体化的中小企业越来越多;国家研发活动为产业服务的成分扩大,产业界对大学和研究机构的资助力度也不断加大;在为产业服务目标的影响下,学院科学在组织结构、社会运行和管理方式等方面也越来越具有较多的产业色彩。所有这些即是齐曼所说的产业化。

和科学技术的政策化、产业化等趋势相一致,科学研究的运作程序也发生了显著变化。项目管理成为普遍的科研管理方式,科研人员提出申请、同行评议等活动无形中增加了他们为获得项目和资助而不得不进行的大量社会活动、文牍工作和行政性事务。这一点相当于齐曼所说的官僚化。

总之,齐曼关于向后学院科学转变时期科学技术的六项特征的概括尽管也有些许缺陷,但基本上是正确的,进而我们可以说,他的后学院科学论也是站得住脚的。

（二）与普赖斯"小科学，大科学"论的比较

在学术界,关于当代科技发展主潮流性质的判断众说纷

绘。较有代表性的观点是普赖斯的"小科学、大科学"论、以吉本斯(M. Gibbons)为首的 GLNSST 小组的"知识生产模式2"论、司托克斯(D. E. Stokes)的"巴斯德象限"论等。和已有观点相比,齐曼的"后学院科学"论的情形是怎样的呢? 鉴于齐曼在《真科学》一书中有将"后学院科学"论和 GLNSST 小组的"知识生产模式2"论二者混用的倾向,或者说齐曼完全接受了后者,并将其融入自己的"后学院科学"论,而巴斯德象限论重在"重新审视科学的目标及其与技术的关系"①,至于界定二战以后科学的性质则是附带的,所以,这里仅就普赖斯的"小科学、大科学"论和齐曼的"后学院科学"论作一初步比较。

美国耶鲁大学物理学家和科学学家普赖斯(D. J. de S. Price)受物理学家温伯格(A. Weinberg)的启发,于 1962 年提出了"小科学"和"大科学"的概念。普赖斯指出:"现代科学的大规模性,面貌一新且强而有力使人们以'大科学'一词来美誉之。"②与齐曼关于向后学院科学发生转变的历史起点一样,普赖斯认为,从小科学向大科学的转变也发生于二战之后,而且向大科学转变和向后学院科学转变一样,都是一个渐进的过程。不过普赖斯强调,这种渐变的速度其实是很高的,总体上呈现出一种指数规律:"根据人们所计量的内容和计量的方法,科学的规律在人力和出版物方面以 10—15 年为一周期就

---

① ［美］D. E. 司托克斯:《基础科学与技术创新:巴斯德象限》,周春彦等译,科学出版社 1999 年版,第 4 页。

② ［美］D. 普赖斯:《小科学,大科学》,宋剑耕等译,世界科学出版社 1982 年版,第 2 页。

趋于翻一番。"①

关于大科学的特点,普赖斯在《小科学,大科学》一书中为我们断断续续地谈到了以下几点:发达国家进入稳态期;集体合作趋势加强;科学自由受到限制;科学家的社会责任增大。

两相比较,齐曼的向后学院科学转变的观点和普赖斯的向大科学渐变的观点在许多方面有相同之处,例如:第一,二者都主张科学发展在某些地区、某些部分正进入稳态期;第二,二者都主张集体合作趋势加强,只不过普赖斯强调论文的合作发表,主要着眼于科学实施的结果,而齐曼则对集体合作趋势论述得比较全面,涉及科学研究组织的扩大、科学仪器和设备的复杂化和大型化、团队合作、网络通信合作,以及基础研究与应用研究、发展研究的整合等;第三,二者都主张科学家的研究自由会受到一定限制,只不过齐曼的眼界更加开阔,认为后学院科学不仅会对科学家的选题自由有所限制,而且会使科学在许多方面受到资助方的限制,从而削弱了科学的自主性。二者也有明显的区别,最突出的区别是,普赖斯的观点以反映科学的规模为核心,向人们描绘了以下图景:科学的人力、财力和论文经过长期的加速增长,目前已经达到了社会所能承受限度的极限,最终只好和社会保持一种动态平衡而平缓地增长;在这种情况下,科学主导社会的发展,科学家也应主导社会管理;当然,和小科学时代相比,科学家的自由适度受限,精英科学家所自发形成的无形学院在科学交流中发挥着领军作用;等等。而齐曼的观点则以反映科学的活动方式为核心,向人们描绘了以

---

① ［美］D.普赖斯:《小科学,大科学》,宋剑耕等译,世界科学出版社1982年版,第5页。

下的图景:经过相对封闭和相对独立的学院科学时期的长期发展,目前科学活动正在走向集体化、大型化;科学已经融入社会,成为国家发展战略的有机构成部分,一切科学研究都不可避免地具有了应用背景甚至明确的国家目标;全部科学活动都纳入了国家科学政策管理的范畴,科学研究的管理乃至科学研究的过程都开始实现一定的规范化、程序化乃至企业化。

总之,关于当代科技发展主潮流性质的判断,齐曼的后学院科学论和普赖斯的大科学论是一致的,而且在适当吸收后者观点的基础上,较之后者更加丰满、全面和深刻了。不过,应当注意到,齐曼的后学院科学论是存在一些难题的。例如,所谓后学院科学时期,实际上是一个后学院科学和学院科学并存、交叠的二元结构。既然如此,二者是一种什么关系?在实践中怎样处理二者的关系?另外,齐曼认为在未来的科学发展中,学院科学的生存空间将会越来越受到后学院科学的挤压,学院科学所持有的远离商业利益和政治利益,保持价值中立的形象,将会日益受到后学院科学的侵蚀。① 既然如此,学院科学发展的方向是逐步被后学院科学取代还是其他?诸如此类的问题不可回避,但齐曼没有给出明确答案,这些是学界需要继续探讨的。

二、齐曼科学规范思想的方法论特征

齐曼在《真科学》一书中为自己规定的中心论题是揭示现

---

① ZIMAN J. The continuing need for disinterested research[J]. Science and Engineering Ethics,2002,8(3):397—399.

代科学的真面目,即回答现代科学究竟是什么、它指什么。为了完成这一任务,他所选择的主要策略是:首先,对科学实践的理想形态——学院科学进行系统分析;其次,在分析的过程中,特别注意对由学院科学向后学院科学过渡时期科学形态的分析;最后,以默顿规范作为分析框架。默顿规范是科学的灵魂,正是以默顿规范为核心,学院科学形成了一种独特的文化。所以,以默顿规范作为分析的框架,是达到回答本书中心论题的"最便捷的方案"①。正是在这种以默顿规范为框架的分析过程中,充分展现了齐曼形成其科学规范思想的心路历程。基于此,我们大致窥见了齐曼科学规范思想的以下主要方法论特征。

（一）自然主义的立场

齐曼反复说明,他对学院科学和向后学院科学过渡时期的科学,进而对科学规范的分析,采取的是自然主义的立场。他甚至谆谆告诫读者:"请切记,我们采用的是一种自然主义的立场。"②自然主义泛指用自然原因或自然原理来解释一切现象的哲学思潮,通常是特指 20 世纪 30 年代形成于美国的一个流派,代表人物有杜威(J. Dewey)、塞拉斯(R. W. Sellars)等。该学派主张:整个宇宙都是由自然物组成的,自然即是整个存在着的现实世界;不应求助于超自然的力量,而是以自然本身说明自然,经验方法是唯一可靠的认识方法;自然是有规律的,

---

①　[英]约翰·齐曼:《真科学——它是什么,它指什么》,曾国屏等译,上海科技教育出版社 2002 年版,第 102 页。

②　[英]约翰·齐曼:《真科学——它是什么,它指什么》,曾国屏等译,上海科技教育出版社 2002 年版,第 101 页。

规律是客观的,自然是可知的;等等。

为什么要采取自然主义的立场? 齐曼指出,这是因为科学原本就是一种自然种类,而不是一种抽象范畴。"换言之,我们遇见科学,就像我们遇见一把椅子、一只老虎或一座城市一样,一眼就能把它认出来,而不必求助于具体的公式。"①在齐曼那里,就论述科学规范而言,所谓采取自然主义的立场,在具体做法上主要表现在以下两个方面:一方面是立足科学实践论述科学规范。齐曼认为,自然主义的立场就意味着研究科学的整体及其各个侧面应当立足科学实践的实际,而不是从某种先定观念出发。用他的话说即是:"我在本书中勾勒的是与科学知识实际被产生和被应用的方式一致的自然主义认识论。实际上,我们已经逆转了元科学传统。我们不是试图用一套预设的理想化的哲学原理为科学实践辩护,而是已经从对科学得以运行的社会建制的分析中得出关于科学认知方法和价值更为现实的说明。"②事实证明,齐曼在其著作《真科学——它是什么,它指什么》第5章至第9章中关于向后学院科学转变时期科学规范的内涵、表现、作用和评价等的所有论述,统统都是出于对生动活泼的科学实践的提炼和概括。另一方面是运用自然主义语言。所谓自然主义语言,就是能够为包括科学家在内的公众易于理解的语言,这是自然主义在表述形式上的内在要求。这一点乃是齐曼所述科学规范乃至整个科学的指导原则之一,为此他声称:"总之,我在本书中除非采用最直接、最简

---

① ［英］约翰·齐曼:《真科学——它是什么,它指什么》,曾国屏等译,上海科技教育出版社2002年版,第15页。

② ［英］约翰·齐曼:《真科学——它是什么,它指什么》,曾国屏等译,上海科技教育出版社2002年版,第395页。

洁的'外行语言'否则不能畅所欲言。这不仅仅只是为了让绝大多数人能够理解它,也不仅仅只是为了使得科学家能够从中认可自己。这还在于,正是运用这样的语言,'科学'才得以表征多面的自然实体(many-sided natural entity),并具有了一种描述其自身方方面面的自洽的术语。"①

(二)多学科的视角

真科学一定是包含多种多样因素的复杂的多面体。其中,哲学的、社会学的、心理学的、认知科学的,乃至政治学的、经济学的、美学的、伦理学的、宗教学的因素等应有尽有,而且彼此相互交错。因此,要研究科学及其规范等,需要采取多学科的视角。

齐曼强调,研究科学及其规范等,采取任何单一学科的视角都是有缺陷的。例如,就哲学角度而言,"我们的科学图景,依然受到认识论(epistemology)——即关于知识的'理论'——的深刻影响。现在业已清楚,仅仅诉诸抽象的一般原理不可能解决基本的认识论问题。例如,我们已经注意到,科学活动牵涉到被完全排除在哲学正常范围之外的社会因素"②。就是说,在齐曼看来,就科学的元研究而言,学界一直偏爱哲学视角而忽视哲学以外视角的做法不可取。这是因为,单纯的哲学角度尽管是分析人的认识活动的利器,但由于科学活动本身是融认识因素、社会因素和心理因素等为一体的,所以哲学视角的

---

① 　[英]约翰·齐曼:《真科学——它是什么,它指什么》,曾国屏等译,上海科技教育出版社 2002 年版,第 14 页。

② 　[英]约翰·齐曼:《真科学——它是什么,它指什么》,曾国屏等译,上海科技教育出版社 2002 年版,第 7 页。

效力有限,心理学和社会学的视角是不可或缺的。

就社会学角度而言,齐曼认为,社会学角度充分考虑了科学的社会性,但对于科学和科学规范的描述,默顿科学社会学的主要缺陷是受科学主义的影响较深,其观点过于理想化;而科学知识社会学的主要缺陷是抹杀了科学与其他知识形式、社会生活形态、社会建制的差异,陷入了相对主义的泥潭。因此,齐曼在默顿科学社会学和科学知识社会学之间采取了一种取长补短的态度。他在对科学及其规范的分析中基本站在默顿学派的立场上,但也宽容吸收了科学知识社会学的合理之处,坦率地承认科学知识是渗透了一定社会利益的。

此外齐曼还强调,在关于科学及其规范的元研究中,那种忽视认知角度和心理学角度的做法是不应当的。这是因为,科学最重要的特征就是其高度的探索性,它需要科学家不断试错、不断付出全部心智去发现问题、提出假说、搜集证据和进行缜密的逻辑思考。一句话,进行大量的认知和心理活动。为此,他说:"……认知(cognition)是科学的社会维度和认识维度之间至关重要的联系。"①总之,"我们的科学新图景因此凭靠非常广阔的学术学科。关于什么值得信赖的传统哲学问题,就必须与相信者共同体(communities of believers)的社会学分析结合起来。感知、认知和语言,都发挥着它们的作用。甚至带有人文色彩的移情(empathy)概念——即进入他人思想和感受的能力——在社会科学和行为科学中也有自己的地位。"②

---

① 〔英〕约翰·齐曼:《真科学——它是什么,它指什么》,曾国屏等译,上海科技教育出版社2002年版,第7页。

② 〔英〕约翰·齐曼:《真科学——它是什么,它指什么》,曾国屏等译,上海科技教育出版社2002年版,第8页。

基于上述考虑,齐曼认为,研究科学及其规范应当采取多学科的视角,尤其要重视社会学、哲学和心理学三个学科视角。他说:"如同它是社会学的、心理学的和器物的一样,它确实也是一种哲学事业。社会学纬度和心理学维度应当对传统哲学维度加以补充,而不是替代它。我想要说的是,如果'爱争论的追求真理的共同体'有某种'本质'(essence)——对此我是表示强烈怀疑的——那也不会被这些维度中的任何一个所单独占有。"①同时,考虑到"科学最有形的方面,在于它是一种社会建制(social institution)……因此,社会学维度对于我们的图景就是基本的"②。就是说,齐曼所采取的是以社会学为主的多学科视角。

三、齐曼科学规范思想的主要内容

整体上看,齐曼所描述的关于向后学院科学发生转变时期的科学规范的内容主要表现为两个方面:一方面是坚持默顿科学规范思想;另一方面是对默顿科学规范作出适当修正。

(一)对默顿科学规范思想的坚持

其一,在分析向后学院科学发生转变时期的科学规范时,齐曼坚持以默顿科学规范思想为框架,认为向后学院科学发生

---

① [英]约翰·齐曼:《真科学——它是什么,它指什么》,曾国屏等译,上海科技教育出版社2002年版,第102页。
② [英]约翰·齐曼:《真科学——它是什么,它指什么》,曾国屏等译,上海科技教育出版社2002年版,第5页。

转变时期的科学规范与默顿科学规范仍有较强的连续性;其二,齐曼在具体阐述向后学院科学发生转变时期的科学规范时,异常突出地强调了向后学院科学发生转变时期的科学规范必须坚持科学知识的客观性,而这一点正是"普遍主义"的灵魂。齐曼还坚持认为,在后学院科学中,学科进一步交叉,科学家所面临的科学问题应用性增强,而科学研究的跨学科性质和复杂性大大增强,因此,较之学院科学,后学院科学对独创性和有组织的怀疑的要求不仅没有降低,反而提高了;可靠知识的确立仍然需要交流和批判的过程,"对于科学知识,无论是新的还是旧的,都应该持续地仔细检查可能的事实错误或论证的矛盾。任何合理的批判性的评论应当立刻公布于众。这项规范(指有组织的怀疑——引者注)在科学共同体内使证实的程序制度化,要求全体科学家有严密的智力训练和严格的批评标准。在交流和研究经费申请的同行评议中,在科学会议的非正式讨论的传统中,在所有其它的对发现结果的鉴定过程中,都是明显的"①。因此,对有组织的怀疑的要求也提高了。

（二）对默顿科学规范的修正

在齐曼看来,默顿科学规范基本上合理,但突出的缺陷是理想化。他说,默顿规范是"规定科学家应该尽力遵循的理想的行为模式。这种精神气质本身或多或少地是一致的,但是它不可避免地同形形色色的其他个人的和社会的考虑发生冲

①　[英]约翰·齐曼:《元科学导论》,刘珺珺等译,湖南人民出版社1988年版,第125—126页。

突"①。基于这一认识,齐曼对默顿科学规范的修正工作的着力点乃在于从当前学院科学向后学院科学转变时期鲜活而本真的科学实践中概括和提炼出科学规范。事实上,这也就是他采取自然主义立场、立足科学实践论述科学规范,以及采取多学科视角、立体化深入阐发科学规范的真谛之所在。

齐曼对默顿科学规范主要做了以下几方面的修正:第一,把公有主义列为科学共同体的首要规范,并突出了公有主义对科学知识客观性的要求。这项修正尽管坚持了默顿关于公有主义对科学知识所有权的约束,进而要求科学家应及时发表研究成果的思想,但实际上只是出于有利于科学发现成为公共知识而提倡科学家在适当时机公开自己的发现,却未对此作出严格限定。就是说,齐曼在赋予公有主义的含义中,放弃了默顿所主张的严禁保密的告诫,为新发现公开的时间、地点和方式等预留了充分余地。第二,把科学知识的普适性作为普遍主义的重心。这项修正表明齐曼坚持了默顿关于坚守科学知识客观性的普遍主义立场,但对普遍主义的客观性要求有所放宽。这是因为,科学知识的普适性实质上是指科学知识的主体际性,即主张科学知识是可以在任何人之间交流并被任何人所接受的东西,而并非一定完全符合经验事实并和已有知识相一致。这是对科学检验标准的放宽,从而为利益和价值等社会因素对科学知识的渗透留下了余地。第三,淡化无私利性。在齐曼看来,在从学院科学向后学院科学的转变时期,整体来看,科学知识生产是在国家和企业等科学资助方的利益和价值需求

---

① [英]约翰·齐曼:《元科学导论》,刘珺珺等译,湖南人民出版社1988年版,第128页。

等应用语境中进行的,即便是从事"纯科学"研究的科学家,也有自己显著的职业利益,因此,像默顿那样,要求科学家奉行无私利性的规范是不现实的。对于后学院科学,无私利性已很难发挥作用。不过,考虑到在向后学院科学转变时期还有一定的学院科学成分存在,而且,即便后学院科学也不能容忍那种因私欲膨胀而伪造、篡改或剽窃科学成果等越轨行为,因此,无私利性不能完全废止。只是和默顿科学规范相比,在齐曼这里,无私利性作为转变时期的科学规范已经大大淡化了。第四,增列独创性。前面说过,尽管默顿也曾表示独创性可以作为科学规范之一,但他在正式场合终究没有将它和其他几条规范并列。齐曼正式将独创性列入科学规范行列表明,在他看来,在向后学院科学转变时期,由于学科交叉、复杂性科学崛起,以及应用问题难度不断增加等因素,使得对科学家的独创性要求日益增强了。因此,有必要让独创性在科学规范中从后台走向前台。

不难看出,齐曼的科学规范思想坚持和发展了默顿的科学规范思想。他在科学规范问题上着力去做的工作主要有二:一是根据向后学院科学转变时期科学发展的特点,对默顿四项科学规范的每一项都在不同程度上进行了修正;二是运用多学科的知识背景,详细阐述了科学实践各个环节、各种场合下科学规范的践行问题。不难看出,齐曼所做工作的实质是使科学规范更加贴近科学活动的实际,更加适应当代科技发展的需要。因此,齐曼科学规范思想最突出的贡献是,使处于应然状态的默顿科学规范朝着实然状态迈进了一大步,从而显著增强了它的适用性和时代性。

当然,齐曼的科学规范思想也还是有一定局限性的。他围

于默顿的科学规范框架,对于发展默顿科学规范没有取得突破
性进展。在当代,科学的体制性目标已不单纯是知识的发展
了,服务于长期或短期的国家需要,已普遍成为当今世界各国
科学发展的战略目标。科学体制性目标的变化直接决定了科
学规范必须发生相应的重大变化。正如埃兹科维茨(H. Etz-
kowitz)所说,当代"在科学家中间,最根深蒂固的价值之一是
知识的扩展。把这种价值融入到与知识的资本化相一致的关
系中,构成了科学规范变迁"①。这种变化绝非对默顿科学规
范进行微调所能满足得了的。关于这一点,齐曼似乎也有较清
醒的认识,他明确指出有必要从以下几个方面对默顿科学规范
进行反思:第一,默顿科学规范是否充分必要,有没有必要系统
地提出某些进一步的规范性原理? 第二,是什么因素决定了科
学家必须遵守这些规范? 遵守规范如何奖励? 不遵守规范如
何惩罚? 第三,科学家将科学规范内化为自己的良知或超我的
情形如何? 第四,怎样看待科学规范和科学研究技术规范之间
的关系? 第五,科学规范是否可以超越自然科学界而成为整个
学术界的精神气质? 第六,如何看待默顿科学规范和科学外部
社会规范之间的关系? 第七,科学共同体是依靠其学术精神气
质和某些形而上学假定而成为一种特殊的社会群体的吗? 与
此相关,在向后学院科学转变时期,是否有一个统一的后学院
科学规范? 换句话说,后学院科学规范是统一的还是多元的?
若是多元的,其具体情形如何? 默顿科学规范在后学院科学规
范中还具有某种核心地位吗? 应当说,这些问题对于深入理解

---

① ETZKOWTTZ H. Entrepreneurial science in the academy:A case of
the transformation of norms[J]. Social Problems,1989,36(1):14—29.

和进一步发展默顿规范具有重要价值。只可惜,尽管齐曼在多种场合对这些问题时有触及,但他毕竟未专门给予正面回答。

　　总的来看,齐曼的后学院科学论和对默顿科学规范理论的发展这两项理论贡献是紧密联系在一起的,前者是后者的理由和前提,是为后者张本。正因为后学院科学时代的到来,所以科学规范也才有必要、有可能予以修正和发展。反过来,后者是前者的落实和深化,它充分显示了学院科学向后学院科学转变的时代特征,因此二者是互相依存、浑然一体的。它们分别从不同的侧面刻画了现代科学究竟是什么、它指什么,共同服务于齐曼关于探求科学真相的主旨。

西欧社会建构论:理解科学社会性的新视角*

要想发展科学,首先需要理解科学,即懂得科学的性质、特点和发展规律。在一定的意义上,科技哲学是一个专门从哲学角度从事理解科学事业的学科或研究领域,同时其也十分重视借鉴相邻学科关于理解科学的新成果。

我们注意到,西欧社会建构论作为科学社会学的一个新分支,强调理解科学必须从科学知识入手研究科学的社会性。该理论在科学知识与社会的关系上提出了不同凡响的观点。尽管我们并不完全同意其种种结论,但这一研究毕竟提供了大量新鲜信息,有助于我们加深对科学的理解。因此,很有必要认真对待。

一、爱丁堡学派的纲领与理论

20世纪70年代,英国爱丁堡大学的一批社会学和历史学学者成立了一个"科学元勘小组",主要成员有布鲁尔

---

* 本文原载《文史哲》2002年第2期。

（D. Bloor）、巴恩斯（B. Barnes）、沙宾（S. Shapin）和皮克林（A. Pickering）等。他们基于默顿科学社会学的理论困境，决心以科学知识的内容与社会的关系作为自己的研究主题。经过数年的努力，他们发表了一批著述，在理论上取得了实质性进展，明确提出了独具特色的研究纲领，在科学社会界、科学哲学界、科学史界乃至更广泛的范围内产生了巨大影响。

鉴于他们以专门的社会学方法研究科学知识与社会的关系，相对于默顿传统，人们一般把他们所开辟的研究方向称为科学知识社会学（英文缩写为 SSK）。鉴于科学知识社会学后来又出现了派系分化，相对于其他派别，人们一般称在爱丁堡大学科学元勘小组基础上发展起来的研究群体为科学知识社会学的爱丁堡学派。此外，由于爱丁堡学派以及后来的各个派别统统主张科学知识不是决定于自然界，而是受制于各种各样的社会因素，是社会建构性的，所以人们一般称以爱丁堡学派为代表的这股思潮为社会建构论。

爱丁堡学派注意到，默顿科学社会学建立在如下一套理论观点上：自然界是真实的、客观的；自然科学是对自然界的如实描写，对科学知识的评价有一套严格的客观标准；科学知识的内容由自然界决定而与社会因素无涉。而且，这些观点不单单是默顿学派的观点，还是人文社会科学领域大多数派别共同持有的主张，如实证主义、逻辑实证主义一致强调经验实证的作用，暗含着其信奉如下的理论假定：存在着与理论完全分离的、中立的经验事实；科学理论和中立的经验事实具有确定的对应关系而不会受到具有偶然性、不稳定性的社会因素的作用；以涂尔干、杜尔凯姆、曼海姆为代表的知识社会学研究者注重研究知识与社会因素的关系，但是，他们仅仅承认社会科学知识的内容受社会因素的影响，而否认数学和自然科学知识与社会因素之间存在关联，在对数学和自然科学知识的基本看法上，他们和实证主义是一致的；马克思主义明确把科学作为一种社会现象看待，并且比较强调科学与社会的关系。这一点可说是马克思主义科学观的理论特色。但是，马克思主义承认科学与社会的联系是有限度的，它主张社会需要从整体上对科学发展有动力作用，并且它也承认社会因素对科学发展的方向和速度有影响。至于科学知识内容是否受社会因素的影响或制约，马克思主义是断然否定的。从这一点看，马克思主义与实证主义是有较多共同点的。

为此，爱丁堡学派从一开始就认识到，对科学知识进行社会学研究，从根本上说是一种反传统的做法，要冒很大的风险。不过，爱丁堡学派也受到了许多理论界前辈的鼓舞。他们的理论来源是多方面的，如维特根斯坦的后期哲学、现象学、解释学、法兰克福学派、知识社会学等。其中，影响最大的是美国科学哲学家库恩的范式理论。什么是范式？范式是以主导性理论为核心的科学知识与世界观、方法论乃至科学共同体的信念等的混合体。很明显，在库恩那里，社会因素已渗透进科学知识内部，进而影响了范式的存在和更替。爱丁堡学派从库恩那里看到了科学知识与社会因素建立更广泛联系的可能性。库恩哲学不仅给他们提供了理论上的武器，而且给予了他们独辟蹊径的勇气。爱丁堡学派公开声称，他们以库恩哲学作为出发点，他们的理论是库恩哲学的进一步发展。为此，有人称科学知识社会学为"后库恩科学社会学"。

（一）爱丁堡学派的"强纲领"

爱丁堡学派十分欣赏知识社会学把社会学方法引入知识研究领域的做法，但鄙夷知识社会学对社会学方法的半截子态度。爱丁堡学派的社会学家认为，如果社会学不能贯穿始终地用于解释科学知识，那么这种社会学将是平庸的。他们雄心勃勃地声称，所有知识，无论是可以为人们所接受的神话、魔法、宗教等各种信念系统、文化科学，还是自然科学，都应毫无例外地成为社会学研究的合法领域。为了贯彻他们的这一主张，并把科学知识社会学建设成为一个高水平、高质量的学科，爱丁堡学派的代表人物布鲁尔在其 1976 年出版的代表作《知识和社会意象》中提出了著名的爱丁堡学派"强纲领"，明确制定了科学知识社会学研究的方法论原则。

强纲领由以下四条原则组成：

（1）因果的。所谓"因果的"，即产生信念或知识陈述的条件是有原因的。当然，除了社会原因之外，还有其他原因的作用。这一条可称为因果性原则。它要求社会学家应当把包括科学知识在内的一切知识和信念，都视为社会因素以及其他因素共同作用的结果，或者反过来说，任何知识和信念都一定有其社会的和其他方面的原因。

（2）公平的。就真理和谬误、理性和非理性、成功和失败而言，这种区分的正反两方面都要解释。这一条可称为公平性原则。它是对因果性原则的深化和具体化。意思是说，不仅任何知识和信念都要解释清楚其产生的原因，而且对于任何知识和信念的正反两个方面也都要同等地解释清楚其产生的原因。这一条有一笔抹杀真理和谬误、理性和非理性、成功和失败界限的意味。这是因为,在爱丁堡学派看来,知识并非建立在客观事实的基础上,而是社会建构的,因此无所谓真理和谬误,双方都是人所接受的信念,是完全平等的;同时,爱丁堡学派也不承认不同的知识之间存在必然的逻辑联系,因此也就无所谓理性和非理性。另外,爱丁堡学派认为知识和信念能否被人接受都是因人、因时、因地而异的,成功和失败也是毫无意义的。

(3)对称的。解释的方式应当是对称的,如同一类型原因,既能解释所谓真实的信念,也能解释所谓谬误的信念。这一条可称为对称性原则。它又是对公平性原则的补充和深化。意思是说,对于真理和谬误、理性和非理性、成功和失败这些对立面的双方,不仅都要给予解释,而且解释的时候应当对等,不应使用两套标准。例如,用逻辑性、客观实在性解释真理、理性和成功,而用偶然性、心理因素和社会因素解释谬误、非理性和失败是不允许的。这实际上是在进一步强调社会原因既能用来解释所谓假的、非理性的、失败的知识或信念,也能用来解释所谓真的、理性的和成功的知识或信念。

到这里,爱丁堡学派的主旨就交代得再明白不过了:爱丁堡学派坚信社会因素对知识或信念的作用是决定性的。因此,他们也要求社会学家去探索一切知识或信念及其各个侧面的社会原因。这一诉求相对于知识社会学对社会学方法的低调态度,显得格外明快和强硬。这也就是强纲领之所以冠以"强"的原因之一。

(4)反身的。在原理上,解释的形式应当适用于社会学自身。否则,社会学将被自己的理论所排斥。这一条可称为反身性原则。意思是说,对于科学知识社会学来说,它用来研究科学知识社会学的一切理论和方法应当同样适用于它自身,因为它自身也是一种知识,这是理论彻底性的表现和需要。①

强纲领虽然是爱丁堡学派提出的,但后来基本上被社会建构论的绝大多数科学社会学家接受,遂成为整个社会建构论的研究纲领。

(二)爱丁堡学派的"利益理论"

爱丁堡学派提出了许多理论,其中比较有代表性的是以巴恩斯为主所倡导的"利益理论"。按照强纲领的思路,科学知识与社会因素之间普遍存在着因果关系。如果用 A 代表某种社会因素,用 B 代表某个科学概念或理论,那么,A–B 成立。巴恩斯等人所说的社会因素是什么呢? 他们认为社会因素往往可以用利益来表示。就是说,与科学知识发生关系的社会因素往往最终可以归结为人的某些特定利益。这些利益可以是社会体制或经济体制上的、宗教上的或专业事务上的等,同时,利益作用于科学知识的方式也是千差万别的,可以因具体的时间、地点和条件的不同而不同。

巴恩斯曾通过一些案例分析来说明他的利益理论。其中有这样一个案例:20 世纪初,生物学界在进化观点和遗传观点之间发生了一场激烈论战。争论的双方是以卡尔·皮尔士(Karl Pearson)为代表的生物统计学家和以威廉·巴特森(William Bateson)为代表的"孟德尔主义者"。皮尔士一派认为,生物繁衍是一种通过变异的连续选择而进化的过程,这种

---

① D. Bloor. *Knowledge and Social Imagery*, London：Routlege and Keganpaul Press, 1976, pp. 4—5.

过程是可以预知和控制的。巴特森一派则认为,生物的繁衍是一连串的突变过程,这种过程根本不可预知和控制。巴恩斯认为这场争论的根源在于双方的利益冲突。他认为,皮尔士的进化论点与新兴的优生学密不可分。优生学主张通过逐步改变社会中不同人群的相对出生率来改善种族,其理论基础即是进化论,并且直接代表着新兴中产阶级的利益。因为新兴中产阶级是和当时社会的变化或进步(即新工业秩序的逐步建立)联系在一起的。至于孟德尔主义者,他们之所以强调生物繁衍的不连续性和不可预知性,是因为他们的立场保守,其阶级利益依赖于传统的社会秩序,依赖于土地、农业和《圣经》的权威,害怕社会进步和工业秩序的建立,宣称社会突变的时刻还没有到来。巴恩斯还特别强调,皮尔士出身于伦敦教友派的律师家庭,接受过大学学院教育,是一个典型的中产阶级激进知识分子;巴特森出身于信奉英国国教的剑桥上层家庭,他依赖并维护剑桥贵族的生活方式及这种生活方式所象征的一切东西,是一个反对激进改革的"保守思想家"。不过,巴恩斯也指出,两种学术观点和阶级利益的对应并不意味着新兴中产阶级的每一个人都赞成进化观点,也不意味着贵族和地主阶级的每一个人都赞成遗传观点。实际上,不同学术观点和不同阶级利益之间的对应关系主要是社会结构和整体上的。

应当指出,正像我们前面所说的那样,爱丁堡学派认为,对于知识,真假即使存在也是无足轻重的,关键是知识是否能被科学共同体乃至整个社会所承认、接受。被科学共同体和整个社会承认和接受的知识才可称为科学知识。我们理解巴恩斯等人的利益理论时,一定要牢牢把握这一点,不能说进化和遗传两种观点哪一种更能反映自然事实,或在哪些方面更具有合理性,更不能说它们分别代表哪个阶级的利益,是客观上的、被动的。恰恰相反,我们应着重去看哪种理论被哪个阶级承认了或主动选择了。站在爱丁堡学派的立场看就是:进化论是为新兴中产阶级所接受,为贵族和地主阶级所排斥,因而它在新兴中产阶级眼里就是科学理论,在贵族和地主阶级眼里就是谬误的知识;遗传观点也是同样的道理。承认了这一点,就不难理解巴恩斯等人的结论,正是新兴中产阶级的利益决定了进化论是科学理论,贵族和地主阶级的利益决定了遗传观点是科学理论。不同的利益决定不同的科学理论,一句话,利益是科学理论的决定性因素。

二、社会建构论的微观研究

随着爱丁堡学派的日趋活跃,科学知识社会学的研究队伍迅速扩大。不仅不断有新人加入进来,就是默顿传统队伍中的学者乃至默顿的学生也有转到这方面来的。于是自20世纪80年代以来,科学知识社会学已经成为科学社会学的主流。科学知识社会学的标新立异、锐意进取和默顿科学社会学的老气横秋、强弩之末,形成了鲜明对照。以至于默顿传统的当代传人S.科尔无可奈何地声称:西欧建构论者"他们人数不多,但在差不多十多年的短期扩张中,这个小组得以完全支配了科学社会学及称为科学之社会研究的交叉领域。尽管有人想否认这种支配性,因为他们在意识形态上不愿把自己视为权力精英,他们对所有主要协会和专业杂志的控制对于参与这一领域的每个人而言都是明显不过的"①。

　　就是在这种情况下,科学知识社会学发生了派系分化。从研究方法的角度看,可大致分为两大派:一派运用宏观的研究方法,按照他们自己的说法可称为"宏观—定向相一致研究"。这一派主要就是前面介绍的以巴恩斯和布鲁尔为首的爱丁堡学派,其特点就是按照传统的方式研究科学知识和政治、经济、文化等宏观社会变量之间的关系。另一派是运用微观的研究方法,按照他们自己的说法可称为"微观—倾向发生学研究"。这一派非常关心科学家怎样从事和谈论科学,关心科学知识的产生过程,而不像默顿传统或爱丁堡学派那样关心科学活动的静态产品和结果。这一派里面包含几个分支:一是实验室研究,后面将作扼要介绍。二是科学争论研究,即对科学发展过程中所发生的科学争论进行案例研究,研究的重点是在对一个科学问题的两种相互冲突的解决方案进行选择时,社会因素是如何影响这种选择的。代表人物为柯林斯(M. H. Collins)、品奇(T. Pinch)和皮克林(A. Pickering)等。三是谈话分析研究,主要致力于分析从开玩笑一直到诺贝尔奖颁发仪式上的致辞等正式和非正式场合下科学家的谈话。该研究关心的是科学家在不同的时空条件下通过谈话所表露出来的非科学的、与社会内容有关的东西。同时,通过分析比较科学家就某项研究正式发表的论文与科学家接受访问时关于该项研究的谈话记录,更真实地说明科学家工作的实际情形,了解科学的社会建构性,代表人物为吉尔伯特(N. G. Gilbert)和马尔凯

---

　　①　[美]S. 科尔:《巫毒社会学:科学社会学最近的发展》,刘华杰译,《哲学译丛》2000 年第 2 期。

(M. Mulkay)等。四是自反性研究,它是运用社会建构论研究科学知识与社会关系的原则和方法来分析社会建构论本身的工作。社会建构论在发展过程中遇到了来自它自身的一系列挑战,例如,既然社会建构论者非常蔑视经验检验和逻辑论证,那么他们自己研究时所运用的方法不也是经验性和逻辑性的吗? 自反性研究的意图就是自我开脱、自我保护,说明自反性不仅不应被看作难题,相反,它为社会建构论的研究提供了有意义的发展机会,代表人物为埃什莫尔(M. Ashmere)和伍尔加(S. Woolgar)等。

下面扼要介绍一下实验室研究,以窥见社会建构论微观研究之一斑。

社会建构论开展实验室研究可说是既有其必然性,也有一定的偶然性。既然社会建构论者十分强调从动态过程的角度研究科学知识和社会因素的关系,那么他们就不可避免地提出这样一个问题:科学知识是怎样生产的呢? 实验室是科学知识生产的第一现场,用他们的话说是"生产知识的作坊"。因此,他们很容易想到跟踪科学家进入实验室,开展实验室研究,这是必然性。

偶然性的情况方面,社会建构论实验室研究的开创者拉图尔(B. Latour)曾接受美国索尔克研究所的格列明教授的热情邀请,前往后者的实验室从事"认识论研究",格列明教授还主动表示愿意提供研究经费。就这样,自1975年10月至1977年8月,拉图尔在这个著名的实验室进行了为期两年的跟踪考察。也就是在1977年这一年,格列明和另一位科学家分享了该年度的诺贝尔生理学或医学奖。考察的结果是拉图尔和另一位参与考察的社会学家伍尔加(S. Woolgar)联名出版了《实

验室生活:科学事实的社会建构》一书。不久,美籍奥裔女社
会学家诺尔-塞蒂娜(K. Knorr-Cetina)也进行了一项实验室
研究,并于1981年出版了《知识的制造》一书。自此以后,实
验室研究在社会建构论者中间便蔚然成风,并陆续出现了一批
有影响的著作。

总的来看,所有实验室研究的一个核心观点是:科学事实
或科学论文是社会建构的,只是不同研究者的论证不同。

例如,拉图尔和伍尔加认为,实验室说到底是由机器、仪器
和实验技术人员等结合在一起的一套文学标记装置。文学标
记(Literary Inscription)是解释学家德里达的用语,在实验室研
究中是指轨迹、点阵、直方图、记录数据、频谱和峰值等实验结
果。正是这些文学标记被人们解释为"事实"。这些文学标记
并非像许多人所想的那样是自然现象和过程的如实表现,它的
产生和解释过程中充满了偶然的、人为的因素,如实验室的科
学仪器等物质条件的作用至关重要。实验本质上是一种物质
过程,是对不确定世界的物质性介入。人是通过物质条件与自
然现象打交道的。物质条件对实验结果有不可忽视的作用。
玻尔所主张的对量子现象的描述不能脱离科学仪器物质条件
作用的观点,对于近代科学诞生以来所有的科学实验都是适
用的。

此外,拉图尔通过对实验室中科学家的考察还发现,科学
家接受某种意见或对某种科学知识的评估常常不是看意见或
知识的内容,而是主要着眼于个人研究兴趣的侧重、职业实践
上的需要、学科未来的发展方向、时间的限制、对科学从业人员
的权威乃至对人格的评价等,而且其间往往穿插有同行间的协
商和随机判断等。

　　或许,最能说明科学事实在实验室产生过程中是否充满社会因素的,莫过于分析科学家从事研究的心理动机了。拉图尔和伍尔加通过实验室中的跟踪观察发现,科学家们日常生活中使用"信用"一词的频率很高,把"信用"看得很重。信用问题几乎渗透到科学研究的每一个环节和实验室科学家活动的每一个动作。例如,在科学家们看来,利用别人的资料就是利用别人的信用,共同发表文章是共同分享信用,得到仪器就是得到生产信用的工具,获得奖学金就是获得扩大信用的资本。评估自己在某个领域的机会时,科学界往往首先想到的也是信用,包含着一种对信用得失的准经济计算。于是他们得出结论说,科学界研究的动机就是得到信用,不断提高"信用度"。

　　为此,拉图尔和伍尔加类比市场经济的运转机制,提出了"信用度循环"理论。他们认为,科学家在科学领域做每一件事都是为了获得信用。随着信用的积累,信用度随之增加,而信用度的增加就意味着有了进一步投资以获得更高信用的能力。得到奖励、资助、晋升职称等不是科学家的最终目标,只是信用投资大循环的中间环节。科学家的终极目标是信用能力持续不断地积累和获得更多的信用。既然信用对于科学家这么重要,那么科学家最关心的自然就是如何说服其他科学家,以及那些对科研条件有影响的人了。①

　　正是依据上述事实和理论,拉图尔和伍尔加断定,实验中的科学事实不是被发现出来的,而是被制造出来的。

　　关于科学事实和科学知识的制造,诺尔-塞蒂娜是这样认

---

① 参见赵乐静、浦根祥:《给我一个实验室,我能举起世界》,《自然辩证法通讯》1993年第5期。

为的:第一,科学现实即实验室环境是高度人工化的。实验室中不仅仪器和设备是人工制造的,而且各种原材料也是专门准备的,如化学试剂是经过提纯的,实验用的动植物是专门选育、培养的,等等。第二,科学实验中的活动是决策-负荷的。实验中所有的活动和步骤都经过了周密的计划,带有很强的目的性,甚至实验结果也是预想的。第三,实验活动无不具有因时因地而异、偶然发生的特点。例如,做实验需要个人不可言传的技巧和知识,带有极强的个人色彩。也正是基于这一理由,社会建构论否定了重复实验的可能性。第四,实验活动是开放系统,关联着整个社会。科学界与社会上的非科学机构及角色的相互作用和磋商,直接影响着对实验事实的解释和选择。科学界为了得到工业界、出版界和政府部门的支持,为了在大学谋取一个职位,往往导致研究者改变自己研究项目的名称、程序,甚至改写科学论文的关键内容。

诺尔-塞蒂娜认为,上述各个方面都会显著作用于科学事实的内容,共同决定科学事实的面貌。她曾比较和分析了一篇科学论文的 16 份草稿,发现由于包括上述各种情况在内的多方面原因,最后发表的正式文稿同第一稿相比已经面目全非,从内容到形式都有了大幅度的实质性改变。为此,她认为正式发表的论文完全"曲解"了"实验室内观察到的工作"。

三、反应与评论

目前,国际学术界对社会建构论褒贬不一,科学社会学中的默顿传统反应尤为强烈。默顿、S.科尔、本-戴维、巴伯、朱克曼等领袖人物都作出了回应,而且基本上持批判态度。S.科尔甚至贬称社会建构论为"巫毒社会学"。科学哲学中的历史学派如库恩、劳丹以及属于批判理性主义的拉卡托斯等人也都表了态。他们的基本态度也是批判性的。如库恩说:"有人发现强纲领的主张是荒谬的,是一个发疯的解构实例,我就是其中的一员。"①科学界的反应比较冷淡,基本上置之不理,也有的人提出了有分寸的批评。如拉图尔"实验室研究"所在实验室的负责人、脊髓灰质炎疫苗的发明者索尔克在为拉图尔《实验室生活》一书所写的序言中称,该书读了令人不快甚至痛苦。他责备作者只是见到了实验生活的表面,并不懂其实质。此外,物理学家罗杰·牛顿和约翰·齐曼都发表了颇有影响的意见。例如,罗杰·牛顿声称,他写作《何为科学真理》一书旨在"详细考查和批评某些最有名的这种建构论者的著作,对他们的论点我绝对不能苟同"②。

总的来看,国际学术界对社会建构论的评论主要有以下几点意见。

第一,科学观念的变革。该评论称赞社会建构论是一场智力运动,是一种看待科学的方式。他们帮助社会学家们从那种看待科学、科学家和科学家行为的实证主义的简单观念中挣脱出来。在科学如何运作的问题上,这些成果比以前精致得多,也令人感兴趣得多。

第二,为科学社会学的发展作出了卓越贡献。社会建构论

---

① 刘华杰:《科学元勘中SSK学派的历史与方法论述评》,《哲学研究》2000年第1期。

② [美]L.G.牛顿:《何为科学真理:月亮在无人看它时是否在那儿》,上海科技教育出版社2001年版,第4页。

学派的最优秀的成果为科学社会学作出了重要贡献。默顿传统的科学社会学家们对此应刮目相看。希望两派能握手言和,共同解决社会建构论思路所造成的许多疑惑。

第三,社会建构论的工作并没有达到预期的目的。社会建构论的全部工作都是为了说明社会因素向科学知识内部的渗透,但是整体来看,他们的工作是失败的。这是因为,一方面,他们的研究是在不关心、不了解或有意忽略科学知识本身的经验内容和逻辑因素的情况下进行的,满眼看到的统统是社会因素;另一方面,他们所有的论证都是缺乏说服力的。他们所说的社会因素对科学知识的影响都算不上是对科学知识内容的影响。总之,他们仍然停留在知识的外部,同样没有打开科学知识的黑箱。

第四,社会建构论的工作从根本上说是徒劳的。他们突出的创造性之一是引进了许多新的经验方法,如人类学研究方法、语言分析方法或社会修辞学等。引进这些方法是为了更深入地进行经验研究,以期更有力地证明他们关于认识因素与社会因素不可分离的哲学观点。但事实上,任何哲学观点都是超验的,无须经验证明,经验也证明不了,因而他们的工作是徒劳的。

第五,社会建构论的工作是有害的。首先,它把科学社会学引入了歧途。依赖经验事实论证哲学观点,违反了社会学的经验性研究原则。这种做法抹杀了科学社会学的学科性质和特点,不利于科学社会学的独立、健康发展。其次,它具有浓厚的反科学气息。社会建构论的研究名义上是揭示实际运作中的科学过程,实际上是蓄意渲染科学的世俗层面和混乱现象,有人甚至把科学与巫术、神话、灵学等量齐观。他们的著作中处处散发着一种贬低科学的阴冷气息,而且他们中的确有人具有反科学的自觉意识。

上述观点有的比较中肯,有的则比较偏执。站在科技哲学的立场,我本人对社会建构论大致有以下几点粗浅看法。

（一）向马克思主义科学观提出了严峻挑战

在科学观上,我国科技哲学的主流基本上沿袭了马克思和恩格斯的主张,认为自然科学是对自然现象和过程的本质与发展规律的客观反映。然而,社会建构论提出,自然科学知识在生产过程中不可避免地掺进了科学家热烈追求的利益和愿望、无可奈何的妥协和退让等社会的、主观的因素,因此,科学知识与其说是自然界的客观反映,毋宁说是包括大量社会因素和主观因素在内的各种因素的社会建构。这无疑是向马克思主义科学观提出了严峻挑战。事实明摆着:如果我们拒斥社会建构论,那么就应当从理论与事实的结合上彻底驳倒它;如果我们接受社会建构论,就会引起一系列的连带问题。例如,如何看待科学的阶级性? 过去,对于科学的阶级性我们是明确予以否定的;研究科学的人可以有阶级性,而科学知识则不带有任何的阶级性。20 世纪 50 年代以前的苏联理论界和 20 世纪 70 年代的中国曾竭力主张"自然科学具有阶级性",并分别遭到了严厉的批判。现在,按照社会建构的观点,似乎自然科学具有阶级性是不言而喻的。对于这个问题,研究科技哲学的人应当给出一个有说服力的回答。再如,如何看待科学的价值负载? 依据马克思主义科学观,技术具有价值负载,而科学则不具有价值负载。科学的负面效应,根子在于人和社会制度所造成的对科学技术的不合理运用,因此,解决科学负面效应及其所带来的各种问题的关键在于变革社会制度、调整生产关系,使之朝着有利于绝大多数人根本利益的方向发展。倘若依据社会建构论,情况就大不一样了。社会建构论认为科学具有价值负载是理所当然的事,因此科学自身应当对其负面效应及其所引起的各种问题负主要责任。解决科学负面效应引起的各种问题的根本出路,如果不是倒向反科学一边的话,那就应该是有效地控制科学知识产生过程中的价值渗透。就是说,在科学知识一开始生产的时候,就需考虑或预见其可能有的负面效应,从而在科学知识的生产过程中有效地协调和控制价值因素渗透的质、量、方向和强度。尽管我本人至今未看到社会建构论是如何回答这一问题的,但是上述结论应当是符合其内在逻辑的。我们是否同意上述结论?也需要给予明确回答。总之,社会建构论在科学观的研究上提出了大量有深度的研究课题。

(二)开阔了科学与社会互动关系研究的视野

科技哲学一向从哲学角度关心科技与社会的互动关系。不过,在论及社会对科学的作用时,通常仅仅局限于以下几点:科学需要的物质资源和人力资源是社会提供的,科学研究的课题是社会提供的,科学使用的语言是社会提供的,等等。人们很少把目光投向科学知识内部。现在,社会建构论的大量研究告诉我们:不论从宏观上还是从微观上看,或者说,不论从科学知识的存在、评估、传播,还是从科学知识的生产过程看,科学知识都要受社会因素的作用。这种作用尽管不是社会建构论者所认为的那样是决定性的,但这种作用的存在当是毫无疑问的。承认这一点,就意味着为科学与社会互动关系的研究开辟了一片新天地。它启发科技哲学工作者应当关注科学知识生产过程中的科学与社会的互动关系。

（三）丰富了我们对科学认识真理相对性的理解

过去我们常说真理是有相对性的。人们在一定条件下对客观过程及其发展规律的正确认识总是有局限性的、不完全的。从整个客观世界看，任何真理性的认识只能是对无限宇宙的一个部分或片段的正确反映；从特定事物或现象来看，任何真理性的认识都只是对该对象一定方面、一定程度、一定层次的正确反映。基于社会建构论的研究，真理的相对性恐怕不仅仅是人们对客观世界在广度和深度上认识的局限性，这其中应当包括社会因素的渗透。过去人们一向把社会因素仅仅看作是对认识客观性的一种遮蔽，其实，社会因素的影响是人的认识无法摆脱的。任何具体的认识都是由社会中的人做出的，也一定是发生和存在于具体的社会因素之中的。社会因素是人的具体认识的一个有机组成部分。所以，人的具体认识永远处于一种相对状态之中，只不过程度不同而已。

此外，社会建构论的研究在促进社会科学与自然科学的携手共进、科学精神与人文精神的统一和融合、探讨科学知识生产的规律性，以及推进科学成果质量评价的科学化等方面，也有不可忽视的建设性作用。

与 SSK 对话：中国科技哲学的前沿课题[*]

一、SSK 产生的影响

20 世纪 80 年代以来,诞生于 20 世纪 70 年代的 SSK 即科学知识社会学(Sociology of Scientific Knowledge,首字母缩写为 SSK)超越科学社会学的默顿传统,一跃成为科学社会学的主潮流,以至于默顿传统的主要人物之一 S.科尔在谈到 SSK 时无可奈何地说:"他们人数不多,但在差不多十多年的短期扩张中,这个小组得以完全支配了科学社会学及称为科学之社会研究的交叉领域。"①

随着 SSK 的日趋活跃和队伍扩大,SSK 已经划分为两大流派。一派称为"宏观—定向相一致研究",主要是按照传统的方式研究科学知识和政治、经济、文化等宏观社会变量之间的关系;另一派称为"微观—倾向发生学研究",主要是关心科学家怎样从事和怎样谈论科学,并注重考察科学知识生产过程中

＊ 本文原载《哲学动态》2002 年第 12 期,中国人民大学报刊复印资料《科学技术哲学》2003 年第 3 期转载。本文获 2003 年山东省高等学校优秀社科成果一等奖。

① [美]S.科尔:《巫毒社会学:科学社会学最近的发展》,刘华杰译,《哲学译丛》2000 年第 2 期。

社会因素的作用。后者主要包括实验室研究、科学争论研究、谈话分析研究和自反性研究等小分支。

SSK 不仅在科学社会学领域取得了话语霸权，而且在科学社会学界、科学哲学界、科学史界乃至更广泛的范围内产生了巨大影响。科学哲学中的历史学派代表人物如库恩、劳丹，以及属于批判理性主义的拉卡托斯等人都对 SSK 发表了意见。如 1992 年在罗斯柴尔德（Rothschild）演讲中，库恩批评 SSK 说："有人发现强纲领的主张是荒谬的，是一个发疯的解构实例，我就是其中的一员。"劳丹在《相对主义与科学》中则对 SSK 做出了较客观、冷静的评价。科学社会学中的默顿学派反应尤为强烈，默顿、S. 科尔、戴维、巴伯、朱克曼等领袖人物都予以了回应。S. 科尔在《科学的制造》一书中声称，他写此书的目的之一是"我想让那些仍然坚持实证主义的社会学家注意到自 1970 年以来在科学的社会性研究中所取得的成果。在科学是如何运作的问题上，这些成果比以前精致得多，也令人感兴趣得多。而实证主义的自然科学观不过是一些过时的套话"①。但他在一篇有影响的论文中却贬称 SSK 为"巫毒社会学"。大致来看，科学哲学界和默顿科学社会学阵营对 SSK 的评论意见主要是：一方面肯定 SSK 是一场智力运动、一种看待科学的方式，发动了一场科学观变革，对科学哲学和科学社会学的发展起到了促进作用；另一方面，则批评 SSK 以经验方法研究哲学观点而且观点偏激，反科学色彩浓厚。

国内科技哲学界对 SSK 的反应有点滞后，《科学与哲学》

----

① ［美］S. 科尔：《科学的制造——在自然界与社会之间》，林建成、王毅译，上海人民出版社 2001 年版，第 2 页。

1982 年第 3 期刊载的译文《库恩和科学社会学》大概是在我国最早出现的 SSK 文献之一。南开大学刘珺珺先生在其 1990 年出版的《科学社会学》中辟专章介绍 SSK,表明中国科技哲学和科学社会学界对 SSK 有了真正的自觉意识。兹后,开始出现有分量的研究论文,但直到 20 世纪末,研究论文的数量才呈现出较快的增长势头。截至 2001 年年底,笔者在哲学和社会学有关期刊上查到的研究 SSK 的论文有 40 余篇。2001 年前后还翻译出版了《科学的制造》《人人应知的科学》《人人应知的技术》《书写生物学》《创立科学》《何为科学真理》以及中国台湾出版的《科学与知识社会学》等 SSK 方面的著作。

　　总的来看,包括科技哲学界在内的国内学术界在 21 世纪初对 SSK 仍处于介绍和消化阶段。除在"SSK 与经验主义的关系"等个别问题上曾发生过小范围的争论外,绝大部分已发表的有关论文都是介绍性的,评价或"接着说"的分量较少;对其在哲学理论和社会实践上已经和正在发生的影响更是缺乏全面而清醒的认识。尽管这些论文的作者不少是从事科技哲学研究的,但立足于科技哲学评价或应对 SSK 的论文就更少了。直到 2002 年 1 月,中国才出现了第一部介绍和研究 SSK 的专著《科学的社会建构》(赵万里著,天津人民出版社 2002 年出版)。

二、SSK 研究的重大意义

　　表面看来,SSK 由默顿传统的科学体制研究转向深层次的科学知识的研究,不过是科学社会学研究的一种深入。其实,其理论影响所及,已经远远超越了它所在的学科,而指向更广泛的领域。应当说,在科学观、真理观、自然观和社会观等方面,SSK对中国科技哲学造成了巨大冲击,而且,由于SSK建立在严谨、细致的经验研究基础上,以及它所具有的后现代主义背景,这种冲击显得格外严重。为此,我们必须充分认识研究SSK的重大意义,我认为有以下几方面。

（一）促进科技哲学的学科建设

尽管SSK与科技哲学在研究方法上有本质的不同,但是,由于二者都共同关心科学与社会的互动关系,因而SSK研究对于科技哲学具有重要的参考价值。SSK的许多观点,如自然界没有统一性、科学知识没有客观性、科学知识与其他信仰体系(如神话、巫术、宗教)之间的趋同、观察是一种主观的诠释过程、科学知识是磋商的产物等,与科技哲学的主流观点迥然相异甚至截然相反。客观上,这意味着向科技哲学提出了挑战,科技哲学应当而且必须作出有力的回应。通过回应,既可以澄清SSK在许多问题上所造成的混乱,也可以使科技哲学增强时代感,扩大研究深度和广度,丰富和完善各项基本理论。此外,SSK的有些观点和做法,如对科学知识生产过程中社会因素渗透的精细分析,对建构在科学知识形成过程中作用的刻画,对理论与观察互渗关系的考察,进入实验室研究现场,对科学家进行深度访谈,以及对科学争论进行案例分析等做法,对推动科技哲学的发展都极有建设性意义。

(二)树立正确的科学观,促进社会主义精神文明建设

SSK 的研究是以其特定的科学观为理论前提的。一方面,SSK 的科学观具有一定的积极作用,因为它力求接近科学实际的努力,有助于人们从那种看待科学活动、科学家和科学知识的实证主义的简单观念中挣脱出来;另一方面,SSK 的所有研究始终贯穿着一个共同的精神,即蓄意渲染科学的世俗层面,夸大科学中的越轨行为,竭力抹杀科学知识与巫术、神话、灵学和宗教等知识的界限,这表明,在科学观上,SSK 对科学持一种贬抑和批判的态度。也正因为如此,许多人认为 SSK 具有明显的反科学倾向。这就决定了从科技哲学的角度对 SSK 的科学观进行全面评价,剖析其反科学倾向,是关系到引导人们树立一个什么样的科学观的问题,而树立正确的科学观恰恰是当前我国社会主义精神文明建设的一个重大问题。

(三)优化科技管理,推动科学技术的发展

首先,SSK 重视科学知识生产的动态过程,着力研究科学知识生产过程中文化与社会变量的作用,为此,SSK 的社会学家们不知疲倦地深入实验室跟踪科学研究过程,分析科学家的谈话等。应当说,这种研究对于揭示科学知识生产的微观机制和基本规律是大有裨益的。其次,SSK 重视科学知识的评价机制,力图揭示文化与社会变量对科学知识评价的作用。显然,这种研究有利于推进科学成果质量评价的科学化。最后,SSK 强调文化与社会变量对科学知识内容的作用,甚至认为科学知识内在地包含着文化与社会因素。如果承认了这一点,势必引

发人们思考："技术衍发于科学"这一传统观点还是正确的吗？不难想象，如何回答这一问题，对于人们在科技管理中如何处理科学和技术的关系至关重要。通过以上几项列举，足见从科技哲学角度研究 SSK 对于优化科技管理、推动科学技术发展的实践意义之巨大。

三、SSK 提出的若干理论

作为一种具有哲学性质的国际性学术思潮，SSK 提出了大量新理论。这些理论从科学知识的形成、发展、应用、评价等各个环节和层次赋予了科学知识以社会建构特性和文化价值属性，而且大都构思精巧、新意盎然，需要逐一予以剖析。这里不妨列举以下几种。

（一）"利益理论"

"利益理论"是爱丁堡学派的代表性理论之一，其基本观点是：一切社会变量最终可归结为社会集团的利益。因此，所谓"社会变量"是科学知识生产的决定性因素，利益是科学知识生产的决定性因素。利益可以是政治体制或经济体制上的、宗教上的或专业事务上的，等等。利益作用的方式千差万别。利益理论提出了一系列有待研究的理论问题：利益是否影响科学知识的内容？利益影响科学知识的方式是什么？等等。

（二）"磋商理论"

SSK 一向认为，指出科学活动中"磋商现象"的存在是其一大发现。该理论认为,科学中并不存在直接的认识一致,不同意见是经过"磋商"达成一致的。磋商分为两种:科学家之间的磋商,以及科学家与企业、政府等社会机构之间的磋商。磋商直接制约着对科学事实、科学理论的选择和解释。磋商理论的提出的确开阔了科技哲学关于"科学与社会"研究的视野,但是,磋商怎样作用于科学认识过程? 它支配科学知识的内容吗?

（三）"信用度循环理论"

该理论表达了拉图尔等人关于科学运行机制和科学发展动力学的基本观点,其内容大致是:科学家每做一件事都是为了获得信用。随着信用的积累,信用度随之增加;而信用度增加意味着有了进一步投资以获得更多信用的能力。总之,科学工作的目标不是默顿学派所说的获得奖励,而是使信用能力持续不断地积累,进而获得更多的信用。信用度循环理论提出了这样的理论问题:如何评价默顿学派的科学奖励研究? 科学家从事科学活动的终极目标是为了信用能力的不断积累,进而获得更多的信用吗?

（四）"行动者-网络理论"

巴黎学派认为,一项科学研究的行动者不仅包括实验室内直接从事研究的科学家,而且包括实验室以外的科学同行、企业主、政府官员等形形色色有关的人以及各种物的因素。正是这些人和物构成了一个"行动者网络"。该网络跨越实验室的围墙,把科学、技术、自然和社会天衣无缝地联结在了一起。在这张无缝之网中,自然和社会被共同建构。"行动者-网络理论"在说明社会因素对科学知识生产的重大作用以及科学知识生产对社会的塑形作用上固然有其合理之处，但它刻意夸大了社会因素对科学的作用和科学对社会作用的主旨，这一点是需要认真对待的。

四、SSK 的哲学倾向和认识论前提

在林林总总的理论背后，深藏着 SSK 的哲学倾向与认识论前提。为了弄清 SSK 的本质，在这方面有必要提出以下问题。

（一）SSK 与经验主义

从社会建构主义的认识论立场和观点看，SSK 应当是反经验主义的，而且 SSK 的许多代表人物也都明确表示反对经验主义。如布鲁尔曾说："如果经验主义是正确的，那么知识社会学又一次变成了关于错误、信念或者意见的社会学，而非关于知识的社会学。"①可是，SSK 从一开始就试图把自身建设成为一个像自然科学那样的严密学科，而且 SSK 的实验室研究等运用的是典型的经验性方法。SSK 与经验主义究竟是什么关系？

（二）相对主义的是与非

SSK 公开承认自己的哲学认识论立场是相对主义的，并为

---

① 转引自刘华杰：《科学元勘中 SSK 学派的历史与方法论述评》，《哲学研究》2002 年第 1 期。

相对主义大唱赞歌。该理论认为："相对主义绝不是对知识形式的科学理解的一种威胁，恰恰相反，它是这种理解所需要的。""正是那些反对相对主义的人、那些认为某些形式的知识理所当然地具有特殊地位的人，他们才对知识和认识的科学理解构成了真正的威胁。"①那么，怎样看待科学知识的相对性？怎样评价相对主义？SSK 为相对主义的辩护靠得住吗？

（三）自然界是否存在统一性

否认自然界存在统一性是 SSK 的认识论前提之一。例如，马尔凯就明确提出："自然界的统一性，不过是自然科学家为了构造他们对自然界的说明的一种方法。"②自然界是否存在统一性是自然观的核心问题之一，应予辨明。

（四）知识（含科学知识）是"信念"吗？

强调包括科学知识在内的一切知识都是"信念"是 SSK 的又一认识论前提。该理论认为信念分为两种："一种是有关对象、事实和具体事件的；另一种是价值、义务、习惯和体制范畴的体系，这些信念，都可以做社会学的分析和讨论，科学与其他的信念体系不应截然分开。"③知识、科学知识和"信念"的关系既是认识论的一个重大问题，也是科学观的一个重大问题。

---

① ［英］B. 巴恩斯、［英］D. 布鲁尔：《相对主义、理性主义和知识社会学》，鲁旭东译，《哲学译丛》2000 年第 1 期。

② Mulkay, Michael. *Science and the Sociology of Knowledge*. London：George Allenand Unwin, 1979, p. 29.

③ Barnes, Bany. *Scientific Knowledge and Sociological Theory*. London：Routledgeand Kegan Paul, 1974, i.

五、SSK 诞生的思想渊源

SSK 不仅在科学社会学领域占据支配地位,而且在哲学、社会学和历史学领域都刮起了一股社会建构旋风。为什么以思想偏激著称的 SSK 小有成功? 除了其他方面的工作外,应当着力对 SSK 诞生的历史背景和思想渊源进行追溯,分别理清它们与曼海姆和杜尔凯姆的知识社会学、默顿的科学社会学、库恩的科学哲学、维特根斯坦的后期哲学等流派的关系。这样做既有利于弄清 SSK 的思想构成,也有利于通过 SSK 与相近学术思潮的比较研究,深入理解 SSK 的核心内容和精神实质。

SSK 的出发点是库恩的科学哲学,但 SSK 主要发展了库恩的相对主义思想,并把它推向了极端。应当说,库恩的相对主义是有保留、有限制的。一方面,库恩本人拒绝承认自己是相对主义者;另一方面,库恩的相对主义主要体现在范式与自然界若明若暗的关系,以及同一学科内范式之间的间断性上。SSK 把科学知识视为社会的建构,贬低甚至不承认自然界的作用,就是彻底的相对主义了。相对主义否认科学知识内容的客观性,使得科学知识的面貌变幻莫测、捉摸不定,陷入了神秘主义的泥潭。另外,相对主义无限夸大认识的相对性,使相对性泛化和绝对化,无形中也使自身变成绝对相对的了,进而否定了自身的确定性和客观性,使自身陷于自我否定、自相矛盾的尴尬境地。因此,从根本上说,相对主义肯定是不可取甚或是有害的。

　　但是，相对主义存在某些合理性。现代哲学和自然科学的无数材料证明，认识主体的立场和价值观念，以及认识活动的物质条件和具体情景，对认识的内容和形式是存在一定影响的。尤其是，在相对主义框架内，SSK 竭尽全力从各个侧面、各种层次上揭示了科学知识的相对性。如 SSK 关于科学活动中科学家之间以及科学家与社会机构之间的"磋商"对科学知识作用的研究、社会集团利益对科学知识作用的研究、科学获得更多"信用"的科学目的对科学知识作用的研究等，都是很有新意的。这些研究不仅开阔了"科学与社会"研究的视野，加深了我们对科学的理解，而且对我国学界正在进行的对科学中价值负载的讨论、社会科学与自然科学相结合的讨论，以及科学精神与人文精神的融合的讨论等，都很有启发意义。

　　此外，SSK 对历史学派关于观察渗透理论观点的推进，对哥本哈根学派关于认识工具在认识中作用的观点的进一步发挥，以及关于科学家的谈话分析、科学争论的案例研究、科学评价标准的研究等方面的方法创新等，都给人留下了极为深刻的印象。

六、SSK 研究的若干建议

　　总之，科技哲学关于 SSK 的研究应力争达到以下几个目的：一是充分肯定 SSK 的理论贡献；二是尽量彻底清算科学认识论中相对主义倾向的理论是非；三是基于 SSK 的研究，对深化科技哲学的研究提出若干建设性意见。

　　为此，SSK 研究需要做到以下三点。

　　第一,和国际接轨,直接参与和 SSK 的对话与交流。超越单纯介绍和仅仅事后评论的做法,就 SSK 所提出的各项前沿性理论问题直抒己见("接着说"),与 SSK 学者进行平等的对话交流。

　　第二,在批判相对主义最新形态上有新的进展。相对主义是 SSK 的实质与核心,也是当前形形色色的怀疑科学、批判科学乃至反科学思潮的重要理论基础。较之以往,20 世纪后半叶以来,相对主义又有新的发展。这种新的发展在 SSK 那里有典型的表现。因此,批判 SSK 的相对主义不仅是科技哲学的前沿任务,也是整个哲学战线的前沿任务。能否提供一个批判 SSK 相对主义的理论纲要,将是衡量 SSK 研究理论创新程度的重要指标之一。

　　第三,为科技哲学研究描绘新的蓝图。SSK 尽管是相对主义,但它围绕科学知识与社会的关系进行了大量细致、深入的研究,因此为人们理解科学的社会性做出了卓越贡献。能否从大量材料里梳理出 SSK 的各项贡献? 能否从 SSK 的这些贡献里指出科技哲学研究的新课题、新方法、新观点? 这也是衡量 SSK 研究理论创新程度的一个指标。

科学的社会性、自主性及二者的契合[*]

就宏观而言,科学具有两种基本属性:一是科学的社会性,二是科学的自主性。前者是指科学的发展离不开社会条件的支撑和社会因素的制约,而且社会因素影响科学知识的构成和生产过程;后者是指科学自身是一个由众多因素组成的独立系统,它有自己特殊的行为规范、奖励制度、组织结构和运行机制,它深刻地影响了社会的发展和变化,却基本上不受社会的制约和控制。具体而言,科学的自主性是指:其一,科学自在,即科学固有一定的本性、一定的自我发展能力、一定的运行规则、一定的知识内在发展逻辑和发展趋向等;其二,科学自由,即科学家享有研究什么和怎样研究的自由。

20世纪以来,随着世界各国政府对科学事业的支持力度不断加大,以及科学事业对政府和社会的依赖程度的提高,科学的社会性急剧膨胀,以致超过了科学诞生以来的任何时代。与此同时,随着世界各国科学事业发展步伐的加快、科学研究规模的扩大、科学体制的健全以及各门自然科学知识的蓬勃发展,科学自主性也日渐强大起来。于是在新的历史条件下,如何正确认识科学的社会性和科学的自主性及其相互关系,以及正确处理

＊ 本文原载《哲学分析》2011 年第 6 期。

科学与社会的关系,便成为一个日益受人瞩目的社会问题。

　　科学社会学的创始人默顿明确地把科学社会学的研究对象定位为科学与社会的互动关系:"最广义地讲,科学社会学研究的内容是科学——作为一项带来了文化和文明成果而正在进行的社会活动——与其周围的社会结构之间动态的相互依赖关系。正如那些认真地致力于科学社会学研究的人士所被迫认识到的,科学与社会的相互关系正是科学社会学所要探究的对象。"①与此同时,科学社会学家们认为,科学的社会性和科学的自主性是密不可分的,既没有纯粹的科学的社会性,也没有纯粹的科学自主性,科学的社会性是以科学的自主性为前提的,反过来,科学的自主性是科学和社会互动中的自主性。所以,在以科学的社会性为研究主线的同时,科学社会学家就科学的自主性,以及科学的社会性与科学的自主性的契合问题也发表了大量真知灼见。

　　20世纪的科学社会学在关于科学的社会性、科学的自主性以及二者契合的认识方面,为人们贡献了一笔宝贵的精神财富。客观分析和有选择地继承这笔精神财富,不论是对于科技哲学的学科建设,还是对于提高大众的现代科学意识、为制定科技政策提供更扎实的理论基础等,都具有重要的意义。

一、科学的社会性

　　默顿学派率先把科学体制作为独立研究对象,发掘了对科

---

　　①　[美]默顿:《社会理论和社会结构》,唐少杰等译,译林出版社2006年版,第793页。

学的体制性认识。默顿学派对科学体制的研究主要是对科学的社会性、科学的自主性以及二者关系的研究。其中,默顿学派关于科学的社会性所做的研究主要有以下几个方面。

（一）关于科学外部宏观社会因素与科学的关系

在《十七世纪英格兰的科学、技术与社会》一书中,默顿探讨了宏观社会因素作用于科学的方式,取得的成果主要有二:一是在文化（主要是清教伦理）与科学的关系方面,默顿通过经验研究证明了 17 世纪清教伦理由于与科学的精神气质或价值观念体系相契合,而起到了促进近代科学实现体制化的作用,从而既凸显了科学与宗教之间的内在统一性,又对科学发展的经济决定论有所矫正。二是在经济、军事、技术与科学的关系方面,默顿通过扎实的经验研究,初步界定了经济、军事和技术等宏观社会因素对科学发展施加作用的性质、范围和限度,从而对马克思和恩格斯关于科学与社会的观点有所深化。

（二）关于科学内部微观社会因素和科学的关系

科学内部的微观社会因素主要是指科学的社会规范、科学的奖励制度、科学界的社会分层、科学交流制度和科学评价系统等。这些因素相对于科学知识发展和科学家个体来说,也是社会因素。在默顿看来,表现在科学体制内部的社会性即是科学家和科学共同体之间的互动,以及科学知识进步和科学的社会结构之间的互动。例如,科学的社会规范通过清除科学活动各个环节上个人主观因素和社会因素对科学的侵蚀,而对知识的增长有促进作用;科学奖励制度通过为科学家提供从事科学活动的动力,而对知识的进步有促进作用;科学界的社会分层通过建立和维护以精英为核心的科学界秩序,而对保障科学的健康运行和知识的进步有促进作用;等等。

综合以上两点可知,科学是社会性的,它处于其他社会体制所提供的宏观社会因素的环境之中,与宏观社会因素有互动关系;同时,它自身也是一个特殊社会,存在着科学体制内部的微观社会因素与科学之间的互动。宏观社会因素主要是通过为科学活动提供需求(即动力)和条件来影响科学的发展;微观社会因素则通过为科学活动提供各方面的游戏规则、构筑科学活动的秩序来影响科学的发展。科学活动的宏观社会因素和微观社会因素的划分说明,社会因素对科学发展的影响无处不在、无时不有,只不过对于具体的某项科学研究来说,社会因素的影响有大与小、缓与急、直接与间接的区别而已。

（三）提出了一系列重要观点

1.强调科学的发展需要匹配特定的社会环境

默顿认为,科学的社会性最突出、最集中地表现于它需要匹配特定的社会环境。关于这一点,他曾多次予以阐明,下面是他的部分相关论断。

"科学的持续发展只能发生在具有某种特定秩序的社会里,这种社会秩序服从一系列复杂的潜在前提和制度约束。"①

"科学的重大和持续的发展只能出现在一定类型的社会之中,该社会为这种发展提供了文化和物质两方面的条件。这一点在近代科学发展的早期,在它被确立为一种具有自己非常

---

① ［美］默顿:《社会理论和社会结构》,唐少杰等译,译林出版社2006年版,第800页。

明显的价值的主要制度之前,表现得尤为突出。"①

"科学发展的连续性需要一批对科学事业既有兴趣又有才能的人的积极参与,我们确信科学的这种需要只有在特定的文化条件下才能被满足。"②

"与科学的精神特质相吻合的民主秩序为科学的发展提供了机会。"③

上述论断表明,默顿异常强调科学发展对社会环境的特殊要求。默顿在这方面的基本观点有三:其一,科学的发展与社会环境的匹配不可或缺;其二,在近代科学早期,科学不够成熟的时期,科学对特定社会环境的依赖表现得更加突出;其三,与科学发展相匹配的社会环境一定要具有民主精神气质。其中,第三点不仅对科学发展最重要,也是默顿在《科学的规范结构》《科学与社会秩序》等文中反复强调且最为看重的观点。为什么民主精神气质对于科学发展至关重要?说到底是因为具有民主精神气质的社会尊重个人的权利和自由,鼓励人们独立思考和大胆怀疑,有利于贯彻和实施科学的普遍主义精神气质。

2. 揭示了反科学的社会根源

默顿认为,形形色色的反科学运动和反科学思潮得以产生的最重要的社会根源,乃是某些国家和地区的社会制度的精神

---

① 〔美〕默顿:《科学社会学》,鲁旭东、林聚任译,商务印书馆 2003 年版,第 249—250 页。

② 〔美〕默顿:《社会理论和社会结构》,唐少杰等译,译林出版社 2006 年版,第 800 页。

③ 〔美〕默顿:《科学社会学》,鲁旭东、林聚任译,商务印书馆 2003 年版,第 364 页。

气质与科学的精神气质相对立。下面是他的部分相关言论。

"在一定程度上,反科学运动来自于科学的精神特质与其他社会制度的精神特质之间的冲突。"①例如,"种族中心主义与普遍主义就是不可调和的。"②

"科学精神特质中的公有性与资本主义经济中把技术当作'私人财产'的概念是水火不容的。"③

"对科学的敌意可能至少产生于两类条件……第一类条件属于逻辑性的、尽管不一定是经验证实的结论,即认为科学的结构或方法不利于满足重要价值的需要。第二类条件主要包括非逻辑性的因素。它基于这样一种感觉,即包含在科学的精神特质中的情感与存在于其他制度中的情感是不相容的。只有当这种感觉受到挑战时,它才会变得理性化。这两类条件都在不同程度上构成了现在对抗科学的基础。"④

显然,在他看来,科学所具有的精神气质是科学的灵魂,一切反科学的思潮和行为,不论其表现形式如何,都必定在反对、拒斥或压抑科学的精神气质上有所表现。

3. 提出了关于科学与社会关系研究的一些基本问题

默顿在为其博士论文 1970 年版写的序言中曾开列了一份关于科学与社会关系研究课题的清单,他写道:"从最一般的

---

① ［美］默顿:《科学社会学》,鲁旭东、林聚任译,商务印书馆 2003 年版,第 360 页。

② ［美］默顿:《科学社会学》,鲁旭东、林聚任译,商务印书馆 2003 年版,第 366 页。

③ ［美］默顿:《科学社会学》,鲁旭东、林聚任译,商务印书馆 2003 年版,第 372 页。

④ ［美］默顿:《科学社会学》,鲁旭东、林聚任译,商务印书馆 2003 年版,第 345 页。

方面来说,我们仍然要面对此研究所提出的主要问题。即社会、文化与科学之间相互作用的模式是什么? 在不同的历史环境中这些作用模式的性质和程度会发生变化吗? 是什么促进了这种大规模的转移,即新人流向智力型学科——各门科学和人文学科,从而导致这些学科的发展发生了重大变化? 在那些从事科学研究工作的人们当中,又是什么促进他们的研究中心发生转移:从一门科学转向另一门,或在一门科学内从某一组问题转向另一组问题? 在什么条件下,关注焦点的转移是有目的制定的政策计划中的结果,而在什么条件下,它们主要是科学家和控制着对科学资助的那些人的价值取向的非预期结果? 当科学处在制度化过程中时,这些情况是怎样,而当科学完全制度化之后,其情况又是怎样? 一旦科学业已发展出内部的组织形式之后,科学家之间的社会互动方式和频率怎样影响科学思想的发展? 当一种文化强调社会效用是科学研究工作的一条基本的(且不说是惟一的)标准时,它如何以不同的方式影响科学发展的速率和方向?"①

　　默顿认为,上述课题至今仍有着普遍意义,其核心是社会、文化与科学之间相互作用的模式。具体包括:社会因素作用的性质和程度是变化的吗? 人才流向各门学科的原因是什么? 科学研究中心发生转移的原因是什么? 其中,哪些是科技政策因素带来的? 哪些是科学家和控制科学资助的那些人的价值取向的非预期结果? 社会与科学的互动关系在科学体制化过程中与科学实现体制化之后有什么不同? 科学体制化之后的

---

　　① [美]默顿:《科学社会学》,鲁旭东、林聚任译,商务印书馆 2003年版,第 239—240 页。

科学家之间的社会互动方式和频率怎样影响科学的发展？当一种文化过分强调科学的应用价值时,将会如何以不同的方式影响科学发展的速率和方向？等等。默顿所提出的这些问题,尽管是直接针对17世纪英格兰科学、技术与社会关系的,但正如其所说,它们具有普遍意义,其中的许多问题对于科学与社会的研究都是十分基本和关键的。

　　总的来看,科学社会学的默顿学派在科学的社会性研究方面的主要贡献是:首次提出并阐发了科学体制内部微观社会因素与科学知识进步的关系问题;就宏观社会因素影响科学发展的机制问题进行了有一定创造性的研究,并对科学发展的经济决定论着力进行了矫正。当然,其研究也存在某些不足,主要缺陷是:否认科学知识有任何的社会性,拒绝对科学知识进行社会学分析的可能性,表现出明显的科学主义倾向,在这方面,SSK对默顿学派提出了严厉批评,并发表了大量矫枉过正式的观点;关于宏观社会因素与科学关系的研究不足,这方面的研究主要集中在默顿早期的博士论文中,以后有关研究用力不多。而且,在默顿的博士论文中,他关于宏观社会因素与科学关系的研究仅仅局限于17世纪的英格兰,没有把这项研究进一步推广。事实上,这方面的研究任务十分繁重。默顿时期是如此,当前更是如此。随着现代科学大规模的发展,在宏观社会因素和科学的关系上呈现出了许多新的特点,有许多新的问题有待科学社会学家去研究。例如,随着冷战的结束,当代军事对科学的需要已不完全是在战争意义上了。在发达国家和部分发展中国家,武器生产部门已经发展成为庞大的军事工业体系。在相当程度上,这些国家生产武器的直接目的是军售和盈利,形成了"科研→武器生产→军售→再科研"的循环加速链条,而且军工生产转变为民用生产的机制也已健全。在这种情况下,如何看待军事与科学的关系,怎样估价军事在科学发展动力系统中的地位和作用,都是亟待研究的重大问题。

二、科学的自主性

在科学与社会互动关系的研究中,默顿及其学派突出强调了科学自主性的重要性,甚至在一定意义上可以认为,默顿学派的科学社会学的中心线索之一就是阐发科学的自主性。

(一)科学体制运行机制所体现出来的科学自主性

默顿学派的研究纲领是多侧面、多角度阐发科学界的社会规范,而默顿关于科学界社会规范研究的直接起因则是,20世纪初纳粹政权统治下的国家企图用他们的社会规范代替和取消科学界的社会规范。默顿将纳粹政权的这种做法视为对科学自主性的严峻挑战,也正是基于此,默顿由科学界的社会规范研究入手,从科学体制的角度充分揭示了科学的自主性:科学固有一套以普遍主义为核心的社会规范;一种以"同行承认"为实质的奖励制度;一种以少量精英科学家为顶、大量普通科学家为底和腰的塔式社会分层体系;一种主要由精英科学家自发组成的无形学院的内部互动为核心的学术交流方式;一种以研究成果质量为基础的科学评价系统;等等。所有这些,从精神气质、发展动力、组织结构到运行机制等方面,共同构成了科学这样一个自我支配、彼此独立、不受外部力量控制的完善系统。

　　上述既是科学体制内部科学共同体最切近的微观社会环境，也是科学体制与宏观社会环境之间在互动中所表现出来的科学体制运行的特点和规律，因而相对于宏观社会环境，是科学体制内的自主性。

　　（二）基础科学研究所体现出来的科学自主性

　　默顿认为，科学家在基础研究领域应享有充分的自由，科学自由不仅是科学自主性的应有之义，更是重中之重。科学体制的微观社会环境一致服务于增进被证实了的知识这一体制性目标，对于科学家而言，增进被证实了的知识的研究活动即是通常所说的基础研究，基础研究是整个科学大厦的基石。因此，默顿明确提出："对科学来说，自主性的核心体现在科学家对基础研究的追求方面。"①国家应当允许和保障科学家们有条件去研究他们认为重要的和感兴趣的问题，只有这样才能充分鼓舞他们的干劲，激发他们的创造热情。任何为从事基础研究的科学家附加经济或政治上应用目标的做法都是不恰当的，也是有害的。默顿认为，过分强调科学的功利性将会限制科学潜在生长的可能方向，威胁科学研究作为一种有价值的社会活动的稳定性和连续性。为此，默顿强调说："显而易见，为什么许多科学家在评价科学工作时，除了着眼于它的应用目的外，更重视对扩大知识自身的价值。只有立足于这一点，科学制度才能有相当的自主性，科学家也才能自主地研究他们认为重要的东西，而不是受他人的支配。相反，如果实际应用性成为重

---

　　①　［美］默顿：《社会研究与社会政策》，林聚任等译，生活·读书·新知三联书店 2001 年版，第 249 页。

要性的惟一尺度,那么科学只会成为工业的或神学的或政治的女仆,其自由性就丧失了。"①

科学家在基础研究领域应享有的自由中,最突出的就是选题自由。在谈到扶持具有潜在价值的基础研究的政策时,默顿特别强调了保障科学家选题自由的重要性,他说:"它保证科学家对问题的选择有很大的自由度。这就使得科学家们更有可能完全从事自己的研究工作,而且通过自我选择,他们会探讨那些他们最有条件研究的问题。自我选择过程自然不是无缺点的,它会出现使科学家陷入只关心研究问题的错误。但是总的来说,它倾向于唤起研究者的最深层的动机,发挥他们各自的技能与能力。"②显然,科学家享有选题自由不是一句空话,关键是国家应为科学家自由地选择和研究课题提供所需要的条件保障。

基于维护科学自由的立场,默顿反复告诫,一定要拒绝功利性对基础研究的侵蚀。他说:"科学不应该使自己变为神学、经济学或国家的婢女。这一情操的作用在于维护科学的自主性……当纯科学的情操被排除后,科学就会受到其它制度机构的直接控制,而且它在社会中的地位也会变得日益不稳定。科学家不断地拒绝把功利性规范应用于其研究工作,其主要作用就是可防止这种危险,这一点在现代尤为明显。"③

当然,从默顿关于多重发现研究中强调科学的社会性和自

---

① [美]默顿:《社会研究与社会政策》,林聚任等译,生活·读书·新知三联书店 2001 年版,第 48 页。

② [美]默顿:《社会研究与社会政策》,林聚任等译,生活·读书·新知三联书店 2001 年版,第 250—251 页。

③ [美]默顿:《科学社会学》,鲁旭东、林聚任译,商务印书馆 2003 年版,第 352 页。

主性相契合的观点看,他反对科学家从事基础研究带有特定应用目的的观点不是绝对的,就是说,科学家可以有应用目的,但这种应用目的不是刻意的,更不是外界强加的。由此可见,那种对基础研究和应用研究不加区分,或者对科学和技术不加区分,而一股脑儿地要求科学技术为生产服务或面向经济生产的观点,势必会对科学的自主性造成一定的损害。

　　为什么不应当把应用目的强加给基础研究?这是因为所谓"基础研究"是相对于"应用研究"而言的,它其实是一种增进知识、发现真理,为人类知识大厦添砖加瓦的认识活动。说到底,它是人类存在的一部分,尤其是人类精神生活的一部分。它有自身独立存在的价值,它自身就是目的,而无须外在力量或应用研究赋予它什么目的。摆在基础研究面前第一位的是使新知识与客观事实相一致,与已有知识实现逻辑的融贯,至于新知识的应用方向、范围和条件等均在其次,也是一时难以澄清的。如果在追求知识的过程中过早地锁定其应用目的,势必会限制科学家的眼界,束缚科学家的手脚,延缓科学发展的进程。总之,默顿力挺科学的自主性,坚决反对"使科学制度仅仅成为政治制度、经济制度和其他社会制度的附属物"①或使"实际应用性成为重要性的惟一尺度"②。

　　顺便说及,关于科学体制内部结构、运行机制等所体现出来的科学自主性和基础研究领域科学家的自由所体现出来的科学自主性的关系,大致可以这样理解:前者主要针对科学体

---

　　①　[美]默顿:《科学社会学》,鲁旭东、林聚任译,商务印书馆2003年版,第294页。
　　②　[美]默顿:《社会研究与社会政策》,林聚任等译,生活·读书·新知三联书店2001年版,第48页。

制,后者主要针对科学活动,二者共同构成科学自主性的有机统一体。如今随着科学发展的突飞猛进,这两类科学自主性不断增强,它们对科学发展的制约作用也在不断增进。当然,"与科学的相对自主性的历史进程相伴而行的,是科学大规模的组织化带来的这样一种相关结果,即推进科学知识发展所需的资源对社会的依赖性大大增加了"①。

　　默顿还特别强调,社会对科学自主性的威胁往往突出地表现在科学界的社会规范与一般社会规范的冲突上。科学界的社会规范的形成是科学体制化的主要标志之一,其在科学运行的社会机制中居于核心地位,一定意义上,科学的奖励制度和社会分层都是科学界的社会规范所具有的普遍主义精神气质的贯彻和体现。或许正是这种至关重要性,使得社会对科学自主性的威胁突出地表现在科学界的社会规范与特定社会制度下所拥有的一般社会规范的冲突上。所以,默顿指出:"科学要求具有相当大程度的自主性,并已形成了一种制度化的保证科学家忠诚的体系,但是现在,科学在其传统上的自主性及其游戏规则即其精神特质方面,受到了外部权威的挑战。包含在科学的精神特质中的各种情操表现为学术诚实、正直、有组织的怀疑、无私利性、非个人性等,但它们却被这个国家的一组新的情操践踏了,这组情操会干扰科学研究领域。"②"因此,集权国家与科学家之间的冲突,在一定程度上是来自于科学伦理与新的政治准则之间的不一致性,这种政治准则强加在一切之

---

　　①　[美]默顿:《科学社会学散忆》,鲁旭东译,商务印书馆 2004 年版,第 33 页。
　　②　[美]默顿:《科学社会学》,鲁旭东、林聚任译,商务印书馆 2003 年版,第 351 页。

上,根本不考虑职业信义。"①

总的来看,默顿学派在科学自主性研究方面的主要贡献是:最先提出并阐发了科学界的社会规范,以及科学奖励制度和科学界的社会分层等科学运行的机制,有力地从科学体制的角度揭示了科学的自主性;把科学家在基础研究领域享有充分的自由视为科学自主性的核心;研究了科学自主性得以实现的社会条件。主要缺陷则在于:对科学自主性尤其是应充分保障科学家在基础研究领域享有自由的根据,其阐述略欠充分,应充分强调基础研究的探索性、随机性和复杂性;在科学自主性上的普遍主义诉求根源于实证主义,因此他关于科学的运行机制的研究结论有一定的理想化和简单化,进而和生动活泼的科学实践有点相脱离,这一点已受到 SSK 的尖锐批评——科学的运行机制是由科学的体制性目标所要求的,其关涉维护科学活动的正常秩序和科研效率,事关重大,但由于科学在复杂多变的社会环境中运行,科学的运行机制必定具有相当大的弹性、条件性和可变性等,这一点应给予充分的揭示;对于从科学知识角度所表现出来的科学自主性未从理论上给予正面阐述。

三、科学的社会性和自主性的契合

科学的社会性和自主性是什么关系? 二者在科学的发展中是怎样结合的? 基于多重发现的普遍性,默顿选择多重发现

---

① [美]默顿:《科学社会学》,鲁旭东、林聚任译,商务印书馆 2003年版,第 349—350 页。

作为研究场点,给出了自己的回答。

（一）多重发现具有普遍性

在前人研究的基础上,通过对大量科学史案例的研究,默顿发现,多重发现绝非个别,而是有极高的普遍性,甚或可以说所有单一发现都是占了先的多重发现。为此,默顿竟列举出了以下十种相关证据:第一,长期以来被看作是单一发现的那类情况,结果往往被证明是以前成就的重新发现。第二,在包括社会科学在内的每一门科学中,许多已发表的报告都说某位科学家已不再继续某项趋于完成的探讨了,因为某部新的论著已经领先于他的假说和他所设计的对假说的探讨了。第三,一些科学家虽然被别人占了先,但仍然继续报告他原来的、尽管已被别人领先的工作。第四,未被记载的被人占先的多重发现数量可能远远超过有公开记载的多重发现数量。第五,有些似乎是单一发现的情况屡屡被证明是多重发现。第六,被别人占先的多重发现模式通常是口述传统,而非成文传统的一部分,它的出现还有另一种形式即演讲。第七,人们倾向于把潜在的多重发现改变为单一发现。第八,抢先报告某项发现的竞赛证明了这个假设:如果一名科学家不迅速做出发现,别人就会完成这项发现。第九,并非所有认识到自己卷入了某一潜在的多重发现之中的科学家都准备对此坦率直言。第十,科学共同体事实上确实假定发现都是潜在的多重发现,如早在 17 世纪,科学院和科学学会就已经把存放在它们那里的手稿密封起来并注明日期,以便对思想和优先权加以保护了。[1] 这些证据的要义

----

① 参见［美］默顿:《科学社会学》,鲁旭东、林聚任译,商务印书馆2003 年版,第 491—502 页。

是：单一发现往往最终被证明是多重发现；相反，多重发现往往
遭受忽略、不被记载或被修改为单一发现；科学家陷入多重发
现的情况屡屡发生；科学界争夺优先权和注重保护优先权的一
些做法或规则表明，科学界对多重发现的普遍性和必然性是有
明确意识的。由此默顿得出结论说："……我现在想提出这样
一个假说，即科学中的多重发现模式，既不是古怪的、奇怪的，
也不是奇异的，大体上讲它是一种占主导地位的模式，而不是
一种次要的模式。而单一发现，亦即科学史中仅做出过一次的
发现，才是附属现象，需要特别解释。说得更严厉一些，这种假
说认为，所有科学发现，包括那些表面上像是单一发现的发现
在内，大体上都是多重发现。"①

　　既然所有的发现大体上都是多重发现，那么该如何解释这
一现象呢？

　　（二）科学的社会性和自主性的契合

　　关于多重发现的解释，学界历来存在分歧。一种观点认
为："一旦出现了对某一发现的社会需求，就会有许多人在同
一时间做出同一发现。"②显然，依照这种观点，外部的社会需
要是导致多重发现的原因。这种观点的困难在于，它无法解释
这样的现象：一是许多发现往往超前于社会需要，不是社会对
科学发现提出了需要，而是科学发现刺激了社会需要；二是社
会需要往往很多、很广泛，但真正能够通过科学发现得到满足

---

　　①　参见［美］默顿：《科学社会学》，鲁旭东、林聚任译，商务印书馆
2003年版，第490页。
　　②　转引自［英］伊·拉卡托斯：《科学研究纲领方法论》，兰征译，上
海译文出版社1986年版，第159页。

的毕竟是少数。简言之,外部的社会需要只是科学发现的必要条件,而不是充分必要条件。另一种意见与此相反,认为只有科学内部的需要才是导致多重发现的原因。其理由是,为了证实或否证某一理论,由多人同时发现同一事实是完全可能的;同样,为了证实或否证某一较高层次的理论,由多人同时发现较低层次的同一理论也是完全可能的。而所有的发现,除却各学科最重大的、革命性的核心理论发现,要么是作为检验某一理论的事实,要么是作为检验某一较高层次理论的理论。所以,科学内部的需要作为多重发现的原因是具有普适性的。这种观点似乎形式上颇具逻辑必然性,但它割断了科学与社会的有机联系,视科学为世外桃源,因此这种观点是很难经得起各种场合下科学发现的事实检验的。

令人欣慰的是,默顿对于多重发现现象的解释既没有陷入外在论,也没有陷入内在论。他指出,多重发现的大量事例表明:"当人类文化的储备中积累了必要的知识和工具时,当相当多的研究者的注意力集中在因社会需要、因科学内部的发展或者因这两方面的需要而出现的问题时,科学发现实质上就成为不可避免的了。"①也就是说,默顿从多重发现的普遍性读出的信息是:科学发现具有一定的必然性,这种必然性来自哪里?来自科学内部因素和社会需要的一致,即契合。

在其他地方,默顿说得也很明确。他说他本人非常赞同培根的观点,就科学发现的原因而言,"除了这三个组成部分(知识的渐进积累、科学工作者之间的互动以及研究程序有条不紊

① [美]默顿:《科学社会学》,鲁旭东、林聚任译,商务印书馆2003年版,第512页。

的应用)之外,他(指培根——引者注)还为他含蓄的关于发现的社会理论加上了第四个也是更著名的组成部分。所有创新,无论是社会创新还是科学创新,都是'时代的产物'。'时代是最伟大的创新者'……一旦所需的前提条件得到满足,发现就会成为他们那个时代自然而然的产物,而不会完全偶然地出现"①。通过引述培根,默顿在这里强调了,科学发现不仅包括科学内部因素的作用,而且还是时代的产物,即受到特定历史条件下社会因素的作用。也就是说,默顿明确主张,包括多重发现在内的所有科学发现,都是科学内部因素和社会因素相契合的结果。

　　此外,默顿还研究了天才在科学发展中所扮演的角色,指出了科学天才的社会学理论,以期通过对科学天才的社会学分析,表明科学发现是社会需要和科学内部需要的契合。

　　默顿认为天才科学家等价于一群普通科学家。他说:"按照这种扩展了的社会学构想,天才科学家就是这样一些人,他们的成果最终有可能成为别人的重新发现。这些重新发现可能不是被某一个科学家做出的,而是被一批科学家做出的。按照这种观点,科学天才个人在功能上等价于一大批具有不同天资的科学家。"②这说明天才科学家并非不可或缺,而是以一当十。伟大的科学家往往多次涉及多重发现,比如心理学家弗洛伊德和物理学家开尔文一生中都涉足过三十多项多重发现,所以默顿说:"他们都是些多次涉及多重发现的科学家;他们不

　　① ［美］默顿:《科学社会学》,鲁旭东、林聚任译,商务印书馆 2003年版,第 479 页。

　　② ［美］默顿:《科学社会学》,鲁旭东、林聚任译,商务印书馆 2003年版,第 505—506 页。

可否认的才干就在于他们能独立地创造这样一些成就,若是没有他们,这些成就肯定会由相当多的具有不同天分的其他科学家来实现,但我们有理由可以推测说,成就实现的速度会慢一些。因此,科学发现的社会学理论,没有必要坚持在科学的积累发展和科学天才的独特作用之间进行假选言推理。"①

较之普通科学家,天才科学家往往更多地涉及多重发现的现象表明,对于科学发现,科学家天才的作用十分有限,起决定性作用的乃是科学内部需要和外部需要的契合。

默顿关于多重发现现象和天才理论的研究表明,科学发现具有某种必然性。这种必然性绝无宿命论意味,而是有其客观原因的。对于某项具体的科学发现而言,这些客观原因要么主要是社会需要,要么主要是科学内部的需要。而对于整体上的科学发展而言,由于科学存在于社会之中,须臾离不开社会的支撑,所以只能是社会需要和科学内部需要的契合。换言之,科学的发展既不是完全自主的因而无须社会因素的参与,也不是完全社会性的因而全部由社会因素支配科学的发展,科学发展是社会因素和科学内部因素共同作用的结果。由于科学的社会性强调的是科学发展对社会因素的依赖,而科学的自主性强调的是科学发展对科学内部因素的依赖,所以在一定意义上,当我们说科学发展是社会因素和科学内部因素共同作用的结果的时候,实际上即是指科学发展是科学的社会性和科学的自主性共同起作用的结果,即科学发展是科学的社会性和自主性的契合。

---

① 〔美〕默顿:《科学社会学》,鲁旭东、林聚任译,商务印书馆 2003 年版,第 509 页。

应当说,默顿学派关于科学发展是科学的社会性和自主性相契合的观点是正确的,默顿从多重发现现象和科学天才理论等角度所做的论证也是十分有力的。但遗憾的是,默顿学派对这一观点的论述尚显单薄,对二者契合的根据和形式等问题不甚了了。这里仅就有关问题略述如下。

1.科学的社会性和自主性相契合的根据

科学的社会性最突出的表现有两个方面:一方面是科学离不开社会的支撑和制约,另一方面是社会因素对科学知识的构成和生产过程有一定的渗透。对于前者的揭示,马克思主义有开创之功;对于后者的揭示,主要是 SSK 的贡献,只不过 SSK 把社会因素的作用过分夸大了。可以说,科学的社会性是科学一经诞生就具备的根本性质。在科学发展的历史进程中,对于科学的社会性同样不能弃之不顾,甚至为所欲为。尤为重要的是,随着大科学时代的到来,科学规模日渐扩大,科学所需投入日渐增多,科学对国家和社会的依赖也日益增强;同时,科学与社会相融合的程度日渐提高,社会因素对科学知识的构成和生产过程的渗透也日益显著。在这种情况下,科学要取得大踏步发展,就必须积极寻求社会的支持,必须充分考虑科学研究与国家战略目标及社会重大需求相结合;同时,必须与复杂的社会相适应,正确认识和恰当处理社会因素对科学知识的构成和生产过程渗透的问题。

大致来说,科学的自主性最突出的表现有三:一是科学体制拥有一套特殊的社会规范、奖励制度和运行机制;二是已有科学知识固有一定的内在逻辑系统;三是科学主导和引领社会的发展。前两个方面说的是科学可以自成系统、自足自立,摆脱对社会的依赖。默顿的研究表明,第一个方面一以贯之的基本精神是普遍主义,即以客观性和逻辑性为旨归;其实,第二个方面一以贯之的基本精神也是普遍主义,因为科学知识的逻辑秩序乃是科学知识内容的客观性和形式上逻辑性的统一。尽管 SSK 和整个后现代主义思潮对科学的普遍主义极尽攻击之能事,但这些攻击只能说明普遍主义的表现是复杂的和多样化的,并与一定的社会因素相缠绕,绝对排斥社会因素不可取。但实际上,普遍主义所包含的客观精神内核不可动摇,更何况,到头来,SSK 和整个后现代主义思潮在证明自己观点正确性的时候,也不得不乞灵于经验事实,努力使自身尽可能具备自然科学的普遍主义品格。第三个方面说的是,科学不仅不受社会的制约,反而能够主导和引领社会的发展。当代,在发达国家和绝大部分发展中国家,这一点已经变成现实。应当说,这一点也最能说明科学的自主性了。科学的自主性是科学实现体制化和发展出一定知识系统后所具有的根本属性。在科学发展的历史进程中,对于科学的自主性只能顺应,不能弃之不顾,甚至任意践踏,否则就不可能有科学的正常发展。

简言之,对于科学的发展,既要高度尊重科学的社会性,又要高度尊重科学的自主性,二者不可偏废,不可截然分离。在充分发挥科学社会性的地方,一定要充分尊重科学的自主性,按照科学自身的发展规律和运行规则办事;反过来,在充分发挥科学自主性的地方,一定要充分考虑科学与社会之间的互动,尽最大可能适应和充分利用各种社会因素。就是说,要保障科学的顺利发展,关键乃在于:在科学的社会性和科学的自主性之间寻找适度的结合点,使二者密切配合、相得益彰,而这也就是科学的社会性和科学的自主性相契合的要义之所在。

2.科学的社会性和科学的自主性相契合的表现形式

原则上说,科学的社会性和科学的自主性相契合的表现形式是多样化的。首先,最主要的表现形式有两种:一是社会需要主导型,即主要在社会需要的强力推动下,科学得以发展;二是科学内部需要主导型,即主要在科学内部环环相扣的逻辑发展需要推动下,科学得以发展。对于前者,由于社会需要的强大,往往掩盖了科学内部需要的存在;对于后者,由于科学内部需要的强大,往往掩盖了社会需要的存在;但严格地说,孤掌难鸣,绝对由一种需要推动科学发展的情况是不存在的。只不过在不同情况下,两种需要的强度和表现形式有所不同而已。另外,不同学科或同一学科不同的组成部分、不同的发展阶段之间,两种需要的表现形式有所不同,愈是成熟的学科,科学内部需要愈是占主导地位,因而科学自主性的表现愈强烈;一个学科内部,愈是接近核心理论,科学内部需要愈是占主导地位,因而科学的自主性表现得愈强烈;一个学科的常规发展阶段,科学内部需要占主导地位,因而科学的自主性表现得强烈些;一个学科的革命阶段,社会需要占主导地位,因而科学的社会性表现得强烈些。

需要说明的是,科学内部的需要既可以是科学知识发展逻辑的需要,也可以是科学体制运行规则的需要。所以,科学的社会性和科学的自主性相契合往往表现为科学的社会性和科学运行规则的契合。在这一方面,默顿亦有不少论述,如前面说到的一般社会规范和科学界的行为规范如何避免冲突、保持一致的问题,科学的运行规则需要配置民主的社会制度和特定的文化环境问题,等等。但事实上,这方面所包含的内容还有许多,如关于净化学术环境、矫正学术越轨问题;关于建立科学、公正的学术评价体系,改革科学奖励制度的问题;关于改革资源配置方式,提高科学研究效率的问题;关于实施人才战略,改善高层次人才的引进、培养和使用的问题等。可以认为,通常所说的科技体制改革,其实质和核心就是科学的社会性和科学的自主性如何实现契合的问题,也就是说,科技体制改革的成败关键就在于各方面社会因素如何最大限度地尊重科学的运行规则,如何使科学的运行规则得以健康、有序地运转。

3. 科学的社会性和科学的自主性相契合的动态性

科学的社会性和科学的自主性的存在都是相对的、有限度的和有条件的。二者互相依赖,谁也离不开谁,是一种时而此消彼长,时而同步增长,并长期共存共荣、互为前提的关系。尤其值得强调的是,二者也是可以互相转化的。

科学原本是社会的一部分,而且科学与社会的划分有一定的相对性,所以随着科学与社会双方的发展、变化,科学内部因素和社会因素,进而科学的自主性和社会性发生一定的相互转化是理所当然的。首先,在大科学时代,传统上视为社会因素的某些内容可能会融入科学,成为科学内部因素,拉图尔的行动者网络理论在一定意义上就是对这种现象的反映。拉图尔认为:现时代科学、技术和社会的界限已经不复存在,科学、技术和社会的关系是一个伪命题;传统意义上的社会因素已经内化,融入科学实践活动;工程技术人员、企业家、慈善家和政府官员等所谓"社会人"已经和科学家一样,都是科学家行动者网络中的重要成员,正是这些成员之间的相互纠缠和相互作用主导着科学实践的进行。显然,拉图尔的观点无视科学、技术与社会之间的差异,片面夸大了科学、技术与社会的联系,但它所反映的科学、技术与社会的联系日渐加强的趋势是正确的。

反过来,传统上视为科学内部因素的某些东西转化为科学社会因素的情况也经常大量发生。例如,随着网络时代的到来,社会的科学化进程正在逐步加快。所谓社会的科学化进程,主要是指世界各国的经济、政治、文化和老百姓的日常生活越来越广泛、越来越频繁地运用科学技术,越来越朝向奠定在科学技术基础之上的目标迈进。在这种情况下,本属于科学内部因素的科学界的行为规范和运行机制中的某些成分正在悄然向社会各领域渗透。

总的来看,尽管较之大科学时代科学发展所呈现出的无比丰富性和复杂性,默顿学派关于科学性质的研究仅是初步的,但该学派所取得的成就是公认的;同时,它也给予我们多方面的启示,其中,从科技哲学研究的方法论角度说,有两点值得特别注意:其一是"从精神气质分析入手"研究科学与文化的关系,前文已经提及,此不赘述;其二是高度重视理论研究和经验研究的结合。

重视理论研究和经验研究的结合既是默顿学派关于科学性质研究的特点,也是默顿学派整个科学社会学研究的特点。在默顿学派关于科学的社会性、自主性及二者关系的研究中,诸如基于17世纪英格兰科学、技术和社会的历史而对默顿命题的研究,基于科学家科学研究活动的实践而对科学规范和科学奖励制度的研究,基于对诺贝尔奖获得者的大面积采访以及科学家的日记、信函和传记材料而对马太效应的研究,基于对多重发现和天才科学家的分析而对科学的社会性和科学的自主性关系的研究等,都突出地说明了默顿这位擅长理论研究、其影响力以理论贡献为主的"社会学先生"在科学社会学的理论研究中,是非常重视经验研究的。

关于理论研究和经验研究的结合，默顿是有一整套理论的，这就是他所钟爱的"中层理论"主张。默顿所说的中层理论实际上就是从经验中来，再到经验中去的理论，更确切地说，就是有充分经验基础的理论，而不是空洞的、玄虚的、不着经验边际的理论。其实质是坚持社会学的经验传统，反对社会学的哲学化。默顿反对抽象的、形式化的宏大理论，反对盲目构建理论体系，为此有人说"默顿是我们美国社会学家中唯——位没有试图建立一个社会学体系的人"①。

默顿终生提倡以系统性的经验事实为基础概括中层理论。为此，他先后提出过诸如越轨理论、角色冲突理论、参照群体理论、社会学矛盾选择理论、科层结构理论、科学共同体、科学规范、马太效应、棘轮效应，以及显功能、潜功能、自我例证、自我实现预言等一系列社会学中层理论及其有关概念。

默顿的中层理论具有广泛的意义。美籍华人余英时先生曾表示，中层理论完全适用于历史学。他说："史学作品的价值最后还是为它本身的学术品质所决定的。从研究工作之具体可行的观点说，与其规模过大而流为空疏，则毋宁范围较小而易见驾驭之功。求其中道而立，则社会学家默顿（Robert K. Morton）的'中距程理论'（the middle range theory）之说最足资史学工作者的借鉴。"②默顿的中层理论对于科学技术哲学更是具有启发意义。通常认为，哲学研究是思辨性的，主要依靠从先验观念出发，有逻辑地推演概念和命题，最终形成理

---

①　转引自［波兰］彼得·什托姆普卡：《默顿学术思想评传》，林聚任等译，北京大学出版社 2009 年版，第 2 页。

②　［美］余英时著，何俊编，李彤译：《十字路口的中国史学》，上海古籍出版社 2004 年版，第 96 页。

论。因此,不少科技哲学学者热衷于逻辑推演规律或模式等普适性命题和构建所谓的"宏大理论体系",相对忽视甚至排斥艰苦细致的经验研究。默顿学派的成功经验表明,必须高度重视经验研究对理论研究的作用。尽管从经验中无法归纳出理论,但可以肯定地说,经验不仅具有证明和检验理论的作用,而且还可以激发新的理论猜想,对已有理论发挥不可忽视的重塑、转变和澄清的作用。虽然科学社会学属于社会学,是经验性学科,但它的这一经验原则上也适用于科技哲学。科技哲学也是需要中层理论的。在一定意义上,科学技术哲学就是介于一般哲学和自然科学之间的中层理论。恩格斯反对传统自然哲学,主张以自然科学为中介研究自然界的辩证法,本质上也是一种中层理论主张。

　　总之,既不能把科技哲学的理论研究蜕变为单纯的经验研究,以免使之囿于描述而缺乏必要的深度,也不能脱离经验研究而使其陷于天马行空、游谈无根。科技哲学研究除坚持正常的纯哲学思考以外,还需要加强经验研究,提倡像默顿学派和SSK那样重视科学技术史的研究、亲密接触科学研究第一线的科学家,大力发展中层理论,为更高层次的哲学概括奠定扎实的基础。

当代科技观研究

重心转移后的自然辩证法研究[*]

恩格斯以后,自然辩证法长期注重各门自然科学中的哲学问题,并以阐明自然界的辩证属性为宗旨。就是说,以自然观研究为重心。20 世纪 60 年代后,自然辩证法研究的重心开始转移到从科学的性质和规律、科学认识论和方法论、科学与社会的互动等多种角度进行的广义科学观(或称科学学)研究上。研究重心的转移以及这一转移产生的原因、它给自然辩证法研究所带来的影响等,学术界鲜有人论及。为此,本文拟就上述问题谈点粗浅看法。

一、"以科学为中介, 首先需要理解科学" 等原因造成了研究重心的转移

(一)自然辩证法发展的内在需要

恩格斯的时代乃至以后一个时期内,马克思主义者肩负着证明辩证法存在于自然界和确立辩证自然观的历史使命。因

* 本文原载《文史哲》1994 年第 2 期,中国人民大学报刊复印资料《自然辩证法》1994 年第 5 期转载,《哲学动态》1994 年第 8 期转载。

此,那时以各门自然科学中的哲学问题为基础的自然观研究为重心乃势在必行。当时,自然辩证法虽然强调以自然科学为中介,并且以此作为和依赖超经验性思辨的旧自然哲学划界的分水岭,但是,有关科学性质和发展规律的研究对于它毕竟仅具有从属的意义。

20世纪下半叶以来,科学发展的最新情况表明,自然辩证法要真正做到以自然科学为中介研究自然界的辩证法,当务之急是必须首先理解科学。理解科学成为自然辩证法发展的时代课题,或者说,"对科学本身的研究成了自然辩证法在20世纪的首要任务"①。

20世纪自然科学的发展究竟向人们展现了什么新情况呢？从一定角度看,最突出的有如下两点。

一是重要性。马克思主义经典作家曾对科学在人类社会发展中的地位和作用给予了高度的评价:"科学是一种在历史上起推动作用的、革命的力量。"②但是,那时科学在人类社会发展中所起的实际作用毕竟有限。20世纪情况大为不同了。20世纪中叶以来,伴随着新科技革命浪潮的勃然兴起,科学技术明显地成为决定社会进程的基本因素之一。科学在人类社会中地位和作用的迅速上升,促使人们不仅关心科学成果的应用,而且更加关心促进科学发展的途径和方法。此外,当代科学动用的人力、物力和财力数量惊人,科学活动的社会化程度明显上升,从而对科学的规划、协调和管理提出了很高的要求。

---

① 林立主编:《自然辩证法原理疑难》,兰州大学出版社1988年版,第20页。

② 《马克思恩格斯选集》第3卷,人民出版社2012年版,第1003页。

这些都加剧了社会对理解科学的关心和广泛参与,对自然辩证法理论工作者也不能不产生相当的影响。

二是两重性。20 世纪的科学在许多方面表现出了一种两重性。例如,就科学的本质而言,在恩格斯时代,人们普遍相信科学知识是真理的样板。19 世纪末叶以来,以相对论取代牛顿力学占据科学主导地位的物理学革命为开端,在化学、生物学和天文学等领域内,相继发生了新理论取代旧理论的科学革命。较之过去科学所一贯表现出的真理绝对性而言,如今,科学理论所表现出的真理相对性空前地突出起来了。于是,在拒斥辩证法的氛围中,西方思想界不少的人发出疑问:科学是什么? 科学的本质是什么? 对于自然辩证法而言,似乎也有必要对如下的问题作出说明:自然科学有资格作为研究自然界辩证法的中介吗? 此外,科学社会功能的两重性也引起了普遍关注。人们逐渐认识到,科学是把双刃剑,既能造福也能为祸。科学社会功能的两重性诱发了科技悲观主义和科技乐观主义旷日持久的争端。人们纷纷发出疑问:造成科学社会功能两重性的原因是什么? 科学所招致的祸患能够依靠科学自身来消除吗? 怎样消除? 等等。

上述科学发展的新情况以及伴随而来的疑难问题,统统与理解科学有关,而且无不趋向于促成理解科学向着成为自然辩证法研究首要任务的方向演变。

（二）顺应当代哲学发展主潮流的需要

自然辩证法既然是一种哲学性质的学科,它的发展就不可能不受到当代哲学发展主潮流的制约和影响。我们知道,近代哲学是以认识论研究为核心的。可是,研究认识有一个方式与方式的选择问题。单纯从认识整体上鸟瞰式地研究认识，是一种初级和混沌的方式，难以避免笼统和粗疏之弊；依赖神话和常识等欠发达认识形式的研究并透过这些具体的认识形式去审视认识整体，虽然于认识论研究会有成效，但终归由于所选择的认识形式较低级而难以完成洞察认识全局和真谛的使命。科学认识在所有的人类认识形式中最成熟、发达和高级，因此，正像人的解剖是猴子解剖的一把钥匙一样，通过科学认识的研究，把握认识的本质和规律，不失为一切已有研究方式中的最优者。于是，人们看到，当代认识论的研究已经演化为以科学认识论的研究为主潮流。关于这一点，许多哲学家已有明确的表述。如英国著名哲学家波普尔说："认识论的中心问题从来是，现在仍然是知识增长的问题。而研究知识的增长的最好方法是研究科学知识的增长。"①

应当说，在科学认识论的研究中，自然辩证法具有得天独厚的优势，有理由也有条件多做贡献。首先，自然辩证法在科学观中关于科学整体和科学方法的考察，都是科学认识论研究的题中应有之义乃至重要组成部分；其次，自然辩证法关于各门自然科学哲学问题的研究由意在揭示自然界的辩证法，反过来可以转变为直接服务于科学认识论的研究，并可望成为后者的基石。不过，当各门自然科学的哲学问题研究服务于认识论的研究，并以研究科学认识的本质和规律作为自己直接目的的时候，它在一定意义上就可以算作科学观研究的一个侧面了。可见，自然辩证法要顺应当代哲学发展的主潮流，跟上时代的

①　[英]波普尔：《科学发现的逻辑》，科学出版社1986年版英译本第一版序言（1959年），第Ⅹ页。

步伐,求得自身的长足发展,把研究重心转向科学观研究,乃是一条洒满阳光的大道。

（三）吸取西方科学哲学养分的需要

西方科学哲学源远流长,即使从实证主义算起,它的历史也和马克思主义哲学一样长久了。以实证主义为起点予以审度,可以看出,西方科学哲学的初衷是试图用自然科学改造哲学,创立具有真正科学性质的哲学。自古以来,哲学家大多互相攻讦、诋毁,轮番混战,走马灯似地出没在哲学舞台上,这与科学家视前辈为巨人,并踏着巨人的肩膀向上攀登的秩序井然形成了鲜明的对比。西方科学哲学的先驱们对此深感不安,他们决心以自然科学为模特重塑哲学。先是实证主义竭力把自然科学的实证方法引进哲学,继而逻辑经验主义又处心积虑地从语言分析的角度改造哲学。在付出巨大努力而收效并不理想的情况下,科学哲学家们逐渐意识到,用科学改造哲学,首先应当搞清楚科学的特性是什么,它与传统的哲学即形而上学的区别是什么。一言以蔽之:关键是理解科学本身。于是,从批判理性主义开始,西方科学哲学把兴趣中心转为由哲学指向科学,进入了对科学观进行大规模、全方位研究的历史时期。这种研究在批判理性主义、社会历史学派和科学实在论等旗帜下愈演愈烈,以致形成了一场声势浩大的哲学运动。这一运动连同其实证主义和逻辑经验主义先驱的工作,号称科学主义思潮,与流行于法、德等大陆国家的人本主义思潮并驾齐驱,统称当代西方哲学的两大思潮。一向留意理解科学事业的自然辩证法理所当然地看到了西方科学哲学在科学观上"大异其趣"的贡献。于是,中国自然辩证法界主要基于从西方科学哲学中吸收养分的考虑,间或出于同西方科学哲学家进行对话和论战的激情,愈来愈多的学者开始把目光投向西方科学哲学的研究和评论。在这种情况下,科学观研究逐渐升温,以至成为自然辩证法的热门话题,就毫不奇怪了。

二、研究重心转移是自然辩证法研究全局的一次大调整

对于自然辩证法这样一个多领域、大容量的学科,研究重心的转移绝不仅仅意味着其中各组成部分分量轻重的变化问题,实质上,它是在众多因素的作用下,自然辩证法研究全局的一次大调整。伴随着研究重心的转移,自然辩证法研究各组成部分都相应地发生了或正在发生着质的变化。

在自然观研究方面,单纯地研究与人分离的、人之外的那个"天然"的自然界已经很不够了。当代,人类凭借科学技术所加工和改造过的那部分自然界(即人工自然)已经逐渐在人类社会的生存和发展中占据中心地位。人类迫切需要认识和驾驭人工自然,人工自然在整体上所表现出的辩证属性较之天然自然来得更深刻、丰富些;人工自然作为人类改造自然的成果,反过来成为影响人类改造自然活动的重要因素,增加了人与自然关系的复杂性,也带来了诸如环境污染等一系列有违人类改造自然初衷的严重后果。因此,人工自然以及与之相关的"人与自然的关系""人与自然的协调发展"等问题,便成为当代自然观研究中的显赫课题。

在各门自然科学中的哲学问题和科学方法论研究方面,总

的来看,它们正逐渐汇入广义的科学观研究之中。不过,从其相对独立的意义上讲,前者不仅随着科学成果的加速增长而大大扩张了概括的范围,并且在概括的目的、角度、方式和概括结论的评价等方面,正经历着一场变革①;后者则由于当代科学与技术的一体化、高技术产业化,以及技术创新、技术转移和技术引进等技术实践在科技活动中迅速扩张等原因,而导致强化技术方法论的研究成为其最新趋势之一。

下面,重点谈谈重心转移后科学观研究较之以前所呈现的新特点、新趋势。

(一)重心转移后的科学观研究之一：辩证观点的深化

恩格斯时代,科学观研究的最高目的是揭示自然科学存在和发展过程中所显现的唯物辩证法观点,进而从特定角度证明自然界也同样遵循辩证规律。今天,自然辩证法依然是马克思主义哲学的有机组成部分,科学观研究的上述宗旨没有变。事实上,一如人们所看到的,研究重心转移以后,科学观研究中的辩证法观点已经并且正在继续呈现深化的趋势。

数年来,我国自然辩证法界在科学观方面进行了一系列卓有成效的研究,如自然科学与物质生产关系的研究(科学对物质生产的依赖关系、科学发展的自主性、科学对生产的推动作用等)、自然科学与政治关系的研究(社会制度对科学发展的影响、自然科学发展与社会革命、自然科学发展与体制改革等)、自然科学与哲学关系的研究(唯物主义和辩证法与自然

---

① 舒炜光主编:《科学认识论》第1卷,吉林人民出版社1990年版,第133—161页。

科学的关系、唯心主义和形而上学与自然科学的关系、世界观和科学家的关系等)、自然科学与文化关系的研究(自然科学的文化属性、自然科学发展的文化环境、传统文化对科学发展的影响、科学的精神文化价值、科学与精神文明的关系等),以及自然辩证法规律和范畴的研究,等等。总的来看,这些研究都对辩证观点起到了某种深化作用,或者说在不同程度上有效地深化了人们对自然科学辩证法的认识。

不过,客观地讲,我国前些年的科学观研究在辩证观点的深化上也还存在许多不足的地方。例如,许多研究似乎还主要限于重复经典作家的结论而缺乏应有的创造性。一些观点抄来抄去,陈词滥调,不见新意;一些研究者习惯于面面俱到、泛泛而论,对科学发展的现实和国内外理论界提出的有关重大理论问题却熟视无睹、麻木不仁,所发表的言论针对性不强、力度不够。在科学观的许多侧面和专题上,似乎也不乏真知灼见,但相当多的成果却是分散的点状式,而非自成系统的网状式。很少有这样的情况:通过深入研究形成一个核心概念或范畴,然后从这个概念或范畴生发出去,对科学发展的各个侧面形成一整套有逻辑一贯性的深刻见解。近些年来,由于种种原因导致学风浮躁,构造体系习气日见其盛。某些所谓的"体系"缺乏扎扎实实的研究基础,没有形成独到的核心概念或范畴,说穿了,不过是对流行观点搭积木式的拼凑而已。

看来,要使科学观研究中辩证观点深化的趋势得以健康和迅速地成长,还需要付出巨大的努力。我认为应做到以下几点。

首先,要对辩证法持一种名副其实的发展观点。不可叶公好龙,口头上讲发展,实际上却抱残守缺,对发展讳莫如深;也不可只许细节上发展,而回避根本上的发展。理论发展的形式很多,如丰富、补充原有的理论,增添新的理论;以新的理论取代旧的理论;等等。原则上说,这些理论发展的形式都同样适用于辩证法。发展的观点本是辩证法的根本观点,辩证法没有理由拒绝这一观点反观于它自身。

其次,要把握当代科学辩证法研究的重点。不同的时代,科学发展的辩证法观点研究的重点有所不同。如果说,在19世纪科学辩证法研究的重点是科学发展是否真正体现了普遍联系和永恒发展的观点的话,那么在当代应深化一步,重点研究这些问题:科学发展所体现的普遍联系究竟是怎样联系的?联系的内容与形式是什么?科学发展所体现的永恒发展究竟是怎样发展的?发展的类型和规律是什么?等等。这一点是和20世纪自然科学在整体上所显示的时代精神是一致的。20世纪自然科学整体上所回答的问题已经大大超出了“自然万物是否有联系或是否在运动”的范围。“它们围绕着核心问题是怎样联系、怎样运动和怎样统一?”①

最后,要在洞察科学实际上肯下真功夫。无疑,自然科学的辩证法存在于自然科学的实际之中。因此,要深化科学观研究中的辩证法观点,最根本的一条就是洞察自然科学的实际。自然科学的实际是一个复杂的事物,由许许多多侧面组成,其中主要的有以下内容。

(1)科学发展的实际,包括科学内容与科学形式,科学理论与科学概念,科学发展的历史、现状与科学发展的未来趋

---

① 林立主编:《自然辩证法原理疑难》,兰州大学出版社1988年版,第21页。

势等。

（2）发展科学的实际,包括发达国家和发展中国家是怎样发展科学的,中国(主要是新中国)是怎样发展科学的,其中涉及科技政策、科技战略和科技体制等。

（3）研究科学的实际,包括科学研究方法的性质、结构、作用、产生与发展,科学家与科学共同体的运作方式,中国科学家研究方法的得失等。

（4）认识科学的实际,包括古今中外的科学家、哲学家、政治家和人民大众是怎样认识科学的,可分为世界科学思想史与中国科学思想史两个方面。近代以来的中国科学思想史是比较丰富和有特点的。

原则上说,一个科学观研究者应当逐一熟悉上述各个方面,才算真正做到了对科学的实际有了一个较为全面和客观的了解。当然,对所有的方面都达到像专家那样十分精通既不可能也没必要。对科学观研究者的一个基本要求是:在选择一两个侧面和其中几个关键点作重点研究的同时,应当对上述所有方面都有一个准确的、整体的和精神实质上的了解。

应当指出,科学发展以及科学与社会相互作用中所提出来的各种重大的现实问题,往往是科学实际中最关键、最有研究价值的部分,需要特别予以重视。例如,在我国当前的现代化建设中,围绕提高中华民族的科技意识、优化中国科技发展的战略和社会环境、科技体制改革和科技第一生产力功能的实现等方面,都有一系列亟待解决的理论问题。科学观研究者有责任也有义务加强对这些问题的研究。

（二）重心转移后的科学观研究之二：与国际学术界直接对话的制度化

和国际学术界直接对话的制度化,并非科学观研究所独有的问题,但从自然辩证法研究重心转移后科学观研究的基本状况看,却无疑是其面临的一个根本性的大问题。随着自然辩证法研究重心向着科学观的转移,科学观研究水平和整个自然辩证法研究水平之间的相关性也骤然突出了起来。如何提高科学观的研究水平?基本途径之一就是积极参加国际学术交流,建立和国际学术界直接对话的良性机制,在和其他学术派别、学术观点的争鸣及切磋中发展并提高自身。

和国际学术界直接对话意在强调科学观研究应实行全方位的开放。哲学的、政治的、经济的、法律的、文学艺术的,举凡健康的学术观点和思潮,均应在科学观研究者的视野之内。科学观研究不以科学观为限,即所谓“汝果欲学诗,工夫在诗外”。当然,最重要的依然是和科学观研究直接相关的学术观点和思潮,如科学哲学、科学社会学和技术哲学等学科的观点和思潮。这里,仅就和西方科学哲学直接对话的制度化问题略述一二。

总体上看,西方科学哲学作为一种哲学思潮或哲学运动,有其固有的弱点和缺陷,如割裂自然科学与自然界的客观联系,思想方法上易走极端,较为忽视科学与经济、政治、文化的联系,等等。不过,它终归有许多不同凡响的优长之处。

从研究课题看,西方科学哲学独辟蹊径,颇有开拓精神。每一派别围绕其主旨,都提出了大量新意盎然的研究课题,如科学与形而上学问题、形式科学与经验科学的区分问题、科学进步问题、科学的合理性问题等。研究课题的广度、深度和变化频率从一定角度显示了西方科学哲学的勃勃生机。

从研究方式看,西方科学哲学有许多鲜明特点。例如,他们对于语言－逻辑分析方法、案例分析方法等的运用比较娴熟;自由批判精神极为盛行:一个多世纪以来,科学哲学运动学派风起云涌、新人辈出。后人批判前人,同时代的人互相批判,没有"定于一尊",也鲜见行政干预,真正是一片百家争鸣的兴旺景象。

从研究成果看,西方科学哲学影响巨大、成绩斐然。尽管他们批评别人往往恰中要害、入木三分,而自己殚精竭虑所构筑的哲学大厦却漏洞百出,反为他人留下把柄,但是,这并不妨碍科学哲学家创见迭出和整体上取得了巨大成功。如数位诺贝尔奖获得者和一流科学家声称,他们的科学研究从波普尔哲学中受益良多!

可见,自然辩证法的科学观研究和西方科学哲学建立起直接对话的机制确有必要。二者同以科学为研究对象,完全可以取长补短、长期共存。遗憾的是,由于极左思潮的影响,自然辩证法乃至整个马克思主义理论界对西方科学哲学曾长期持全盘否定态度,两者的对话是相当不充分的。粉碎"四人帮"后,尤其是自然辩证法研究重心转移以后,这种情况有了根本改变。不过,总的来看,科学观和自然辩证法与西方科学哲学的对话仍然不尽如人意,更谈不上制度化了。

繁荣和提高我国的科学观与自然辩证法研究,亟待加大和西方科学哲学对话的力度,并使之制度化。我们应该对这项工作有一个通盘考虑,尽量避免过去那种在包括西方科学哲学在内的西方学术研究中的大起大落、反复无常。应当把那些必不可少的基础性的工作逐步制度化,长期不懈地坚持下去,对此有以下几点建议。

第一,争取在若干年内把自孔德实证主义以来西方科学哲学各流派、各代表人物的主要著作完整、系统地翻译过来。如能做到每个主要人物都有"哲学著作选集"出版,就更理想了。同时,进一步做好当前国内外有关研究论文和动态的编译、介绍工作。

第二,有分工地做好专题专人的研究工作。争取做到我们的科学观研究人员不仅对西方科学哲学的流派、思潮和人物都有一个地道的了解,而且凡是西方科学哲学家提出和讨论的问题,我们的人都有发言权,都能贡献出有分量的独立见解。

第三,制定一个长期的战略目标,为我所用、立志超越。不可仅仅被动地咀嚼西方科学哲学家所提出的问题。应瞄准其弱点、缺点和空白处,发现和提出他们想提而未能提、将来可能提但现在还未提或者根本提不出来的问题。例如,当逻辑经验主义把可证实性原则捧到天上去的时候,我们的哲学家和科学观研究者有没有可能像波普尔那样出奇制胜,从另一个视角提出可否证性原则呢? 有朝一日也让西方花点时间引进和讨论一下中国哲人提出的哲学见解。在理论和观点创新的基础上,我们还在建立和不断完善我们的科学观和自然辩证法理论体系。而且,要尽力把这些理论体系建筑得比西方科学哲学家的理论体系更扎实、更精美。这种可能性是存在的,因为在吸取西方科学哲学优点的同时,尚有独具风采的中国哲学、中国历代尤其是近代的科学观、科学哲学思想,以及马克思主义的科学哲学思想可供我们利用。这个条件是绝大部分西方科学哲学家所缺失或有意回避的。把中西科学观、科学哲学思想的研究有机地结合起来,使科学观和科学哲学的研究平添几成浓郁的中国特点或中国气派,那么,我们的研究就有可能走在世界前列。

科技与社会研究的分析框架
与经验基础[*]

一、分析框架多元化

不久前,董光璧先生在一篇很有影响的论文中说:"为真正理解科学的意义及其未来前途,必须了解科学与社会的相互关系。虽然这种认识早已成为业内学者甚至社会的一种共识,但有关科学与社会研究迄今还没有一个明确的分析框架。"①我十分推崇董先生的这篇文章,但认为,"关于科技与社会研究迄今还没有一个明确的分析框架"的说法是不符合实际的。

作为一个研究分支或研究领域,科技与社会的定名似乎是近些年的事,然而,就其研究内容而言,它绝不是科技哲学研究的新拓展。②科学技术观所研究的乃是在科技与社会相互关系中所显现出来的科学技术的本质与发展规律。因此可以认

＊ 本文原载《自然辩证法研究》2006 年第 7 期,被收入陈凡等主编的《科技与社会(STS)研究》(第二卷)一书(东北大学出版社 2009 年出版)。

① 董光璧:《以千年看百年——中国和西方的科学与社会》,《自然辩证法研究》2002 年第 8 期。

② 参见马来平:《科技与社会引论》,人民出版社 2001 年版,第 3—18 页。

为，中国自然辩证法工作者过去乃至现在所进行的科学技术观研究基本上等价于今天的科技与社会研究。对于我国科技与社会研究的主流而言，不仅有其分析框架，而且相当明确，这就是历史唯物主义科学观。

众所周知，按照历史唯物主义观点，自然科学属于社会意识，乃是社会存在的反映。不过，自然科学是一种特殊的社会意识形式，它不为特定的阶级利益服务，因而不属于上层建筑。从科学在社会有机体中的这一定位看去，科学将主要和以下三种因素发生相互关联和相互作用：其他社会意识形式、生产力、生产关系。

这就是我国绝大多数自然辩证法工作者多年来使用过，至今在一部分研究者中间仍然继续使用的分析框架。按照这一分析框架，多年来我国科技与社会研究的内容主要集中在以下几个方面：第一，科学技术与生产力互动关系的研究，如科技对物质生产的依赖关系，科技发展的自主性，科技生产力功能的表现与实现机制等；第二，科学技术与生产关系互动关系的研究，如社会制度对科学技术发展的影响、科技发展与社会革命、科技发展与体制改革等；第三，科学技术与各种社会意识形式互动关系的研究，如科学技术与哲学、艺术、法律、宗教之间的互动关系等。

这个分析框架的特点是强调了科学技术对社会的依赖关系。其中，特别突出了物质生产或经济需要对科技发展的动力作用。客观上为引导科技为经济生产服务，与生产劳动相结合张了本，因而自1949年以后，在中国共产党于相当薄弱的基础上逐步建立起自己的科学技术研究体系并力图令其为社会主义经济建设服务的半个多世纪里，这一分析框架与中国共产党的科技政策十分合拍。在这一框架下的科技与社会研究则有效地为后者提供了理论基础，以至于人们一度认为，该框架或许是科技与社会研究的唯一或最优分析框架。

　　然而，默顿科学社会学传入中国以后，一个崭新的分析框架呈现在人们面前。在默顿看来，"近代科学除了是一种独特的进化中的知识体系，同时也是一种带有独特规范框架的（社会体制）。"①作为一种社会制度，科学不仅与经济、军事和文化等其他社会制度发生互动关系，而且它自身也是由科学共同体组成的一个富有个性的小社会，拥有自己相对独立的内部社会结构和运行机制。科学制度最基本的个性是科学家与科学共同体有一套与众不同的"科学规范"，科学制度的社会结构突出地表现在科学界高度的社会分层上；科学制度的运行机制集中地表现为它有一套基于"同行承认"的奖励和荣誉分配制度，以及有一套以"无形学院"为核心的科学交流系统。按照这种分析框架，默顿科学社会学除了关心科学与其他社会制度的互动关系以外，把主要精力放在了研究科学规范、科学奖励制度、科学界的社会分层，以及科学交流等科学共同体小社会内部的互动关系上面了。

　　尽管默顿的研究是社会学性质而非哲学性质的，但是它的研究主题和科技与社会相同，也是紧紧围绕科技与社会的互动关系这一中心。此外，默顿的这一分析框架确有许多弱点，比如，它较少关心技术；过度强调科学的自主性；与现实中的科学有一定脱节，因而带有浓厚的理想色彩；等等。但是，它毕竟有

---

　　①　［美］默顿：《十七世纪的英格兰的科学、技术与社会》，范岱年等译，商务印书馆 2000 年版中文版前言，第 6 页。

其独特的视角,在极大地增进人们对科学社会本性的理解方面功不可没。尤为重要的是,它启示人们:科技与社会研究的分析框架应该多元化,也一定能够多元化。

分析框架规定着科技与社会研究的范围,制约着研究者的视野,进而影响着研究的质量。例如,上述历史唯物主义的分析框架尽管有许多优点,但它容易遮蔽人们关注科学家和科学共同体的视线,忽视对科学内部社会因素的研究,分散人们对科学的文化本性的注意力,以及忽视对科学组织、科学内部运行机制的分析等。鉴于科学具有多种形象,科技与社会研究的分析框架肯定也是多种多样的。董光璧先生在前面所提到的论文中,从文化的角度提供关于科学与社会研究的一种新的分析框架,就是一种可贵的尝试。因此,我们应当尝试各种可能的框架,在比较和综合的过程中,选择和建立新的、更佳的分析框架。

二、加强科技社会史的研究

应当说,康德的名言"没有科学史的科学哲学是空洞的;没有科学哲学的科学史是盲目的"①也适用于"科技与社会"和"科技社会史"的关系。因为如上所述,科技与社会是科技哲学的一部分,属哲学性质。但对于"没有科技社会史的科技与社会是空洞的",还需做进一步的说明,否则这一命题也难免

① 转引自[英]拉卡托斯:《科学研究纲领方法论》,兰征译,上海译文出版社 1986 年版,第 141 页。

流于空洞。

"没有科技社会史的科技与社会是空洞的"至少包含如下的意思:作为一个研究分支或领域,科技与社会应当奠定在科技社会史的基础上;作为一名科技与社会的研究者,应当兼搞一点科技社会史的研究,或具有一定的科技社会史的知识背景,不然的话,科技与社会的研究将难以深入,难以生动活泼地开展起来。这是因为,对于科技与社会研究,科技社会史有以下几方面的作用。

（一）激发直觉和灵感

说到底,科技与社会乃在于研究科学技术的社会本性,以及科学技术与社会因素间互相制约、互相影响的内容、特点、条件、规律和模式等。科技与社会的理论观点来自哪里? 它应当来自科技与社会互动的历史实践之中。不过,科技与社会的理论观点并非经由科技社会史所提供的大量经验事实的归纳而获得。爱因斯坦所主张的经验和理论之间"并没有逻辑的道路;只有通过那种以对经验的共鸣的理解为依据的直觉,才能得到这些定律"①的观点具有普遍意义。也就是说,科技与社会理论观点的提出,首先是在对科技与社会互动经验事实产生直觉或灵感基础上形成假设,然后再对该假设进行严格而广泛的检验,最终才能使有关的理论观点暂时确立起来。在这个过程中,科技社会史对于科技与社会研究充分发挥了"激发直觉和灵感"的作用。正如科学社会史研究最重要的代表人物之

---

① ［美］爱因斯坦:《爱因斯坦文集》第一卷,许良英等译,商务印书馆1976年版,第102页。

一、美国科学史家库恩所说:"我不胜惊讶地发觉,历史对于科学哲学家,也许还有认识论家的关系,超出了作为给现成观点提供事例的源泉的那种传统作用。就是说,它对于提出问题、启发洞察力可能也是特别重要的源泉。"①在默顿关于17世纪英格兰科学、技术与社会的研究中,人们看到了这一状况的范例。以清教伦理与17世纪英格兰科学、技术发展之间的互动关系为内容的默顿命题的提出,得益于默顿与一批属于科技社会史性质的史料的邂逅。为此,默顿曾回忆说:"在阅读十七世纪科学家们的书信、日记、回忆录和论文的过程中,笔者慢慢注意到,这个时期的科学家们往往具有宗教信仰,而且更有甚者,他们都倾向于清教。只是到了此时(而且这几乎使他未能跟上研究生学习计划的日程安排),笔者才太迟地注意到了由马克斯·韦伯、特罗尔奇、托尼和其他人所确立的、围绕着新教伦理和近代资本主义的出现之间的互动为中心的智力传统。"②

(二)提供历史的检验

既然我们认定科技与社会的研究是哲学性质的,那么就必须承认它既有超验的一面,也具有不能与经验完全相脱离的一面。其超验性的突出表现是:科技与社会的理论观点不能靠有限的科技与社会互动关系的经验事实予以证实或否证;它不能脱离经验的一面的突出表现是,科技与社会理论观点的正确性

---

① 托马斯·库恩:《必要的张力》,范岱年等译,福建人民出版社1981年版,第4页。

② [美]默顿:《十七世纪的英格兰的科学、技术与社会》,范岱年等译,商务印书馆2000年版,第12—13页。

归根结底要靠科技与社会互动关系长期发展的历史实践来检验。

通常认为，科学史对于哲学观点可以提供历史的检验。例如，人们所熟知的恩格斯的一段话说的就是这个道理："世界的真正的统一性在于它的物质性，而这种物质性不是由魔术师的三两句话所证明的，而是由哲学和自然科学的长期的和持续的发展所证明的。"①世界的物质统一性原理是如此，其他哲学原理也是如此。说到底，任何哲学理论和观点完全脱离历史实践而单纯在逻辑推理上绕圈子，都会因失去基石和坐标而迅速枯萎下去。

上述观点在西方许多科学哲学家那里也是被一致认同的。例如，劳丹就曾在其《进步及其问题》一书中，设专节讨论过科学史在科学哲学中的作用问题。他明确指出："科学哲学在两个重大方面依赖于科学史。第一，科学哲学旨在阐明隐含在我们对于 HOS_1（指实际的科学史——引者注）的某些事例的直觉之中的合理性标准。第二，对于任何哲学模型的鉴定都需要对 HOS_2（指历史学家的科学史著作——引者注）详加研究，以便对这一模型可否应用于 PI（对于科学理性的前分析直觉——引者注）事例作出评价。"②拉卡托斯也认为，对于科学哲学所提供的任何理论模型来说，"历史可被看成是对其合理

---

① ［德］恩格斯：《反杜林论》，《马克思恩格斯选集》第 3 卷，人民出版社 2012 年版，第 419 页。
② ［美］劳丹：《进步及其问题》，刘新民译，华夏出版社 1990 年版，第 156 页。

重建的一种'检验'"①。汉森则认为："……对任何科学的有益的哲学讨论,依赖于彻底通晓这一科学的历史和现状。"②

既然科学史对于哲学、科学哲学都有一种提供历史检验的作用,那么,作为科学史一部分的科学社会史对于哲学性质的科技与社会也有一种提供历史检验的作用,则是理所当然的了。此外,科学社会史对于科技与社会还具有提出研究课题、提供解释理论观点的典型事例等作用,兹不赘述。

然而,当前科技社会史的研究现状是远远不能令人满意的。就科技社会史的研究而言,不论是以赫森和贝尔纳为代表的马克思主义传统,以默顿为代表的科学社会学传统,以巴恩斯、布鲁尔、夏平等为代表的科学知识社会学传统,以库恩、本·戴维等为代表的科学哲学传统,还是以李约瑟等为代表的具有综合性质的研究传统,都是专题研究和案例研究居多,较为成功的通史研究比较少见。例如,贝尔纳的《科学的社会功能》和《历史上的科学》尽管所研究的时限贯通古今且不乏真知灼见,但终究失之于史料单薄、立论粗疏。用贝尔纳本人的话说即是"但我已设法写成的书同我原定计划要完成的工作一比,就显出文献引用得不足,论辩也不够严密"③,以至于贝尔纳称自己的书"它不是,也不打算是另一部科学史"④。

----

① [英]拉卡托斯:《科学研究纲领方法论》,兰征译,上海译文出版社 1986 年版,第 141 页。

② [美]汉森:《发现的模式》,邢新力、周沛译,中国国际广播出版社 1988 年版,第 4 页。

③ [英]贝尔纳:《历史上的科学》,伍况甫等译,科学出版社 2015 年版,第 xiii 页。

④ [英]贝尔纳:《历史上的科学》,伍况甫等译,科学出版社 2015 年版,第 xii 页。

　　此外,科技社会编史学的研究也还比较薄弱。这一点突出地表现在科技社会史研究中一些常见的基本理论问题往往不甚了了,甚至歧见丛生。例如,如何理解马克思主义关于"经济需要是科学发展主要动力"的论断? 这个论断受到了许多非马克思主义者的攻击,而在马克思主义阵营内部,理解上也颇见差异。如何看待宗教与科学的关系? 在这个问题上有对立说、并行说(双方并行发展,不相关联)、互补说、对话说以及基石说(宗教为科学诞生和发展奠定基石,离开宗教,科学既不可能诞生,也不可能正常发展)等,长期众说纷纭,迄无定论。如何在社会因素和特定的科技发展之间建立起相应的因果关系? 这个问题历来是科技社会史较之科学思想史的一个致命弱点,今后有无取得实质性突破的可能? 诸如此类还有许多,如科学的文化气质、科学和技术是否负载价值? 现代科学技术是否已经成为意识形态? 哲学对科学具有何种性质的作用? 资本主义和社会主义这两种社会制度与科学的关系如何? 等等。

　　上述基本理论问题有不少带有一定的哲学性质,它们不仅属于科技社会编史学,而且也属于科技与社会研究的范畴。这说明科技社会编史学和科技与社会存在交叉,抑或说后者实际上承担着一定的科技社会编史学的责任。此外,这些基本问题与科技社会史之间存在着一种互为因果、互相掣肘的关系。它们不解决,势必会直接影响科技社会史研究的进度和质量,反过来,要推进这些基本理论问题的解决,又需要到科技社会史中汲取营养,离不开对当前科技社会史研究的进一步加强。这种互为因果的关系其实也正是科技与社会研究和科技社会史研究之间的关系。唯其如此,我们也才说,加强对科技社会史的研究,当是提高科技与社会研究水平的一项根本性措施。

超越"生产力科学技术观"[*]

20世纪下半叶以来的半个多世纪里,科学技术一直在前进,但始终未见全局性的质的飞跃。种种迹象表明,世界正处于新的科技革命的前夜。正是认识到这一点,世界各国纷纷调整科技发展战略,出台新的科技政策,迎接新的科技革命的到来。目前,中国正处于转变经济增长方式、实施科技驱动战略,加快建设创新型国家的关键时期。步步逼近的科技革命对于中国来说既是挑战又是机遇。在这种形势下,中国需要做的事情有很多,这里只想强调一点,即深刻反省中国的主流科学技术观。

一、中国主流科学技术观的演变

原则上说,每个人的科学技术观会因种种主观的和客观的具体条件不同而有所不同。不过,对于一个国家来说,在关于

---

　　* 本文原载《科学学研究》2013年第5期,《新华文摘》2013年第14期论点摘编,《科协通讯》2013年第3、4期分两期全文转载。本文获山东省社科优秀成果三等奖。

科学和技术的本质、科学与技术的关系、科学技术的发展规律,以及科学技术与社会的关系等方面的根本看法上总会存在某种主导性的或基本的共识,这种共识即是主流科学技术观。主流科学技术观通常具有两个特点:其一,它往往表现为该国家中政府的科学技术观,是国家意识形态的有机组成部分;其二,政府的科学技术观和大众的科学技术观有重叠也有错位,前者往往会强烈地影响后者,从而导致二者走向趋同。不过,大众的科学技术观始终保持相对独立性,因此二者发生背离和后者影响前者的情况也是经常的、大量的。一般来说,科学界(尤其是精英科学家)、哲学界(尤其是科学哲学家)以及其他元科学研究者的科学技术观,较之其他社会各界通常会更加超前些。

显然,主流科学技术观不仅是国家制定科技政策、实施科技发展战略的理论基石,而且对于科学家研究什么和怎样研究、对于大众是否支持科学技术和怎样支持科学技术等都有至关重要的影响。简言之,一个国家发展科学技术的速度和水平如何,也总能在这个国家的主流科学技术观那里找到重要的思想根源。因此,正当科技革命即将到来之际,在中国科学技术迫切需要跨越式发展的形势下,树立正确的主流科学技术观,并根据科学技术和社会的发展不断予以重塑,不论对于领导干部、科技工作者还是对于每一位民众,都是一项不容忽视的重大任务。

正是基于此,一些发达国家高度重视塑造国家的主流科学技术观。例如,早在1985年英国皇家学会就发布了一份颇有政治影响的报告《公众理解科学》。这份报告的基本论点是:"提高公众理解科学的水平是促进国家繁荣、提高公共决策和私人决策的质量、丰富个人生活的重要因素。这是事关全英国的重要问题，要想实现这些长期目标，就要求做出持续不断的努力。增进公众对科学的理解，是对未来的一项投资，并非是资源允许情况下的某种一味的奢侈。"①为了落实这份报告，英国由皇家学会、科学促进会和皇家研究院共同成立了"公众理解科学委员会"，其任务即是不懈地推动公众理解科学。1985年美国制定的旨在推动在中小学生中全面普及科学教育的"2061计划"，以及1991年美国国家科学院制定的《美国国家科学教育标准》都把促进公众理解科学作为核心目标之一。所谓"促进公众理解科学"，就是让更多的公民对科学技术的理解更加趋近科学技术的真实，这实际上就是塑造国家的主流科学技术观。

从历史上看，中国的主流科学技术观经历了一个曲折而漫长的演变过程。且不必说中国数千年封建社会主流科学技术观的种种变迁，单就明末清初接触实验科学以后，中国的主流科学技术观就明显经历了一个由"格致"到"科学"的转变。就是说：立场上，经历了一个由儒学主导到近代观念主导的转变；价值观上，经历了一个由视科学为"技艺"到视科学为"道的组成部分"的转变；研究方法上，经历了一个由以内省、直觉方法为主到重视实验和逻辑方法的转变；研究对象上，经历了一个由伦常关系到外部世界的转变；等等。此后，随着中国科学体制化的实现和科学的进一步发展，中国社会对科学的认识逐渐扩展。

---

① ［英］英国皇家学会：《公众理解科学》，唐英英译，北京理工大学出版社2004年版，第5页。

1949 年以来,在中国占主导地位的科学技术观主要表现为以"科学是生产力"为核心观点的科学技术观,其中大致经历了三个主要阶段:一是"文化大革命"以前的科学技术与生产力"直接联系"论。由于当时中国科技水平较低,再加上受苏联意识形态和科技观的影响,致使中国政府和理论界长期认为"自然科学是人类改造自然的实践经验,即生产经验的总结,并且是为生产服务的,因此,自然科学的发展直接取决于生产的发展"①。就是说,科学技术直接来源于生产并直接服务于生产。二是 20 世纪 70—80 年代的"科学技术是生产力"论。发达国家依靠科技实现经济腾飞的经验,使得越来越多的人清醒地认识到科学技术最根本的属性就是生产力属性,为此,在1975 年的"全面整顿"中,中国科学院党组起草的《中国科学院工作汇报提纲》在中国首次大张旗鼓地强调了马克思关于科学技术是生产力的观点,紧接着邓小平在 1978 年的全国科学大会上重申了这一观点,随后,这一观点迅速在全国传播开来。邓小平指出:"正确认识科学技术是生产力,正确认识为社会主义服务的脑力劳动者是劳动人民的一部分,这对于迅速发展我们的科学事业有极其密切的关系。"②这实际上表明,当时党中央对于塑造中国主流科学技术观已经具有了一定的自觉意识。三是 20 世纪 90 年代以后的"科学技术是第一生产力"论。信息革命的爆发,在世界范围内空前展现了科学技术的威力和知识经济的辉煌前景,于是,邓小平在 1988 年提出了"科学技

---

① 艾思奇:《辩证唯物主义　历史唯物主义》,人民出版社 1973 年版,第 324 页。

② 《邓小平文选》第二卷,人民出版社 1994 年版,第 89 页。

术是第一生产力"的论断,进一步强化了"科学是生产力"的观点。该论断很快被宣传、研究和认同,融入了新时期的主流科学技术观。[①]

20世纪90年代迄今,中国关于科学技术的提法多有变化,如科教兴国、建设创新型国家等,但基本上没有超出"科学是生产力"的范畴。简言之,1949年以来中国的主流科学技术观一直属于以"科学是生产力"这一观点为核心的科学技术观,不妨简称其为"生产力科学技术观"。

二、对中国主流科学技术观的基本评价

科学观的具体形态多种多样,但从根本上看,在科学观上历来存在这样两类:一类认为科学仅仅同发现真理和关照真理有关,科学的功能无他,仅为建立一幅同经验事实相吻合的世界图像而已,这是理想主义科学观;另一类认为科学是功利性的,科学知识的目的是产生技术,是经济与社会发展的工具和手段,这是现实主义或功利主义科学观。这两类科学观一致认为,科学应当认识世界、了解世界,但前者主张认识世界是最高目的,后者则主张认识世界必须服从进一步的目的,即帮助人类支配世界并最终服务于为人类造福。

显然,中国主流科学技术观属于功利主义科学观的范畴。

理想主义科学观和现实主义或功利主义科学观这两类科

---

① 参见马来平:《中国科技思想的创新》,山东科技出版社1995年版,第53—94页。

学观各有自己的合理性和局限性。理想主义科学观的合理性在于突出了科学认识的主要目标,有利于尊重科学家的主体性,尊重思想自由,鞭策科学家心无旁骛地探索自然奥秘,在一定范围内可以起到加速认识进程的作用;局限性在于漠视科学活动对技术活动和社会的依赖性,不利于科学获得社会的支持,以及不利于发挥技术对于科学的推动和支撑作用;不符合17世纪以来科学技术发展历史进程的实际;过分强调科学的认识功能,有可能在理论自然科学领域导致混淆科学与哲学、宗教的界限,从而为宗教侵蚀科学张本。

功利主义科学观的合理性在于充分关照了科学与社会的联系,突出了科学的价值;局限性在于割裂了科学与技术的有机联系,进而容易导致一系列的问题,如在科学与技术的关系问题上重技术轻科学,在科学的社会性和科学的自主性上重科学的社会性轻科学的自主性,在科学的物质功能和科学的精神功能以及其他社会功能上重科学的物质功能轻科学的精神功能以及其他社会功能,等等。另外,由于对于科学的性质和功能认识不足,容易导致对科学的盲目崇拜,从而滋生科学主义。

事实证明,功利主义科学观的所有这些特点在中国主流科学技术观那里都得到了充分的表现。为此,我们看到,中国这种"生产力科学技术观"在1949年以来中国科学技术发展的历史实践中功不可没,尤其在"文化大革命"结束之后,它在激发科技人员投身科技工作的积极性、推动中国科学技术发展形成高潮,以及促进科技成果向现实生产力转化等方面扮演了重要角色。迄今,这种"生产力科学技术观"仍然在发挥着重要作用。但是,无可讳言,它也有其固有的缺陷,其中最主要的缺陷有以下几点。

（一）以技术代科学或重技术轻科学的倾向普遍

在中国,以技术代科学或重技术轻科学的思想由来已久。著名美籍华人学者余英时曾说:"中国'五四'以来所向往的西方科学,如果细加分析即可见其中'科学'的成份少而'科技'的成份多,一直到今天仍然如此,甚至变本加厉。"①事实正是这样,目前,特别是在社会基层或一些领导干部那里,一谈到科学技术,首先想到的是技术,或者心目中根本就只有技术。1949 年以来,在如何对待基础研究的问题上,中国曾有多次反复,至今在处理基础研究和应用研究关系的做法上仍远不能令人满意。不少人对科学在科学技术创新体系中的基础地位以及它对生产力发展的先导性和引领作用缺乏必要的认识。

（二）科学技术的文化、政治等社会功能未受重视

相当多的人只承认科学技术是生产力、是物质力量,但拒绝承认科学技术是一种文化,也具有某种精神力量。他们对科学的认识仅只到达科学知识或科学活动的层面,而对于科学知识和科学活动背后的科学方法和科学精神则视而不见。这一点已经成为制约公众提升科学素质的瓶颈,也成为导致中国科技界帅才匮乏的重要因素。此外,一些人对于科学在人类政治生活和其他各种社会生活中的重要作用也缺乏必要的认识。

（三）科学自主性的意识淡薄

在中国,科学的自主性具有先天性不足。在古代,科学主

---

① 余英时:《中国思想传统的现代诠释》,江苏人民出版社 1998 年版,第 24 页。

要依附于儒学;在近代,科学主要依附于政治,所谓"救亡压倒启蒙",其中主要的一点就是政治救亡压倒科学启蒙。1949 年以后,在相当长的一段时间内,科学主要依附于经济生产。或许正是由于科学自主性的这种先天性不足的现实,导致了中国关于科学自主性意识的淡薄。在这方面,突出的表现是在科技管理中计划成分过重。例如,国家的计划科学项目逐年增多;在资源配置中,市场的作用没有得到充分发挥;科技管理存在过度行政化的弊端;科技活动中权力寻租和利益交易现象也并不罕见。

（四）科学主义思想影响广泛

在不少人看来,不论什么东西,只要和科学沾上边就是正确的,仿佛科学就是真理的代名词,而对科学的局限性和负面作用认识不足、估计不足。总之,中国在这方面表现出了突出的科学主义倾向。尽管中国的科学主义是舶来品,但它与西方科学主义最明显的不同是:第一,它并非像西方那样,是科学高度发达、负面社会影响凸显的产物;第二,从民间封建迷信和科学主义并行的情况看,中国科学主义的根源主要在于对科学的蒙昧。

总的来看,目前中国主流科学技术观最根本的缺陷是把科学技术看轻了、看浅了和看偏了。所谓把科学技术看轻了是指认为和政治相比(比如跟社会稳定、社会治理相比),科学技术不过属于"艺"和"器"的范畴,总是次要的。尽管口头和理论上也承认科学技术对于经济和社会发展的引领和支撑作用,但在思想深处和行动上却有较大反差,不能把科学技术摆到应有的位置。所谓把科学技术看浅了是指较易于看到科学技术的物质功能,却不太容易看到科学技术影响人类的世界观、价值观和思维方式等精神功能,不能充分认识科学技术作为一种高级精神文化活动独立存在的价值,也不能充分认识科学技术在政治和其他社会领域里的重要价值。所谓把科学技术看偏了是指过于乐观地看待科学技术,不能客观、全面地看待科学技术的消极作用、真理的相对性和应用范围的有限性等。

中国主流科学技术观之所以成为"生产力科学技术观"并出现上述种种问题,其根源已经超出了科学的范围,而与中国的意识形态、社会制度和教育制度等密切相关。要从根本上处理好科学与技术的关系、科学的社会性和自主性的关系、科学的物质功能和精神功能以及其他社会功能的关系等,亟待在全社会营造一种尊重思想自由、鼓励自由探索的良好氛围。

具有上述缺陷的主流科学技术观的危害性不容低估,其危害包括:其一,在这样的科学技术观的指导下,很难全力以赴促进科学技术的发展,很难使基础研究、应用研究和发展研究协调发展,保持科学技术发展的充足后劲;其二,在这样的科学技术观的指导下,很难全面而充分地发挥科学技术的精神文化功能和各种社会功能,以期促进科学与人文的融合及并举、科技与社会的共荣;其三,在这样的科学技术观的指导下,很难理性应对科学技术的负面效应,有效抵制伪科学,宽容对待科学技术以外的其他知识形式,并牢牢把握科学技术为人民服务的大方向。

三、"中国主流科学技术观"重塑的基本方向

基于上述情况,中国应审时度势,把塑造与时代相适应的新的主流科学技术观作为思想领域里的一件大事来抓。塑造中国主流科学技术观的基本方向是:坚持功利主义科学观的合理性,努力矫正和克服其局限性,适当吸收理想主义科学观的优长之处以及其他各种相关的思想资源,最终超越"生产力科学技术观",走向新型的主流科学技术观。具体来说,当代中国主流科学技术观至少应强化以下基本观念。

(一)科学技术是一种在历史上起推动作用的革命的力量

科学技术是生产力乃历史事实,这一观点本身没有错,应予继续坚持。问题是:一方面,在相当多的人那里,这一观点仅只停留在口头上,并未在思想深处扎根。在不少地区和部门那里,科学技术只是一盘棋中一枚过河的小卒子,科学技术远未被摆到第一生产力的位置。当前,许多领导干部仍然热衷于为追求短期政绩、追求 GDP 数字攀升而走依赖外延因素发展经济的道路,导致资源、能源、人力和资金等浪费严重。必须从科学观上充分认识科技是经济和社会发展引擎的重要地位,牢固树立依靠科技谋发展的理念,高度重视发展科学技术和实业经济以及二者的紧密结合,尽快把经济和社会发展转移到依靠科学技术的轨道上来。历史经验告诉我们,那种主要依靠资金与人力的投入、资源和能源的消耗来推动经济发展的道路不仅难

以奏效,而且后患无穷。另一方面,在一些领导干部那里,科学技术似乎仅仅具有经济功能,所以每当政府重视经济生产的时候,或者仅仅在经济领域才关注科技,舍此就对科技漠不关心了。不得不说,对科学技术的这种认识和态度是极其狭隘的。毫无疑问,不论在任何时候,科学技术的作用都不会达到科技决定论所宣扬的那种程度,但是在当代,非常明显的是,科学技术的社会功能是愈来愈广泛、愈来愈深刻的。例如,网络对民主进程的影响、软科学对决策科学化的影响,乃至科学技术对综合国力的影响等,均呈日渐扩大的趋势。总之,我们一定要认识到,科学技术是生产力,但绝不仅仅是生产力,正像马克思所主张的那样,科学是一种在历史上起推动作用的革命的力量。

(二) 技术源于并支撑科学

我们应该充分认识到,科学与技术的基本关系乃是技术源于并支撑科学。第一,任何一项先进技术的自主诞生几乎都是对已有科学知识的综合运用;第二,任何一项已有技术的改进和完善都需要在已有相关科学知识的基础上运用更多、更新鲜的科学知识;第三,技术引进离不开自主创新,过分依赖引进只能使自己与先进国家的差距越拉越大,最终受制于人,必须全面推进国家创新体系建设,加强基础研究,为技术创新积累后劲;第四,不仅技术的需要制约着科学发展的方向和规模,而且以仪器、设备、方法等为表现形式的技术对于科学也有相当的支撑和制约作用。

（三）科学技术是一种具有鲜明特色的文化

科学技术是第一生产力并非科学技术性质的全部。由于科学技术的发展状况标志着人类对自然界的认识程度和理性精神所达到的水平,所以科学技术也是一种文化。科学技术的文化属性突出地表现在以下几个方面:第一,科学技术(尤其是科学成果)是新观念、新观点、新方法最重要的源泉之一。任何重大的科学新成就都蕴含着具有重大普遍意义的新观念、新观点、新方法,这些新观念、新观点、新方法一旦被概括出来并被民众所掌握,就会对人们的世界观、价值观、思维方式、道德情操、审美意识乃至科学技术观等产生重大影响。第二,科学技术(尤其是科学)是一种方法。科学诞生的关键在方法,科学突破的关键在方法,科学发生效用的关键也在方法。知识的效力有限,而方法的威力无穷。在人文社会科学领域和人们的日常生活中,以"发现问题→提出假设→经验检验→发现新的问题"为基本环节的科学方法的应用尽管有某种限度,但它对于人文社会科学发展和人们日常生活进步的作用是不容低估的。第三,科学技术(尤其是科学)是一种精神。以大胆怀疑、尊重事实、逻辑思维、勇于创新和精确严密为主要内容的科学精神是科学方法的进一步提升,是科学的精髓和灵魂。它不仅决定着科学之所以成为科学,决定着科学之所以进步,而且对于人类在各个领域里的活动都有很强的指导作用,是提高人的综合素质和精神境界的有效元素,也是防范和抵制伪科学的利器。第四,科技文化不仅发展速度遥遥领先于其他任何一种文化形式,而且对其他文化形式乃至整个社会的发展方向和速度起一种引领和提升的作用。不论是现代文化形式还是各民族的传统文化,只要融入科技元素,插上科技的翅膀,就会增添无穷的魅力,展现出更加广阔的发展前景。就科技与整个文化的关系而言,科技可以变革文化形式、丰富文化内容和拓宽文化传播渠道等,总之,在整个人类文化中,科学是发展速度最快、最有力量、最富时代精神的文化。

（四）科学的自主性不容漠视

所谓科学的自主性,主要有以下四层含义:第一,科学知识的发展具有自己的内在逻辑。第二,和经济、教育、宗教等一样,科学也是一种相对独立而且十分强大的社会体制。迥异于其他社会体制,科学体制具有一套以"普遍主义"为核心的社会行为规范,一种以"同行承认"为基石的奖励制度,一种以"精英统治"为特点的社会分层,一种以"无形学院"为核心的学术交流方式。第三,科学发展需要与之匹配的社会制度和文化环境。科学是一种具有特殊性质、有着特殊要求的社会性认识活动。所谓特殊性质,主要是指它是一种人与自然的对话;所谓特殊要求,主要是指它不仅需要优越精良的仪器设备等大量工具,而且还需要思想自由、人格独立、鼓励创新、宽容失败等社会制度和文化环境的保障。为此,著名科学社会学家默顿指出:"科学的重大的和持续不断的发展只能发生在一定类型的社会里,该社会为这种发展提供出文化和物质两方面的条件。"[①]第四,科学具有独立存在的价值,它能够衍生技术,但并不仅仅衍生技术。科学萌生于人类的好奇心,也在不断满足人

---

① ［美］默顿:《十七世纪英格兰的科学、技术与社会》,范岱年等译,商务印书馆 2000 年版,第 14—15 页。

类好奇心的基础上进步。科学最根本的存在价值是认识世界、解释世界和预言世界的未来发展;它用精确明晰的知识充实人的大脑,纯化人的心灵,影响和改变人的世界观、人生观和价值观,促进物我合一、人与自然的和谐相处。

　　作为一种探索未知的、具有一定社会性的创造性认识活动,科学的可计划性是十分有限的,因此需要正确认识科学可计划性的限度,不能任意夸大。然而,由于中国在社会主义制度框架内多年实行计划经济,所以直至目前,在科学领域,市场经济的体制远未健全,计划成分仍太重。在这个问题上,过去,我国曾有过许多沉痛的教训:在科学领域实行高度的计划体制,在基础研究、应用研究和发展研究上投入比例失调,科学家的科研工作时间不能得到充分保证,对科学的国际交流限制过多,以同行评价为基础的科学评价制度迟迟得不到建立等。所有这些做法的恶劣后果警示我们:科学的自主性作为科学所固有的本性和自发的发展趋向,是科学发展规律中最重要、最突出的表现,是科学赖以生存和发展的根本。对于科学的自主性只能因势利导,合理利用,不能弃之不顾,甚至恣意妄为;同时,科学具有重大独立存在价值的情况表明:科学不仅可以作为手段,也可以作为目的。具体来说就是:科学既可以通过转化为技术而成为社会或个人谋取利益的手段,也可以作为人类的重要精神家园和社会的公益事业而成为值得予以呵护、关怀和追求的目的。

　　（五）科学并非完美无缺

　　要彻底告别科学主义,破除对科学的迷信,让科学的形象回归真实。科学的局限性的主要表现在这几个方面:第一,科学利弊兼具。科学并非总是有益,科学转化为技术后会对社会带来一定的负面效应;科学也可以为伪科学所用,而且随着科学的发展,其负面作用将会越来越突出。第二,科学不能自足,它的形而上学前提需要靠其他认识形式提供。第三,科学也是可错的。可错性是科学知识的本性。一种知识只要有所断定、包含有经验的内容,它就始终存在被无限多样和无限发展着的经验事实否证的可能性。把科学等同于绝对正确是对科学的滥用和糟蹋,也是"伪科学"利用科学图谋不轨的惯用伎俩。此外,科学包含一定的社会建构成分,任何具体的科学知识都难免包含或多或少的社会成分和主观成分。第四,科学并非万能。自然科学知识来源于自然界,也主要适用于自然现象和过程。当把科学知识应用于人类精神现象和社会现象的时候,一定要予以变通。此外,科学不仅无力解决人类社会中的价值问题,也无力解决它自身存在和发展所需要解决的价值问题。它需要从人文社会科学那里引进价值观念。因此,科学的存在和发展离不开人文,科技与人文应当互相尊重和实现互补,携手共进。

诚然,我们期待的当代中国主流科学技术观绝不止于上述诸种观念,但这些观念无疑是其中较为重要和较为急切的。当代中国主流科学技术观应当全面反映科学技术的真实,我们在思想观念上应真正实现科学与技术的统一、科学的社会性和自主性的统一以及科学的生产力属性和文化、政治等社会属性的统一等,以期超越"生产力科学技术观",最终走向新的、更高水平的主流科学技术观。

构建新时代的马克思主义科学观[*]

科技观是人们关于科学技术的本质、发展规律，及其在社会发展中的地位和作用的根本看法。一个国家的主流科技观的状况如何，对于该国发展科学技术的方针和政策，以及科学技术社会功能的实现状况都具有至关重要的影响。本文将以1978 年召开的全国科学大会为切入点，对当前我国主流科技观的重建问题予以初步探讨。

一、科技观的变革是科技工作的根本变革

1978 年召开的全国科学大会是中国 20 世纪 70 年代末改革开放的序曲，为经历了十年浩劫的中国迎来了"科学的春天"。这次大会声势浩大、轰动全国，在许多方面值得后人纪念。其中，特别引人注目的是科技观的重建。

在这次大会上，复出不久、时任国务院副总理的邓小平令人瞩目地作了近万言的开幕式讲话。就是在这个开幕式讲话中，邓小平提出了两个振聋发聩的著名论断："科学技术是生

＊　本文原载《自然辩证法通讯》2020 年第 5 期。

产力"和"知识分子是工人阶级的一部分"。前者尽管是对马克思主义观点的重申,但对于中国而言,实际上是代表了一种新的科技观,即"生产力科技观"的横空出世。

之所以说"生产力科技观"是新科技观,主要是由于马克思和恩格斯的有关论述在中国长期被埋没。自 1949 年至"文化大革命",中国的主流科技观一直是科学技术与生产力直接联系论[①]。该时期中国的科技水平与世界先进水平相比差距较大,科学的社会影响不足,而且深受苏联意识形态及其科技观的影响,因此人们普遍认为:"自然科学是人类改造自然的实践经验,即生产经验的总结,并且是为生产服务的,因此,自然科学的发展直接取决于生产的发展。"[②]那时主要强调科学技术对生产的依赖性,仅承认科学技术为生产服务、与生产力相关联,并未认识到科学技术就是生产力。后来在"文化大革命"期间,"左"的势力变本加厉地宣扬科学技术具有阶级性,从而把科学技术划归上层建筑,提出了荒谬的"上层建筑科技观"。"左"的势力宣传这一观点不遗余力,比较典型的是"左"的势力化名"池恒"的写作班子在当时最具权威性的《红旗》杂志上撰文说:"……回击右倾翻案风的伟大斗争,正在教育、科技、文艺等上层建筑的各个领域健康地发展。"[③]赫然把科学技术与教育、文艺等一起划归上层建筑领域,其目的是打压知识分子,为其"世界观基本上是资产阶级的"谬论张目。在他们

---

① 参见马来平:《中国科技思想的创新》,山东科技出版社 1995 年版,第 5 页。

② 艾思奇:《辩证唯物主义　历史唯物主义》,人民出版社 1973 年版,第 324 页。

③ 池恒:《从资产阶级民主派到走资派》,《红旗》1976 年第 3 期。

看来,"许多科学研究单位,同样是资产阶级知识分子独霸的一统天下"①。

应当说"生产力科技观"是中国主流科技观的一次真正的历史飞跃。它不仅成功地实现了对"科学技术与生产力直接联系论"的超越,而且有力地实现了对"上层建筑科技观"的拨乱反正。

首先,它为知识分子正了名。邓小平在全国科技大会上所提出的两个论断是有密切的内在联系的。"科学技术是生产力"既是一个独立的论断,又是后一个论断的前提。因为如果"科学技术是生产力",那么从事科技工作乃至从事脑力劳动的全体知识分子就理所当然地是工人阶级的一部分。用邓小平在全国科学大会召开之前说过的话即是:"科技人员是不是劳动者?科学技术叫生产力,科技人员就是劳动者!"②可见,"科学技术是生产力"为解放知识分子提供了有力的理论根据。

其次,它为科学技术正了名。取消了极左势力强加在科学技术之上的阶级属性,摆正了科学技术和经济的关系,突出了科学技术在社会发展中的地位和形象,为我国改革开放后迅速走上以经济建设为中心、以科技现代化统领四个现代化的道路,以及制定发展科学技术的基本方针和政策,奠定了有力的理论基础。事实证明,该科技观在"文化大革命"结束后中国经济和科学技术的复兴与崛起的历史大潮中功不可没。它在

---

　①　转引自中华人民共和国科学技术协会理论组:《自然辩证法座谈会选辑》(内部资料),1977 年版,第 88 页。

　②　邓小平:《科研工作要走在前面》,《邓小平文选》第二卷,人民出版社 1994 年版,第 34 页。

鼓励科技界放下包袱、解放思想，激发科技人员投身科技工作的积极性，在全社会营造"尊重知识、尊重人才"的良好氛围，推动中国科学技术的发展形成高潮，以及促进科技成果向现实生产力转化等方面均扮演了重要角色。

总之，科技观的变革是科技工作的根本变革，国家主流科技观应当与时俱进。这就是1978年全国科学大会所昭示给我们的。

二、新时代呼唤新科技观

党的十九大确立了习近平新时代中国特色社会主义思想的指导地位。从理论和实践的结合上系统回答了新时代坚持和发展什么样的中国特色社会主义、怎样坚持和发展中国特色社会主义，从而为全党、全国人民实现中华民族的伟大复兴提供了行动指南。新时代需要新观念，在新的形势下，各行各业都需要重新审度自己的根本观念。

就科学技术而言，影响一个国家主流科技观状况的因素有许多，如政治立场、哲学理念、传统文化和宗教信仰等，其中最直接、最重要的是科学技术发展以及科学技术与社会互动关系的实际状况。这意味着，科技观能够制约科学技术的发展状况；反过来，科学技术的发展状况也能够促进科技观的更新。由于科学技术发展以及科学技术与社会互动关系的实际状况一直处于迅速变化之中，因此，一个国家的主流科技观应当与时俱进。

21世纪以来，科学技术发展以及科学技术与社会互动关系的实际状况已经发生了巨大改变,主要有以下表现。

（一）科学技术是第一生产力的趋向更加突出

在重申"科学技术是生产力"观点的 10 年之后,1988 年,邓小平又进一步提出了"科学技术是第一生产力"的观点。前者旨在强调科学技术不仅是社会发展的一般精神成果,而且在很大程度上变成了直接生产力,成为生产力中一个相对独立的因素;后者则旨在强调现代科学技术不仅是生产力中一个相对独立的因素,而且是生产力诸因素中起主导作用的因素。二者是一脉相承的。

进入 21 世纪以来,就科学技术整体而言,新兴学科层出不穷;学科之间的交叉和融合不断加剧;各学科整体联动趋势增强,多领域跨学科的重大科学突破此起彼伏。一场以信息技术、人工智能技术、生物技术、新材料技术、新能源技术为主导,以智能、泛在、绿色为特征的新一轮科技革命蓄势待发。在这种情况下,科学技术是第一生产力的趋向本来在 20 世纪下半叶就已经十分明显,现在,这一趋向就更加突出了,其主要表现有:其一,科学技术对生产力发展的主导作用更加突出。当前,在科学技术特别是不断更新换代的信息技术,以及"互联网+"、基因工程等新科技的作用下,劳动者日趋白领化,文化素质和生产技能大幅度提高;劳动工具日趋自动化、网络化和智能化;劳动对象日趋绿色化、人工化等。总之,现代科学技术大面积地渗透进生产力诸要素,在生产力诸要素乃至生产力整体的发展中所起的主导作用更加突出。其二,科学技术对经济发展的第一位变革作用更加突出。在现代,科技成果由实验室走向企业和社会,转化为产品和商品的周期缩短;传统意义上的基础研究、应用研究和发展研究的界限淡化;科学技术频繁地培育出新业态、新产业和新产业群,产业更新换代的速度加快;科学技术促使经济大踏步地实现智能化、数字化和共享化,社会生产力大幅提高,劳动生产率实现了质的飞跃。总之,科学技术在成为推动现代经济发展最主要的驱动力和对现代经济发挥第一位的变革作用等方面更加突出。

（二）科学技术成为国家安全的根本保障

对于一个国家来说,安全需要是最基本的需要。特别是在科学技术高度发展的现代,安全需要已是每个国家的基本利益和头等政治大事了。国家安全包括国民安全、领土安全、主权安全、政治安全等许多内容。其中,科技安全是国家安全的一部分;同时,国家安全的各部分又分别与科学技术存在某种依赖关系。

首先,国家安全直接依赖作为高科技研发高地的武器装备。就军事力量而言,除了人的因素以外,武器装备也是关键因素。目前,武器装备在经历了冷兵器、热兵器和核兵器后,已经发展到高科技兵器的阶段了。纳米武器、化学武器、生物武器、气象武器、精确制导武器、智能武器等高科技兵器,无一不是高科技的具体应用。甚至大量先进技术(如原子能技术、控制论、系统工程、自动化技术、电子技术等)都是为了适应武器生产的需要而首先在军事领域诞生和发展起来,然后才转为民用的。可以说,武器装备乃是高科技研究、开发和应用的高地。当前,正值信息技术和新军事变革的历史关头,科学技术影响武器装备的势头更是强劲无比。诚然,科学技术对军事力量的影响不仅表现在武器装备上,它对于战略战术和作战方式、军队的体制建设以及军人的素质等也都有相当重要的影响。基于上述情况,武器装备对于敌人主要起到威慑作用,但也不排除局部战争和大规模区域战争的发生。倘若真的爆发战争,敌我双方的较量很有可能就是高科技兵器的较量。高科技兵器具有令人难以想象的巨大杀伤力,因此对国家安全影响极大。抵御和对抗敌人高科技兵器的东西是什么? 最终一定离不开研制和发展本国更先进的高科技兵器。

其次,国家安全的根本保障在于掌握核心技术。在科学技术高度发展的今天,一个国家经济发展的规模和速度、社会是否稳定、文化是否有影响力,即国家的综合实力如何,直接与其科技实力紧密相关。而大国、强国之间科技实力竞争的焦点已经汇聚到高新技术领域及其核心技术上。由于核心技术在具体应用上通常具有惊人的广度和深度,所以不论在哪个科技领域,只要拥有了具有独立知识产权的核心技术,就意味着不仅在这个科技领域的国际竞争中赢得了主动权,而且可以立即在相关的经济、政治和文化领域占尽先机;反之,若核心技术尤其是关键核心技术受制于人,就有可能随时被人扼住咽喉,埋下极大的隐患。为此,人们普遍认为,核心技术是一个国家科技实力的重要组成部分,也是一个国家的核心竞争力和"定海神针"。核心技术不仅关乎经济繁荣,而且系于社稷安危,是国家安全的根本保障。也正因为如此,我们只有把核心技术掌握在自己手中,才能真正掌握竞争和发展的主动权,才能从根本上保障国家经济安全、国防安全和其他安全。当然,我们不能把自己封闭于世界之外,要积极开展对外技术交流,努力用好国际国内两种科技资源。

（三）科学技术已是最具时代性的先进文化

科学技术作为最高意义上的革命力量,不仅是生产力,而且已是最具时代性的先进文化。

首先,科学精神是公民科学素质的核心成分。从事科学研究是要有一点精神的,这种精神就是视真理高过名利、高过生命的"追求真理"的精神。科学家未必人人都能做到这一点,但只有做到这一点,才是真正合格的科学家。科学精神是科学之所以为科学的根本,以及维系科学永恒进步的力量源泉;同时,它对于人类在其他领域里的活动也具有重大意义:它是公民防范和抵制伪科学及反科学的锐利武器,也是公民科学素质的核心成分。

其次,科学方法是人类智慧最集中的体现。总的来说,科学方法是实验方法和数学方法的有机结合,而每项科技成果也都有自己独特的方法。特别是重大科技成果的背后,一定会伴随着科学方法的突破。科学方法通过移植或经过改造,可以广泛运用于人文社会科学领域,也可以广泛运用于政治决策或人的日常生活之中,数量统计方法、系统论方法、控制论方法和信息论方法等即是如此。"软科学"则是综合运用自然科学和人文社会科学的理论与方法解决复杂的社会问题,实现领导决策科学化的新兴研究领域。以"发现问题→提出假说→事实检验→发现新的问题"为基本环节的科学方法对于提升公民的科学素养具有极其重要的意义。由于一直处于加速发展状态的科学技术源源不断地向人类贡献科学方法,所以科学方法乃是人类智慧最主要、最集中的体现。

再次,科学思想是时代新思想最重要的源头。各学科每时每刻所涌现的大量科学概念和科学理论等科技成果,尤其是重大科技成果所体现的基本思想、科学家所拥有的自然观和科学观,以及关于科学与社会关系的基本观念等,都属于科学思想的范畴。这些思想一旦普及开来,就会对人类的世界观、人生观和价值观产生难以估量的影响。所以,科学思想是时代新思想最重要的源头。

最后,科学道德是影响和推动人类道德进步的重要动力。科学家以其严格的职业道德在许多方面为社会各界树立了道德榜样,因而享有较高的社会声望。也正因为如此,偶尔发生的个别科学家越轨行为往往在社会上会引起强烈关注。此外,新的科技成果,特别是重大科技成果往往会催生出新的道德观念或引发新的伦理问题,挑战人类已有的道德规范,从而体现出科学技术乃是社会道德发展的重要动力。

总之,科学技术尽管研究自然界,但也承载价值。它以其磊落的精神、深邃的思想、睿智的方法和醇厚的道德尽展多彩的精神世界,从而成为一种相对独立的强大社会文化形态,表现着独特的文化品格,包括以下方面。

(1)最具先进性。科学最少保守性和最具开放性。例如,"有组织的怀疑"是科学界最重要的行为规范之一,每位科学家都时刻准备着随时抛弃一切经不起新的经验事实检验的已有认识;新旧科学知识更替之频繁,任何文化都难以望其项背。所以,科学文化总是走在时代的最前沿,永远是时代的象征。

(2)最具渗透力。科学技术作为一种相对独立的强大社会文化形态,在与其他文化形态的互动中不断发展。在这个过程中,相对于其他文化形态,科学技术表现出极强的渗透力。一方面,它由器物层面到制度层面,再到价值观念层面,深刻地影响着社会文化整体及其各种具体文化形式;另一方面,无数新科技成果的运用,涌现出了数不尽的新的科技文化具体形态,如汽车文化、网络文化、大数据文化等,这些具体的科技文化形态从不同侧面不断改变着人们的生活方式和价值观念。

(3)最具亲和力。科学虽然也有一定的地方性,但较之其他类型的文化,其地方性要淡薄得多。科学文化以其高度的客观性而较易为各民族文化所接受,较易与各民族文化相融合。在促进世界各民族文化求同存异、和谐共处方面,科学文化的作用无可替代。

上述情况表明:在当代,一方面,科学技术作为综合国力的独立要素发展迅猛、一家独大;另一方面,科学技术对于综合国力其他要素的渗透、引领和支配作用也日益加强。科学技术已经成为综合国力的核心要素。总之,在新的历史条件下,仅仅把科学技术看成生产力已经远远不够了,新时代呼唤新科技观!

三、构建"核心综合国力科技观"

近几年,关于科学技术,习近平总书记在许多场合强调了以下观点:"科技创新作为提高社会生产力和综合国力的战略支撑,必须摆在国家发展全局的核心位置。"①在这个论断里,习近平总书记实际上已经非常明确地表达了新时代关于新科

---

① 习近平:《在中国科学院考察工作时的讲话》,《人民日报》2013年7月18日。

技观的诉求:科学技术不仅是生产力,而且是一个国家综合国力的战略支撑;科学技术在国家发展全局中应当占据核心位置。就是说,新时代我们应当把科学技术提高到综合国力核心的高度上来认识,应当超越"生产力科技观",而着力构建"核心综合国力科技观"。

围绕构建"核心综合国力科技观",有以下两个问题需要回答。

（一）"核心综合国力科技观"与马克思主义关于"科学技术是生产力"观点的关系

"核心综合国力科技观"与马克思主义关于"科学技术是生产力"的观点是什么关系? 在此略述如下。

第一,应当承认,在新的历史条件下,"生产力科技观"的确表现出了某些局限性。这些局限性主要是它使人看科学技术"易窄""易偏""易浅"。所谓"易窄",是指它主要看到了科学技术的生产力这一局部功能,而使人很容易对科学技术所具有的国家核心竞争力乃至综合国力这一全局功能相对有所忽视。尽管生产力对综合国力举足轻重,但毕竟不能把综合国力仅仅归结为生产力。所谓"易偏",是指它主要看到了科学技术有形的物质功能,而很容易使人相对忽视科学技术所具有的无形的精神文化功能。科学技术浸透着丰富的人文因素,表达着围绕自然界的大量价值诉求。在当代,科学技术愈来愈成为一种强大的、特色鲜明的文化。所谓"易浅",是指它突出地强调了科学技术所包含的应用技术层面,而很容易使人相对忽视技术背后的基础科学层面。在科学技术整体中,基础研究不是直接的生产力,其中有些部分甚至距离生产力比较远。过分强调科学技术是生产力，很容易导致对它们的疏远。历史事实似乎证明了这一点：在如何对待基础研究的问题上，中国曾多次出现反复，以致迄今在处理基础研究和应用研究关系的做法上仍远不能令人满意。

显然，继续依据"生产力科技观"指导科技事业的发展必定会滋生种种弊端，其中较为突出的是：很难全面而充分地发挥科学技术的精神文化功能和其他各种社会功能，以及实现科学与人文并举、科技与社会共荣；很难正确处理基础研究、应用研究和发展研究的关系，使三者协调发展，并保持科学技术发展的后劲；等等。更为重要的是，倘若仅仅囿于生产力的范畴看科学技术的话，那么，由于能够产生生产力的因素很多，所以很容易导致一些人绕开科学技术，而采取其他"捷径"发展生产力，从而疏远和冷落了科学技术。为此，必须上升到生产力和生产关系的统一，以及上层建筑和经济基础的统一的高度，即综合国力的高度上看待科学技术。只有这样，才真正能使中国主流科技观适应新时代的需要，为新时代中国科技的奋发图强、弯道超车提供充分的理论根据，并臻至马克思主义科技观的新高度。

第二，"核心综合国力科技观"并没有否认科学技术是第一生产力，而是在承认科学技术是第一生产力的基础上，揭示了科学技术更广泛、更深刻的社会作用，进而明确了科学技术在社会有机体中更加重要的地位。在"核心综合国力科技观"看来，当代科学技术的影响是无时不有、无时不在的。它不仅对包括生产力和生产关系在内的经济基础有革命性的作用、对上层建筑有革命性的作用，而且对于作为社会主体的人的作用也是全方位和大尺度的。例如，科学技术对于人的价值观念、生活习惯、思维方式、道德情操、心理素质和审美情趣等无不具有极其重要的作用。

　　第三,在马克思主义经典作家那里,他们认为"科学技术是生产力",但从来没有认为科学仅仅是生产力。例如,他们一贯强调科学技术是一种变革社会的强大革命力量:"蒸汽、电力和自动纺机甚至是比巴尔贝斯、拉斯拜尔和布朗基诸位公民更危险万分的革命家"①,"在马克思看来,科学是一种在历史上起推动作用的、革命的力量"②,"科学和哲学结合的结果就是唯物主义(牛顿的学说和洛克的学说同样是唯物主义所依据的前提)、启蒙时代和法国的政治革命。科学和实践结合的结果就是英国的社会革命"③。这表明,马克思主义经典作家重视"科学技术是生产力",同样重视科学技术是改变生产关系的革命力量。马克思主义经典作家一贯认为科学技术是一种极其重要的文化软实力。例如,他们讲得最多的是科学技术成果包含丰富的科学思想和哲学观点,因而对哲学发展具有基础性和变革性作用,如"随着自然科学领域中每一个划时代的发现,唯物主义也必然要改变自己的形式"④,"在自然科学中,形而上学的观点由于自然科学本身的发展已经站不住脚

　　①　[德]马克思:《在〈人民报〉创刊纪念会上的演说》,《马克思恩格斯全集》第 12 卷,人民出版社 1965 年版,第 3 页。

　　②　[德]恩格斯:《卡尔·马克思的葬仪》,《马克思恩格斯全集》第19 卷,人民出版社 1965 年版,第 375 页。

　　③　[德]恩格斯:《英国的状况》,《马克思恩格斯全集》第 1 卷,人民出版社 1965 年版,第 666—667 页。

　　④　[德]恩格斯:《路德维希·费尔巴哈和德国古典哲学的终结》,《马克思恩格斯选集》第 4 卷,人民出版社 2012 年版,第 234 页。

了"①,"数学:辩证的辅助手段和表达方式"②,等等。马克思主义经典作家还一贯认为科学技术是人的解放的力量。马克思说:"自然科学却通过工业日益在实践上进入人的生活,改造人的生活,并为人的解放作准备,尽管它不得不直接地完成非人化。"③

总之,"核心综合国力科技观"不仅不是对马克思主义关于"科学技术是生产力"观点的否定,而且是对马克思主义关于"科学技术是生产力"观点的继承和发展。

此外,必须指出,从"生产力科技观"到"核心综合国力科技观",或者说,从认定科学技术是生产力甚或是第一生产力,到认定科学技术是核心综合国力,绝不仅仅涉及科学技术社会功能范围的扩大,而是关于科学技术的性质、功能以及科技与社会互动关系认识的质的飞跃。按照新科技观,科学技术将从社会舞台的一隅走向中心。科学技术作为综合国力的核心,关乎人民福祉、社会安危和民族兴衰。任何怠慢和轻视科学技术的行为都意味着削弱和损害国家的根本利益。

(二)怎样构建"核心综合国力科技观"

综合国力是指一个主权国家生存和发展所拥有的包括物质与精神力量因素在内的全部实力及其国际影响力的合力。其中,既包括经济、军事等硬实力,也包括政治、文化等软实力。据此,"综合国力科技观"的内容中,最基本、最重要的至少应

---

① 〔德〕恩格斯:《自然辩证法》,人民出版社 2018 年版,第 3 页。

② 〔德〕恩格斯:《自然辩证法》,人民出版社 2018 年版,第 4 页。

③ 〔德〕马克思:《1844 年经济学哲学手稿》,《马克思恩格斯全集》第 42 卷,人民出版社 1965 年版,第 128 页。

当包括"科学技术是第一生产力"、科学技术是国家安全的根本支撑力和科学技术是文化软实力这三个方面。这三个方面分别从经济、政治和文化角度大致反映了新时代科技观的概貌。

新时代科技观的核心内容决定了，构建新时代科技观的着力点至少应包括以下几点。

1. 继续深化对"科学技术是第一生产力"的认识

科学技术不仅是生产力，而且是第一生产力。因此，对于科学技术是第一生产力及其所指引的经济发展方向，必须继续予以坚持。

应当说，多年来"科学技术是第一生产力"的观点已经深入人心、家喻户晓。在这一观点的指导下，我们国家的经济发展已经初步走上了依靠科学技术的轨道。可是，科学技术转化为生产力的现实却远不能令人满意，为此，我国也才陆续提出了"依靠和面向"战略（经济建设依靠科学技术，科学技术面向经济建设）、"把经济建设转移到依靠科学技术进步的轨道上来"方针、科教兴国战略、"稳增长、调结构、转方式"方针和创新驱动发展战略等。在一定意义上，所有这些战略或方针都既是对"科学技术是第一生产力"的丰富和完善，也是从不同角度落实和践行"科学技术是第一生产力"。不过，对众多同质战略或方针的反复强调也说明，真正把"科学技术是第一生产力"落到实处，坚持"科学技术是第一生产力"及其所指引的经济发展方向不动摇，是一件很难的事情。这件事情主要涉及科学技术发展的政策、体制、机制和法律等问题。例如，在科技体制方面，目前我国科研力量，尤其从质的方面说，重心在高校和科研院所，于是形成了科技成果转变为论文易、转化为生产力难的弊端，在全国科研力量布局上，如何使科研重心下移，促使大中型企业研发机构和中小企业集群研发平台建设做大做强，并且加大力度疏通高校和科研院所的人才及成果交流机制与渠道，是当前我国科研体制改革面临的突出问题。但无可讳言，其间也必定存在某种认识问题。那些不愿在科技创新和科技成果转化上下功夫，而是变着花样搞"泡沫经济"，热衷于短期见效的"形象工程"，习惯于依赖资金、人力、资源等外延方式发展经济的单位和部门，很难说对"科技是第一生产力"已经认识得多么到位了。因此，我们应当在全社会下大力气普及这样的认识：对生产力有作用或属于生产力范畴的因素很多，其作用也有大小、久暂之分，但唯有科学技术是发展生产力的必由之路和健康之路。

2. 牢固树立"科学技术是国家安全根本保障"的信念

我们一定要树立"科学技术是国家安全根本保障"的信念，充分认识到国家的科技实力不仅与大量的一般科技有关，更与那些不仅具有前沿性，而且关乎全局、影响深远的核心技术有关。表面看起来，核心技术是一个局部问题，其实，它深深根植于举国科技的整体之中。这是因为"核心技术"借不到、买不来，无捷径可走，必须依靠自力更生。就是说，必须从基础研究做起，打好基础研究的根基，疏通基础研究和技术创新衔接的绿色通道，实现以基础研究带动应用技术的群体突破。当然，这将涉及国家科技发展战略问题。为此，我们要谋划全局，突出重点，强化科技创新体系；要以关键共性技术、前沿引领技术、现代工程技术、颠覆性技术创新为突破口，努力实现重点领域核心技术的自主可控；要深化改革科技体制，在优先推进国家实验室、国家重点实验室、学科交叉国家研究中心等高层次平台的培育和建设的前提下,壮大企业的科研力量,强化大中型企业的研发平台和小企业的共用研发平台建设;要培养造就一批具有全球视野和国际水平的战略科技人才、科技领军人物、青年科技骨干和高水平创新团队;要改善科研成果和科技人才评价制度,优化科研环境;等等。

3. 充分认识科技文化的引领作用

随着科学技术的高歌猛进,以及科学的社会化和社会的科学化的携手并进,科学文化广泛浸透到社会各领域,正悄然成为发展速度最快、最有力量、最富时代精神的世界主流文化,进而在人类的整个文化生活中正在发挥着愈来愈重要的引领作用。不论是地方文化、行业文化等各类现代文化,还是各民族的传统文化,一旦引进科学元素,无不能够以变革形式、丰富内容、加快发展速度和拓宽传播渠道等方式,而展现出更加广阔的发展前景。显然,一个国家的科学技术愈发达、愈普及,它所拥有的科技文化软实力就愈强大。目前,我国的社会主义文化建设应当在与独立发展的科技文化整合的同时,注重从科学文化中汲取养分,努力将科学精神、科学方法、科学思想和科学道德注入中华文化,以期提高我国社会主义文化的时代性和先进性。

总之,上述几点是"核心综合国力科技观"中较为重要和迫切的。领导干部应当带头更新观念,树立新科技观。尤其重要的是:其一,利用各种教育、文化资源和媒体,对新科技观的基本观念进行通俗解释和广泛宣传,引导公民逐步增强对新科技观的认知;其二,把新科技观与公民的切身利益紧密结合起来,让公民真正感受到新科技观的重大意义,促进公民对新科技观的认同;其三,通过动员和吸引社会各阶层积极参与有关的科普活动和科学活动,推动公民对新科技观的践行。总之,通过对新科技观的认知、认同、践行三个环节的齐头并进和循环往复,使其逐步内化为更多公民的价值追求,外化为更多公民的行为自觉,以期最终在全社会达到牢固树立"核心综合国力科技观"的目标。

论科学方法的性质和特点[*]

科学方法有没有自己独特的质？或者说,科学有没有独立的方法？对于这个问题的回答,不论在哲学界还是在科学界,都不乏持否定意见者。

例如,当代美国科学哲学家费耶阿本德认为,在科学方法和其他探索所用的方法之间,不可能划出一条界线。从科学史的眼光看,科学家在实际的科学研究中所采用的方法是五花八门、应有尽有的。其中,有直觉、神秘思想、特设性假说、杜撰的神话、虚构的故事、培根的归纳法、波普尔的否证论,甚至欺骗和宣传等。所以,费耶阿本德竭力提倡无政府主义科学方法论:科学如果有什么方法的话,那么,唯一的方法就是什么都行。另一位美国科学哲学家劳丹也否认科学方法的个性,而认为"被视为科学的各种活动本质上是运用方法的共同方面"①。还有一些科学家则从强调科学家个体研究方法的多样性入手,

＊ 本文原载《山东大学学报(哲学社会科学版)》1991 年第 2 期,《新华文摘》1991 年第 10 期论点摘编,《高等学校文科学报文摘》1991 年第 5 期论点摘编,中国人民大学报刊复印资料《自然辩证法》1991 年第 8 期转载。

① 陈健:《方法作为科学划界标准的失败》,《自然辩证法通讯》1990 年第 6 期。

否认科学方法整体上的统一性，进而否定存在独立的科学方法。在他们看来，有多少位科学家，就有多少种科学方法，科学中不存在共同的一般方法。

上述否定意见是不能令人同意的。从根本上说，方法是根据对象的运动规律，从实践上和理论上掌握现实的形式，是改造的、实践的活动或认识的、理论的活动的调节原则的体系。因此，对象性是方法的本质属性之一。不同的对象要求不同的方法，反过来，许多不同的方法往往也主要适用于特定的对象。不同领域的方法可能有重叠或交叉，但主导方面是严格区别的。科学方法是在科学研究对象的制约下发展起来的，因此，只要承认科学研究对象的特殊性，就必须同时承认科学研究方法的特殊性。如果进一步考虑到科学认识活动是在日常经验活动、生产活动和哲学、宗教、艺术等活动的基础上发展起来的一种比较高级、比较复杂的认识活动的话，那么，甚至不妨说，科学认识活动的方法，即科学方法是人类所有认识方法中比较高级、比较复杂的一种方法。

既然如此，科学方法独特的质是什么呢？要解决关于科学方法有没有独立方法的争端，最重要的事情莫过于从正面来回答"科学的性质是什么"这个问题了。在此，笔者试图就这一问题作一初步讨论。

一、鲜明的主体性

人类作为认识主体是具有明确的自觉意识的。这种自觉意识既包括人类自觉地在自己的意识中把外部世界中的一定事物作为自己活动的对象所形成的关于外部对象的意识,也包括人类自觉地把自己在一定历史条件下产生和形成的需要、本性、本质力量以及活动本身也当作对象加以对待所形成的关于自我的意识。正因为这样,人类才能够在利用外部世界的客观规律和自己的知识背景的基础上,按照适于自己某种需要、便于使用的形式创造方法,以利于今后的认识活动和实践活动。而方法一旦被创造出来,又会作为新鲜养分补充和加强认识主体的主体性。这是因为,作为认识主体的人是由多种因素构成的,在社会劳动的基础上形成和发展的身体组织、意志、情感、思维、语言以及知识、方法等智能因素等都是其必不可少的组成部分。方法是人类智能的结晶和集中体现,它在表现和加强人的主体性方面是举足轻重的。哲学家黑格尔高度评价了方法对于认识主体的重大作用,他说:"在探索的认识中,方法也就是工具,是主观方面的某个手段,主观方面通过这个手段和客观发生关系。"①

如果说,一切方法都毫无例外地表现和加强了认识主体的主体性的话,那么,科学方法在表现和加强科学认识主体的主体性方面似乎来得更为鲜明或强烈些。

第一,科学方法体现了科学认识主体的主动性。认识的本质是主观对客观的能动反映。因此,为了获得关于客观事物的正确反映,需要认真搜集关于客观事物的感性材料。怎样搜集呢?科学认识以外的认识活动由于认识对象本身的特殊性质以及其他条件的限制,通常只能在自然状态下观察认识对象,被动地搜集关于认识对象的感性材料。与此不同,科学认识拥

---

① ［苏］列宁:《哲学笔记》,人民出版社1957年版,第207页。

有发达的科学实验方法。实验方法的特点在于,它可在极不相同的天然和人工条件下反复地、深入地、不受干扰地对对象和过程的属性加以观察和测定。正如马克思所说:"物理学家是在自然过程表现得最确实、最少受干扰的地方观察自然过程的,或者,如有可能,是在保证过程以其纯粹形态进行的条件下从事实验的。"①按照培根的说法,适当的实验不是对自然界的咨询,而是对自然界的审问,它能够强迫自然界招供出自己隐藏着的秘密。换言之,对自然界中任何未知的规律,原则上都可以适当地通过反复的实验而揭示出来。实验通常是按照科学家预先形成的明确意图进行设计的,这些明确意图代表着科学家对自然现象的推测或垂问,而实验方法则成为科学家检验推测或解答难题的有效工具。实验方法不仅可以借助于科学仪器排除自然过程中各种偶然和次要因素的干扰,使人们需要认识的某种属性或联系以比较纯粹的形态显露出来,而且还可以造成自然界中无法直接控制而在一般物质生产过程中又难以实现的特殊条件,如超高温、超低温、超高压、超高真空等,使研究对象处于某种极限状态,以便于揭示其运动规律。实验方法的这种人为控制的特点充分显示了科学认识主体的主动性。

第二,科学方法体现了科学认识主体的创造性。科学认识活动是一种最富有创造性的人类认识活动,它所运用的科学方法无疑也是最富有创造性的,进而,科学方法也是最典型、最充分地体现了科学认识主体乃至全人类的高度创造性。科学方法的创造性突出地表现在如下三个方面。

(1)科学方法具有高度的专业性。科学方法不同于任何

---

① 《马克思恩格斯选集》第二卷,人民出版社 2012 年版,第 82 页。

其他类型活动的方法,以至于任何一名非科学界的人员如果不接受长时期的专业训练和从事长时期的科学实践,他就不可能熟悉和掌握起码的科学方法。相反,一位科学家正是由于对科学方法的娴熟和运用上的得心应手,所以不论其国籍、肤色、语言等情况如何,他都能够在一定条件下为世界科学做出自己的贡献,并且畅通无阻地与同专业不同地区的科学共同体的人员进行学术交流。

(2)科学方法具有高度的灵活性。在长期实践中,科学活动已经积累了一批行之有效的一般性的科学方法。但是,一方面,科学家在运用这些方法时需要结合实际情况灵活运用;另一方面,这些一般性的科学方法永远是不敷应用的。说到底,任何一项具体的科学研究活动都不存在一套精确预定的科学方法。与机械制造工业品不同,科学成果无法成批地进行生产。科学家在科学研究活动中必须随时随地根据新的情况和条件创造新的科学方法。所以从科学史上看,科学上的突破与方法上的创新通常是伴随发生的。

(3)科学方法具有高度的综合性。当我们说科学方法具有与众不同的特点的时候,这丝毫不意味着科学活动中所实际运用的方法全部是与众不同的。恰恰相反,科学活动绝不拒绝运用其他种类的方法。实际中的科学方法是一种综合体,其中除了专门的科学方法以外,还包括形形色色的其他各种对科学有用的方法。例如,科学不像哲学那样具有高度的思辨性,但科学方法中却包含着演绎与归纳等逻辑思辨成分;科学不像文学艺术那样倚重形象思维,但科学方法却把形象思维当作自己大家庭中必不可少的一员。

第三,科学方法具有明显的合目的性。科学方法与科学目的是一对关系密切的范畴。从科学目的一方说,当科学目的产生以后,只要科学主体决心实现它,就一定会有一个如何实现的问题,即有一个科学方法的问题;从科学方法一方说,不论是科学方法的产生还是科学方法的变化和发展,都不能和科学目的分开,科学方法始终是作为实现科学目的的手段而存在的。

首先,科学方法是适应科学目的的需要而产生的。科学方法的产生需要具备许多条件,其中基本的一条是科学目的的促动。科学方法不会自动产生出来,它的产生离不开科学目的的促动,这一点适用于任何科学方法。只不过随着科学方法的发展,有的科学方法仍然保持和科学目的的一一对应性,即只适用于特定的科学目的的需要;有的科学方法则不断得到综合提炼和升华,普遍性逐步提高,能够适应更大范围内科学目的的需要罢了。例如,控制论的方法最初是为适应机器控制论的需要而产生的,后来,控制论方法逐渐扩大外延,向各个领域渗透,相继出现了工程控制论、神经控制论、经济控制论、社会控制论、大系统理论和智能控制等,控制论方法的内涵也随之扩张,从而成为适用于一切通信和控制系统的具有普遍意义的科学方法。

其次,科学方法是适应科学目的发展的需要而发展的。人们看到,科学技术发展的速度是很快的,很明显,科学方法的迅速发展是造成科学技术迅速发展的根本原因之一。那么科学方法的发展又是怎样造成的呢? 不能不说其中基本的一条就是科学目的发展的需要。

随着人类社会的不断发展,科学目的也是不断发展的。例如,从认识宏观客体发展到认识微观和宇观客体,是科学目的在认识广度上的不断扩张;至于认识速度的提高、认识精确度的提高等则标志着科学目的在认识深度上的不断扩张。科学目的的发展必然导致科学方法的发展,不论从科学方法系统发展上看,还是从科学方法个体发展上看都是如此。

人们知道,从近代实验科学产生以来,科学方法在整体上至少经历了一次由分析型方法到系统型方法的发展。所谓"分析型方法",即是以分析为特征的方法,如把整体分析为部分的方法(如生物学上的解剖方法、化学上的物质结构分析方法)、把复杂的分析为简单的方法(如科学模型方法)、把高级的分析为低级的方法(如生物学中的还原方法)、把动态的分析为静态的方法(如数学上的微积分)、把模糊的分析为清晰的方法(如定量分析方法)等;所谓"系统型方法",即是以系统科学的理论及观点观察和处理问题的方法。系统论方法、信息论方法和控制论方法等都属于系统型方法。19世纪以前,科学方法是以分析型方法为特征的,进入20世纪以来,科学方法则是以系统型方法为标志的。科学方法的这一转变,是适应科学目的复杂化的需要而发生的,也就是说,进入20世纪以来,科学目的逐渐指向研究生物现象、心理现象和社会现象等包含有众多乃至无穷因素和变量的复杂对象。立足于部分看整体的分析型方法已无法适应科学目的的这一转变,所以才导致具有整体化、定量化、信息化和最优化等属性的系统型方法应运而生。

从科学方法的个体发展看,每一个个别的方法的发展也都是由于科学目的的发展而引起的。例如,在亚里士多德时代,归纳方法主要是简单枚举法和完全归纳法;到了近代,便产生了穆勒的科学归纳法。由古典归纳法发展到穆勒的科学归纳法,一个重要的原因是实验科学诞生以后,追求事物间的因果关系愈来愈成为科学目的的重要组成部分了。

二、充分的合规律性

  方法表现了人的主体性，因而方法是主观的。但是，不能把方法的主观性夸大到极端，认为方法是纯粹主观的东西。这是因为，作为协调人类行为规则的东西，方法必须保持自己的有效性，行动上无效、引导人们走向失败的方法是没有生命力的。方法如何保持自己的有效性呢？没有别的出路，它必须和外部世界的客观规律相吻合。这也就是人们必须尊重客观规律、按照客观规律办事的老道理。可见，合乎规律性是一切方法的本性之一。为此，黑格尔指出："方法本身就是对象的内在原则和灵魂……要唯一地注意这些事物，并且把它们的内在的东西导入意识。"①黑格尔真切地看到了方法把对象事物的内在东西导入人的意识之中，因而具有一定的客观性，他的这个见解是很深刻的。

  如果说一切方法都具有合规律性的话，那么，科学方法的合规律性则是更加充分的。这一点已经被许多科学家认识到了。例如，俄国著名生理学家巴甫洛夫指出："科学方法乃是作为客观世界主观反映的人类思维运动的内部规律性；或者也可以说它是'被移植'和'被移入'到人类意识中的客观规律

---

① ［苏］列宁：《哲学笔记》，人民出版社 1957 年版，第 207 页。

性,是被用来自觉地有计划地解释和改变世界的工具。"①科学方法充分的合规律性表现在许多方面,其中突出的一点是,它不仅合乎经验规律,也合乎理论规律。

许多非科学活动,尤其是日常认识活动和生产实践活动,其方法往往主要是合乎经验规律。例如手工工匠所使用的方法,就主要是来自经验规律。那些方法是工匠在长期的实践活动中,在把握经验规律基础上的熟能生巧式的升华。与此不同,科学方法不仅合乎经验规律,也合乎理论规律,而且是以合乎理论规律为主体的。任何知识都有一种本性,即一旦生产出来,它都可以在人的行动中作为方法使用。知识背景是方法的一种基本构成。科学知识自然也具有这种本性。事实上,科学家在复杂的科学认识活动中所运用的形形色色的方法中,最主要的就是科学认识活动自身所生产出来的科学知识。一般来说,第一,一个领域的科学知识可以在另一个领域的科学认识活动中充当方法,如物理学知识可以在化学领域中充当方法,反过来,化学知识也可以在物理学领域中充当方法。第二,在同一领域中,先前的科学知识可以在以后的科学认识活动中充当方法,如元素周期律诞生以后,就成为无机化学研究化学元素的性质和发现新的化学元素的重要方法论武器了。科学知识是什么? 它无非是被人们认识和掌握的理论形态的自然规律。

当然,在实际中,有的科学方法来源于科学知识是单一的和明显的,即科学方法和某种科学知识有着明显的对应关系。

----

① [苏]巴甫洛夫:《反映论》,转引自[苏]柯普宁:《作为认识论和逻辑的辩证法》,彭漪涟等译,华东师范大学出版社 1984 年版,第 54 页。

如确定太阳和其他恒星的化学组成所用的光谱分析方法来源于各种化学元素的辐射光谱组成和原子结构之间规律性联系的知识，这是明显的，也几乎是单一的。更多的科学方法则来源于科学知识带有的某种复合、概括或隐晦的特点。例如，自然科学中广泛使用的物理模拟方法是一种以模型和原型之间的物理相似或几何相似为基础的模拟方法，它不限于和某种具体的科学知识相对应，但在具体运用时，一定离不开特定科学知识的介入。在生物界，用动物来模拟人的生理过程或病理过程也属于物理模拟，这种物理模拟离开特定的生理知识和病理知识是不可想象的。所以，物理模拟方法实质上是模拟方法和科学知识的有机结合。

另外，需要强调指出，科学知识或客观规律本身并不构成科学方法。只有根据科学知识或客观规律所制定的那些用来在新的认识活动中充当手段的东西才是科学方法。就是说，科学知识转化为科学方法并不是自动的、无条件的，而是有条件的。如果认为是自动的、无条件的，则无异于抹杀二者的区别，把二者直接等同起来，也无所谓转化与否的问题了。例如，科学知识转化为科学方法的基础条件之一即是科学知识的程序化，这是因为科学方法本质上就是规定科学主体的行动和思维规则的，而行动规则一定是程序化的。因此，不具备程序化特征的科学方法不是真正的科学方法，也无法投入使用，不能充当行动的规则。科学知识转化为科学方法是以其程序化作为前提条件之一的。例如，通常所说的数学模型方法主要包括三个步骤：第一，通过对事物相关因素的简化和定性分析列出数学模型；第二，对数学模型进行数学运算求"解"；第三，对"解"进行分析和解释，以达到对事物的基本认识。当然，方法的程序化存在程度的不同。例如,逻辑方法的程序化程度一般比较高,而创造性思维方法的程序化程度则比较低。尽管如此,创造性思维方法毕竟也还是有某种规律可循的,有规律可循就意味着有一定的程序化。

三、高度的保真性

相对于科学认识主体,科学方法具有主体性;相对于科学认识客体,科学方法具有合规律性;那么,相对于科学认识结果,科学方法的特点是什么呢? 是高度的保真性。由于科学认识活动归根结蒂是为了获得理想的科学认识成果,所以这一点比前述两点更为重要,当属科学方法最重要、最根本的属性。

追求真理是人类一切认识形式的直接目的。但是,不同的认识形式在获得真理的质和量上是有差别的。和哲学、文学、艺术、常识、宗教、神话、前科学等认识形式相比,科学认识在获得真理的质和量上是占压倒性优势的。例如,相对于其他认识成果,作为科学认识成果的科学知识就明显地具备一系列鲜明的特点,如内容上的确定性,形式上的精确性、融贯性、简单性,动态发展上的开放性,功能上的有效性等。这一切都表明,科学知识的真理性更为充分和精致些。例如,在前科学中,烟草只是被作为一种可作为生活消费品的植物来看待;而在科学中,烟草则是由细胞水平或分子水平上的一系列结构和性能所规定的植物分类表中的一员。相比之下,二者的精确与模糊的界限是一清二楚的。

　　科学知识之所以能够成为更为精致的真理或成为一切真理知识的典范,相关的功劳不能不首推它所赖以获得的高度保真性的科学方法。

　　在古代,科学是包容于哲学之中的。科学真正从哲学中分离出来获得独立,仅是文艺复兴以后的事情。科学所赖以争得自己独立生存权的基本一条就是观察和实验方法。正如一位英国著名科学史家所说:"文艺复兴以后,采用实验方法研究自然,哲学和科学才分道扬镳。"①当然,自然科学采用实验方法是有一个过程的。实验方法最初由培根大力倡导,直到伽利略才算具备了较完备的形态。伽利略不仅通过自己的出色工作把实验方法真正运用到科学中去,而且他是把实验方法和数学方法有机结合起来的第一人,所以有人称伽利略为科学发展史上的"第一位近代人物"②。这就是说,科学之所以成为科学,或者说科学的本质乃在于科学方法,而科学方法的特色又集中体现在观察和实验,以及它们与数学方法的有机结合上面。这就是人们通常称自然科学为"实验科学"的道理之所在。

　　那么,以观察和实验以及它们与数学方法的有机结合为特色的科学方法是怎样具有高度保真性的呢?

　　由于真理是标志主观同客观相符合的哲学范畴,是人们对客观事物及其规律的正确反映,所以一切求真活动的关键在于如何使认识达到主观和客观相符合。换句话说,一个理论或一

---

　　①　[英]W. C.丹皮尔:《科学史及其与哲学和宗教的关系》,李珩译,商务印书馆1987年版,第1页。

　　②　[英]W. C.丹皮尔:《科学史及其与哲学和宗教的关系》,李珩译,商务印书馆1987年版,第195页。

个命题,不论它多么高明,只要它试图使自己跻身于真理的行列,它就一定要同客观相符合。客观是什么? 在一定的意义上,它就是关于客观事物及其规律的事实。一个正确的理论可以在全面而正确地概括事实的基础上获得,但更多的是在事实不充分的条件下,通过创造性思维获得。所以要保证理论的真理性,关键倒不在于必须预先全面搜集到有关的事实,以及如何在事实的基础上进行正确的推理和概括,而在于能否保证那些在有限科学事实基础上提出的科学假说与科学理论及时而严格地受到检验,有效排除其中的错误成分,以不断提高其真理度。

为了使科学假设或科学理论及时而严格地受到检验,需要涉及有关检验者、被检验者和检验方式等许多方面的问题。不过,其中最基本的是两点:一是作为检验者的客观事实必须尽量客观、可靠,二是作为被检验者的科学假说或科学理论必须尽量含义确定、清晰明白。试想,如果作为检验者的经验事实自身都不能保证具有较高的逼真度,怎么能够作为试金石来衡量其他对象的真理性呢? 如果作为被检验者的科学假设或科学理论模棱两可、似是而非,检验又该从何入手呢?

应当承认,绝对客观和可靠的经验事实是不存在的。一切事实都不可避免地渗透着理论或人的主观因素。面对同一只X射线管,物理学家看到的是X射线管,而小孩子看到的却是复杂的灯泡;面对著名的科勒"酒杯–面孔"图,有的人看到的是一只高脚酒杯,有的人看到的却是彼此对视的两张面孔;面对东方冉冉升起的太阳,第谷看到的是运动的太阳,而开普勒看到的却是缓缓后退的地平线背景之中的静止的太阳;如此等等。社会现象中更是如此,如同一篇文章,有人当作鲜花,有人视为毒草,等等。能不能尽量清除经验事实中的理论或主观因素污染成分,而使其更为客观些和可靠些呢? 不能不说自然科学找到了十分得体的方法,这就是科学实验方法。

科学实验具有可控性。它不同于对自然界本来发生的现象所进行的观察,而是把对象置于人为的操纵和调整之下来观察由此引起的结果。因此,它使人们有可能在极不相同的天然和人工条件下,反复深入地、尽量少受干扰影响地对对象和过程的属性加以观察及测定,从而使经验事实中理论或主观因素的污染获得相当程度的清洗,而变得比较客观和可靠起来。

科学实验和数学方法是有机结合在一起的。它使得人们能够在各种条件下对研究对象进行定量的考察。量和质都是事物的基本规定性。定量认识直接影响和制约着关于质的定性认识。在缺乏定量认识的情况下,人们对事物性质的认识通常不过是初步的、粗疏的认识而已。相反,有了定量认识作为基础,人们对事物性质的认识就深刻得多了。这样获得的实验事实也必然更加客观和可靠得多。例如,若不是早期化学家通过反复的定量实验研究,测定出空气的化学元素组成,那么,或许直至今天,我们在各种各样的科学实验中所获得的涉及空气及其组成部分的实验事实,都一定会处于一种模糊乃至充满谬误的状态!

就接受检验的假说或理论而言,模棱两可、似是而非的情况也还是十分常见的。例如,"明天可能下雨,也可能不下雨"这一类的判断是无法检验的;"凡单身汉都没有妻子"也无法检验,因为"单身汉"这个词本身就包含着"没有妻子"的意思。这种同语反复的判断不能给人以任何信息量,也谈不上检验的问题。再如,有人曾发表了这样一通高明的议论:基本粒子既是可分的,又是不可分的,但归根结蒂是可分的。这种模棱两可的议论是很难检验的。此外,在某些社会科学中还存在着这样的情况:由于所用概念比较晦涩、笼统,或者富于感情色彩,所以使人感到莫名其妙,容易出现歧义,致使检验难于进行。这里不妨从哲学中随手抄录一段话品评一下:"作为总体的自为的存在的观念性就这样首先变为实在性,而且变为最抽象、最牢固、作为一的实在性。"这是黑格尔《逻辑学》一书中的一段话。什么是"作为总体的自为的存在的观念性"?什么叫作"最抽象、最牢固、作为一的实在性"?一般人是很难理解的,以至于列宁在《哲学笔记》中专门把这句话抄录下来,并且加了这样一句批语:"高深莫测。"①

　　自然科学通过建立在实验基础之上的数学方法和其他形式化方法,找到了诊治模棱两可、同语反复、晦涩难懂等障碍可检验性弊病的良医妙方。众所周知,自然科学知识是借助于规范化的科学语言来表达的。科学语言是与自然语言有重大区别的人工化语言,它是在自然语言的基础上,由数学符号、图形、图表和科学术语等组成。在表达科学知识的内容上,科学语言的清晰、精确程度远远超过了日常语言。例如,"我有点发烧"和"我的体温是 38 摄氏度",两相对照,后者显然要清晰、精确得多,因而更便于检验。一个判断是如此,一个科学假说或科学理论也是如此。一般来说,在自然科学中,科学假说和科学理论在表达形式上都具有这种清晰性和准确性,不然是很难获得科学界的承认的。也正是由于它们有了这些优点,所

---

① 　[苏]列宁:《哲学笔记》,人民出版社 1979 年版,第 117 页。

以它们所作出的预言也同样具有高度的清晰性和准确性，从而为检验它们提供了方便。1845 年，法国天文学家勒维烈和英国天文学家亚当斯在运用牛顿力学计算天王星运行轨道的基础上，准确地预言了海王星的存在，就是生动的一例。

全面认识科学方法应用的限度[*]

一、科学主义与科学方法万能

自然科学方法在人文、社会领域乃至人类社会实践的各个领域具有十分广泛的应用，但是，我们必须清醒地认识到，科学方法的应用是有限度的。漠视其应用限度，夸大其应用范围，将不可避免地陷入科学主义的泥潭。

科学主义作为一种盲目崇拜和迷信科学的思潮，是自然科学发展到一定阶段的产物。

17—18 世纪牛顿力学奇迹般的成功，随后自然科学势如破竹的进展，以及近代科学在工业上的大规模应用，促使一部分哲学家和思想家滋生了"科学至上"的心理。基于这种心理，盲目夸大科学和科学方法的作用，从不同的角度致力于运用自然科学改造哲学和人文、社会科学的事业，在许多哲学流派那里成为一种时髦。诸如推行实证原则的实证主义、推行经验还原原则的马赫主义、推行逻辑分析原则的逻辑实证主义、

　　* 本文原载《山东社会科学》2005 年第 1 期，中国人民大学报刊复印资料《科学技术哲学》2005 年第 4 期转载，《中国社会科学文摘》2005 年第 4 期全文转载。本文于 2006 年获山东省高等学校优秀社科成果三等奖。

推行实用原则的实用主义、推行否证原则的批判理性主义等就是其中的典型。也正是主要在这些哲学派别的共同推动下，形成了人类思想史上蔚为大观的科学主义思潮。

显而易见，尽管科学主义思潮并不完全局限于哲学，但不论从思想的深刻性上看，还是从社会影响上看，都可以断言，科学主义主要是一种哲学性质的社会思潮。基于此可以认为，尽管反科学的人大都站在反科学主义一边，但反科学主义绝不等于反科学。许多人是从爱护科学、实事求是地看待科学的立场反对科学主义的。那种试图把反科学的帽子扣在所有主张反科学主义者身上的做法是不正确的。

尽管科学主义的理论形态多种多样，但其基本观点是大致相同的。科学的本质是科学理性，而科学理性通常有三种最主要的内在和外化形态：一是方法，即将经验的、逻辑的和数学的方法融为一体的科学方法；二是知识，即既具有客观性内容又具有严密形式的科学知识；三是技术，即作为科学知识物化形态的、以科学知识为基础的技术。相应地，唯科学主义的基本观点也主要有三点：一是科学方法的应用范围是无限的；二是科学知识优于其他任何知识，其客观性是绝对的；三是依靠科学技术，科学能够解决科学技术的负面效应。其中，第一个观点处于核心地位。

大凡科学主义者或具有科学主义倾向的人都坚持认为科学方法的应用范围无限度，也就是说，在社会和人文领域中同样是通行无阻的。一些领域之所以不能应用或不能完全应用自然科学方法，其原因要么是科学方法本身还不够完善，要么是人们对这些领域的认识还有待继续深入。

例如，数学家和哲学家莱布尼茨曾经制订过一个雄心勃勃的计划,试图创造一种包罗万象的微积分和一种普遍的技术性语言,以便使人类的一切问题都得以解决。为此,他向人们反问道:为什么不能把数学语言和数学方法加以推广,以适用于所有的学科呢? 哲学家霍布斯在其名著《利维坦》中指出,只有人脑的数学活动才产生有关物质世界的真正知识,数学知识是真理。实际上,我们只有以数学的形式才能把握物质的真实性。18 世纪杰出的数学家拉格朗日和拉普拉斯告诉人们:世界的进程完全由和谐的数学规律支配着,数学规律为每一件事安排一个自然的结果。实证主义的创始人孔德主张人们的一切知识必须通过观察和实验,反过来说,观察、实验方法是获得一切知识的正确途径。"除了以观察到的事实为依据的知识以外,没有任何真实的知识。"[1]他指出,自然科学方法必然也是社会科学理论构造的方法论手段,他的理想乃是建立一种社会物理学。

中国近代史上的科学主义者说得更加明确。20 年代 30 年代初,科学论战中科学派的主将丁文江说:"凡是事实都可以用科学方法研究,都可以变做科学。一种学问成不成一种科学,全是程度问题。"[2]为此,他声称:"在知识里面科学方法万能;科学的万能,不是在他的材料,是在他的方法。我还要申说一句,科学的万能,不是在他的结果,是在他的方法。"[3]科学派

---

① 洪谦:《西方现代资产阶级哲学论著选辑》,商务印书馆 1982 年版,第 27 页。

② 张君劢等:《科学与人生观》,山东人民出版社 1997 年版,第 188 页。

③ 张君劢等:《科学与人生观》,山东人民出版社 1997 年版,第 193 页。

的主帅胡适认为:"我们也许不轻易信仰上帝的万能了,我们却信仰科学的方法是万能的,人的将来是不可限量的。"①心理学家唐钺说:"我的浅见,以为天地间所有现象,都是科学的材料。"②"关于情感的事项,要就我们的知识所及,尽量用科学方法来解决的。"③上述言论所表达的,统统是言之凿凿的科学方法万能论。

　　现在,在中国思想界,公开主张科学方法万能的人不多了,但坚持科学主义立场的人关于科学方法万能的基本观点没有变。例如,21世纪初在关于科学主义的讨论中,有人提出"对社会的研究日益可能成为科学"。这种不加限制地把对社会的研究推向自然科学、力图把对社会的研究统一到自然科学那里去的观点,其实质就是主张科学方法能够解决社会研究中的一切问题,是一种地地道道的科学方法万能论。它与当年丁文江所主张的"一种学问成不成一种科学,全是程度问题"④没有什么两样。

　　正是由于科学主义者都这样那样地崇信科学方法万能,并把这一观点视为自己的中心观点,所以,一些关于科学主义的权威定义都异常鲜明地突出了这一点。例如,20世纪著名古典自由主义思想家、诺贝尔经济学奖获得者哈耶克认为,"唯

　　① 　葛懋春等:《胡适哲学思想资料选》(上),华东师范大学出版社1981年版,第313页。

　　② 　张君劢等:《科学与人生观》,山东人民出版社1997年版,第290页。

　　③ 　张君劢等:《科学与人生观》,山东人民出版社1997年版,第274页。

　　④ 　张君劢等:《科学与人生观》,山东人民出版社1997年版,第188页。

科学主义"即科学主义,"我们指的不是客观探索的一般精神,而是指对科学的方法和语言的奴性十足的模仿"①。《韦氏英语大词典》中称,"唯科学主义"是指"自然科学的方法应该被用于包括哲学、人文学科和社会科学在内的一切研究领域的理论观点,和只有这样的方法才能富有成果地被用来追求知识的信念"②。美籍华人郭颖颐在罗列了各种有代表性的唯科学主义定义后指出:"更严格地说,唯科学主义(形容词是"唯科学的"Scientistic)可定义为是那种把所有的实在都置于自然秩序之内,并相信仅有科学方法才能认识这种秩序的所有方面(即生物的、社会的、物理的或心理的方面)的观点。"③

二、科学方法在人文、社会领域中的应用限度

那么,自然科学在人文、社会领域中的应用限度究竟是怎样的呢? 尽管回答这个问题的难度很大,但至少可以明确以下几点。

(一)自然科学方法原则上适用于一切求真活动

自然科学方法是人们在追求自然界真理的活动中所发展

①　[英]弗里德里希·A.哈耶克:《科学的反革命》,冯克利译,译林出版社 2003 年版,第 6 页。

②　刘明:《试论科学主义及科学主义批判》,《自然辩证法研究》1992年第 5 期。

③　郭颖颐:《中国现代思想中的唯科学主义》,江苏人民出版社 1998年版,第 17 页。

起来的一整套认识方法,这套认识方法的核心是实验方法和数学方法的有机结合。实验、观察方法使得自然科学的研究能够在人工控制的条件下,较自如地搜集、分析经验事实和用经验事实检验假说与理论;数学方法使得自然科学研究能够从量的角度深化认识自然现象和自然过程中的质,并且利用形式化语言提高了自然科学理论和假说的清晰性及可预见性。总之,自然科学方法使得自然科学所达到的认识结果(即自然真理)具备了一定程度的内容上的确定性、形式上的精确性和融贯性、动态上的开放性以及功能上的有效性等。基于此,可以毫不夸张地说,自从近代科学诞生的三四百年间,经过数代人的努力,尤其是经过现代自然科学的洗礼,自然科学方法已经达到了相当发达、有效的地步。尽管自然真理和人文、社会领域的真理有一定的区别,但由于任何真理都包含经验与理论的对应和协调,因此可以认为,至少在原则上,自然科学方法适用于一切领域中的求真活动。诚然,这里的"真"是认识论意义上的,而非本体论意义上的。也就是说,这里的"真"是指真理性的认识,而不是指与虚假相对立的事实或存在。

（二）应对自然科学方法在人文、社会领域中的应用给予高度评价

可以说,自然科学方法在人文、社会领域中的应用既有必要又有可能。其必要性主要体现在人文、社会领域里的研究对于自然科学方法的需要上,或者说,主要体现在自然科学方法对人文、社会领域里的研究具有积极作用上。例如,自然科学方法可以缓解或消除人文、社会领域使用日常语言所带来的模糊、含混和歧义等弊端,使人文、社会领域的现象得到准确、全

面和清晰的表述;可以从量的角度分析人文、社会现象和过程,
进而提高人们对人文、社会现象和过程认识的准确性及深刻
性;可以为人们在人文、社会领域里的活动提供操作性较强的
行动方案;等等。其可能性则主要体现在求真是人文、社会领
域研究的重要任务之一,为自然科学方法的应用留下了广阔天
地。人文、社会领域里的求真活动主要有两种情况:一是该领
域中相对独立于求善、求美等追求价值活动的求真活动,如经
济学关于经济活动或经济现象发展规律的研究,历史学关于历
史发展规律的研究,哲学关于自然界、社会和人类思维普遍规
律的研究,等等。二是该领域里追求价值的活动中所渗透的求
真活动。一般来说,真、善、美既有各自分工、彼此独立的一面,
又有真是善和美的基础的一面。合目的性不可完全脱离合规
律性,不合规律的目的是注定要落空的。因此,真是善的基础;
合情趣性是以人的认识和掌握客观世界的规律,并善于利用规
律达到目的的实践活动在人与对象之间建立起审美关系为前
提的。因此,从美的发展和起源看,真是美的基础。此外,就美
作为历史的成果而言,作为一个客观对象,美是客观真实、艺术
真实和本质真实的统一,也是以真为基础的。善和美都建立在
真的基础之上,因而不论求善还是求美,都把求真视为自己的
一个环节、一种成分。这种情况往往具体表现为:在追求善和
美的活动中,渗透着某些求真的内容,如搜集事实、抽象概念、
溯因求果、概括规律、建构体系和数量研究等。

　　在这一事实前提之下,我们也应当肯定,科学主义积极推
广应用自然科学方法肯定是有功绩的。其错误仅仅在于把这
种应用搞过了头,企图包打天下,以至于走向了事情的反面。

　　（三）自然科学方法在人文、社会领域的研究中不可能
占据主导地位

　　自然科学方法应用于人文、社会领域源远流长，可以说与
自然科学诞生的历史一样长久。其间所取得的成就也极其巨
大。但是，从根本上说，在人文、社会领域各学科的研究中，很
少有自然科学方法已经占据主导地位的情况。政治经济学家
一直激烈地批评数理经济学派漠视市场、商品和经济活动的本
质，仅仅注重经济运动的形式和数量关系。应当说，这一批评
对于数量经济学派来说是正中肯綮的。经济学科尚且如此，其
他学科运用自然科学方法的情况就可想而知了。正如用放射
性同位素测定文物年代在考古学中的地位一样，在各门人文、
社会科学中，自然科学方法的应用基本上是从属性和技术
性的。

　　那么，自然科学方法在人文、社会科学中的应用，将来是否
有可能在越来越多的学科中出现占据主导地位的情况呢？显
然，这一问题与自然科学方法自身的特点和局限性攸密相关。
我们注意到，自然科学方法至少具有以下特点和局限性。

　　第一，自然科学方法注重和擅长定量研究。这是其优长之
处，也是其局限性。因为它要求研究对象应当具有可计量性，
而可计量的前提是无差别、同质性，这对于绝大部分人文、社会
现象来说是难以想象的。为此，至少截至目前，人文、社会现象
绝大部分不能用实数来计量，即使能用实数计量，也未必是连
续的。至于用微分方程和其他数学手段进行计量研究的情况
就更加少见了。这样一来，自然科学方法的定量研究在人文、
社会领域就受到了很大的限制。诚然，随着数学和自然科学的

发展,人文、社会现象可计量的范围将会逐步扩大,而且现代数学也已不限于数量,但是从根本上说,人文、社会现象的主体部分是永远不可能具有形式结构的。因此,正如德国学者波塞尔所说:"这里我们遇到了数学可应用性的根本界限,这是无法通过发明新的形式规则和结构来逾越的。即使我们变成了计算生物,即使我们生活在数字漩涡之中,甚至即使我们在干预世界的每一个方面都在开辟新的数学化的可能性,我们都必须承认,数学化只是人类生活的一部分,它无法离开历史的和创造性的生活而存在。"①

第二,自然科学方法注重经验性。这是其优长之处,也是其局限性。因为它要求研究对象具有可观察之类的直接经验性,或具有可以还原为直接经验的间接经验性。说到底,自然科学方法乃是一整套对经验材料进行自组织,以及在经验的基础上使理论得以自我改进的研究方法。自然科学方法对于人文、社会现象经验性的要求显然过于苛刻,因为人文、社会现象大量渗透了人的主观意识,常常受人的主观意识的支配;并且在许多情况下,人文、社会现象本身就是不同形式的精神现象。这样一来,自然科学方法在人文、社会领域中的应用就遇到了难以克服的障碍。

第三,自然科学方法在价值分析方面的局限更是突出。这里涉及两种情况:其一是对人文、社会现象所认定或所包含的价值判断的技术处理;其二是如何介入人文、社会现象价值判断的选择或修正。就第一方面而言,人文、社会现象所认定或

---

① ［德］波塞尔:《数学与自然之书:数学面对实在的可应用性问题》,郝刘祥译,《科学文化评论》2004 年第 2 期。

所包含的价值判断的存在常常受到或久或暂、或隐或显的众多社会因素的影响；在这一价值判断引导人的行为时，又受到人的个性、偏好、情绪等大量因素的干扰。因此，运用自然科学方法对人文、社会现象所认定或所包含的判断的处理就显得格外棘手。就第二方面而言，自然科学方法通常是无能为力的。例如，在制定某项政策时，是选择公平优先还是选择效率优先？若要两者兼顾，又怎样配置其关系？要解决这样的问题，依靠自然科学方法恐怕是难以奏效的。

鉴于上述局限都是自然科学方法所固有的，难以跨越和克服，所以自然科学方法在人文、社会领域各学科的研究中占据非主导地位的情况是难以改变的。

三、充分认识科学方法万能的危害

一些人对于强调科学方法应用的限度、批判科学方法万能不理解，认为在人文、社会领域里尽可能推广应用自然科学方法既有利于解决人文、社会领域里的问题，又能反过来扩大自然科学的疆域、促进自然科学的发展，有百利而自无一害，何错之有？其实，事情恰恰相反。既然人文、社会领域各学科都各具有自己相对独立的研究方法，而自然科学方法在其中的作用仅是辅助性的，那么，不分青红皂白硬要把自然科学方法扩大到人文、社会领域的一切方面，或者说一切人文、社会领域的问题都企图交由自然科学方法来解决，其结果只能是越俎代庖、适得其反，不仅无助于解决人文、社会领域中的问题，反而会对人文、社会领域各学科的发展起阻碍作用。进一步讲，这种推广应用也会败坏自然科学的威信,阻碍自然科学的健康发展。大量事实证明,自然科学方法对人文社会领域各学科的独立研究方法的僭越行为,的确会给人文、社会领域各学科的研究带来某种恶劣后果:轻则诱导研究者仅仅关注搜集实例、考辨细节,而相对忽视对基本理论问题的发现与研究,如胡适及其一批追随者由于科学方法万能思想作祟,以致在一定程度上影响了他们在学术上的建树,使得他们在中国通史、断代史或思想史、哲学史等学术领域极少发表具有整体或宏观意义上的论点或论著,却多半表现为对一些细枝末节的考证、翻案、辨伪等,就是明显的一例;重则诱导研究者不顾人文、社会现象的特点,执意按照自然科学方法的框框剪裁事实、编制规律,以至捕风捉影、牵强附会,陷入谬误而不能自拔。如在 20 世纪 80 年代,中国有的学者把系统论的方法引入历史研究,虽然取得了一定成绩,但由于过分夸大系统论方法的作用,最终仍不免以失败告终,以至于有学者尖锐地批评说,用系统论来解决中国历史会对中国历史和意识形态产生很多歪曲,那些引入系统论的人所建立的诸如"变法效果递减律"等一些历史规律并不是什么规律,其中掺杂了很多主观曲解的成分,是很没有说服力的。①科学方法万能论的危害已经或正在被学界逐步认识。较早对科学主义展开系统批判的哈耶克尖锐地指出,自 19 世纪上半叶科学主义诞生以来,"在大约一百二十年的时间里,模仿科学的方法而不是其精神实质的抱负虽然一直主宰着社会研究,它对我们理解社会现象却贡献甚微。它不断给社会科学的工

---

① 　参见朱耀垠:《科学与人生观论战及其回声》,上海科技文献出版社 1999 年版,第 420 页。

作造成混乱,使其失去信誉,而朝着这个方向进一步努力的要求,仍然被当作最新的革命性创举向我们炫耀。如果采用这些创举,进步的梦想必将迅速破灭"①。总之,我们批判科学方法万能论并不是一概否定或反对自然科学方法在人文、社会领域里的应用,而是试图指明这种应用是十分有限的。所谓社会科学奔向自然科学的潮流,就人文、社会科学的全局而言,过去是支流,现在是支流,将来也不可能成为主潮流。这就意味着,对于自然科学方法的推广应用,正确的态度应当是既积极又慎重,不任意夸大自然科学方法的作用,不满足于套用术语或理论内容的简单置换,而是力求通过严谨的研究取得实质性的学术进展。例如在某些人文、社会领域的研究中恰当地运用数学模型方法进行定量研究,是提高理论的清晰性、深度和预见性的需要,应当受到鼓励。但是,必须清醒地认识到,数学模型的建立不可能脱离运用人文、社会科学方法所进行的定性分析。没有基本的定性分析,数学模型的真正含义就很难得到正确的说明。因此,定性分析是定量分析的前提和基础,定量分析是定性分析的补充和发展,只有将二者摆正位置、有机结合,才能达到预期的目的。

---

① ［英］弗里德里希·A.哈耶克:《科学的反革命》,冯克利译,译林出版社 2003 年版,第 4 页。

科学的认识功能[*]

　　在科学真、善、美诸方面的精神功能中,科学的求真功能即认识功能是首要的,可是,在大力强调科学物质生产力功能的气氛中,容易忽视科学的精神功能,更不必说科学的认识功能了。应当说,在中国,相对忽视科学的精神功能,这既是个现实问题,也是个历史问题。早在20世纪20年代,中国近代启蒙思想家梁启超先生就曾抱怨中国人一向对科学的精神功能有所忽视:"中国人因为始终没有懂得'科学'这个字的意义,所以五十年前很有人奖励学制船、学制炮,却没有人奖励科学。"①为此,他向民众大声疾呼"科学所要给我们的,就争一个真字"②,以提醒人们重视科学的求真功能。然而,当时梁先生似乎言犹未尽,以后,他本人没有,也鲜见有人专门去做这个题目。为此,笔者不揣简陋,接过梁先生的话题,发一点议论,意在多少有助于唤起人们对科学认识功能的重视。

---

　　* 本文原载《文史哲》1990年第6期,中国人民大学报刊复印资料《自然辩证法》1991年第1期转载。
　　① 梁启超:《科学精神与东西文化》,葛懋春、蒋俊选编:《梁启超哲学思想论文选》,北京大学出版社1984年版,第386页。
　　② 梁启超:《科学精神与东西文化》,葛懋春、蒋俊选编:《梁启超哲学思想论文选》,北京大学出版社1984年版,第386页。

　　众所周知,人类认识的历史同人类自身存在的历史一样久远。但是,在相当长的一个历史时期内,人类主要是采取神话以及日常认识等初级认识形式,只是到了人类完成体力劳动与脑力劳动的分工以后,并且在生产实践获得充分发展的基础上,才产生了科学这种特殊的认识形式。与历史上的其他认识形式不同,科学利用专门的仪器设备,通过有目的地干预、控制、变革、模拟和再现研究客体,以达到对其本质和规律性的认识,因而使人类的认识由神话变成了科学,从玄想到达了实证,从粗糙进步到精确,从定性发展到定量。无论是从认识所获得的成果看,还是从取得成果的方法看,科学都分明是人类认识长期发展、达到高级阶段的产物。科学在成果和方法上的优越精良,以及它在人类社会中所实际产生的巨大而广泛的影响,使得其他的认识形式相形见绌。包括科学在内的一切人类认识形式归根结底都是认识主体反映认识客体的过程,那么,其他认识能不能达到科学这样的高度呢？其他认识形式可以向科学学习或借鉴些什么呢？在科学日益获得巨大成功的历史背景下,科学作为人类认识的一种高级形式,不能不对人类的认识表现出多方面的巨大功能。

一、目标功能

　　追求真理是人类认识的直接目的,但还不是最终的目的。人类认识的最终目的是把认识的成果应用于实践活动。因此,为了更有效地服务于实践活动,人类绝不会满足于追求一般意义上的真理,对认识理所当然地会提出更高的要求。这种要求集中地体现在期望所追求的真理能够具有尽量精致和高级的属性上面。倘若人们认定真理就是符合客观事物及其发展规律的认识的话，那么，人们对真理的进一步要求就是:这种认识与客观事物及其发展规律不仅应当是符合的,而且还应当是尽量确定的符合、精确的符合和发展中的符合等。这就是说,真理有朴素与精致之分,人们总希望获得更加精致的真理,以期更有效地适应人类实践对认识所提出的各种需要。那么,精致真理是可能的吗？它是什么样子的？科学作为真理性的认识,肯定了精致真理的存在,并且为真理认识提供了生动、具体的典范。这一点正是科学对认识的首要功能。

和其他的认识成果相比,科学知识在和客观事物及其发展规律的符合上具有许多鲜明的特点,如内容上的确定性,形式上的精确性、融贯性、简单性,动态发展上的开放性以及功能上的有效性等。其中,最主要的是确定性、精确性和融贯性。科学在真理上所具有的目标功能,主要就体现在它所具有的这些特点上。

首先,作为真理性的认识,科学知识具有确定性。就是说,科学知识不仅具有自己的经验事实的基础或内容,而且它和外部世界的经验事实具有确定的、较为严格的对应关系,这种确定性突出地表现在科学的可检验性上。在科学中,不论其成果普遍性大小,原则上都可以通过演绎规则和观察、实验事实联系起来。只存在暂时不具备检验条件的命题,而不存在永远不能检验的命题。西方科学哲学中的历史学派否认科学的检验性,是对科学的一种曲解,也是他们陷进相对主义泥潭的重要原因之一。诚然,不论有多少次观察或实验,也不能最终地、完全地证实某一普遍性命题,但是,这并不妨碍一切科学成果都必须接受观察和实验的无情检验，而且，如果某项成果和已有的观察、实验事实不能很好地符合，那么它就会被修正或淘汰；如果某项成果和已有的观察、实验事实都相符合，那么它就会被承认和接受，只不过这不是一劳永逸地承认和接受罢了。由于科学知识在客观内容上的这种确定性，使得它既和伪科学的主观臆造，也和前科学与外部世界的若即若离划清了界限。同时，在科学内部，经验科学的可检验性要比社会科学强一些，这从各自的检验过程的复杂程度、检验周期的长短和检验方法的完备程度等方面可以明显地看出来。

其次，作为真理性的认识，科学知识具有精确性。这突出地表现在：其一，科学不局限于飘忽不定的现象，而刻意追求本质上的认识。和现象上的认识相比，本质的认识对事物入木三分，是更加鲜明、更加准确、更加有力的反映。例如，在前科学中，金子只是被作为一种黄色的金属来看待的，而在科学中，金子则是由一系列物理的和化学的特征来规定的。两相对照，其间精确与模糊的分野是一望而知的。其二，科学知识通常包含定量认识。同质一样，量也是事物的基本规定性，而且定量认识直接影响和制约着定性认识。在缺乏定量认识的时候，我们对事物性质的认识只不过是初步的、粗略的认识而已。相反，有了定量认识作基础，我们对事物性质的认识就精确得多了。科学知识就是这样的认识。其三，科学语言的规范化。科学知识借助于科学语言来表达，而科学语言是与自然语言有重大区别的人工化语言。它在自然语言的基础上，主要由数学符号、图形图表和科学术语等组成。在表达科学知识的内容上，科学语言的精确程度远远超过了日常语言。例如"今天天气很热"和"今天温度高达32摄氏度"，二者在精确程度上的差别是一目了然的。而且,随着科学的发展,这种精确的范围和程度正在与日俱增。

最后,作为真理性的认识,科学知识以客观性为基础和具有彻底的逻辑融贯性。若一个命题和它所在的那个陈述系统或体系处于无矛盾性状态,则称这个命题具有融贯性。在非科学的认识系统中,个别认识形式(如宗教认识)也可以具有逻辑融贯性,即教义是由《圣经》或某种先验观念演绎而成的思想体系。但从根本上看,诸如宗教理论之类的非科学认识系统的融贯性是不彻底的和虚伪的。首先,宗教理论作为演绎大前提的观念是虚假的、杜撰的,并无客观基础;其次,宗教理论在遇到经验事实的反驳时不是有意回避,就是乞求于增加辅助性假说,最终使得理论日趋庞杂、晦涩,而根本不顾及简单性要求。与此相反,对于科学知识,不仅作为其理论前提的观念来自观察和实验,具有客观基础,而且当遇到经验事实的反驳时,它从来不采取回避态度,即便有时采取增加辅助性假说的手段,这种手段也不是权宜之计,而是意在补充和完善理论,这与简单性要求并不相悖。所以说,科学知识所具有的逻辑融贯性是具有客观基础的和彻底的。

在经验科学中,物理学是典范;在科学中,经验科学是典范;在认识中,科学是典范。这一点,事实上已经得到了越来越多的人的承认。人世间所存在的各种具体的认识形式,只要是以追求真理为目标的,都在以这样那样的方式引进科学、效法科学,尽可能地按照科学的标准和要求来修正和完善自身。经验科学作为科学的典范,更广泛地说,科学作为认识的典范,所产生的实际影响之广大、深远,在实证主义运动中,得到了极其鲜明的反映。不论实证主义有多少派别,也不论其观点是何等五花八门，以经验科学为核心的科学既是认识的典范，又是各派别一致无二的出发点或认识立场。

诚然，科学作为真理认识的典范，并不包含这样的主张：一切认识都必须成为科学认识，这不可能也不必要。关键在于，科学知识所具有的确定性、精确性和融贯性等特点，是优长于其他认识形式的地方。其他认识形式有必要也有可能向科学的这些长处学习。

此外，科学的目标功能不仅表现在一般认识身上，而且也表现在它自己身上。科学对于其自身具有目标功能指的是，已有的科学知识对于未来的科学知识、发达的科学知识对于不发达的科学知识有目标功能，等等。

二、方法功能

如果说，在一定意义上，科学的目标功能是回答"认识向什么方向发展"的问题的话，那么科学的方法功能就是来回答怎样认识的问题了。科学的方法功能主要表现在两个方面：一方面是从知识角度看，科学知识（如科学理论等）可以转化为认识方法；另一方面是从活动的角度看，科学活动除了包括认识主体和认识客体以外，还包含方法等中介要素。科学活动所包含的方法要素（即科学方法）对认识具有方法上的直接借鉴意义，现简述如下。

首先，科学知识可以转化为认识方法。科学知识是目的与手段的统一。在人类的认识活动中，尤其是在科学活动中，科学知识通常是被当作目的的。但是，一旦某种科学知识产生以后,它在另外的、往后的认识活动或实践活动中,又可以被作为获得新的科学知识或进行实践活动的手段。例如,在物理学领域,物理学理论是科学活动的目的,而一旦到了化学领域或生物学领域,物理学理论便可以作为手段使用。反之亦然,化学理论或生物学理论在本领域是科学活动的目的,而一旦被运用到物理学中去,它们便成了手段。在自然领域,各门自然科学理论是科学活动的目的;而一旦到了社会领域,自然科学理论便可以在一定范围或一定限度内作为手段使用。当前正在勃兴的软科学就是以综合运用各门自然科学理论和方法来解决复杂社会问题为特点的。即便在同一领域,先前的科学理论往往既充任着先前科学活动的目的,又可以成为往后科学活动的手段。由此可见,科学知识具有目的与手段两重性,是目的与手段的统一。科学知识的这种特性决定了它可以转化为方法。

科学知识是理论与方法的统一。科学知识是对认识对象或实践对象客观本性和发展规律的正确反映,它形成并决定着人们对客观对象的观点或看法。科学知识的典型形式是理论,并且在科学发达的领域和部门通常形成了系统化的理论,即理论体系。作为人们对客观对象的观点和看法,理论不可避免地要影响、制约甚至支配人们的行动。而理论一旦作为人们进行认识活动和实践活动的起点、方针、原则或框架时,它就转变成了方法。任何理论都可以转变为方法,只是不同类型的理论转变为不同类型的方法。一般来说,普遍性大的理论转变成的方法的普遍性也大。例如,哲学理论是普遍性最高的理论,当它转变为方法时,这种方法也具有最一般的性质,它所提供的是如何对待和处理主观意识及客观规律的总原则,并以此影响和制约人们对一切具体方法的理解及运用。各门具体科学的理论普遍性小于哲学,当它们转变为方法时,这种方法同样也具有具体的性质。例如,具体的物理学理论所转变成的方法通常只是直接运用于物理学或其他少数领域。诚然,具体的科学理论也包含有更一般的方法意义。但是,要揭示其更一般的方法意义,需要进行一番概括和抽象的工作。① 此外,在理论的等级结构中,普遍性大或抽象度高的理论对于较具体的理论具有方法意义。例如,哲学理论对于具体的科学理论,控制论对于神经控制论,等等。而在一定的意义上,整个科学本身实质上则是社会实践活动的方法工具。

其次,科学活动所包含的方法要素(即科学方法)对认识具有方法功能。科学方法可以起到认识方法的作用,这似乎是无须多加理论证明的问题了。因为科学方法向各种认识形式的渗透,或者说各种认识形式积极引进科学方法的大量事实,已经异常鲜明和有力地表明了这一点。例如,在哲学认识的领域内,如果说当初斯宾诺莎致力于把几何方法引入哲学的研究工作,所得到的报酬不过是冷嘲热讽的话,那么到了现代,各种不同的科学方法以各种不同的方式和渠道引进各种不同的哲学,则已经变为一种地地道道的时髦了。例如,经验科学通常使用观察和实验方法来判定理论陈述真假的做法,特别是爱因斯坦把一向列入思辨范畴的时间、空间概念也放到思想实验中考察的做法,引导逻辑实证主义建立了著名的可证实性原则,经验科学在观察和实验活动中所进行的操作分析的关键性作用诱发了操作主义的诞生;数学方法和形式化方法在自然科学

----

① 参见马来平:《科学成果哲学概括的三种基本方式》,《山东大学学报(哲学社会科学版)》1990 年第 2 期。

中的广泛使用及其日益扩大的发展趋势是结构主义产生的最重要的科学背景。此外,科学中的数学方法和形式化方法还深刻地影响了普遍语义学,而试图在科学史中总结研究方法的愿望,则强烈地吸引着科学哲学中的许多流派。一些马克思主义哲学家和其他流派的许多哲学家所提出的哲学数学化的主张,也是科学方法对哲学认识产生重大影响的有力证据之一。

再如艺术认识领域。艺术是一种特殊的认识形式。用马克思的话来说,它对现实的认识和把握所采取的是一种"实践-精神掌握"的方式。这种方式既不同于对现实的纯粹精神掌握(它是理论知识所特有的),又不同于纯物质的实践。① 但它毫无疑问是认识大家庭的一个成员。因此,具有认识功能的科学方法的光辉也照射进了艺术的天地。首先,科学方法对艺术的影响绝非自今日始,可以说科学方法对艺术发生作用的历史与科学的历史一样长久,而且在艺术的发展过程中,这种影响从来没有停止过。例如,早在文艺复兴时期,当时的许多绘画大师就已经有意识地在绘画中运用几何透视法、光学投影法等科学方法了。其次,科学方法对艺术的影响并非只是与个别领域有关,而是广泛涉及音乐、舞蹈、绘画、雕塑、戏剧、文学、建筑、装潢美术和电影等几乎所有的艺术领域。现代艺术派的许多流派甚至就是以科学方法和科学知识的运用而区别于传统艺术的。如二战后出现的序列音乐,其中的达姆施塔派的新鲜之处就是它在"全面的序列音乐"中采用了数学性很强的作曲操作方法。最后,科学方法对艺术的影响不是涓涓细流,而是

---

① 参见《马克思恩格斯全集》第 12 卷,人民出版社 1971 年版,第752 页。

形成了有冲击力的滚滚大潮。我国艺术界的现状就是如此。近年来,我国艺术界关于艺术研究方法科学化的呼声日趋高涨。在理论上,艺术家们提出了许多新见解,如"艺术概念的精确化和规范化""用系统论的典型论补充传统的典型研究""艺术系统是一种耗散结构""创作的信息系统和反馈系统"等。对于这些见解,明眼人一看就知道是受到了科学方法的影响。

在科学内部,自然科学方法向社会科学领域的渗透更是大量的和经常的。它和社会科学方法向自然科学领域渗透的潮流汇合在一起,致使当代科学明显地形成了一体化的态势。自然科学方法向社会科学领域渗透的事实触目皆是,兹不赘述。

三、条件功能

认识是主体对客体的能动反映,认识主体具有反映客体的能力和客观需要,这是认识之所以发生的根据。除此以外,认识还有其特定的条件,认识的根据决定了认识的性质、规律和发展趋势;认识的条件通过认识的根据起作用,并起着加速或延缓认识进程的作用。

认识的条件是个复杂的系统,它包括对认识主体和认识过程发生影响和作用的一切社会的和认识内部的因素。这些认识条件绝大部分都与科学认识有直接或间接的关系。其中,由科学所直接提供的认识条件主要有如下三种。

（一）变革思想观念

在认识过程中,人类逐渐形成了关于世界和科学等不同认识对象的根本看法。这些看法都是思想观念性的,人们通常称之为世界观、自然观和科学观等。人类的认识活动是理性的活动,它离不开思想观念的参与。思想观念充当着认识的框架、立场或方法论原则,对认识起着指导、限定或支配的作用。

人类的思想观念从来不是凝固不变的。是什么带来思想观念变化的呢？这或许涉及许多因素。但是,不论涉及的因素有多少,科学的基础和背景是少不了的。这是因为,思想观念不是凭空产生的,而是人类对客体认识成果的概括和总结。在神话和日常认识的基础上形成的思想观念注定是易悖和多悖的。相反,以科学为基础的思想观念才有可能是正确的和卓有成效的。科学的成果及其发展不但会冲击一切错误观念,而且也将修正和充实一切表现出局限性的思想观念。哥白尼的日心说宣告了自然科学的解放,更是对中世纪盘根错节的宗教世界观的重创。生物进化论以物种进化的观念代替物种不变的观念,敲响了神学目的论的丧钟。它不仅为生物学奠定了科学基础,而且为认识人类社会的阶级斗争起到了启迪作用。因此,马克思把达尔文的著作《物种起源》"当做历史上的阶级斗争的自然科学根据"①。爱因斯坦的相对论出人意料地提出了时空观念的新观点,为论证辩证唯物主义哲学的时空观、运动观提供了自然科学的新论据。统计物理学以及耗散结构理论和协同学的新成就,突出了事物发展过程中的或然性、不确定

---

① 《马克思恩格斯全集》第30卷,人民出版社1971年版,第574页。

性、涨落趋势等,大大提高了概率论规律的地位,使人们的规律观经历了一场心理上的变革。正是基于上述史实,人们才一次次地提起如下观点:随着自然科学领域中每一划时代的发现,唯物主义必然要改变自己的形式。诚然,史实也同样表明,在科学的重大发展面前,唯心主义哲学也不得不改变其形式。虽然整体来看,唯心主义哲学对科学成果的利用是片面的和零散的,但它们确实在关注着科学的进展,确实从不同的角度,以各种不同的方式利用着科学成果。随着科学的发展,唯心主义的许多派别应运而生了。上述种种情况表明,科学变革思想观念是确定无疑的,只是科学基础并非形成正确观念的充分条件,或者说观念以科学为基础,有一个真假和程度的问题。要形成正确的观念,不仅要以科学为基础,而且还有一个如何正确地、全面地利用科学成果的问题。

(二)提供知识背景

认识是在一定的知识背景下进行的。知识背景即认识主体所继承的前人遗留下的知识及其自身通过认识和实践活动所获得的知识总和。知识背景在认识活动中起着十分重要且不可缺少的作用。这是因为,从一定意义上说,认识的任务就是解决特定的问题。但是,如果在某一领域缺少起码的知识背景,那么人们在该领域甚至连问题也难以提出来。至于决定问题是否重要,以及恰当选择解决问题的程序和方法,那就更谈不上了。因为任何问题都是有内容的,都与该领域内外的大量知识有着千丝万缕的关联。因此可以说,知识背景是认识的基础或出发点,它在认识活动的每一个环节中都起着制约甚至支配的重要作用。

那么,知识背景是怎么形成的呢？不能不说,在形成和提供知识背景方面,科学扮演着重要角色。这是因为,在人类知识的总和中,科学所提供的知识(即科学知识)占有特殊的地位。首先,科学知识是可靠的、精确的和系统化的知识,人类其他一切知识不仅只有在和科学知识不发生冲突的前提下才能存在下去,而且往往要以科学知识为基础,或受到科学知识各种形式的影响。例如,常识是直观和分散化的知识,它随时要接受科学知识的纠正、深化或系统化;艺术知识不仅其构成中往往包含一定的科学知识成分,而且它要依靠科学知识所提供的概念和范畴进行表达和传播;哲学知识则是对科学知识的概括和总结;等等。其次,在人类知识的总和中,科学知识在数量上占有较大比例。如果说,在人类社会的早期,科学知识在人类知识总和中的比例还很小的话,那么随着科学社会化和社会科学化的实现,以及科学本身的加速度发展和增长,科学知识的比例将会日益提高,并成为人类知识总和中的主要成分。

（三）输送科学精神

追求真理是要有一点精神的。哥白尼、布鲁诺、伽利略以及无数共产主义先驱为真理奋斗终生的事迹有力地表明了这一点。由于科学活动是最典型的追求真理活动,因此科学家在科学活动中所形成和表现出来的精神气质(即科学精神)完全有资格成为一般认识活动所需精神气质的典范。正是在这种意义上,我们说科学可以为认识输送科学精神。

爱因斯坦曾指出,所谓科学精神,其实是一种对真理热烈追求的宗教式精神。他说:"促使人们去做这种工作的精神状态是同信仰宗教的人或谈恋爱的人的精神状态相类似的;他们每天的努力并非来自深思熟虑的意向或计划,而是直接来自激情。"①著名英国社会学家默顿提出,科学精神气质有四个成分:普遍性(即公众性)、社团性、不谋私利以及有组织的怀疑。② 还可以举出其他一些观点。其实,科学精神原本是一个由众多因素组成的集合体,从不同的角度可以看到它不同的面貌。因此,关于科学精神有不同的观点,这是很正常的。关键在于,科学精神的实质和核心是什么呢?众所周知,科学精神之所以从其他种类的精神中独立出来,完全是由科学活动的特殊性决定的。科学活动有许多环节,其中最基本的是发现问题和解决问题两个环节。对于发现问题而言,重要的是具有批判的精神。只有对已有理论持一种批判、审查的精神,才有可能发现问题。对于解决问题而言,重要的是具有尊重事实的精神,只有面向经验事实、立足经验事实或者从经验事实出发,才有可能找到一切理论问题的解决方案,只知求助于经典、权威或权力,归根结底是无济于事的。为此,我们说,批判的精神和尊重事实的精神是科学精神的实质和核心,离开了这两条,科学精神的其他方面将难以正常发挥,也不可能有任何真正的科学活动了。

事实上,科学精神向其他认识领域的渗透现象从来没有停止过。随着科学的发展,尤其是在当代新技术革命潮流席卷全球的形势下,科学精神更加充分地显示了它对人类认识精神的渗透和改造作用。例如,今天在科学精神的感化下,忠于事实、

---

① 〔美〕爱因斯坦:《爱因斯坦文集》第一卷,许良英等译,商务印书馆 1977 年版,第 103 页。

② 参见〔美〕丹尼尔·贝尔:《后工业社会的来临——对社会预测的一项探索》,高铦等译,商务印书馆 1984 年版,第 420 页。

脚踏实地、一丝不苟和严肃认真的求实精神普遍受到崇尚,而不崇拜权威、不忌讳错误、独立思考和不把伟人奉为神灵等观念,则已经深深潜入大众意识之中了。

以上考察说明,科学具有多方面的重要的认识功能。可是长期以来,我们的认识论研究只讲实践对认识的作用,即实践的认识功能,而对科学的认识功能以及其他各种认识形式对认识的功能均相对有所忽视,这不能不说是一件憾事。为了更加全面和深入地理解科学的认识功能,这里有必要对科学的认识功能与实践的认识功能的关系略作说明。

首先,科学的认识功能从属于实践的认识功能。科学是认识的一部分,它也必定承受着实践的认识功能。也就是说,实践对认识的作用包括实践对科学的作用部分,而且后者还是比较重要的部分。因此,科学的认识功能和实践的认识功能尽管同属于认识功能,但本质上是两个层次上的事情。前者较为直接,后者则较为根本。

其次,科学的认识功能是对实践认识功能的必要补充。对于认识的发展来说,仅仅有实践的认识功能是不够的。换言之,脱离开科学的认识功能,实践的认识功能是不能充分发挥出来的。例如,人们说实践是认识发展的动力,所持理由主要是实践提出需要和课题、提供认识工具和手段、锻炼和提高主体的认识能力等。不难看出,第一,实践为认识提供认识工具和手段大多是在科学发展的基础上才具有的一种功能。对于认识来说,实践的工具、手段功能和科学的工具、手段功能不能分割开,二者相辅相成,是互相补充的。第二,实践的需要对于认识的发展是很重要的,甚至说它是推动认识发展的根本动力也不过分。不过,孤掌难鸣,仅仅有实践的需要还不能对认识形成现实的推动力。若如此,还必须有认识发展的内在逻辑和认识发展的实际水平相配合。否则,就很难理解尽管人类对认识的需要无边无际,而认识发展的实践历程却是循序渐进的了。那么,是什么影响和决定着认识发展的内在逻辑和实际水平呢? 不能不说,科学的发展是一个较为直接和重要的因素。或者说,这里分明有科学的认识功能在里面。

最后,实践可以锻炼和提高主体的认识能力,这是一点也不错的,只是锻炼和提高主体的认识能力并非只有实践这一条途径。和直接实践相比,间接实践(如学习科学知识)对于锻炼和提高认识主体的认识能力的意义也相当重大,并且二者是相互补充的。这就是说,科学为认识提供知识背景等认识条件的功能,实际上是对实践所具有的锻炼和提高主体认识能力的功能的一个必不可少的和重要的补充,实践对认识的动力功能需要科学的认识功能作为补充,同样,实践对认识的其他方面的功能也需要科学的认识功能作为补充。一句话,科学的认识功能是实践的认识功能的必要补充。历史事实也完全表明了这一点:在科学诞生以前,实践虽然同样对认识有作用,但由于缺少科学的认识功能的必要补充,因而人类的认识发展比较缓慢,实践的认识功能也相应地显得比较脆弱,只有在科学诞生以后,实践对认识的功能才真正如虎添翼并日趋强大起来。

深层科学素质研究

科普中介论[*]

20世纪末以来,随着迷信活动、伪科学、反科学活动的沉渣泛起,曾长期重视程度不够的科普事业开始进入中国政治生活的中心,成为举国上下关注的热点。1994年颁发的《中共中央国务院关于加强科学技术普及工作的若干意见》明确指出:"科学技术的普及程度,是国民科学文化素质的重要标志,事关经济振兴、科技进步和社会发展的全局。因此,必须从社会主义现代化事业的兴旺和民族强盛的战略高度来重视和开展科普工作。"应当说,对科普意义的这种估价已经够到位、够高的了。只是自1994年以来仍然处于低迷状态的科普实践表明,这种估价在相当一部分人中间并没有被理解和接受,而且对于科普的作用,尤其是对科普在精神文明建设中的作用,仅仅限于笼统的强调远远不够,的确有具体阐明的必要。鉴于科普和科学技术的天然联系,这件事对于科技哲学工作者来说更是一件义不容辞的神圣使命。

* 本文原载《哲学研究》2001年第5期,收入《山东大学百年学术集萃·哲学社会学卷》(山东大学出版社2001年出版)。

一、科普的中介作用举足轻重

长期以来,哲学界存在一种倾向,即重视科学的物质生产力价值,而轻视甚至否定科学的精神价值。比较典型的就是西方的科学主义和人本主义两大思潮。尽管它们观点对峙、各执一端,但在否认科学的精神价值方面却殊途同归。这两大思潮一致认为,科学是立足客观事实对自然界客观规律的摹写,因而是纯客观的,与人的情感、意志、本能等价值世界无涉。

科学主义与人本主义的上述观点是错误的。首先,其把科学仅仅理解为自然科学,以及把自然科学仅仅理解为一种真理性知识体系的观点是错误的;其次,科学精神与人文精神也并非像上述观点所认为的那样是割裂的和对立的,正如有的学者所指出的那样:"科学世界本身也是一个十分丰富的人文世界;科学在创造物质文明的同时也在创造着精神文明;科学在追求知识和真理的同时也在追求着人类自身的进步和发展;它像人类其他各项创造性活动一样,充满着生机,充满着最高尚、最纯洁的生命力,给人类以崇高的理想和精神,永远激励着人们超越自我、追求更高的人生境界。科学精神也并非只是自然科学的精神,而是整个人类文化精神的不可缺少的组成部分。"①

应当说,与科学的物质价值相比,科学的精神价值毫不逊色。科学的物化改变了人所处的客观环境,进而改变了人的精

---

① 　孟建伟:《科学与人文精神》,《哲学研究》1996 年第 8 期。

神状态,这是科学的精神价值的间接表现;更重要的是,科学的精神价值还有一系列直接的表现。例如,科学具有帮助人们树立正确的世界观、更新价值观念、变革思维方式和提高道德水准等多方面的价值。甚至在一定的意义上可以说,科学是一切人类精神活动的基础,缺少科学基础的精神活动必定是低级的和蒙昧的。

　　然而,科学的精神价值并非是自动实现的,它需要一系列的中介和条件。其中,最重要的中介就是科普。应当认识到,正像科学要实现其物质生产力的价值离不开技术中介一样,科学要实现其精神价值也离不开科普这一中介。总之,科普在科学实现其精神价值及物质生产价值过程中的中介作用是举足轻重的。

二、树立正确世界观的中介

　　从广义上看,世界观是那些支配人们认识和行为的基本原则,以及在这些原则里所体现的对于世界与人生种种问题的根本看法。世界观是否正确,对于人的素质具有决定性的影响。一般来说,一个人世界观的形成和变化,往往与其特殊的人生经历密切相关。但是,不同人的世界观的形成和变化也有某些共同的作用因素,其中主要有三点:其一是某种哲学的影响。哲学是系统化的世界观理论,服膺乃至信仰某种哲学,这也就意味着拥有了某种世界观。而哲学通常以各种不同的方式、在不同的程度上受到自然科学的影响;而且一般来说,正确地利用科学成果是增进哲学真理性的基本途径之一。哲学依赖自然科学的基本表现形式是对自然科学研究过程及其理论成果的哲学概括。自然科学研究的是自然事物及其过程的规定性问题,而哲学则专门审视包括自然科学在内的一切具体研究及其成果所蕴含的思维和存在的关系问题,以及其他种种理论思维的前提。这就是说,哲学通常把科学研究及其理论成果作为自己再思考、再认识的对象,由此概括出科学研究及其理论成果中所蕴含的思维和存在的关系等理论思维的前提性观点,以便充实和完善自身,为人类提供不断从新的高度理解人与世界相互关系的世界观理论。在一定的意义上,这种哲学概括工作就是对科学研究及其理论成果的哲学内涵的阐释,已经属于科普工作的范畴,只不过此时科普的主体是哲学家罢了。其二,通过科普向人们普及科学知识、科学精神和科学方法等,也将有助于人们树立辩证唯物主义的正确世界观,进而以唯物主义克服唯心主义,以辩证法克服形而上学。这是因为,从本质上说,科学知识、科学精神和科学方法等与辩证唯物主义是具有一致性的。众所周知,辩证唯物主义本来就是在概括和总结科学知识、科学精神和科学方法的基础上诞生的,而且辩证唯物主义一向把科学知识、科学精神和科学方法等作为自己向前发展的力量源泉。诚然,二者的关系不是直接等同的。一个人具备了一定的科学知识、科学精神和科学方法,并不意味着他就必然会成为一个辩证唯物主义者。科学知识、科学精神和科学方法等提供了可供利用的经验材料,但如何利用这些经验材料还有一个目的、角度和方法的问题。若目的、角度、方法不当,那么同样的经验材料也可以成为滋生唯心主义和形而上学的温床。也就是说,科学知识、科学精神和科学方法是接受和加强辩证唯物主义的必要条件,但不是充分条件,因此在向群众普及科学知识、科学精神和科学方法的同时,一定要辅以相关的阐释和引导工作。其三,是对于物质世界存在和发展中某些具有全局意义的问题的看法。这些问题包括:天体、地球、人类和思维的起源,生命的起源和本质,人的生理和疾病的机理,自然灾害、异常天象或地质现象的成因,等等。关于这些问题,自然科学有的解决了,有的正在尝试解决,有的则指出了可能正确解决的方向。倘若通过科普,把自然科学关于上述问题的基本观点和立场传授给群众,无疑会有利于形成人们的唯物主义世界观,进而使人们对于认识和处理物质世界的本质、人在自然界中的位置、思维和存在的关系、生和死的关系等问题有一个基本正确的认识。

三、更新价值观的中介

马克思主义认为,价值观和真理观是统一的,人类要真正按照自己的尺度和需要去改造世界,必须使自己的思想和行动符合客观对象的内容和规律,即按照客体的尺度来规定自己的活动。一厢情愿、恣意妄为,注定是要碰壁的。不仅如此,人的价值观还应当随着客观真理的发展而不断调整、更新自己。也就是说,处于不断更新过程中的人的价值观一定要牢牢建立在客观真理的基础之上。而要做到这一点,显然与人的认识水平和认识能力,进而与科普是大有关联的。可以认为,在实现科学所具有的更新价值观的价值方面,科普能够起到中介作用。英国社会学家英克尔斯等人通过深入研究后认为,现代人应当具备以下十二项特征:乐于接受新经验;随时准备接受社会的变革;遇事有独立见解,并且喜欢听取各种不同的意见;积极地获取形成意见的事实和信息;时间观念强;高度的效能观念;逢事倾向于制订长期的计划;对社会、对他人有信任感;重视专门技术,并承认以此作为分配报酬的正当基础;在教育内容和职业选择上敢于冲破传统观念;了解并维护别人的尊严;关心并了解生产及其过程。这些特征蕴含着一系列新时代的价值观念,如欢迎新事物、乐于听取不同意见、摒弃主观武断、注重调查研究、珍惜时间、讲究效率、喜欢做事有条理、推崇真才实学、热爱真理、反对金钱崇拜、蔑视陈旧观念、尊重他人、不忌讳错误等。对于这些价值观念,科学家不一定能够全部做到或全部做得最好,但能在科学活动中或科学家身上找到它们的典型表现或雏形。因为说到底,这些价值观念中的许多内容是以追求真理为目标的科学活动的内在要求。当然,在科学活动或科学家身上所蕴含的这些价值观念要集中和鲜明地呈现出来,还需要一番提炼和总结的功夫。在这方面,著名科学社会学家默顿的工作可以说是一个范例。默顿在前人工作的基础上,通过对全部科学发展史的考察,提出了科学家行为的四大规范①,由此引起了人们对科学研究规范的关注,并最终成为科学社会学的一大研究主题。科学研究规范包含了多方面的丰富内容,但其中对科学家在科学活动中所普遍怀有的价值观念的提炼和总结是显而易见的。通过科学家的行为规范,各界群众能更真切、更具体地感受到科学家在科学活动中的价值观念。因此,在一定的意义上,科学社会学也含有科普的成分。总之,向大众普及科学知识,宣传科学家的思想观念和价值追求,将有利

---

① 即普遍主义、公有主义、无私利性、有条理的怀疑主义。

于培养人的现代价值观念。

四、变革思维方式的中介

思维方式是人类思维活动的习惯、程式或框架,它是人类思维能力的结晶和人类智慧的积淀,因而是全民素质的重要组成部分。科学对人类思维方式的影响主要是通过两种方式:一种是通过科学方法直接影响,另一种是通过科学成果所反映的哲学观念间接影响。这两种方式都不是自动实现的,通常需要科普作中介。

科学方法的核心是实验方法和数学方法,它是人类理性传统和经验传统的完美结合。当然,关于科学方法的本质及其具体内容是什么,在学界历来是众说纷纭的。历史上,许多哲学家和科学家都十分关注科学方法论的研究,以至 20 世纪出现了西方科学哲学这样以研究科学方法论为核心任务的哲学阵营。波普尔在谈到关于科学方法论的研究时,曾声称"爱因斯坦对我思想的影响是极其巨大的。我甚至可以说,我所做的工作主要就是使暗含在爱因斯坦工作中的某些论点明确化"①。其实,像波普尔一样,所有的科学哲学家关于科学方法论的研究都是力图把暗含在科学家工作中的某些方法论观点提炼出来,使之明确化、普遍化。因此在一定的意义上,科学哲学的研究也含有阐释和推广科学方法的科普成分。尽管科学方法诞

---

① ［英］波普尔:《科学知识进化论》,郭树立编译,生活・读书・新知三联书店 1987 年版,第 49 页。

生于自然科学,但在社会领域与人类思维领域也具有重要的借鉴意义。接受科学方法的教育和训练,有利于培养人正确而有效的思维方式,这是不难想象的。由此可见,倘若把对科学方法的阐释和宣传作为科普的主要内容之一,那么科普必定会起到变革人们思维方式的作用。

此外,对自然科学成果进行适当概括或阐发所获得的每一新鲜的哲学范畴或观点,尤其是对某种自然科学成果整体的概括,都可以对思维方式起作用。一般地,就一个时代的自然科学成果整体与思维方式的关系来说,古代的经验型思维方式是以具有分散性、直观具体性的古代科学为背景的,近代的分析型思维方式或原子论思维方式是以对自然界进行分门别类的研究以及力学优先发展的近代科学为背景的,现代的系统型思维方式或整体论思维方式是以呈现科学的分化和一体化相结合的发展趋势以及系统科学蓬勃兴起的现代科学为背景的;就一个民族的自然科学成果整体与思维方式的关系来说,西方长于分析的思维方式直接得益于实验科学的领先发展,中国以整体性为总特征的思维方式则与依靠经验、直觉和体验的中国古代科学技术的长期领先于世界大有关联。

总之,不论是通过科学方法的直接影响,还是通过科学成果所反映的哲学观念的间接影响,科学影响人类思维方式的主导方面都是促进人们由经验思维提高到科学思维以至更高水平的科学思维。有学者曾经把人的意识区分为日常经验的水平和科学思维的水平两个等级,并指出,如果事物的表现形式和事物的本质直接合而为一,一切科学就都是多余的了。经验思维受感官的局限,容易被表面现象所迷惑;而科学思维则借助各种理性手段,从研究大量的现象和现象各方面的关系入手,能够做到对事物的认识由现象到本质,以及使对本质的认识不断深化。在实现科学所具有的变革思维方式的价值方面,科普中介作用的实质就是通过传播科学方法和科学成果所反映的哲学观念,把更多人的思维方式由经验水平提高到科学水平,从而从根本上提高思维能力,增强识破迷信、识破伪科学和识破反科学的能力。

五、提高道德水准的中介

一般认为,科学知识属于认识或认知的范畴,而道德属于价值或意志范畴。其实,二者并非截然对立、毫无关联。人为什么做这样的价值判断而不做那样的价值判断,有这样的意志而没有那样的意志?许多情况下是和认识有关,甚至是取决于认识水平的。不少恶行源于愚昧和迷信有力地证明了这一点。因此,在一定的意义上,道德也有认识或认知的成分。马克思在《1857—1858 年经济学手稿》中指出,人类的认识方式除了科学的方式之外,还存在着人类掌握现实、认识现实的其他特殊方式,其中包括艺术的、宗教的和"实践-精神"的方式。而道德即属于后者,这一点决定了道德与包括科学知识在内的认识之间的内在关联。科学除了通过转化为物质生产力间接影响道德以外,对道德的直接作用至少有以下几个方面。

其一,是道德原则的基础之一。在人类历史的发展过程中,不同民族和国家的不同历史时期,都有自己一定的道德原则。这些道德原则是调整人们相互关系的各种规范要求的最基本的出发点和指导思想,是道德的社会本质和阶级属性最直接、最集中的反映,因而是各种道德体系的精髓。这些道德原则是如何确定的呢? 其中,自然科学和社会科学都是其重要的基础。例如,社会主义道德的基本原则直接来源于马克思的科学社会主义学说,而作为科学社会主义学说理论基础的辩证唯物主义和历史唯物主义是把自然科学视为自己产生和发展的主要基础的。再如,确立高尚的道德理想和信念,通常是离不开各门社会科学所提供的社会发展规律的知识的。

其二,是道德规则形成的动力之一。自然界是人类生存的环境,人与人之间的关系是不可能完全脱离自然界的。从人类道德的发展史看,不同时代、不同阶级的道德规范和人们对自然界及人本身的观察、认识往往有千丝万缕的联系。中国古代许多思想家主张效法自然、陶冶情操,认为道德与自然规则具有统一性。例如,《易传》提出"夫大人者,与天地合其德,与日月合其明,与四时合其序,与鬼神合其吉凶",《道德经》主张"人法地,地法天,天法道,道法自然"。进入 20 世纪以来,核科学、基因工程、生态科学、环境科学、计算机和信息科学以及器官移植等,分别从不同的角度和深度提出了大量社会伦理问题。这些问题既是对已有伦理的一种冲击,迫使已有伦理作出适当的修正,也包含着某种对新伦理的呼唤,要求建立崭新的伦理规范。目前,核伦理、生命伦理、生态伦理、环境伦理和网络伦理等已渐次应运而生了。

其三,是进行道德评价的标准之一。根据什么来判定某种道德规范乃至道德体系、道德原则是进步的或落后的呢? 这就是道德的评价问题。道德评价事关道德建设的方向,极为重要。原则上说,道德评价应主要依据道德的实践后果,其中既包括是否使人与人之间的关系更加和谐、稳定等内容,也应当包括是否有利于促进生产力和整个社会进步的内容。鉴于科学技术在生产力和社会进步中的基础地位,可以认为,是否有利于科学技术的发展应当是道德评价的基本标准之一。也就是说,进步的道德规范、体系或原则应当是从根本上促进科学技术发展的,而阻碍科学技术发展的道德规范、体系或原则则是落后的、应予摒弃的。为此,了解科学技术及其发展的有关情况,当是进行道德评价的条件和前提。此外,通过科普提高人的知识水平和思维水平,将有助于选择和确立合理的道德评价标准,使人更有效、更顺利地进行道德评价活动。

鉴于上述种种情况,可以认为,科学普及在整体上和根本上是有利于道德进步的。

新中国科技意识发展的回顾与前瞻[*]

科技意识凝结着人们关于科学技术的本质、发展规律及其在社会发展中地位和作用的根本看法,因此,一个国家占主导地位的科技意识的状况如何,对于政府如何制定科技发展的政策和方略,对于民众支持和参与科技发展的态度和热情,以及对该国科技社会功能实现的状况,必定具有重大影响,基于此,探索提高中华民族科技意识水平的途径和措施,乃是一件值得花力气去做的事情。

从科技与生产力关系的角度看,半个多世纪以来,新中国占主导地位的科技意识大致经历了三个主要阶段:一是科学技术与生产力"直接联系"论,二是"科学技术是生产力"论,三是"科学技术是第一生产力"论。在第一个阶段和第二个阶段之间,还穿插了一段"文化大革命"中"四人帮"炮制的"科学技术是上层建筑"论。在这里,我们将按照以上线索,对新中国科技意识的发展予以扼要回顾与前瞻。

---

* 本文原载《贵州社会科学》1998 年第 1 期,中国人民大学报刊复印资料《科学技术哲学》1998 年第 5 期转载。

一、科学技术与生产力"直接联系"论

自 1949 年至 20 世纪 70 年代中叶的二十多年间,我国的科技意识基本上处于科学技术与生产力"直接联系"论阶段。

"直接联系"论的表现有很多,其中,在著名哲学家、前中央党校副校长艾思奇主编的《辩证唯物主义 历史唯物主义》一书中表现得尤为集中和典型。该书系 20 世纪 50 年代末由中共中央书记处委托艾思奇组织中央党校和全国一批知名哲学家集体编写的一本高等学校哲学教科书,流传广泛,影响巨大。写进该书的科学论观点无疑是 1949 年以来中国共产党科技意识的系统总结和高度概括。该书对科学的看法主要有如下几点。

第一,科学是一种知识体系形态的社会意识形式,它适应人们实践的需要、生产和阶级斗争的需要而产生,是观察和实验知识的概括和总结。

第二,和其他社会意识相比,科学具有一系列个性:自然科学的发展具有明显的继承性,自然科学的发展与生产具有直接的联系,自然科学来源于生产经验并为生产服务;自然科学本身没有阶级性;自然科学工作和科学工作者是有阶级性的;社会科学和自然科学不同,具有鲜明的阶级性。

在以上的要点中,最关键的是两条:其一是科学是一种知识体系形态的社会意识形式,它表明了作者忽视科学的社会属性、技术的源泉属性,而仅仅局限于知识体系形态理解科学的传统观念。其二是自然科学的发展与生产力具有直接的联系,其具体内容是：自然科学是人类生产经验的总结，自然科学是为生产服务的。它表明了作者对科学发展的基本动力和科学的基本社会功能的看法。

不过，尽管作者有意识地把科学与生产力直接联系起来，但是，他们始终是把科学与生产力的分离作为前提来看待这一直接联系的，也就是说，作者把这种联系严格地限制在了科学对生产和生产力有重要影响的范围之内。我们把这种关于科学与生产和生产力关系的观点称为"直接联系"论。

中国之所以在"文化大革命"前长期滞留于"直接联系"论的此岸，而不能到达"科学是生产力"的彼岸，主要原因有以下两点。

一是苏联的影响。中华人民共和国成立后不久，毛泽东就向全国发出了认真学习苏联先进经验的号召。尽管在20世纪50年代后期中苏关系发生破裂，但苏联在理论和实践上的许多观点和做法仍然对中国具有重要影响，其中包括苏联理论界有关科学的性质和作用的观点。苏联曾长期坚持自然科学与生产力"直接联系"论，迟迟不承认科学是生产力，以至于苏联学者直到20世纪80年代初还感慨万千地抱怨说："马克思关于科学作为社会普遍生产力的思想，不知何故过去没有引起应有的重视，如今在论述上述问题的著作中已开始提及。"①

二是中国科学技术的成就及其对中国社会施加影响的局限性。1949年以后，在旧中国十分薄弱的基础上，新中国的科

---

① ［苏］C. P. 米库林斯基、［捷］P. 里赫塔：《社会主义和科学》，史宪忠等译，人民出版社1986年版，第41页。

学技术发生了翻天覆地的变化。但是,和发达国家相比,依然有相当大的差距。当时中国的科技水平不高,对经济和社会发展的影响力也不够。此外,自20世纪50年代末至70年代初,由于政治上的原因,中国对许多发达国家正在如火如荼地进行的新技术革命又处于一种半封闭状态。因此,在实践中,科学技术作为生产力的面貌对于中国人来说似乎还是"犹抱琵琶半遮面"。在这种情况下,由于缺乏感性体验,中国忽视经典作家关于"科学是生产力"的论断而长期囿于"直接联系"论的认识水平也就不足为奇了。

"直接联系"论把科学视为一种特殊的社会意识形式,而没有将其纳入上层建筑范畴。同时,"直接联系"论在一定程度上承认了科学对生产和生产力的作用,这是其明显的合理性。但是从根本上说,这一观点毕竟与马克思主义经典作家的本意有一定距离,而且未能充分反映20世纪以来科学技术的发展以及科学技术与社会关系的事实。因此,它不可避免地存在种种缺陷。总的看来,这些缺陷主要表现在以下方面。

（一）不能客观而充分地评价科学在社会发展中的地位和作用

和"科学是生产力"的论点相比,"科学与生产和生产力有直接联系"的观点片面地把科学定位于社会意识的层面,因而尽管它承认科学与生产和生产力有直接联系,但这种"直接"是可以或很容易大打折扣的。它低估了科学作为生产力对社会和经济发展所具有的关键性推动作用。

（二）夸大了科学技术对于经济生产在来源上的依赖性，对科学技术的相对独立性有所忽视

科学技术不仅来源于生产，是生产经验的总结，而且还是科学技术理论体系内部矛盾运动的结果，"直接联系"论片面强调科学技术来源于生产，难免导致忽视基础研究、忽视科学研究的国际交流、忽视科学技术的独立发展等弊端。

（三）影响了对科学研究的劳动性质和科技工作者社会地位的客观评价

局限于社会意识的角度看科学，就把科学与纯粹的精神现象等同起来了。事实上，科学研究具有以科学实验为核心的明显的实践本性，它是人类实践活动的基本形式之一；同时，它和技术的有机联系也使得它具有物质性的一面。粉碎"四人帮"以前，人们之所以把科学研究当作与物质生产迥然不同的精神性、消费性事业，将其与教育和文化相提并论（"科教文"），而把科技工作者排除在劳动者行列之外，这是与"直接联系"论的科技意识有直接关系的。

（四）给"科学技术上层建筑"论的滋生留下了隐患

把科学作为一种特殊的社会意识形式，这本来也是有一定道理的。但是，这里的关键是如何理解其"特殊性"：如果科学被人为地抹上一定的阶级色彩，就会发展到"科学是上层建筑"的地步了。事实证明，"直接联系"论为日后"四人帮"的"科学技术上层建筑"论的滋生留下了隐患。

二、"科学技术上层建筑"论

"文化大革命"期间,"四人帮"提出了许多荒谬的观点,与科技工作有关的最突出的一个错误观点就是把科学技术列入上层建筑。他们宣传这个观点是连篇累牍、不遗余力的。最典型的就是"四人帮"的写作班子在1976年第3期《红旗》杂志上化名"池恒"发表的文章《从资产阶级民主派到走资派》。该文一开头就说:"伟大领袖毛主席亲自发动和领导的回击右倾翻案风的伟大斗争,正在教育、科技、文艺等上层建筑的各个领域健康地发展。批判的锋芒直指提出'三项指示为纲'那个党内不肯改悔的走资本主义道路的当权派。"

把科学技术列入上层建筑既歪曲了科学技术的本质属性,也违背了历史唯物主义的基本精神。

首先,从阶级性上看,科学技术与上层建筑具有根本的不同。上层建筑具有鲜明的阶级性,而科学技术是没有阶级性的。科学技术研究的是自然界存在和发展的客观规律。这种客观规律存在于人们的意识之外,不以任何阶级的利益为转移。同时,科学技术知识的确定都是要经过科学实验和生产实践检验的,这种检验是极为客观和严格的,因人而异的检验是为科学所排斥的。因此,科学技术知识既可以为不同的阶级所发现、认识、掌握,也可以为不同的阶级所利用。

其次,与经济基础关系的不同也把科学技术与上层建筑严格区分开了。从内容上说,科学技术不是经济基础的反映,也不直接反映经济基础的要求。它是与物质生产直接衔接的。

而上层建筑则直接与经济基础相联系,直接反映经济基础的要求。此外,与上层建筑随经济基础的变化而变化不同,自然科学的发展变化也不直接受经济基础变化的影响。或者说,经济基础的变化并不立即地、直接地通过自然科学的发展变化反映出来。科学技术的发展主要是依靠它内部的逻辑矛盾和物质生产需要的合力而推动的。

整个"文化大革命"期间,作为一种带有强烈政治色彩的科技意识,"科学技术上层建筑"论起了很坏的作用,它成为"四人帮"在科技领域推行极左路线的理论基石。许多自然科学理论被无端地作为资产阶级反动理论受到批判和排斥,如相对论被认定为"相对主义",遗传学被诬蔑为"20世纪以来流毒很广的最反动的资产阶级自然科学理论体系之一",现代宇宙学被批判为"在唯心论和形而上学资产阶级影响下,自然科学这株大树的枝丫上生长出来的一朵盛开的却不结果实的花朵";等等。诸如此类的形形色色的荒谬观点,无不与"科学技术上层建筑"论强行把阶级性赋予科学技术工作和科学技术成果直接相关。为此,有学者尖锐地指出:"四人帮"破坏我国科学技术事业所散布的一切谬论,都在"科学技术上层建筑"论那里找到了理论根据。

三、"科学技术是生产力"论

"科学技术是生产力"这个马克思主义观点最早引起中国马克思主义者的重视,是"文化大革命"后期"全面整顿"中的事。

1975 年 7 月初,中共中央批准了国务院关于中国科学院要整顿、要加强领导的报告,并决定委派干部,充实中国科学院的领导班子。国务院指示:科学院要抓紧进行整顿,尽快把科研搞上去,不要拖国民经济的后腿。经过调查研究之后,一个月内要将中科院的整顿方案向党中央和国务院作出汇报。正是根据这一指示,新的中国科学院领导班子经过广泛深入的调查研究,写出了一份名为《中国科学院工作汇报提纲》的报告草稿。报告内容包括:新中国成立以来我国科技工作的成绩;我国科技工作的领导体制;全面贯彻毛主席的科技路线;知识分子政策;科技十年规划轮廓的初步设想;中科院院部和直属单位的整顿问题;等等。在"全面贯彻毛主席的科技路线"部分里,以十条领袖语录的形式,讲了十项科技工作的指导原则,其中第二条就是"一定要在不远的将来赶上和超过世界先进水平。科学技术是生产力,科学技术这一仗一定要打,而且必须打好"。"科学技术是生产力"的观点就是这样出现的。报告写好后,向国务院领导作了初步汇报。邓小平副总理听取汇报时做了一系列指示,其中第一层意思就是肯定"科学技术是生产力"和科技人员是劳动者,强调了科研工作的重要性。

1978 年,邓小平在全国科学大会开幕式上的讲话中重申了"科学技术是生产力"的观点,并且作了全面阐发。在当时特定的历史条件下,重申并全面阐发马克思关于"科学技术是生产力"的观点具有极其重大而深远的历史意义,主要表现在如下几方面。

（一）为科学技术正名，为"科学技术是生产力"观点平反

整个"文化大革命"期间，在"科学技术是上层建筑"论的制约和束缚下，我国科学技术事业受到冷落、排斥和破坏。粉碎"四人帮"以后，我国社会主义革命和社会主义建设进入新的发展时期。工农业生产迅速恢复和发展，国民经济出现了一个喜人的快速发展局面。在这种情况下，迫切要求为科技正名，增强人民的科技意识，动员全国各族人民向科学技术现代化进军。在1978年召开的全国科学大会上，邓小平讲马克思主义道理，摆鲜明生动的事实，把"科学技术是生产力"的观点讲得非常透彻。这样，科学技术的性质、地位和作用就获得了准确的定位，从而使全国人民有了一个较为正确的科技意识。

（二）为解放知识分子提供了有力的理论依据

在相当长的一个时期内，知识分子是划归资产阶级、小资产阶级范畴的，这严重影响了我国社会主义建设的步伐。当然，在知识分子问题上，我们党也同"左"的错误倾向进行过反复的斗争。在1956年知识分子问题会议上和1962年科技工作会议及文艺工作会议上，我们党都曾明确地宣布知识分子不是资产阶级而是工人阶级的一部分，而且在实践上也都在一段时间内和一定程度上限制或纠正了"左"的错误。

和以前的斗争相比，1978年召开的全国科学大会对知识分子阶级属性问题的解决彻底多了。过去，提出"知识分子是工人阶级的一部分"主要依据事实，即从旧社会过来的知识分

子世界观已经有了很大进步,新中国成立后培养起来的知识分子也占了相当比重等,而没有注意寻求合理的理论根据,因而根基不牢。这一次全国科学大会上提出"知识分子是工人阶级的一部分",是以重申马克思关于"科学技术是生产力"的观点为前提的。承认了科学技术是生产力,就应当承认科学研究是一种与体力劳动具有同样重要性,甚至更重要的劳动,进而就应当承认科技工作者与工人阶级同样是社会主义建设的主力军。这样,认定科技工作者乃至全体知识分子是工人阶级的一部分也就顺理成章了。

总的来看,"科学技术是生产力"论既成功地实现了对科学技术与生产力"直接联系"论的超越,更有力地实现了对"科学技术是上层建筑"论的拨乱反正。它取消了极左势力强加在科学技术理论身上的阶级属性,摆正了科学技术和经济的关系,突出了科学技术在社会发展中的形象和地位。因而不仅在动员和组织全国人民树雄心、立壮志,向科学技术现代化进军的宏大事业中建立了不朽功勋,而且为我国新时期制定发展科学技术的基本方针和政策奠定了理论基础。

四、"科学技术是第一生产力"论

在"科学技术是生产力"的观点提出十年之后,1988 年,邓小平又提出了"科学技术是第一生产力"的观点。1988 年 9 月 5 日,邓小平在接见捷克斯洛伐克总统胡萨克时,首次公布了他的"第一生产力论"思想。他说:"世界在变化,我们的思想和行动也要随之而变……马克思说过,科学技术是生产力,事实证明这话讲得很对。依我看,科学技术是第一生产力。"①几天之后,邓小平在听取一次工作汇报时又说:"马克思讲过科学技术是生产力,这是非常正确的。现在看来这样说可能不够,恐怕是第一生产力。"②之后,他又多次谈及了"科学技术是第一生产力"这一重要论断。

在1991年5月召开的中国科学技术协会第四次全国代表大会上,中共中央总书记江泽民发表重要讲话,高度评价邓小平关于"科学技术是第一生产力"的论断,并确定该论断作为中国新时期科技工作以及包括实现第二步战略目标在内的现代化建设的指导思想。至此,"科学技术是第一生产力"论开始成为中国最新的科技意识。

"科学技术是第一生产力"论成为中国的最新科技意识不是偶然的,而是有着广阔的社会历史背景,其中最主要的是如下两点。

(一)新科技革命潮流的历史必然

新科技革命源于19世纪与20世纪之交的物理学革命。进入20世纪70年代以来,科学技术的各个领域渐趋活跃。不久,便以信息技术为龙头,在生物技术、新材料技术、能源技术、空间技术、海洋开发技术等方面兴起了一场世界性的全方位的科技革命高潮。这场科技革命使得世界各国在不同程度上都受到了一次现代化或后现代化的洗礼,已经或者正在从根本上改变人们的物质生活、社会生活和精神生活。由此,越来越多

---

① 《邓小平文选》第三卷,人民出版社1993年版,第274页。
② 《邓小平文选》第三卷,人民出版社1993年版,第275页。

的人认识到,当前"知识生产力已成为生产力、竞争力和经济成就的关键因素。知识已成为最主要的工业,这个工业向经济提供生产所需要的重要中心资源"(彼得·德鲁克语),"信息已经成为绝顶关键的因素了"(阿尔文·托夫勒语),"科学技术之间的相互依赖关系日趋密切,使科学变成了名列第一的生产力"(哈贝马斯语)。

　　(二)社会主义国家面临挑战和机遇的历史必然

　　20世纪80年代以来,社会主义各国的形势发生了巨变,只有少数国家依然高举社会主义大旗。和20世纪上半叶社会主义的兴盛相比,20世纪下半叶,社会主义开始面临严重的挑战。挑战之一即是:和各主要资本主义国家横向比较,社会主义国家经济发展的水平以及综合国力的状况不能令人满意。造成这种现象的原因很多,其中十分重要的一点是:从发展战略上看,社会主义国家没有把经济建设与社会主义发展很好地和新科技革命结合起来,甚至在一定程度上游离其外。改革开放前的三十年间,中国在新科技革命上建树较少即是典型的一例。

　　与此形成鲜明对照的是,许多资本主义国家一直高度重视和发展科学技术,竞相发展高科技产业,甚至不惜投入巨资,纷纷实施诸如"星球大战计划"(美国)、"尤里卡计划"(欧洲)、"人类新领域研究计划"(日本)等战略计划。这场全球性的新科技之争实质上是一场没有硝烟的"和平的战争"。无论哪个国家,谁在这场战争中落后,谁就有可能在经济上受制于人,在军事上被动挨打,在政治上成为强权政治的附庸。

　　很明显,社会主义国家摆脱困境的出路之一即是重新明确对科学技术的知识,实事求是地估价科学技术在社会主义经济和社会发展中的地位和作用,抓住机遇,迎接挑战,大力发展科技,积极参与这场新科技革命,把新科技革命和社会主义经济建设及社会发展紧密结合起来。怎样实事求是地估价科学技术在社会主义经济建设和社会主义发展中的地位与作用呢?说到底就是要正视和承认科学技术是第一生产力的事实。

"科学技术是第一生产力"论具有丰富的内涵。如果立足于中国当前的现实来理解,其内涵主要包括如下几点。

(1)从社会主义建设的根本任务的角度说,该论断在肯定社会主义建设的根本任务是发展生产力的基础上,进一步指出发展生产力的首要任务是发展科学技术。

(2)从当前中国正在进行的现代化事业的角度说,该论断进一步肯定:四个现代化的关键是科学技术的现代化,要充分重视和发挥科学技术在国民经济中的先导作用,追赶世界先进水平必须从科学和教育入手。

(3)从科学技术发展战略的角度说,该论断提醒人们:高科技是现代科学技术的龙头,因而必须优先发展高科技,实现高科技的产业化;现代科技要求现代化的科学体制与之相匹配,因此,为了高速发展科技以及最大限度地解放科技生产力,必须注重改革科技体制和经济体制。

(4)从人才的角度说,一方面,该论断表明科技工作者是第一生产力的主体,因而是社会主义建设的"先头部队";另一方面,该论断表明现代劳动者应当是掌握一定科技知识的劳动者,因而必须加强全社会的科技教育,努力提高劳动者的素质。

总之,较之"科学技术是生产力"论,"科学技术是第一生产力"论更进一步地概括和总结了第二次世界大战以来,特别是 20 世纪 70—80 年代世界经济发展的新趋势和新经验,更准确地反映了科学技术在现代经济和社会发展中的核心地位及关键性作用。它在理论上丰富和发展了马克思主义关于科学技术和关于生产力的学说;在实践上则为引导全国人民实施科教兴国战略,实现第二步战略转移(即把经济建设转移到依靠科技进步和劳动者素质提高的轨道上来)提供了坚实的思想基础和巨大的精神力量。可以相信,这一科技意识已经融入正在形成中的社会主义新文化之中,在中国人民建设中国特色社会主义的伟大事业中,将发挥越来越重要的作用。

五、中国科技意识未来发展的前景

有了"科学技术是第一生产力"论,中国的科技意识是否就发展到顶峰了呢? 如果不是,中国科技意识未来发展的前景如何? 这个问题十分复杂,本质上是对科技意识发展的预测。这里只对此谈点个人看法。

(一) 对"科技是第一生产力"的宣传教育有待继续强化和普及

一种观点或思想是否真正成为人们的科技意识,关键不在于它是否被人们所了解或被人们口头上所接受,而是看它是否在人们的头脑中深深扎下根来,成为人们行为上的指南。用这个标准衡量,应当说,"科技是第一生产力"距离真正成为中国社会大多数成员所拥有的科技意识还有相当的距离。目前,在现实生活中不难看到:不少单位和地方仍然把追加资金、劳动力和原材料视为发展生产力最有效、最现实的手段。据调查，中国多年来一直维持着一种高投入的增长方式，总投资占国内总支出的比例长期徘徊在 35%—43.4%；而且投资的增长速度大大超过 GDP 的增长速度，全社会固定资产投资年度增长率1981—1991 年为 22.9%，1991—1995 年为 34.7%，而 GDP 的年均增长率 1981—1991 年为 10.2%，1991—1995 年为11.6%。[①] 这种严峻的现实与口头上、理论上的"科学技术是第一生产力"是极不相称的；一些人十分迷信和崇拜权力，在他们眼里，权力和有权力的人才是第一生产力，要想发展生产，关键是运用手中的权力或寻求权力的保护；一些领导干部往往由于急功近利等缘故，自觉或不自觉地否定科技是第一生产力，例如，有些人总是把那些短期内足以显示政绩的所谓"贴金工程"之类的事情排在第一位，至于科技工作，基本上仍然处于"说起来重要，做起来次要，忙起来不要"的尴尬境地。这些情况表明，要使"科学技术是第一生产力"真正成为全民科技意识，在大力推进政治、经济体制改革的同时，有关"科学技术是第一生产力"的理论研究和宣传教育工作有待继续强化和普及。

（二）未来的科技意识将朝着增加社会和文化内涵的方向发展

科技意识的状况首先与科技自身发展的状况密切相关，此外，它还受到社会发展的状况、科技与社会互动关系的状况以

---

① 参见"中国社会发展研究"课题组：《中国改革中期的制度创新与面临的挑战》，《社会学研究》1997 年第 1 期。

及人们看待科学技术的政治立场等因素的制约。因此,随着科技、社会、科技与社会互动关系的发展,以及人们看待科学技术的政治立场的变化,科技意识是一定会不断发生相应变化的。

　　科学技术是一种具有多种品格、多种形象的事物。除了是第一生产力以外,在一定意义上,科学技术还是一种实践活动、一种认知方式、一种文化类型、一种社会建制和一种知识系统,等等。其中尤为关键的是,科学技术既是一种重要的物质力量,也是一种重要的精神力量。科学技术不仅是经济范畴内的重要内容,也是文化范畴内的重要内容。基础研究深化了人们对自然、社会乃至人自身的认识自不待言,即便是应用科学和工程技术,也不应简单地视其为仅仅具有生产力一种属性。当代高投入的发展对人类传统观念和文化的巨大变革作用有力地说明了这一点。而且,随着社会生产力的高度发展和科技第一生产力功能的充分实现,社会将朝着经济、政治、文化协调发展,社会和科学技术协调发展,以及社会和自然环境协调发展的方向前进。因此,今后科学技术除了在生产力发展方面继续发挥主导和核心作用以外,必定会在社会的体制建设方面和人的价值观念、道德规范、思维方式、审美情趣、宗教信仰等文化建设方面发挥越来越重要的作用。那时,中国的科技意识也将较之目前增添更多的社会和文化内涵,从而显得更加全面、丰满一些。

　　此外,随着科学技术的高度发展和它对社会发展影响的日益增大,科学技术的副作用也将日益突出起来。这样,到了一定时候,控制科学乃至抑制科学发展的观点也许将在大众科技意识中有所抬头。

试论科学精神的核心与内容[*]

　　早在 20 世纪初,科学精神问题就引起了中国学者的注意。1916 年,中国科学社社长任鸿隽曾在《科学》月刊上发表了《科学精神论》的专文。此后,关于"科学精神"的论述开始频频出现在中国学者的著述和言论里。总的来看,五四运动前,人们大都基于向西方学习科学、发展科学要抓住根本的立场而关注科学精神;五四运动以后,人们大都基于以科学精神改造中国的传统文化的立场关注科学精神。1996 年,开始有学者倡导科普的中心在于科学精神的普及。随后,人们逐渐转向主要基于反对迷信、伪科学和反科学等错误思潮的立场而关注科学精神。可以说,许多有识之士已经充分认识到,不论是理解科学、发展科学,还是与迷信、伪科学和反科学进行斗争,都必须紧紧抓住"科学精神"这一根本。在人民群众中需要广泛普及科学知识,更需要普及科学精神,后者当是科普的重中之重。

　　然而,由于科学精神的高度抽象性,科学精神的普及远不如科学知识的普及容易。具体来说,科学精神普及的困难主要

　　* 本文原载《文史哲》2001 年第 4 期,并分别由《新华文摘》2001 年第 11 期、《高等学校文科报文摘》2001 年第 5 期、《学习与参考》2002 年第 2 期、《两课教学》2001 年第 2 期论点摘编。

来自以下三个方面:一是科学精神的实质难以准确理解,二是
科学精神普及的战略意义容易受到忽视,三是科学精神普及的
途径和方法普遍使人感到生疏。

关于科学精神的理解,目前理论界意见分歧严重,主要表
现为:第一,关于科学精神的核心理解不同,如有人认为是"理
性",有人认为是"求真",有人认为是"实证",等等;第二,关于
科学精神的内容理解不同,如内容罗列少则两条①,多则七八
条,甚至十几条;等等。直至 2001 年 1 月 12 日,在中国科普研
究所和《科学时报》社于北京共同举办的"科学精神高级研讨
会"上,与会专家对何谓科学精神、科学精神包括哪些内容等
问题仍争论不休。对科学精神理解的这种混乱状况,严重地阻
碍着科学精神普及的顺利进行。

一、准确理解科学精神的核心

准确理解科学精神的核心,首先需要明确科学精神的核心
得以认定的基本原则。否则,就有可能出现从不同角度或不同
层次看科学精神核心的情况,这也是长期以来人们在对科学精
神核心的理解上出现众说纷纭局面的基本原因。认定科学精
神核心的基本原则是什么呢? 我认为,科学精神的核心应当
是:第一,从纵向看,科学由以产生并赖以生存和发展的东西;
第二,从横向看,贯穿科学各个侧面的东西;第三,从其与社会

---

① 参见刘华杰:《科学 = 逻辑 + 实证》,《中华读书报》2001 年 1 月
23 日。

文化背景的关系看,在科学发达国家的文化传统中较为突出而在科学落后国家的文化传统中较为欠缺的东西。

按照上述原则,科学精神的核心应理解为"求真"。也就是说,所谓"科学精神"就是对真理不懈追求的精神,即"求真"精神。

(一)从科学的存在和发展的角度

近代科学之所以产生,固然有其社会上的、认识上的以及科学自身等方面的原因。不过,就整体而言,求真精神的确立不能不说是关键原因之一。近代科学的诞生并非一蹴而就,而是自 1541 年哥白尼《天体运行论》的出版始,到 1687 年牛顿《自然哲学的数学原理》问世,一个长达 140 余年的历史过程。如果说,哥白尼提出日心说,在某种程度上还包含着哥白尼对宇宙和谐秩序的追求,而他的求真精神并非像科普读物所渲染得那样强烈的话,那么经由培根、第谷、开普勒,一直到牛顿,求真精神便逐步成为科学界的主旋律了。培根关于求真精神的热心倡导[①],第谷和开普勒对天文现象坚持不懈地系统观测和缜密分析,伽利略率先实现实验方法和数学方法的结合而对地面力学规律的探求,以及牛顿在综合开普勒行星运动三定律和伽利略动力学定律的基础上对经典力学大厦的构建等,无不表明科学界的求真精神由自发到自觉,经历了一个逐步增强的过程。而且,正是靠着这种精神,在与宗教神学、世俗力量和法西斯专政等黑暗势力的血与火的斗争中,近代科学从无到有、从

---

① 参见[英]弗·培根:《培根论说文集》,商务印务馆 1983 年版,第 5 页。

弱到强,逐步踏上了现代科学的金光大道。基于此,爱因斯坦认为,科学家,尤其是科学界的中坚人物,无不是充满求真精神的人,是视科学为理解宇宙的神圣事业的人。爱因斯坦还认为,诸如牛顿、普朗克和居里夫人等,都是科学舞台上为寻求永恒真理而奋斗的优秀科学家。

(二) 从科学的构成角度看

一般认为,科学可以有多种形象,但最基本的有三种。就是说,基本上可以在三种不同的意义上理解科学,或者说科学大致有三个侧面:第一,以实验和观察为核心的认识世界的社会活动;第二,反映客观事物规律的真理性知识体系;第三,作为旨在从事科学活动的职业和部门的社会体制。从根本上说,这三个侧面无不生动地体现了和始终贯穿着鲜明的求真精神。就科学活动而言,求真不仅是基础,而且也是其得以顺利进行的根本保障。失却求真精神的科学活动不是真正的科学活动,进一步说,在科学活动的全过程中,不论哪个环节失却了求真精神,都会使科学活动难以为继。正因如此,求真精神对科学家和科学共同体无不具有严格的规范意义。例如,默顿关于科学精神气质的四条"规范"所贯穿的一根主线就是求真精神:"普遍主义"是说,科学家在评价科学研究成果的时候,所依据的标准只能是成果自身的内在价值,而不能是国家、种族、阶级、宗教、年龄等任何科学家个人的社会属性;"公有主义"是说,任何科学研究成果(即真理性的知识),即便是以个人命名的概念、公式、定理和理论都不归属于发现者个人,而是属于全人类,科学家个人无任何使用和支配科学研究成果的特殊权利;"无私利性"是说,科学家从事科学研究的唯一目的只能是促进真理的增长,而不应是谋取个人私利;"有条理的怀疑主义"是说,科学家不承认任何未经实验检验或逻辑确认的东西为真理。

就科学知识而言,它既是科学求真精神的结晶,也是科学求真精神的具体体现。科学知识的真理性是从两方面予以保证的:一方面是从内容上,它是关于世界客观规律的反映;另一方面是从形式上,它具有逻辑上的自洽性和数学预言所提供的精确性。有人说科学知识与科学精神是"形"与"神"的关系,这是千真万确的。

就科学体制而言,不同的国家和地区有不同的科学体制,不同国家和地区的不同历史时期也有不同的科学体制。但不论采取哪种具体的科学体制,它都应当为科学的求真精神服务,为求真精神的贯彻实施提供支撑条件。例如,它在组织的构成方式、运行机制和各项管理制度上不能有意为压制科学家的学术自由或方便少数人的作伪等留下可乘之机。否则,这样的科学体制迟早会被摒弃的。

（三）从科学赖以生存的文化传统角度看

鉴于科学精神是科学的本质和灵魂,因此可以认为,科学精神的状况和科学发展的状况存在一种正相关的关系。就一个国家和地区来说,科学精神不是独立存在的,而是和该国家或地区的文化传统融合在一起的。因此,科学发展状况和不同国家或地区的文化传统存在着一种内在的关联。大量事实表明,一般情况下,科学发达的国家或地区的文化传统中,求真精神表现得比较突出;而科学相对落后的国家或地区的文化传统中,求真精神则表现得比较薄弱。中西文化的比较充分说明了这一点。自 19 世纪末 20 世纪初以来,许多有识之士对中西文化的异同进行了思考。大家的理解虽然见仁见智,但主流意见认为,西方文化中求真精神突出,中国文化中求真精神薄弱。例如,严复在谈到西方文化命脉的时候说:"苟扼要而谈,不外于学术则黜伪而崇真,于刑政则屈私以为公而已。"①严复不仅推崇西方的求真精神,而且对中国文化中求真精神的薄弱十分焦虑,他甚至把求真精神和提高中国民智民德的水平联系起来,说:"使中国民智民德而有进今之一时,则必自宝爱真理始。"②诚然,指出科学发达的国家或地区与科学相对落后的国家或地区在求真精神上的落差,丝毫没有渲染文化决定论的意思。确切地说,求真精神绝不是制约科学发达与否的唯一因素,但它却是制约科学发达与否的不可或缺的重要因素之一。

顺便指出,不少人把科学精神的核心理解为理性精神。这种看法对不对呢?这涉及对"理性"概念的理解。如果把理性理解为合规律性,那么上述看法就是对的,因为在这种意义上,理性精神和求真精神是一回事;如果把理性理解为合逻辑性,那么上述看法就有些片面化了,因为合逻辑性并非唯有科学才具有。哲学乃至宗教也都十分讲究合逻辑性。或许有人会说,哲学、政治和法律等不也讲究求真吗?为什么单单说求真是科学精神呢?事实上,哲学、政治和法律等都只是包含求真的成分,更重要的是:哲学主要是一种世界观、价值观和人生观,体现了充分的人文精神;政治往往还包含信仰的成分,如革命烈士夏明翰所说的"只要主义真"中的"(共产)主义",实际上是

---

① 严复:《严复集》,中华书局 1986 年版,第 2 页。
② 严复:《严复集》,中华书局 1986 年版,第 134 页。

真理和信仰的统一；法律则主要是为了达到一定的目标，人为制定的约束人们行为的规则、规范等。

二、准确理解科学精神的内容

明确了科学精神的核心，就为了解科学精神的内容提供了一个支点。因为说到底，科学精神的内容是科学精神的核心在不同侧面、不同层次上的具体体现。

原则上说，科学精神的内容是不可穷尽的，求真精神在科学的每一个侧面、每一个环节、每一种特定情况下的表现都属于科学精神的内容。例如，有人曾将科学精神的内容列举为以下十二个方面的特征：执着的探索精神，创新、改革精神，虚心接受科学遗产的精神，理性精神，求实精神，求真精神，实证精神，严密精确的分析精神，协作精神，民主精神，开放精神，功利精神。在笔者看来，上述十二项还仅仅是科学精神的特征，若展开为科学精神的具体内容，大概要多出数倍了。不能不承认，上述各项的确属于科学精神的范围，但要害在于，这样罗列缺乏统一的标准，彼此间参差不齐、过于凌乱，不仅模糊了科学精神的真谛，而且即便照此继续罗列下去，依旧会给人以"欠完整"的印象。

科学精神固有的内涵决定了科学精神的丰富内容之间是有轻重之分的。那么，科学精神最重要、最基本的内容是什么呢？我同意学术界的这样一种意见，即围绕求真，科学精神最重要的基本内容有二：一是理性精神，二是实证精神。例如，樊洪业先生认为："科学精神是对科学之本质的理解和追求，其内涵是由理性精神和实证精神所支撑的'求真',也算是'一个中心,两个基本点'吧。"①许良英先生也认为:"求实和崇尚理性是科学精神的主要内容,它一方面要求科学家在治学上必须诚实,严谨,尊重实践,忠于事实;另一方面又要善于思考,勇于探索,勇于创新,坚信自然界的统一性和规律性(即'自然界的一致性')及其可知性(即'可理解性')。这种科学精神是科学发展历史本身的产物,也是开创未来科学历史的基础和前提。"②

　　除了从共时性角度看到科学精神有重心、有结构的特性以外,还应从历时性角度看到,科学精神是一个变动不居的历史范畴。科学精神的"一个中心,两个基本点"通常是稳定的,而其他有关内容就要随着科学发展状况和时代的不同而发展变化了。这种变化的一个突出的表现就是,在不同的历史条件下,科学精神各项内容的地位将有所不同,也就是说,人们对科学精神所侧重或所强调的内容有所不同。例如,五四运动前后的科学启蒙时期,人们对科学精神中的逻辑思维原则就特别感兴趣。鲁迅曾说:"现在有一班好讲鬼话的人,最恨科学,因为科学能教道理明白,能教人思路清楚,不许鬼混,所以自然而然的成了讲鬼话的人的对头。"③陈独秀认为:"头脑不清的人评论事,每每好犯'笼统'和'以耳代目'两样毛病。这两样毛病

---

　　①　樊洪业:《科学精神的历史线索与语义分析》,《中华读书报》2001年1月23日。

　　②　李佩珊、许良英:《20世纪科学技术简史》,北京科学出版社1999年版,第757页。

　　③　鲁迅:《随感录·三十三》,王得后、钱理群编:《鲁迅杂文全编》上编,浙江文艺出版社1993年版,第6页。

的根原,用新术语说起来,就是缺乏'实验观念',用陈语说起来,就是'不求甚解'。"①傅斯年说:"中国学者之言,联想多而思想少,想象多而实验少,比喻多而推理少。持论之时,合于三段论法者绝鲜,出之于比喻者转繁。"②

进入 21 世纪以来,科学精神重新引起了中国举国上下的高度关注。中央领导层频频发出"弘扬科学精神"的号召,科学界、文化界和社会各界关于科学精神的议论也日渐升温。之所以出现这种情况,原因是多方面的,我认为主要有以下几点:其一,全国城乡迷信、伪科学和反科学现象的蔓延;其二,科教兴国战略的颁布和实施,科技界对科技创新的强烈呼吁;其三,腐败、作伪等不良社会风气的盛行;其四,社会主义精神文明建设取得实质性突破的迫切需要;等等。

我们应当强调科学精神的哪些内容呢? 我认为应当特别强调以下几点。

(1)普遍怀疑的态度。怎样判定一种观点或理论是否正确? 不能依靠书本或者什么权威人物所提供的现成的结论,更不能仅凭倡导或宣扬这种观点或理论的人的表白,应当严格审查该观点或理论的理论根据和事实根据,经过缜密思考后独立作出判断。这种不盲从、不轻信,坚持审查对象理论根据和事实根据的态度,就是普遍怀疑的态度,它是追求真理、反对谬误的法宝。所以,许多科学家和思想家都十分推崇这一态度。例如,法国数学家、哲学家笛卡尔就极力倡导普遍怀疑的态度,甚

①　陈独秀:《陈独秀文章选编》上册,生活·读书·新知三联书店1984 年版,第 439 页。

②　傅斯年:《中国学术思想之基本谬误》,岳玉玺等编:《傅斯年选集》,天津人民出版社 1996 年版,第 52 页。

至说:"要想追求真理,我们必须在一生中尽可能地把所有事物都来怀疑一次。"①爱因斯坦也说:"这种经验引起我对所有权威的怀疑,对任何社会环境里都会存在的信念完全抱一种怀疑态度,这种态度再也没有离开过我。"②

(2)彻底客观主义的立场。反对游谈无根、无中生有。要按照事物的本来面目及其产生情况来理解事物,绝不附加任何外来的成分。还要自觉地把相信由一个离开直觉主体而独立的外在世界作为一切自然科学的基础和前提;同时主张有一分根据讲一分话,实践是检验真理的唯一标准,而且实践检验必须具有可重复性。

(3)逻辑思维原则。以归纳和演绎作为基本的思维方法,坚信特殊蕴含普遍,普遍统辖特殊。为此,应高度尊重事实,但不局限于事实。眼见不一定为实,对于眼见的事实要进一步追问:它是否合乎逻辑? 是否和已经确定的普遍真理相符合? 如果不合,原因是什么? 总之,既尊重事实,又在事实面前不放弃理论思维的权利。

(4)继承基础上的创新精神。科学发现只有第一,没有第二,创新是科学的生命。应鄙薄重复研究,杜绝抄袭他人;努力解决前人未解决过的问题,努力为人类知识大厦添砖加瓦。同时,与伪科学随意否定前人研究成果的做法相反,应高度尊重他人和前人的成就,在继承前人已有成果的基础上大胆创新。

---

① [法]笛卡尔:《哲学原理》,关琪桐译,商务印书馆 1959 年版,第 1 页。

② [美]爱因斯坦:《爱因斯坦文集》第一卷,许良英等译,商务印书馆 1979 年版,第 2 页。

　　(5)精确明晰的表达方式。反对迷信和伪科学模棱两可、含糊其词的通病,不仅要力求概念和命题含义明确、无歧义,而且要重视定量研究,在有条件的地方尽可能地把概念和命题间的关系用数学符号表示出来。

作为科学人文因素的
崇尚真理的价值观[*]

  20 世纪以来,科学对于社会发展和人类日常生活的主导和支配作用越来越突出。为此,科学更加需要人文精神的关怀。鉴于价值观对人的活动的导向作用,可以认为,在科学所需要的各种人文精神中,最重要的莫过于崇尚真理的价值观了。就其属于价值观而言,崇尚真理的价值观是一种人文因素;就其属于科学的内在要求而言,崇尚真理的价值观又是一种科学精神。所以确切地说,崇尚真理的价值观是人文精神和科学精神的融汇,是一种典型的"科学人文"因素。

  对于科学家来说,作为科学人文因素的崇尚真理的价值观是有特定内涵的。首先,它意味着科学家应当坚信外部世界具有客观规律性,坚信客观规律的可认识性,坚信认识趋向于简单性。其次,崇尚真理的价值观要求科学家要有勇气把对自然界客观规律的认识作为自己的第一生活需要。也就是说,在科学家看来,不是官本位、不是伦理本位,也不是金钱本位、名誉

  * 本文原载《文史哲》2000 年第 3 期,并转载于《新华文摘》2000 年第 9 期、《高等学校文科学报文摘》2000 年第 5 期;由 2000 年 6 月 20 日《光明日报》、中国人民大学《哲学·文摘卡》2001 第 1 期摘要。本文获 2001 年度山东省社科优秀成果三等奖。

本位,而是事实本位、真理本位。

爱因斯坦曾经根据科学动机的不同,把科学家分为三种类型:第一种是视科学为特殊娱乐的人,第二种是视科学为猎取功利工具的人,第三种是视科学为理解宇宙的神圣事业的人。实际上,第三种人就是真正具备崇尚真理的价值观的人。他认为,前两种人充其量不过是科学的同路人,只要一有机会,他们随时可以脱离科学队伍去从政、经商或从事任何一种职业;第三种人则大不相同,他们是一批对"求真"情有独钟的人,是科学事业名副其实的中坚力量。爱因斯坦颇为自己属于第三种人而自豪。同时他也认为,诸如牛顿、普朗克和居里夫人等优秀科学家的一生,都是科学舞台上为寻求永恒真理而奋斗的一幕。崇尚真理的价值观既是他们作为杰出科学家的标志,也是他们取得卓越成就的基本条件之一。

为什么崇尚真理的价值观会成为科学家取得成功的基本条件呢? 这是因为:首先,崇尚真理的价值观可以帮助科学家恰当处理求真与致用的关系,确定正确的研究方向。我们知道,任何一门学科的科学理论可以区分为根本理论和非根本理论。以根本理论为核心,众多的非根本理论又区分为不同的层次。科学理论的层次愈是远离核心或愈是接近外部经验世界,则其科学价值愈小,愈容易发生变化。原则上说,较内层次的理论是较外层次的理论的基础,而较外层次的理论则是较内层次的理论的推广应用。基于这种情况,科学家在选择研究方向的时候,不可避免地会面临一个如何恰当处理求真与致用的关系的问题。例如,有的人以致用为实、求真为虚,把致用无条件地凌驾于求真之上;或者以为求真可以举世共享,而致用才真正属于自己,因而疏远求真。这样一来,如果他们是从事基础研究的科学家,就会竞相选择较外层次、难度较小的非根本理论,或国外较有研究基础的非根本理论作为研究对象;相反,对那些在本学科发展或本国科学发展中具有重大意义的较内层次的理论乃至根本理论问题则退避三舍。如果他们是从事应用研究的科学家,就会一窝蜂地涌向短平快的课题,而对那些本国经济发展所面临的具有战略意义,或由于特殊情况需要本国自力更生解决的重大问题少有问津。可以想见,按照这种方式进行研究,对于科学家个人而言,将使他们很难始终保持相对独立的、冷静的求真精神,相反却容易受到致用目的本身的性质、范围和程度的局限,从而在具体的科学研究中表现出专业精神上的脆弱多变或浅尝辄止,并最终难以取得理想的科学成就。而对于整个国家而言,这种方式将使国家的科学研究基本上处于零敲碎打、模仿跟进的状态,不仅在整体科技水平上和发达国家的差距越拉越大,而且最终的应用研究也很难有长足的发展。因此,科学家必须认真对待求真与致用的关系。

　　其次,崇尚真理的价值观可以帮助科学家战胜世俗因素的诱惑,保证科学研究的顺利进行。科学并非生长在真空里,而是运行于喧嚣的社会中,它每时每刻都要受到各种世俗因素强有力的作用。这种情况决定了科学研究绝不单单是一种认识活动,同时也是一种价值活动。当科学家面临各种不可避免的社会因素作用的时候,需要随时作出自己的价值判断,以保持科学研究的顺利进行。可以说,科学家的价值观对他本人的研究方向、研究态度甚至研究方法的选择等都具有不可忽视的制约作用。鉴于科学研究以追求真理为目标,所以科学活动内在地要求科学家应当具备坚定而明确的崇尚真理的价值观。任何模糊和消解科学家崇尚真理价值观的倾向,都必将导致减缓甚至终止科学研究过程的严重后果。例如，名誉和地位对于社会的伦理生活必不可少，但对科学活动来说，则并非是绝对必要的。诚然，名誉和地位有时会使科学家的研究条件得到改善，进而对科研效率产生积极作用。正是基于这一点，全社会应当精心营造尊重人才、尊重知识的氛围，以同行评价为基础，在社会声望和社会地位方面维护科学家的正当权益。不过，从根本上说，名誉和地位绝非影响科学研究效率的关键因素。相反，在许多情况下，名誉和地位有可能成为某些意志薄弱的科学家思想上的包袱，对科学家起到腐蚀灵魂、瓦解斗志、模糊目标的消极作用。许多优秀科学家正是深刻洞察了名誉和地位的这种消极作用，所以他们对名誉和地位往往淡然处之。正像爱因斯坦所说的那样，真正的科学家"已经尽他的最大可能从自私欲望的镣铐中解放了出来，而全神贯注在那些因其超越个人的价值而为他所坚持的思想、感情和志向"①。

　　总之，科学家成就的大小，在相当大的程度上与其崇尚真理的价值观是否明确和坚定密切相关。推而广之，一个国家的科学队伍中占主导地位的价值观的状况对于该国科学发展的速度与水平也具有重要作用。为什么欧洲一些国家取得了出色的科学成就？爱因斯坦认为，欧洲知识分子的出色科学成就的基础"是思想自由和教学自由，是追求真理的愿望必须优先于其他一切愿望的原则"②。目前，我国科技现代化的水平亟待迅速提高。值此之际，在科学队伍中普及崇尚真理的价值观

　　① ［美］爱因斯坦：《爱因斯坦文集》第三卷，许良英等译，商务印书馆1979年版，第181页。

　　② ［美］爱因斯坦：《爱因斯坦文集》第三卷，许良英等译，商务印书馆1979年版，第48页。

是一项战略性举措。

怎样在科学队伍中普及崇尚真理的价值观？关键是使科学家们对"真理"有一个自觉而清醒的认识。说到底，在自然科学的范围内，真理就是对自然界客观规律的正确认识。而"对自然界客观规律的正确认识"的结晶，就是依据逻辑上相互独立并且数量上尽可能少的假说所建立起来的揭示自然现象因果关系的概念体系，就是忠实描绘自然现象和过程的"一幅简化的和易领悟的世界图象"①，或者简单点说，就是能够借以把握自然界的某些"基本观念"。"崇尚真理"就是对这种"观念体系""世界图像"或"基本观念"的倾心和敬仰。具有崇尚真理价值观的人，往往具有一种理解自然、利用自然和改造自然的高度自觉的主体意识，以及对于人格独立、人性完美和心灵宁静有一种执着的追求，因而他们对于有可能建立这种"概念体系""世界图像"，或有可能从观念上把握自然界有一种不可名状的冲动和激情。可见，在一定意义上，让科学家树立崇尚真理的价值观，就是激发科学家从观念上把握世界的"兴趣"或"宇宙宗教感情"。这项工作是一项复杂的社会工程，其中至少涉及如下方面：科学精神的熏陶，科学实践的升华，杰出科学家的示范，浸透崇尚求真精神的教育内容和方法，科学界优胜劣汰机制的建立，民主制度和社会公平的实现，与此相适应的文化环境的形成，等等。

---

① ［美］爱因斯坦：《爱因斯坦文集》第一卷，许良英等译，商务印书馆 1977 年版，第 101 页。

科学自主性与科学素质传播[*]

一、科学的自主性应成为科学思想
普及的重要内容

科学素质传播的内容是科普学的基本理论问题之一。关于这个问题，尽管目前国内外学术界分歧较大，但在我国，主流观点毕竟十分明确了，这就是已经载入《全民科学素质行动计划纲要》的所谓"四科两能力"："四科"是指科学技术知识、科学方法、科学思想、科学精神，"两能力"是指应用它们处理实际问题的能力和参与公共事务的能力。事实上，"四科两能力"可大致分为两方面的内容：一方面是识记性、理解性的科学知识和技术知识，另一方面是科学观念和应用能力。相对于科学素质，这两方面的基本关系是：知识是基础，观念与能力是核心。知识为科学素质奠定基础，但知识多的人科学素质未必高，这有点类似于知识与道德的关系。对科学素质水平起决定作用的应是科学观念与能力。太过强调知识是美国米勒体系

———————————

* 本文原载《山东大学学报(哲学社会科学版)》2007 年第 6 期,《新华文摘》2008 年第 6 期全文转载。本文获 2009 年山东省高等学校优秀社科成果二等奖。

的软肋,我国的科学素质传播一定不能照搬米勒体系,必须对其进行改造,把重点放在更新科学观念和提高应用能力上。基于这种认识,《中国公民科学素质基准》中的"基准"不应偏重于知识,将其理解为知识的"等级"与"层次",而应立足于科学观念与应用能力,将其理解为科学观念与应用能力的"核心"与"根本"。目前,人们普遍期待正在起草中的《中国公民科学素质基准》(本文作者为该文件起草小组成员之一)不可过于偏重从知识的角度理解科学素质,以免让人有游离于科学素质重心之外的遗憾。尽管从某种程度上来说,科学观念与应用能力也有"等级"与"层次"的区分,但对它们最有决定意义的莫过于从中提炼出一些最"核心"、最"根本"的要素。只要明确了这些要素,然后围绕这些要素,采取多种形式进行大面积、高密度的宣传和训练,就一定能够有效提高公民的科学素质。所以,科学素质传播最需要的"基准"莫过于对科学观念与应用能力最"核心"、最"根本"要素的准确界定,以及简明而到位的阐发。

有必要指出,科学技术知识,以及科学方法、科学思想和科学精神的表述部分所组成的知识,并非科学素质所需要的知识基础的全部,另有一些知识也是十分重要的。例如,科学与社会的互动关系即是这样的知识。实际上,应将科学与社会的互动关系与"四科"并列,作为科学素质的基本内容。

此外,所谓"四科"的情况是很不相同的。例如,科学知识和科学方法较为明确和具体,科学精神和科学思想则比较抽象和宽泛。尤其是科学思想究竟指什么,更是比较模糊和宽泛。不过,不论科学思想的内容多么抽象、宽泛和模糊,有一点是清楚的:它应包含关于科学自主性的思想。

有的社会学家倾向于认为,科学的自主性"可以被定义为属于一个较大的体系的组成部分的一个单元的某些条件:这是一种自由的条件,但这种自由却受到由于参加任一有关系统所需要满足的要求的限制"①。就是说,科学的自主性即是科学在适度依赖社会和接受社会控制条件下所应享受的自由。然而,科学为什么必须保持自己适度的自由呢? 其根据乃在于科学存在着相对独立于社会的某些固有的本性和自发的发展趋向等。所以说到底,科学的自主性应当是科学所固有的本性、内在逻辑和自发的发展趋向等。

为什么科学具有自主性的思想应当成为科学思想乃至科学素质传播的内容呢? 显然,首先是因为科学的自主性对于科学发展具有关键性意义。作为科学所固有的本性、内在逻辑和自发的发展趋向,科学的自主性是科学发展规律最重要、最突出的表现,是科学赖以生存和发展的根本。科学发展史上的大量事实表明,对于科学的自主性只能因势利导、合理利用,不能弃之不顾,甚至恣意妄为。漠视乃至践踏科学的自主性无异于糟蹋和摧残科学。因此,为了增进对科学的理解,善待科学、管理好科学,应当引导科学管理工作者乃至普通大众逐步树立"科学具有自主性"的思想,换言之,科学自主性思想的传播理应成为科学素质传播,尤其是科学思想传播的一项重要内容。

---

① ［美］M.N.小李克特:《科学概论——科学的自主性、历史和比较的分析》,吴忠、范建年译,中国科学院政策研究室编:《科学技术发展政策译丛》(3),1982年版,第Ⅱ页。

二、科学自主性思想认识上的偏差

　　然而令人遗憾的是,当前我国不论在认识上还是在实践上,关于科学自主性思想都是存在明显偏差的。多年来,一些理论工作者片面理解历史唯物主义关于强调物质生产对科学发展动力作用的观点,致使科学的自主性受到了一定程度的遮蔽。对此,我们应当做出深刻的反省。

　　在科学与社会关系的问题上,历史唯物主义的基本观点是:一方面,物质生产决定科学发展,是科学发展的根本动力;另一方面,对于物质生产,科学发展也有一定的反作用。然而,我们看到,一些理论工作者对于马克思主义科学观予以片面理解,孤立地强调物质生产和各种社会需要对科学的根本动力作用,而科学的自主性却受到了一定程度的遮蔽。这主要表现在以下两点。

　　（一）对科学体制所反映出来的科学自主性有所遮蔽

　　社会是一个复杂的有机体,对它进行社会存在和社会意识的二分尽管十分重要,但这绝不是唯一的社会分析方式。对这种分析方式的绝对化必然导致对科学知识侧面的夸大和绝对化。同社会一样,科学也是一个复杂的多面体,它有许许多多的侧面,绝非仅仅真理性知识体系一个侧面所能包容得了的。然而,尽管自19世纪以来,科学的体制化程度已经相当发达,但社会体制这一科学的侧面在许多马克思主义者那里并没有被给予应有的注意,而是由默顿科学社会学率先揭露出来并引导人们逐步予以关注的。当年轻的默顿在其博士论文中第一次准备把科学作为一种社会体制进行研究的时候，他说："这项关于十七世纪英格兰的科学和其他社会体制领域的相互依存关系的研究，既没有采用一种因素［决定］论（主要指经济决定论——引者），也没有假定发生在这个时期的社会体制领域之间的交替变化的情况同样会发生在其他的文化和其他的时期。这一点现在在我看来是相当明确的，而且我希望在读者们看来也是显然的。"①

通过对科学体制的大量经验研究，默顿学派发现了一系列科学自主性，现简述如下。

1. 科学具有一套历史形成的社会规范

科学关于扩展被证实了的知识的体制目标决定了科学家在科研活动中必须遵守一整套行为规则，这套行为规则是"约束科学家的有情感色彩的价值观和规范的综合体"②，其具体内容被默顿归纳为普遍主义、公有性、无私利性和有组织的怀疑等规范。尽管学界对默顿所归纳的科学规范内容一直存在争议，但总的来看，这套规范所体现的尊重事实、崇尚理性、追求真理的基本精神是正确的。它们从根本上为科学家尽可能地排除主观随意性和不必要的社会因素的干扰，高效率地实现推进真理性认识的科学体制目标提供了保障。

2. 科学具有一套行之有效的奖励制度

为科学运行提供动力的是其奖励制度，而科学奖励制度的

① ［美］默顿：《十七世纪英格兰的科学、技术与社会》，范岱年等译，商务印书馆 2000 年版，第 5 页。
② ［美］默顿：《科学社会学》，鲁旭东、林聚任译，商务印书馆 2003年版，第 363 页。

实质是"同行承认"。就是说,激励科学家从事科学研究的动力不是金钱、地位,而是同行对自己在发展知识上首创性的承认,同行承认是科学家最为看重和孜孜以求的。同行承认的形式主要有论文在高水平刊物上的发表、已发表论文被国际同行参考或引用、经同行严格评选获得高层次奖励、应邀到国际高水平专业会议上宣读论文或应约在权威性杂志上撰写论文或评论等。尽管同行承认不可避免地会受到科学家的毕业学校、工作单位、师承关系、社会关系、性别、年龄等社会因素的影响,但从根本上起作用的依然是科学家所发表成果的质量。

3. 科学具有特殊的学术交流方式

在各个学科或研究领域,除了专业学会、学术会议等正规的学术交流形式外,一些比较活跃的优秀科学家之间,往往还会自发地保持一种密切的非正式的学术交流关系,如彼此传递研究动态、交换论文初稿、通信讨论、互相访问和以各种形式进行短期合作等。相对于大学、研究院所等研究实体而言,这些科学家所保持的这种非正式的学术交流关系,俨然构成了一种松散的"无形学院"。这种"无形学院"产生于科学共同体内部,主要是科学共同体高层之间一种自发的高效率的学术交流形式,它在科学发展中的作用举足轻重。爱护并创造条件发展"无形学院",保障精英科学家之间非正式学术交流渠道的畅通无阻是相当重要的。

4. 科学界具有高度的社会分层

和社会其他界别不同,科学界分层的标志既不是金钱的多少,也不是权力的大小,而是以科学家所获同行承认为基础的"威望"的高低。科学界"只有第一没有第二"和"数量绝对服从质量"等特殊的游戏规则,决定了荣誉在科学家中的分配畸轻畸重、极不均衡。按照威望高低的不同,科学界的社会分层呈金字塔形,这与许多社会里中产阶级居多数,而富有者和贫穷者占少数的菱形结构形成了鲜明的对照。科学界的最上层是诸如诺贝尔奖获得者甚至成就更高的一些精英科学家,他们在科学队伍中所占的比重极小,但科学贡献十分巨大;下层是普通科学工作者,数目十分庞大,但所发表成果的"能见度"极低,因而对科学知识的创造几乎谈不上实质性贡献。所以,科学界基本上是一种精英统治,为数不多的科学精英主导着科学研究、科学评价、科学奖惩以及学术交流,在很大程度上,他们的质量、数量和工作状态决定了一个国家或地区的科技实力。

无疑,默顿学派关于科学自主性的上述发现并非十分完善,一些学者也对其提出了尖锐的批评。默顿学派一笔抹杀社会因素对科学知识及其生产过程的影响,因而具有浓厚的理想主义色彩以及远离生动活泼的科学实践的缺陷等,但是,默顿学派着眼于科学体制角度发现的一系列科学自主性所体现的追求真理、尊重事实和崇尚理性的基本精神无疑是正确的。在一定的意义上甚至可以说,它对于历史唯物主义关于科学对物质生产乃至各种社会需要依赖性的观点乃是一种相当重要的补充和完善。

（二）对科学知识发展所表现出来的自主性有所遮蔽

就科学知识而言,对它施加动力作用的因素绝不仅仅是物质生产一项,至少还包括两大类因素:一类是除科学之外的其他社会意识形式,如政治、法律、道德、艺术、宗教、哲学和社会心理等;另一类是科学内部的理论与经验之间的矛盾运动,以及由此引发的其他一些矛盾运动。包括物质生产在内的所有这些因素对科学施加的动力作用的性质都不是僵化的、一成不变的,需要具体情况具体分析。

1.物质生产对科学的作用具有层次性

首先,科学与技术有显著的不同,较之技术,物质生产对科学的推动作用要间接得多、弱得多。科学以认识自然、探索未知为目的,难以预料,对科学家的自由探索有较强的依赖性。那种抹杀科学与技术的区别,把物质生产对科学和技术的动力作用同等看待的观点是错误的。其次,科学知识内部是有结构的。大致来说,科学知识可区分为根本理论与非根本理论。环绕根本理论,在其周围层层分布着为数众多的非根本理论。非根本理论所占据的层次愈是远离核心,它便愈是接近物质生产,它所受到的物质生产的作用也愈直接、愈大,所以,处于不同地位、不同层次的科学理论受到的物质生产的作用不同,也就是说,物质生产对科学的作用是有显著的层次性的。

2.其他社会意识对科学的作用具有极大的多样性

就整体而言,各种社会意识对科学的作用相对于物质生产来说具有非根本性,因为它们和科学一样,也是社会存在的反映。但是,在不同的历史条件下,它们单独或随机组合对科学的作用不仅相对独立于物质生产,而且其作用性质可以有很大的变化,有时也可以起关键性的动力作用。例如,默顿的研究告诉我们,对于17世纪近代科学在英格兰的诞生,清教主义起了关键性的动力作用。

3.科学的内部矛盾运动对科学的作用不仅具有直接性,而且具有相当的根本性

不论物质生产对科学发展的作用多么重要,相对于科学内部所包含的科学理论与科学事实的矛盾运动来说,它毕竟是科

学发展的外因。外因是一定要通过内因起作用的。事实正是这样:物质生产引发的研究课题需要转化为科学内部科学理论与科学事实之间的矛盾运动,才能真正进入科学研究程序,并有望获得圆满解决。

此外,对于任何基本实现知识体系化的科学领域,其研究课题的提出将会越来越主要表现为科学内部科学理论与科学事实之间的矛盾。而且,这些研究课题在科学理论与科学事实矛盾的基础上,将自动形成一个"问题链",环环相扣,秩序井然。对于"问题链",人们只能合理利用,或创造条件改变其发展方向或速度,而不能任意使其间断或跳跃,从而显示出科学自主性的刚性。

以科学理论与科学事实的矛盾为基础,科学知识发展还时常受到来自以下诸种形式的推动力:一门学科内部不同科学理论之间的矛盾,两门或数门学科之间科学理论的矛盾,科学理论的数学或逻辑形式与内容之间的矛盾,科学与技术之间的矛盾,自然科学与人文社会科学之间交叉渗透产生的矛盾,等等。所有这些科学的内部矛盾运动对科学的作用不仅具有直接性,而且具有不同程度的根本性。

上述情况表明,物质生产是科学发展的根本动力,并不是僵硬的教条,它丝毫不排斥物质生产因素起作用的条件性,以及物质生产与其他社会因素相互作用并共同对科学发展起作用;也不排斥在一定条件下,其他社会因素有可能起主导作用。尤其重要的是,不论何种社会因素,都必须通过科学内部的逻辑需要才能对科学发展起作用,而科学内部的逻辑发展以科学理论和科学事实的矛盾为基础,有多种多样的表现形式。所有科学内部的矛盾运动相对于物质生产等社会需要的推动作用都具有自身的独立性。

应当说,科学知识发展的这种自主性已经引起许多哲学家和思想家的关注。比较典型的是科学哲学家波普尔在他的"世界三理论"中对科学知识自主性的强调。他说:"自主性观念是我的第三世界理论的核心:尽管第三世界是人类的产物,人类的创造物,但是它也象其他动物的产物一样,反过来又创造它自己的自主性领域。"①在波普尔看来,所谓"科学知识的独立自主性",主要基于这样的事实:人类创造了某种知识,该知识又会连锁式地引发一连串出人意料的问题,如自然数列被创造后,接连引发了偶数和奇数之间的区别问题、素数问题、哥德巴赫猜想等。对于波普尔的"世界三理论"我们未必完全同意,但他关于科学知识自主性的思想还是有相当的合理性的。

相反,我国一些理论工作者陷于对"物质生产是科学发展的根本动力"这一观点的僵化理解而不能自拔,对科学知识所表现出来的自主性估计不足。在他们看来,自然科学发展相对于物质生产发展的独立性只具有相对的意义。首先要强调自然科学对于生产的依赖关系,强调生产是自然科学发展的基础和根本动力,它决定着自然科学发展的趋势、方向、速度和规模,即决定着自然科学发展的总进程。然后,才能在这个为生产所决定的总进程范围内来观察自然科学的独立发展。显然,在他们看来,相对于物质生产的推动作用,科学知识发展的自主性总是无一例外地处于从属地位,他们

---

① ［英］卡尔·波普尔:《客观知识——一个进化论的研究》,舒炜光等译,上海译文出版社 1987 年版,第 126 页。

对于某些学科或研究领域在一定条件下科学的自主性有可能超越物质生产而发挥关键性的动力作用的情况往往视而不见,或本能地倾向于否认。

从根本上说,之所以会发生一些理论工作者漠视科学自主性的现象,是因为他们对科学的理解过分拘泥于客体的或直观的形式,而没有真正贯彻实践的观点,把它当作感性的人的活动、当作实践去理解,因而注意力集中在了科学知识与外部世界的关系上,过分关心科学知识的来源,而忽视了对科学知识内部矛盾运动的观察,更不必说对在人类实践活动中迅速发展起来的作为科学认识活动社会形式的科学体制的认真考察了。

顺便,科学除了是一种社会意识形式、一种社会体制外,还是一种社会活动、一种文化和一种方法等。所有这些侧面都表现出了不同内容的科学自主性,兹不赘述。

三、科学自主性思想实践上的失误

认识上的偏差必然会带来实践上的失误。我们注意到,由于片面主张科学对于物质生产和各种社会因素的依赖性,导致我国自 1949 年以来在科技发展政策上一向强调科学技术服务于或面向经济建设、科学技术为国家政治和国防目标提供支撑有余,而重视、爱护科学自主性不足。哪怕是今天,在我国的社会现实中,轻视甚至违反科学自主性的现象仍然并不鲜见,这里不妨择要列举一二。

（一）对科学家的自由研究支持不力

成熟学科的发展以科学的内在逻辑需要为直接动力的本性决定了,科学家根据好奇心驱动和科学内在逻辑需求相结合的原则所进行的自由研究将是推动科学发展的一种相当重要的形式。这种研究形式与科学家以国家目标为导向的定向研究互相补充,相得益彰。它既是科学自主性的顽强表现,也是从根本上实现国家目标所绝对必需的。但是,目前我国相当一部分人对科学家的自由研究重视不够,认识不到由于科学研究高度的创造性、复杂性和对传统观念的挑战性,导致科学家需要多方面的自由,如在他们值得冒险的地方进行探索的自由、与国际同行及时进行学术交流的自由和在研究中犯错误的自由等。此外,整个社会对自由研究的支持力度也很不够,其中最突出的表现是资金支持的范围和力度过小,从而严重束缚了科学家自由研究的全面开展。

（二）同行评价的原则未得到真正落实

科学奖励制度的实质是同行承认,这是科学自主性的突出表现。但是,迄今为止我国对同行评价的原则并未真正落实好。在全国各地各级政府和部门为成果评价、人才评价和项目申请等所设立的各种评审委员会中,一方面充斥着若干在学术上徒有虚名的人;另一方面,从知识结构上说,由于各种评审委员会专家的组成通常是综合性的,所以当面临具有很强专业性和前沿性的一个个具体科研成果时,评委们实际上大都失去了专家的身份,甚至有时连发言权也丧失殆尽了,其评审结果的可靠性自然也很难令人满意。

（三）科学人才培养上的仕学不分

科学界的特点之一是"精英统治"，国际一流的科技尖子人才、国际级科学大师或科技领军人物式的精英科学家是任何一支有实力、有影响的科学队伍的灵魂，这同样是科学自主性的突出表现。可是，我国在培养和使用科学人才上有一个巨大的误区，即仕学不分。也就是说，政府习惯于让那些业务拔尖的人出任官职，而包括科学家在内的整个社会也以是否担任一定的行政职务作为衡量科学家身份和地位的重要标志。这导致一旦某位科学家有了一定成绩和发展前景，就马上被接二连三地压上一副副担子，使其在学术道路上难以心无旁骛、一往无前，许多人甚至因此而业务荒疏。其实，早在 20 世纪初，中国资产阶级思想家严复就已经洞察到了仕学不分的严重危害。为此，他力倡"名位分途"。他说："学成必予以名位，不如是不足以劝。而名位必分二途：有学问之名位，有政治之名位。学问之名位，所以予学成之人；政治之名位，所以予入仕之人。"①"国家宜于民业，一视而齐观。其有冠伦魁能，则加旌异，旌异以爵不以官。爵如秦汉之封爵，西国之宝星，贵其地望，而不与之以吏职。吏职又一术业，非人人之所能也。如是将朝廷有历世摩钝之资，而社会诸业，无偏重之势，法之最便者也。"②对于有成就的人，一定要给予奖励，但不是委以官职，而是采取封爵、授勋之类的办法给予名分。这就是一个世纪以前一位智者的忠告。这一忠告提醒我们：社会奖励须和科学奖励保持一

① 严复：《严复集》，王拭主编，中华书局 1986 年版，第 89 页。
② 严复：《严复集》，王拭主编，中华书局 1986 年版，第 1000 页。

致,重在承认科学家的首创性;否则,滥施奖励是要帮倒忙的。此外,对达到一定级别的行政官员,其自愿兼搞业务是好事,但一定要从制度上禁止他们利用职务之便和专职业务人员争职称、项目、奖项和学术称号等。

以上数例足以表明,在现实生活中,人们对于科学自主性的轻视和违反现象是普遍的、严重的。因此,在科学管理层乃至全民范围内进行科学自主思想的传播十分重要和紧迫。

科技知识与科学素质及其
各构成部分之间的关系[*]

  长期以来,在科普工作中,关于科技知识和科学素质的关系存在两种不同的观点:一种观点认为,科技知识包含科学方法、科学思想和科学精神,因而科普主要是对科技知识的普及;另一种观点认为,科技知识是科学素质的外围部分,而科学方法、科学思想和科学精神是科学素质的核心,因而科普主要是对科学方法、科学思想和科学精神的普及。该分歧表明,对科技知识与科学素质的其他部分以及科学素质整体的关系的认识存在某些误区。鉴于这一分歧直接关系到对于科普内容和科普重点的理解,关系到当前以实施《全民科学素质行动计划纲要》为主线统筹推进科普工作的大局,所以科技知识与科学素质的关系问题亟待予以澄清。

一、科技知识是科学素质的基础性构成部分

  科技知识反映了自然现象和过程的内在本质及发展规律,

* 本文原载《自然辩证法通讯》2017 年第 6 期。

技术知识则一般是以科学知识为基础而形成的劳动手段、工艺方法和技能体系的总和。前者是人类认识自然的结晶，后者是人类能动地改造自然的手段。科技知识使人类增进了对自然界客观事物的了解，提高了人类进一步认识自然、改造自然和适应自然的能力，实质上是人的本质力量的增强，因而是人的科学素质的基本构成部分。这一点决定了科技知识对于科学素质中的其他构成部分将具有重要作用。

根据 2006 年国务院颁发的《全民科学素质行动计划纲要》，"科学素质"的定义是："全民具备基本科学素质一般指了解必要的科学技术知识，掌握基本的科学方法，树立科学思想，崇尚科学精神，并具有一定的应用它们处理实际问题、参与公共事务的能力。"科学素质主要包括"了解科学知识、掌握科学方法、树立科学思想和崇尚科学精神"（即"四科"）及"应用它们处理实际问题、参与公共事务的能力"（即"两能力"）两部分。其中，尽管"两能力"是落脚点，但它是以"四科"为前提或基础的，所以在此仅扼要考察一下科技知识与其他"三科"的关系。

（一）科技知识是掌握科学方法（包括技术方法）的基础

科学方法的精髓在于实验方法和数学方法的结合。面对不同的研究对象，科学方法会有不同的具体表现形式。不过，不论是何种科学方法，都产生于对科学知识的探求过程之中。新知识的产生通常需要新的方法，所以在科学上，凡重大科学发现往往同时伴随着科学方法的变革。也就是说，某种科学方法往往是特定科技知识的内在要求。因此，要掌握科学方法，离不开对科技知识的学习;技术方法是科学知识的转化,或者说技术方法是行动中的科学理论。技术方法的背后往往有科学原理的支撑。因此,要掌握技术方法,同样离不开对科学原理即科学知识的学习。总之,科技知识是掌握科技方法的基础。

（二）科技知识是树立科学思想的基础

对于科学思想的理解有多种①,其中最主要的理解有以下三种:重大科学理论及其哲学或社会学的含义;人们对科学本质和科学各侧面所持有的基本观念;人们对于科学所持的一种相信、尊重、依赖和热爱的积极态度。特别是当涉及"树立科学思想"的时候,一般是第三种理解。如果在"重大科学理论或学说的含义"的意义上理解科学思想的话,那么科学思想指的就是科学理论本身或科学理论所蕴含的哲学思想或社会学思想等。此时,科学思想和科学知识浑然一体,或者说后者是前者的载体;如果在"一个人对科学本质和科学各侧面所持有的基本观念"的意义上,或在"对于科学所持的一种相信、尊重、依赖和热爱的积极态度"的意义上理解科学思想的话,那么由于科技知识是科学技术的重要侧面之一,所以科技知识是科学观和科学态度得以形成的前提之一。因此,科技知识是树立科学思想的基础。

（三）科技知识是崇尚科学精神的基础

在科学素质的所有成分中,科学精神的抽象程度是最高

---

① 参见马来平:《中国公民科学素质基准的基本认识问题》,《贵州社会科学》2008 年第 8 期。

的。科学精神代表着科学的本质和灵魂,自然也是科技知识的本质和灵魂。因此,科技知识是科学精神得以产生的重要基础之一;同时,科学精神的培养和践履也离不开科技知识的配合,抑或说,常常是以具有一定的科技知识为必要条件的。没有科技知识或科技知识贫乏的人,未必没有科学精神,但一般来说,他们科学精神的培养和践履将会受到严重束缚。因此,科技知识是崇尚科学精神的基础。

总之,科技知识在科学素质中居于基础地位。

二、科技知识与科学素质之间存在"类边际效用递减规律"

科技知识是科学素质的基础性构成部分,二者是部分和整体的关系。部分和整体之间的关系可以是线性关系,也可以是非线性关系。而在线性关系中,其关系有可能是多种多样的。例如,它可以是正相关关系,也可以是负相关关系。那么,科技知识与科学素质之间应该是什么关系呢?

(一)科技知识与科学素质之间存在一种正相关关系

科技知识的真理性质决定了,科技知识的增长必定有利于提高科学素质,而不可能是降低科学素质的。所以,科技知识与科学素质之间应当存在一种正相关关系。第八次中国公民科学素养调查的结果有力地证明了这一点。

首先,这次调查的结果显示,中国公民具备科学素养的比例随文化程度的降低而降低。具体数字是:大学本科及以上文化程度公民具备科学素养的比例高达 13.2%,大学专科、高中和初中文化程度公民具备科学素养的比例依次下降至 8.9%、3.9%、1.6%;小学和小学以下文化程度公民具备科学素养的比例最低,分别为 0.6%、0.1%。①

其次,这次调查的结果还显示,中国公民的科学素质指数②随文化程度的降低而降低。具体数字是:大学本科及以上文化程度公民的科学素质指数最高,为 74.5;大学专科、高中和初中文化程度公民的科学素质指数依次下降至 68.6、60.5、51.1;小学和小学以下文化程度公民的科学素质指数最低,分别为 39.8、30.6。③

如果说,整体上或在统计学意义上,公民的文化程度和其所具有的科技知识是同步的,那么上述调查结果则表明,科技知识与科学素质之间存在一种正相关关系。

(二)科技知识与科学素质之间呈"类边际效用递减规律"

上述公民具备科学素养的比例随文化程度的降低而降低的具体数字还表明,随着文化程度的提高,公民科学素质提升

---

① 参见《第八次中国公民科学素养调查》,载任福君主编:《中国公民科学素质报告》第二辑,科学普及出版社 2011 年版,第 24 页。

② 科学素质指数:将测度公民科学素质的四项核心指标(如常用的了解科学术语、了解科学观点、理解科学方法、理解科学与社会关系四个核心指标)综合转化后的单一形式的数值。公民科学素质指数对个体来说,就是其答对科学素质所有判定题目的总分值;对群众来说,就是群体中每个个体所得分值的加权平均数。

③ 参见《第八次中国公民科学素养调查》,载任福君主编:《中国公民科学素质报告》第二辑,科学普及出版社 2011 年版,第 158 页。

的幅度相对逐渐降低。也就是说，在一定情况下，科技知识在科学素质中的作用随科技知识的增加而递减。小学文化程度的人群中，具备科学素养的公民比例数是小学以下文化程度的人群中具备科学素养的公民比例数的 6 倍，遥遥领先于其他不同文化程度段人群之间的比值，而大学本科及以上文化程度公民具备科学素养的比例数是大学专科文化程度公民具备科学素养的比例数的 1.48 倍，比其他任何不同文化程度段人群之间的比值均要低。这就充分表明，在拥有科技知识较少的人群中，科技知识对他们科学素质水准的影响较大；而在拥有科技知识较多的人群中，科技知识对他们科学素质水准的影响较小。

　　上述公民科学素质指数随文化程度的降低而降低的具体数字同样表明，在一定范围内，随着文化程度的提高，科学素质提升的幅度相对逐渐降低，科技知识在科学素质中的作用随着公民所具有的科技知识的增加而递减。只不过，在文化程度较高和较低两端的情况略有变化：公民科学素质指数提高幅度最大的是初中文化程度的人群较之小学文化程度的人群，公民科学素质指数提高幅度最小的是依然是大学本科及以上文化程度的人群较之大学专科文化程度的人群。这同样表明：在拥有科技知识较少的人群中，科技知识对他们科学素质水准的影响相对较大；而在拥有科技知识较多的人群中，科技知识对他们科学素质水准的影响相对较小。

　　严格来说，对于不同的人群，科技知识与科学素质之间的正相关关系有点类似经济学上的"边际效用递减规律"，即科技知识与科学素质之间整体上是正相关关系，但当一个人的科技知识达到一定的量以后，科技知识对其科学素质的提升作用将随着其科技知识的增加而递减。换言之，在拥有科技知识较少的人群中，科技知识对他们科学素质水准的影响较大；而在拥有科技知识较多的人群中，科技知识对他们科学素质水准的影响较小。需要指出的是，科技知识与科学素质之间将永远保持正相关关系，而不太可能出现负相关关系，在这一点上与经济学上的"边际递减规律"有所不同。为此，我们不妨将科技知识与科学素质之间这种特殊的正相关关系称为"类边际递效用递减规律"。该规律启示我们：科技知识不足，再加上原有文化知识的遗忘和退化，必定会严重影响文化程度偏低人群科学素质的水准，甚至已经构成制约文化程度偏低人群科学素质水平提升的首要因素。因此，对于文化程度较低的人群，应当着力进行科技知识的普及，以更加有效地提高其科学素质。

三、科技知识对于科学素质的作用 具有一定的局限性

科技知识在科学素质中具有基础地位，表明了科技知识在科学素质整体中的不可或缺。但必须客观地认识到，科技知识对科学素质的作用是有一定局限性的，原因有以下几点。

（一）科技知识无法从根本上应对迷信、伪科学和反科学思潮的进攻

从个人的角度看，一个人所能掌握的科技知识是有限的。科技知识疆域无限广大，但一个人一生中所能学习和掌握的科技知识是相当有限的；就科普而言，相对于浩瀚的科技知识海

洋,尽管科普正大踏步地走向信息化,但通过科普手段所能传播的科技知识毕竟是十分有限的。进而,人们从科普中所能获得的科技知识也将是十分有限的。

从全人类的角度看,人类科技知识所能达到的认识界限是有限的。人类科技知识的量总是在急剧膨胀着,然而,随着科技知识王国疆域的迅速扩大,人类未知王国的疆域也同样在迅速扩大,所以人类科技知识对于自然界所能达到的认识疆域永远是有限的。

总之,不论是从个人的角度看,还是从全人类的角度看,科技知识所能达到的认识界限都是十分有限的。而在未知领域,人的理性缺席,是很容易滋生迷信、伪科学和反科学思潮的。所以,单靠科技知识,人类无法从根本上应对迷信、伪科学和反科学思潮的进攻。科技知识的这种局限性要依靠科学方法、科学思想和科学精神等因素来弥补。科学方法、科学思想和科学精神相对于科技知识具有以一当十、以不变应万变的优点,掌握一定的科学方法、树立科学思想和崇尚科学精神,是有效地抵御迷信、伪科学和反科学思潮的法宝。

（二）科技知识不能为科学素质直接提供价值原则

从根本上说,为了达到生存与发展的理想目标,人类所有的活动都必须遵循两方面的基本原则:真理原则和价值原则。前者要求人类必须按照世界的本来面目去认识和改造世界,后者则要求人类必须按照自己的尺度和需要去认识和改造世界。这也就是马克思在《1844 年经济学哲学手稿》中所提出的"两个尺度理论":动物只有一个尺度,即它那个物种的本性;人却有两个尺度,一是客体尺度,即对象的本性和规律,二是主体尺度,即人自己的本性和规律。正是由于这两项原则对于人类生存和发展的根本性,所以它们构成了包括科学素质在内的人的素质的两项基本内容。显然,科技知识帮助人们认识自然现象和过程的内在本质和发展规律,所以它主要为人的科学素质提供如何按照自然界的本来面目去认识自然和改造自然界的原则(即真理原则),而不能直接提供价值原则。也就是说,它主要为人的科学素质提供认识"是"的原则,而不能直接提供把握"应当"的原则。价值原则靠什么来直接提供? 科学精神是不可忽视的因素之一。

　　著名美国社会学家默顿在论及科学精神时指出:"科学的精神特质是指约束科学家的有情感色彩的价值观和规范的综合体。这些规范以规定、禁止、偏好和许可的方式表达。它们借助于制度性价值而合法化。这些通过戒律和儆戒传达、通过赞许而加强的必不可少的规范,在不同程度上被科学家内化了,因而形成了他的科学良知,或者用近来人们喜欢的术语说,形成了他的超我。"①在这一关于科学精神的经典表述中,默顿明确地告诉人们,科学精神是约束科学家行为的价值观和规范的综合体。通常已经内化为科学家的科学良知,为科学家所自觉遵循。事实上,我们不难理解,科学精神的实质就是告诉人们,在与自然界打交道的过程中,作为一名合格的科学家的最大需求是什么,应该追求什么,应该避免什么。尽管由于职业的不同,科学家和非科学家在应当树立的科学精神上各有侧重,但科学家所应遵循的科学精神在其以追求真理为核心的基

---

　　① ［美］默顿:《科学社会学》,鲁旭东等译,商务印书馆 2003 年版,第 363 页。

本理念上也适用于非科学家。

（三）科技知识包含的科学方法、科学思想和科学精神是有限的

科技知识是包含一定的科学方法、科学思想和科学精神的。但是，这种包含是有限的。这是因为，科学方法、科学思想和科学精神的存在及培养还有另外许多载体或途径，如以下方面。

第一，参与科技活动有助于培养科学方法、科学思想和科学精神。在一定意义上，科学活动的过程就是运用科学方法、科学思想和科学精神发现新知识的过程。因此，参与科技活动有助于培养科学方法、科学思想和科学精神。这一点不仅适用于职业科学家，也适用于普通大众。例如，普通大众参与寻找新的中药材、观察鸟类的生活习性和迁徙规律等所谓的"公民科学活动"，是促进大众掌握科学方法、树立科学思想和崇尚科学精神的有效途径。

第二，运用科技知识有助于培养科学方法、科学思想和科学精神。结合具体条件，把科技知识运用于实践，既是在一定范围内运用科学方法、科学思想和科学精神的过程，也是科学方法、科学思想和科学精神创新发展的过程。因此，鼓励公民在生产、日常生活和参与社会公共事务的活动中积极运用科技知识，是促进大众掌握科学方法、树立科学思想和崇尚科学精神的有效途径。

第三，学习科技发展史有助于培养科学方法、科学思想和科学精神。在普及科技知识的过程中，适当穿插有关科技知识发现和发展的历史情节，有助于公众培养科学方法、科学思想

和科学精神。当然,对于文化程度较高的公民,系统地读一点科技史更好。这是因为,科技发展的历史实际上也是科学方法、科学思想和科学精神逐步形成及获得发展的历史。因此,学习科技发展史,是促进大众掌握科学方法、树立科学思想和崇尚科学精神的有效途径。

应当说,相对于通过科技知识的普及来促进大众掌握科学方法、树立科学思想和崇尚科学精神,上述所有途径都要来得更直接、更重要些,当然做起来难度也更大一些。

总之,"四科"是一个有机整体。对于科学素质而言,每一"科"都不可或缺,科技知识在其中是基础性构成部分。也正因为如此,科技知识与科学素质之间的基本关系是正相关关系,不过,这种正相关关系是以"类边际效用递减规律"的形式表现的。此外,科技知识对于科学素质的作用具有一定的局限性,这种局限性要依靠科学方法、科学思想和科学精神等因素来弥补。科技知识和科学素质的上述关系启示我们:提高公民的科学素质,必须在重视科技知识普及的同时,把科学方法、科学思想和科学精神的普及作为科普工作的重心。不过,在文化程度较低、科技知识较少的公民中间,着力普及科技知识乃是极其重要的一环。

科普的难题及其破解途径[*]

进入 21 世纪以来,尤其是 2006 年《全民科学素质行动计划纲要》(以下简称《纲要》)颁布以来,我国的科普事业进展迅速,有了质的飞跃。不过,也还有一些难题困扰着科普界,影响了科普工作向纵深发展。其中的难题之一就是深层科学文化的普及问题。

一、深层科学文化普及状况堪忧

按照《纲要》的解释:"全民具备基本科学素质一般指了解必要的科学技术知识,掌握基本的科学方法,树立科学思想,崇尚科学精神,并具有一定的应用它们处理实际问题,参与公共事务的能力。"科学知识、科学方法、科学思想和科学精神都是对人的科学素质有重大影响的科学文化的有机构成部分。倘若把科学文化划分为表层和深层两个层次的话,那么科学知识可以说是表层,而科学方法、科学思想和科学精神则可视为深

---

* 本文原载《自然辩证法研究》2013 年第 11 期,《新华文摘》2014 年第 3 期论点摘编。

层。种种迹象表明,在科学文化普及中存在失衡现象,即重科技知识(尤其是民生技术知识)的普及,轻深层科学文化的普及,以致深层科学文化普及严重滞后。

总的来看,科学文化普及中失衡现象的表现主要有以下方面。

第一,在各地所开展的落实《纲要》行动及其相应开展的科学文化普及活动中,做得比较扎实、比较深入的是以民生技术知识为主的科技知识普及,而深层科学文化的普及几乎成为点缀。社会基层所开展的所谓科技培训、就业培训、职业培训、科普大篷车、科普专栏村村通、科普富民兴边、科普示范县(市、区、乡、村、户)和科普示范基地建设、社区科普益民计划和科普惠农兴村计划等大量有声有色的活动,大都是针对科技知识普及的。

第二,与上述情况相适应,在《纲要》所划定的四个重点人群中,科学文化的普及工作出现了明显的不平衡现象:领导干部及公务员科学素质行动开展得不如城镇劳动人口科学素质行动,城镇劳动人口科学素质行动和领导干部及公务员科学素质行动开展得不如农民科学素质行动,成年人科学素质行动开展得不如未成年人科学素质行动,等等。总之,科学素质行动在文化程度高的人群中开展得不如文化程度低的人群,其源盖出于科学素质行动的重心偏向了科技知识普及。

第三,在一些领导干部那里,流行着"不切实际论"和"代替论"等错误观点。"不切实际论"认为,科学方法、科学思想和科学精神过于抽象,普通老百姓根本接受不了,所以向普通老百姓普及科学方法、科学思想和科学精神是不切实际的;"代替论"认为,科学方法、科学思想和科学精神寓于科学知识之中,只要做好科学知识传播,科学方法、科学思想和科学精神自然而然也就得到了传播。这两种观点都是站不住脚的。一方面,科学方法、科学思想、科学精神等深层科学文化的确抽象,但任何抽象都不是凝固不变的。通过合理阐释等途径,抽象可以转化为具体,转化为贴近现实和浅显易懂的东西;另一方面,科技知识之中固然寓有深层科学文化,但科技知识绝不等同于深层科学文化。深层科学文化不仅不会从科技知识中自动呈现出来,而且它们也并不仅仅蕴含于科技知识之中,而是更经常、更大量地存在于科学家所从事的科学活动的实践之中。因此,科技知识的普及是无法代替深层科学文化普及的。

显然,在科学文化普及中,深层科学文化普及的滞后严重制约着科学文化普及向纵深发展,从而成为困扰科普界的一大难题。深层科学文化是科学文化的精髓,是影响和支配公民科学素质的关键因素。一个人的科学素质高低未必与其科技知识水平成正比,但一个人的科学素质高低肯定与其深层科学文化所达到的水平成正比。例如,一些高级知识分子坠入邪教泥潭的事实表明,对于一个人整体上的科学素质而言,深层科学文化的影响远大于科学知识的影响。因此,科学文化普及工作不能因小失大、失去重心,深层科学文化普及薄弱的问题必须予以解决。

二、扫除深层科学文化理解上的障碍

深层科学文化普及之所以比较薄弱,原因是多方面的,其中的重要原因之一是深层科学文化较之科技知识的确更为抽象、难于理解,尤为严重的是,科学方法、科学思想和科学精神这些概念在学界也存在许多歧见和理解不到位的地方,更不必说工作在科普第一线的广大干部和群众了。所以,为了做好深层科学文化的普及,必须对有关的几个概念及其相互关系有一个准确的理解。

（一）关于科学方法的理解

相比较而言,在深层科学文化的研究中,理论界关于科学方法的研究相对成熟些,但意见依然不甚统一。例如,科技哲学一向高度重视研究科学方法论,该学科关于科学(含技术)方法的分类方式中,较有代表性的是以下几种:第一种,按照方法的普遍性程度把科学方法划分为三个层次,即各门学科中的"特殊方法"、所有科学技术学科通用的一般方法,以及自然科学和人文社会科学普遍适用的哲学方法。第二种,将科学方法和技术方法分开,再按照科学认识的发展阶段把科学方法分为科学知识形成的方法、科学理论创立的方法、科学理论评价和检验的方法等。第三种,按照方法的性质把科学方法分为辩证思维方法、创新思维方法、数学和系统科学方法等。

应该说,不论怎样分类,科学方法的核心和实质乃是实验方法和数学方法及逻辑方法的有机结合。严格来说,这种结合即是以定量的实验观测结果以及已有理论间的逻辑一致作为科学研究的出发点和检验理论真理性的标准,并且把数学作为表达科学理论的形式化语言。通俗点讲即是:说话办事、思考问题要尽可能地立足可靠、完备的经验事实,充分运用逻辑思维和创造性思维,并且讲究严密、精确。科学方法最基本的实践程式是:发现问题→提出假设→经验和逻辑检验→发现新的问题。

（二）关于科学精神的理解

在科学文化以及深层科学文化中,科学精神是一个最难理解的概念。理解有偏差,势必影响弘扬和普及科学文化的质量。目前学界对"科学精神"这一核心概念的理解远未统一,需要继续研究。不过较有说服力的一种观点认为,科学精神的核心是"追求真理",也就是爱因斯坦所说的即使政治狂热和暴力像剑一样悬在头上,一切时代和一切地方的科学家还是要高举着"追求真理的理想的鲜明旗帜"①的精神,或竺可桢先生所说的"只问是非,不计利害"②的精神。求真精神集中体现了科学界的优良传统,也是科学共同体在科学活动中一贯奉行的价值追求或行为规范的集中体现。围绕求真,科学精神包含两个侧面:一是理性精神,二是实证精神。前者的要义是注重逻辑思维,后者的要义是注重以经验事实作为提出理论的依据和检验理论的标准。明确了科学精神的核心,就为厘定科学精神的具体内容提供了一个支点。据此支点,科学精神的主要内容应是以下理念或观点:(1)大胆怀疑的态度;(2)高度尊重事实的客观立场;(3)严密的逻辑思维原则;(4)继承基础上的创新精神;(5)追求精确的严谨作风。③

---

① ［美］爱因斯坦:《爱因斯坦文集》第一卷,许良英等编译,商务印书馆 1977 年版,第 445 页。

② 竺可桢:《竺可桢文集》,科学出版社 1979 年版,第 231 页。

③ 参见马来平:《试论科学精神的核心与内容》,《文史哲》2001 年第 4 期。

（三）关于科学思想的理解

《纲要》认为,树立科学思想是公民应具备的基本科学素质之一,可什么是科学思想? 这一概念可以作多种理解。第一,它可以指对科学的根本看法。当我们谈到某个历史人物的科学思想时,往往指的就是这个人对科学及其各个侧面的根本看法。这一点大致相当于科学观。第二,它可以泛指有科学根据的思想。也就是说,说话办事应当有科学根据,不能信口开河,也不能轻信歪理邪说或迷信。这一点大致相当于科学态度。第三,它可以指科学理论、科学概念演变的逻辑,通常所说的"科学思想史"或"科学内史"即是在这个意义上使用这一概念的。它和描述科学与社会互动关系演变逻辑的科学社会史相对应,反映了科学的内涵。总之,科学思想这一概念里包含有科学观的意思在里面。显然,对于每一位生活在现代社会中的公民来说,科学观不容回避也无法回避,它直接影响着人们如何看待科学、学习科学和应用科学。因此,科学观的问题不仅是科学素质的题中应有之意,而且是要义。

（四）科学文化中几个基本概念的关系

第一,科技知识是科学文化最基本的成分。科学知识和技术知识描述了各种自然现象和自然过程的客观规律及其应用技巧,对科技知识的掌握意味着人的大脑和感觉器官的延长。因此,一个人掌握的科技知识越多,他的智慧越多、力量越强,进而素质有可能相对较高。

第二,科学方法比科技知识更加根本。人生有涯,知识无疆,一个人一生中所能掌握的科技知识是十分有限的,而科技知识和科学方法的关系是金子和点金术的关系。所以,依靠科学方法可以有效弥补人在科技知识上的不足,极大地扩大人的智慧和力量。它对于人的科学素质的影响远远超过了科学知识。

第三,科学精神是科技知识和科学方法的升华,在科学文化中的地位更加根本。科学方法的效力也是有限的,因为它毕竟仅限于操作层面,难以为人的发展指明方向和提供前进的动力。欲达此目的,必须有赖科学精神的参与。所以较之科学方法和科技知识,科学精神对人的科学素质的影响更为根本。

第四,科学思想是科学文化中和科学精神同样重要的内容。如上所述,科学思想包含科学观、科学态度和有关科学的内在逻辑等几个方面。显然,科学思想所包含的几个侧面统统是科学文化比较根本的内容,无不关乎人的科学素质全局。所以,它是和科学精神同等重要的。

顺便,由于科学消极作用的凸显以及后现代主义思潮的盛行,当前在科学观的问题上,尤其应对科学的客观性和科学在现代社会中的价值有一个十分清醒的认识。在科学的客观性上,既不要像科学主义那样把科学的客观性绝对化而完全漠视科学的相对性,也不要像形形色色的反科学主义或相对主义那样过分夸大科学的相对性而随意抹杀科学的客观性,应当在坚持科学的客观性的同时,适度正视科学的社会性或相对性。在科学的价值问题上,对于科技发展所带来的积极作用和消极作用一定要有一个端正的认识:其一,消极作用的产生是必然的。科技成果本身是客观的、一元的,而人类的价值需求是主观的、多元的。因此,任何一项科学技术成果在带来积极作用的同时,也一定会带来相应的消极作用。如新的医药产品在减轻人的痛苦和延长人的寿命的同时,也将加剧药费负担和老龄化等社会问题。科学技术的积极作用和消极作用恰像手掌和手背,是相伴而生、如影随形的。其二,消极作用和积极作用永远同步升级。随着科学技术的高速发展,人们见证了科技积极作用的迅速扩张,也见证了科技消极作用的迅速扩张。二者之间呈现"道高一尺,魔高一丈"乃至新一轮的"道高一尺,魔高一丈"的互相斗法、轮番升级的景象。可见,随着科技的发展,人类将会享受到科技所提供的越来越多且越来越高质量的便利,也会遭遇到科技所带来的越来越多且越来越棘手的麻烦。不过,科学技术的革命性和进步性决定了历史的主流趋势依然是人类的处境会越来越美好。

三、深层科学文化普及的基本途径

要把深层科学文化的普及做到位,仅仅让公民认知和认同深层科学文化是远远不够的,还必须让深层科学文化在公民的头脑中扎下根来,落实到行动中。为此,必须重视以下深层科学文化普及基本途径的运用。

（一）生活化：让深层科学文化全面融入百姓生活

要紧密结合百姓生活实际普及深层科学文化。深层科学文化并非存在于百姓的生活之外,而是深深扎根于百姓的生活之中。例如,与人谈话需要注意倾听,让人把话讲完。这不仅是个礼貌问题,更是个实证精神的强弱问题。因为只有全面了解对方的观点,才能做到更恰当、更有针对性地表达自己的观点;一个人下厨房做饭,如何统筹安排洗菜、切菜、炒菜、淘米、煮粥等操作程序,以便节约时间、提高效率,有一个系统方法的问题。简言之,深层科学文化在百姓的日常生活中是无处不在、无时不有的。普及深层科学文化不可从概念到概念,而是应着力对百姓生活所涉及的深层科学文化思想给予深入浅出的阐明,或者把深层科学文化的基本精神融入百姓的生活实际中去,以便让百姓提高掌握和运用深层科学文化的自觉性及主动性。此外,深层科学文化水平的提高,往往是通过公民运用科技知识处理日常生活中的实际问题的过程而得以实现的。因此,应当把深层科学文化全面融入科技知识的普及之中。在围绕公民生活普及科技知识时,要尽量避免孤立地普及科技知识的做法,要努力做到在普及科技知识的同时,巧妙而简练地说明科技知识产生、确立和发展的过程,运用科技知识的条件和方法,以及如何正确看待科技知识对人类社会正面的或负面的影响等。这样,将会使公民在接受科技知识的同时增进对深层科学文化的感悟和理解。

(二)实践化:引导公民对深层科学文化的践行

深层科学文化不仅蕴含于科学知识之中,而且蕴含于科学实践活动。基于这一特点,通过引导公民参与适当的科学活动将会更加有效地普及深层科学文化,具体来说有以下几点。

第一,支持公民参与公共事务的决策。随着社会民主化程度的提高,公民直接或通过网络参与社会公共事务决策的现象日益普遍。尤其是有关科技决策、与科技有关的社会公共事务决策和城乡社区等基层公共事务的决策等活动,往往要求公民具备相应的科学方法、科学思想和科学精神等素质,这对于培养和提高公民的科学素质具有十分突出的作用。

第二，鼓励群众性的技术革新和技术发明活动。技术革新和技术发明的实质是对科学成果的应用。其间，不可避免会充满着对科学方法、科学思想和科学精神的运用，所以公民开展这类活动有益于提高深层科学文化素质。多年来，我国一直提倡和支持公民开展这类活动，这类活动在民间也有悠久而深厚的传统。深层科学文化普及应该和鼓励群众性的技术革新及技术发明活动有机结合起来。

第三，广泛开展公民科学活动。目前，在一些较为发达的国家里，公民科学活动渐趋活跃。公民科学活动是指由业余科学爱好者或志愿者所自发进行的科研项目或科研计划。例如，寻找新的中药材、观察鸟类的生活习性和迁徙规律、评估放射性垃圾危害健康的风险、预防地方病和职业病、治理环境问题和自然灾害等。显而易见，在野外科研活动、长线科研活动、地方性科研活动和涉及区域间利益冲突的科研活动等方面，公民科学活动具有职业科学家所从事的常规科学活动所不具备的许多优点。因此，它是常规科学活动的有益补充，有着重大的科学价值；同时，在公民科学活动中，公民已经不是被动地接受科学普及，而是主动地运用科学方法、科学思想和科学精神进行科学探索，因而是深层科学文化的践行。这种践行十分有利于公民科学素质的提高。在科学家的参与和指导下，各地应尽量广泛地组织和开展公民科学活动。

（三）体制化：把深层科学文化落实到社会体制层面

对任何一种文化来说，如果仅仅停留在观念层面而不能在社会体制层面扎下根来，那么其生命力和影响力将是十分有限的。例如,儒学之所以在中国漫长的封建社会中影响力长盛不衰,一个很重要的原因就是儒学观念全面实现了社会体制化,诸如朝廷礼乐、典章制度、民间习俗、村规民约和道德规范等,无不浸透了浓厚的儒学观念。同样,要使深层科学文化广泛流传、深入人心,当务之急也是促进深层科学文化的体制化。

所谓"深层科学文化的体制化",就是对深层科学文化不要限于空头的宣讲和说教,而是要把深层科学文化所包含的各种基本思想和观念纳入社会的各行各业,令其程序化、制度化。例如,将深层科学文化纳入国民教育体制,要求不同阶段的全日制教育、职业教育和岗位培训等在教学内容、教学方法等方面体现不同的深层科学文化要求;将深层科学文化纳入对各类人才的考核制度,要求各类人才在深层科学文化方面达到一定水准;将深层科学文化纳入文学艺术体制,要求将深层科学文化作为电视、电影、网络、报刊、戏剧、诗歌、小说、绘画、舞蹈等一切文学艺术形式和载体的主要表现对象之一;将深层科学文化纳入民风民俗,逐步让民风民俗充分体现深层科学文化的基本理念和精神等。此外,还要努力促进社会各领域对科学界行为规范的广泛认同、维护和容纳,而不是武断地压制和任意取代。

总之,深层科学文化缺位的科普是肤浅的科普、低效率的科普和不合格的科普。一定要下决心破解科普工作的这一难题,努力做好深层科学文化的普及工作。

科学文化普及的若干认识问题[*]

　　弘扬与普及科学文化理应在现代文化建设全局中占据显赫地位,然而,在不少人的心目中,一般性地谈论科学技术普及尚可,倘若谈及弘扬和普及科学文化就感觉有点虚无缥缈了。为什么? 原因在于围绕弘扬与普及科学文化有一系列的认识问题尚待澄清,如什么是科学文化,科学文化与中国传统文化的关系是什么,怎样普及科学文化,等等。在这里,我们尝试着对这几个问题给予初步回答。

一、何谓"科学文化"

　　近年来,"科学文化"一词似乎已经成为大众习语,殊不知,在学界关于什么是科学文化迄今仍然处于众说纷纭的状态。以至于不久前有学者称:"到目前为止,'科学文化研究'仍然是一个充满歧见、难以给出一个明确定义的交叉研究领域。在此领域内,有着不同背景的学者从不同的角度与立场出

　　* 本文原载《山东大学学报(哲学社会科学版)》2014 年第 6 期,《新华文摘》2015 年第 7 期论点摘编。

发,发展出了多种不同的研究进路,以理解科学以及科学在社会中的地位、作用及运作方式,以解说今天的文化——科学文化。"①

解决什么是科学文化的争端,关键在于正确回答以下两个问题:其一,为什么说科学是文化? 其二,和其他文化相比,科学文化的特点是什么? 这两个问题一旦解决,科学文化的含义就迎刃而解了。

（一）为什么说科学是文化

如果从"人类在社会历史发展过程中所创造的物质财富和精神财富的总和"的意义上来理解文化,毫无疑义,科学是文化,而且是十分典型的文化。因为科学是人类最富创造性的社会活动和社会体制,也是这种最富创造性的社会活动和社会体制的最终知识产品;在这种意义上,科学与科学文化是等价的。但是,如果从"一个国家或民族的历史、地理、风土人情、传统习俗、生活方式、文学艺术、行为规范、思维方式、价值观念等"的意义上来理解文化,那么就只有科学的精神方面是文化了。通常,人们认为科学是物质的力量,是对事实的描述,而与价值无涉。科学有没有精神的方面呢? 答案应当是肯定的,原因有以下几点。

第一,科学是一种思想。在古代,自然科学曾长期包容在哲学母体之中,到了近代,科学获得独立以后,依然与哲学处于一种胶着状态。其最突出的表现即是,任何重要的科学新成果

---

① 袁江洋:《科学文化研究刍议》,《中国科技史杂志》2007 年第4 期。

都是对未知自然规律的揭示,都蕴含着具有一定普遍意义的新的哲学思想。这些由新观念和新观点构成的哲学思想一旦从科学成果中概括出来并被民众所掌握,就会对人们的世界观、价值观、思维方式、道德情操、审美意识等产生巨大影响。

第二,科学是一种精神。科学作为一种诞生于近代的特殊的社会体制,它要求从业的科学家必须共有一整套约束他们的有感情色彩的价值体系。这套有感情色彩的价值体系即是科学精神。科学精神是科技知识和科学方法的升华,也是科学的精髓和灵魂。它不仅决定着科学之所以成为科学、科学之所以进步,而且对于人类在其他领域里的活动也有很强的指导作用。它是提高人的综合素质和精神境界的重要力量,是防范和抵制伪科学的锐利武器。

第三,科学是一种道德。科学规模的迅速扩大和日益增强的社会性,决定了科学家在科学活动中必须遵循一定的道德规范,以协调科学共同体内部以及科学共同体与政府、企业界等有关的社会各界的关系。鉴于人类的一切活动都在不同程度上包含一定的认识环节,所以这些道德规范对于人类在其他领域里的活动也具有一定的适用性;同时,科学和技术的新进展往往也会引发一系列出人意料的新的道德问题、提出新的道德观念,对人类已有的道德规范产生强烈冲击,从而为人类道德进步提供某种契机。基于上述理由,人们通常认为,科学代表着一种对社会道德具有巨大影响力的特定道德。

第四,科学是一种方法。科学的要义在方法,科学诞生的关键在方法,科学突破的关键在方法,科学发生效用的关键也在方法。总之,从根本上说,科学是一种人类认识和利用自然的方法。而且,自然科学方法不仅适用于自然界,而且一旦通过创造性地转换而把它引入人文社会科学领域,往往会有某种奇效。例如,以综合运用自然科学和人文社会科学的理论及方法为核心的软科学,在解决复杂的社会问题和实现决策科学化方面作用巨大;以"发现问题→提出假设→经验检验→发现新的问题"为基本环节的科学方法程式,在人文社会科学领域用途广泛;等等。无可讳言,自然科学方法在人文社会科学发展和各项社会活动中的作用不容低估。

由上述可见,科学文化尽管直面与人类社会相对应的自然界,但浸透着丰富的人文因素,表达着人类围绕自然的大量价值诉求。它以其深邃的思想、磊落的精神、醇厚的道德和睿智的方法尽展自己多彩的精神方面,并深刻地影响着整个人类精神生活的方方面面。就科学文化的精神方面而言,内核是崇尚真理的价值观。崇尚真理的价值观意指:"首先,它意味着科学家应当:(1)坚信外部世界具有客观规律性;(2)坚信客观规律的可认识性;(3)坚信认识趋向于简单性。其次,崇尚真理的价值观要求科学家要有勇气把对自然界客观规律的认识作为自己的第一生活需要。就是说,在他看来,不是官本位、不是伦理本位,也不是金钱本位、名誉本位,而是事实本位、真理本位。"①这一价值观既是整个科学文化的核心,也是科学家的核心价值观。科学思想、科学精神、科学道德和科学方法无不从特定侧面有力地体现了这一价值观。

（二）科学文化的特点

科学不仅是一种文化,而且是一种特色鲜明的文化,其特

---

① 马来平:《作为科学人文因素的崇尚真理的价值观》,《文史哲》2000年第3期。

点主要表现在以下方面。

第一，充分的普适性。科学的宗旨是探求自然界的客观规律，作为探求结果的科学知识具有相当的客观真理性、逻辑融贯性和精确性。应当说，科学知识在主导方面是无阶级性、无地域性的，或者说是不以人的意志为转移的，因此科学颇具普适性。科学比较容易为各民族所接受，与各民族文化相融合；科学文化在促进世界各民族文化多样性基础上的统一性增长方面，发挥着举足轻重的作用。当然，任何具体的科学知识都难免包含或多或少的利益、修辞和情感成分，也就是说，科学知识在具有充分普适性的同时，是兼具一定地方性的。

第二，鲜明的时代性。科学文化总是走在时代的最前沿，成为时代的象征，具有鲜明的时代性。这是因为：其一，科学最具开放性和最少保守性。科学界公开申明，有组织的怀疑是其最基本的行为规范之一，他们时刻准备着随时抛弃自己和他人的一切经不起经验和逻辑检验的已有认识。其二，科学发展具有惊人的速度，更新换代较为频繁。研究表明，长期以来科学知识是按照指数规律向前发展的，尽管在现代知识增长速度较之以前有所放缓，但较之其他文化的发展速度依然是很快的。其三，科学发展周期性地引发革命。在科学发展的过程中，通常会出现周期性的范式变革。物理学至少已经连续出现过亚里士多德物理学、经典物理学和现代物理学等几种前后相继、依次更替的范式，其他学科也有类似情况发生。不同的范式所包含的主导性科学成就不同，所使用的概念、公式、定理、定律和方法不同，甚至连科学共同体共同的信念和共有价值也发生了根本性的变化。以致有人慨叹，在不同范式内工作的科学家乃是生活在不同的世界里。

第三,强大的影响力。随着科学技术的迅猛发展,以及科学的社会化和社会的科学化的双重演进,科学文化广泛渗透到社会的经济、政治和其他各个领域,并日渐跻身社会主流文化,成为一个相对独立的朝阳式亚文化系统。于是,人们看到,它在人类的整个文化生活中正在发挥着愈来愈重要的引领作用:不论是现代文化形式还是各民族的传统文化,只要融入科学元素、插上科学的翅膀,就会魅力陡增,展现出更加广阔的发展前景。总之,科学可以变革其他文化的形式、丰富其他文化的内容、加快其他文化的发展速度、拓宽其他文化的传播渠道等。科学在文化整体中活力无限,最具引领作用。

二、科学文化与传统文化的关系

科学文化与人文文化是人类社会中两类相并立的文化。为加深对科学文化的理解,需要弄清科学文化与人文文化的关系。传统文化是一种特殊且重要的人文文化,所以弄清科学文化与人文文化的关系,即是弄清科学文化与人文文化整体上的关系,以及弄清科学文化与传统文化的关系。鉴于学界有关科学文化与人文文化整体上的关系讨论较为充分,这里仅就后者略述管见。我认为,当前,在科学文化与中国传统文化的关系中,最为引人注目的是以下几个问题。

(一)如何看待传统文化对科学文化的作用

在传统文化对科学文化的作用问题上,历来众说纷纭。例如,在儒学对科学文化的作用问题上,一些人认为,儒学对科学文化无作用,原因包括:其一,儒学侧重内心修养,科学专注于外部世界,二者各司其职,互不相关;其二,科学的发展主要取决于科学的体制和运行机制,以及社会制度和经济条件等;其三,儒学在当代已经失去了制度化的基础,尤其其中最重要的两个制度(即科举制度和家族制度)或者已经废除,或者已经处于一息尚存的状态。因此,儒学对科学的作用微乎其微,几近于零。相反,另一些人认为,儒学对科学文化起到了极大促进作用。理论上,儒学包含科学因子,可以坎陷式地开出科学;实践上,东亚科技和经济的快速发展得益于儒学。还有人认为,如果说儒学对科学文化有作用,也只能是消极作用。近代实验科学没有在中国产生的历史事实已经证明了儒学对科学具有巨大的消极作用,它对于近代科学在中国的传播、扎根和发展的作用同样也是消极的。近代以来,在儒学对科学文化作用的问题上,强调儒学的消极作用一直是主流观点。专治中国科技史的李约瑟先生甚至这样认为:儒家历来反对对自然进行科学的探索,"它对于科学的贡献几乎全是消极的"①。就连积极推进儒学现代化的新儒家中的不少学者也持儒学"消极作用论"。如冯友兰在其《为什么中国古代没有科学》的论文中,以及梁漱溟在其《中国文化要义》一书中讨论中国科学时,都把中国没有产生实验科学的原因追溯到了儒家思想。1949年以后,由于在意识形态领域长期对儒学持批判立场,导致所谓的"消极作用论"一直占据主流地位。以致2012年还有清华大学的教授在英国《自然》杂志上撰文称"孔庄传统文化阻碍

① [英]李约瑟:《中国科学技术史》第二卷,何兆武等译,科学出版社、上海古籍出版社1990年版,第1页。

中国科研","它们使得中国上千年一直处于科学的真空地带，它们的影响持续至今"①。

究竟应该怎样看待儒学对中国科学文化的作用呢？

首先，那种认为儒学对中国科学文化没有作用或作用微乎其微的观点是不符合实际的。在古代，儒学是封建中国的意识形态；在现代，儒学仍然是中国文化的核心内容之一。因此，儒学作为中国科学技术发展的重要文化环境，不可能不和科学文化发生相互作用。另外，那种以儒学在当代已经失去了制度化基础为由，消解儒学对科学文化作用的观点也是不符合事实的。事实是：一方面，家族制度并未真正消失，中国至今仍以家庭为生产和生活的基本单位，家族制度在社会上（尤其是在农村）仍有较大市场；另一方面，儒学等传统文化的制度化并不仅仅表现为科举制度和家族制度，教育的其他制度、文学艺术作品、民间习俗、典籍文献等也是儒学等传统文化制度化的重要载体。总之，儒学等传统文化通过各种渠道融入了中国人乃至东亚文化圈许多人的血脉和基因里，世代相传，绵延不绝。例如，一篇《三字经》、一台《墙头记》《小姑贤》之类的戏剧、一场礼节繁缛而秩序井然的红白喜事，就把"三纲五常"和"仁、义、礼、智、信"之类的儒学理念和观点诠释得活灵活现、入木三分，其效果足以让人刻骨铭心。所以，儒学等传统文化对科学文化的作用是不容低估的。

其次，那种一厢情愿地夸大儒学文化的积极作用或消极作用的观点都是站不住脚的。20 世纪下半叶及 21 世纪初，东亚

---

① GONG P. Cultural history holds back Chinese research[J]. Nature, 2012,481(7382):411.

科技和经济快速发展的原因是多方面的,儒学在其中肯定有贡献,但贡献究竟多大是一个有待研究的问题。儒学文化一直是也永远是东亚国家或地区须臾不可离的文化环境,不可每当东亚科技和经济快速发展时就把功劳归于儒学,而每当东亚科技和经济发展速度变慢甚至停滞时就回避儒学文化的作用问题。至于近代实验科学没有在中国产生的历史事实是否证明了儒学文化对科学具有巨大的消极作用,同样也是一个复杂的问题。西方有而中国没有的东西很多,是否都可以归结为儒学的原因? 这种思考问题的方式显然带有浓厚的文化决定论色彩,而文化决定论不仅在理论上站不住脚,也不符合历史事实。

　　总之,关于儒学等传统文化对科学文化的作用问题,最重要的不是笼统地谈论儒学等传统文化对科学文化的作用,而是对儒学等传统文化的作用进行客观、全面的分析,实事求是地弄清楚儒学等传统文化的各个侧面和各种具体观点对科学文化所起作用的表现、性质和条件等。例如,儒学的“民本”思想对于科学家确立为人民、为国家而崇尚科学的价值观是有益的,但发挥这种积极作用的条件是必须将“民本”思想中有可能包含的“忠君”思想彻底剥离;儒学的“天人合一”思想有助于科学家树立生态自然观和生态科学技术观,但发挥这种积极作用的条件是必须剔除“天人合一”思想中有可能包藏的“天人感应”等糟粕;儒学的“整体论”思想中有助于科学家掌握现代的整体论思维方式,但这种积极作用发挥的条件是,必须把儒学的整体论思想所具有的忽视分析、不求精确等缺陷予以剔除;等等。

（二）如何评价科学文化对于传统文化现代化的意义

从根本上说,社会现代化除了工业、农业、科技和国防的现代化以外,还包括一个文化现代化的问题。而文化现代化的重要内容之一就是传统文化的现代化,离开传统文化的现代化,将导致各方面的现代化根基不牢、缺乏后劲。从这个意义上也可以说,整个社会的现代化是以传统文化的现代化为重要前提条件之一的。

实质上,传统文化的现代化就是传统文化与现代社会的政治、经济、文化的全面融合。由于科学技术在现代社会中的地位日益突出,因此传统文化与科学文化的融合,或者说传统文化的科学化是传统文化现代化的核心任务之一。传统文化必须适应现代社会,保持与现代科学技术的高度相容性,为促进现代科学技术发展提供优良的环境。任何阻碍现代科学技术发展的文化或文化成分迟早要么被改造,要么被摈弃。

所谓"传统文化的科学化",并非指要让传统文化被同化为科学文化,而是指传统文化必须做到以下几点。

第一,扩大科学文化成分。传统文化不断扩大自身科学文化成分的途径主要有二:一是从现代科学的时代精神那里汲取灵感,不断丰富、完善自己。既然人们已经普遍意识到,现代自然科学和中国古代哲学在哲学前提、核心观念和思维方式等方面存在一定的契合性①,那么中国传统文化就完全

---

① 参见 Pritjof Capra. The Turning Point‐Science, Society, and the Rising Culture, by Simon and Schuster,1982.

有可能从现代科学发展的时代精神里汲取灵感,不断丰富、完善自己。二是引进现代科学的理论和方法,或者通过对自然科学成果的哲学概括而提炼出新的理论和观点,不断丰富和完善自己。

第二,不断改造自己。从根本上说,中华传统文化是一种伦理型文化,它所包含的已有科学文化成分不仅需要重新改造,需要不断赋予其新的时代意义,而且它所包含的大量与科学技术不相适应乃至对科学技术发展起阻碍作用的成分更加需要甄别或予以改造。

第三,寻求科学文化的支撑。广义地说,科学文化也包括技术在内。从这个意义上说,科学文化对于传统文化具有支撑作用。因为传统文化像其他种类的文化一样,也包含事业和产业两部分,而科学文化将深刻影响以表现传统文化为内容的各式各样的文化产品的创作生产方式和传播传承方式,将开辟以表现传统文化为内容的各式各样的文化产品的生产力和供给力的新空间,同时将创造和扩大全社会对于传统文化消费的种种新需求。

总之,对于传统文化的现代化,科学文化不仅是无比丰富的思想资源并具有某种导向作用,而且也是其发展的重要支撑条件。

（三）中国传统文化是否缺失科学文化成分

长期以来,不少人认为,中国古代没有科学,所以中国传统文化缺失科学方法、科学思想和科学精神,一言以蔽之,缺失科学文化成分。例如,曾有人这样断言:"为什么中国科学落后于西方,何时中国科学家才能获得诺贝尔奖?许多人以为这只是个单纯的科学问题,其实这更是一个文化问题,说到底是我们的文化传统中缺少科学文化的因子。"①

"中国古代是否有科学"的问题是一个有争议的问题。相对于近代科学而言,即便可以说中国古代没有科学,也无法否定中国古代有"前科学",即大量的个别科学成就和科学萌芽。其实,西方古代也没有科学,有的只是"前科学",而且两相比较,中国古代"前科学"的历史更为悠久,在许多领域也更领先一些。近代科学虽然诞生于西方,但包括中国在内的世界各地的古代科学对于近代科学的诞生都是做出了突出贡献的。也就是说,近代科学与古代科学并不是完全割裂的,古代科学也包含某种近代科学的成分。因此,对于中国古代科学不能一笔抹杀,那种以近代科学诞生于西方为由,否认中国传统文化具有科学文化成分的观点是站不住脚的。

事实上,中国传统文化的确含有大量科学文化成分。在中国古代社会,儒学长期占据核心地位,而且包含了中华民族的大量优秀文化成分,因而可视为中国传统文化的重要构成部分。在此,我们不妨以儒学为例,扼要说明中国传统文化具有科学文化成分的情况。

儒学历来就有"以德摄知"的传统。孔子明确主张"未知,焉得仁"(《论语·公冶长》),"知者利仁"(《论语·里仁》),认为"仁"即"爱人","知"即"知人",把"知"作为"得仁"的手段,视"利仁"为"知"的基本功能。孔子所确立的"以德摄知"传统被历代儒家发扬光大并继承了下来。例如,孟子指出"仁

---

① 黄建海、王汉青:《科学文化理应成为主流大众文化》,《民主与科学》2009 年第 4 期。

之实,事亲是也;义之实,从兄是也;智之实,知斯二者弗去是
也"(《孟子·离娄上》),进一步论证了"知"为"仁"和"义"服
务的地位。董仲舒指出"仁而不知,则爱而不别也;知而不仁,
则知而不为也"(《春秋繁露·必仁且智》),深入阐明了"智"
与"仁"的关系,依然坚持"以德摄知"的立场。朱熹指出"学者
功夫唯在居敬穷理二事,此二事互相发,能穷理则居敬功夫日
益进,能居敬则穷理功夫日益密"①,同样旨在阐明穷理之"知"
和居敬之"德"的关系,强调"知"服务于"德"。王阳明尽管把
"知"的范围限定于"致内心之良知",但他明确提倡"格"事事
物物之理,指出:"致吾心之良知者,致知也;事事物物皆得其
理者,格物也。"②

　　儒学"以德摄知"的传统尽管把认识德性之"道"作为
"知"的基本方向,但它既没有否定、也没有丢掉对自然的认
识,而是把对自然之"知"包容在德性之"知"中,视"知"为服
务于"德"、实现"善"之目的的手段。所以,儒学倡导致用科学
目的观,并非与"求真"绝缘,也绝不反科学,只不过在儒家那
里,"真"主要是道德与政治之真、德行实践之真,求真主要是
"穷天理,明人伦",而自然之真必须从属和服务于道德与政治
之真。正因为如此,儒学对于科学具有内在的需求。例如,敬
授民时,需要天文历法;"要在安民,富而教之"③,需要农学;

---

　　① 《朱子语类》卷九,(宋)朱熹撰,朱杰人等主编:《朱子全书》修订
本,第14册,上海古籍出版社、安徽教育出版社2010年版,第301页。

　　② (明)王阳明:《传习录·中·答顾东桥书》。

　　③ (汉)班固撰,颜师古注:《汉书》卷二十四,《食货志》第四上,中华
书局1962年版,第1117页。

"上以疗君亲之疾,下以救贫贱之厄"①,需要医学;等等。儒学的上述特点从根本上为儒学包含科学文化成分提供了现实的可能性。为此我们看到,在儒家历代经典中,存在大量和科学方法、科学思想、科学精神息息相通的关于求知的精神、方法及态度的论述。例如,《论语》二十篇中有关的论述俯拾皆是,仅在《学而篇》和《为政篇》中就有以下论述:"学而时习之,不亦说乎","行有余力,则以学文",宣扬学用结合;"过则勿惮改",鼓励勇于纠正错误;"温故而知新,可以为师矣","学而不思则罔,思而不学则殆",主张勤于学习,独立思考;"知之为知之,不知为不知,是知也"提倡实事求是,不作伪;"多闻阙疑,慎言其余",提倡大胆怀疑,言之有据;等等。

在原有的儒学框架内,上述内容是服务于道德修养的,但一旦将其分离出来,就会变成科学文化的养分或直接成为科学文化的构成部分了。

三、纠正科学文化普及中的失衡现象

进入 21 世纪以来,我国的科学文化普及事业有了大踏步的发展。然而,大量事实说明,在科学文化普及中存在明显的失衡现象,即重科技知识(尤其是民生技术知识)的普及,轻科学方法、科学思想和科学精神的普及。一般来说,可把科学素质划分为两个层面:科学知识是表层,科学方法、科学思想和科

---

① 张仲景:《伤寒杂病论·自序》,广西人民出版社 1980 年版,第 3 页。

学精神是深层。所以，失衡现象实际上是指深层科学素质普及比较薄弱的情况。

尤其令人焦虑的是，在相当一部分领导干部中间，"取消论""不切实际论"和"代替论"等错误观点十分流行。在"取消论"看来，对于普通民众，科学方法、科学思想和科学精神等深层科学素质无用或用处不大，因此可以不予普及；在"不切实际论"看来，深层科学素质过于抽象，一般公民难于理解，所以向一般公民普及深层科学素质是不切实际的；在"代替论"看来，深层科学素质存在于科学知识之中，普及科学知识也就等于普及了深层科学素质。总之，上述三种观点有一个共同点：否认普及深层科学素质的必要性。

我认为，我们应当充分认识深层科学素质普及的紧迫性和重要性。科学方法、科学思想、科学精神等深层科学素质是抽象和具体的统一，是复杂和简单的统一，从其精神实质上看并不神秘；同时，"科技知识之中固然寓有深层科学文化（即'深层科学素质'——引者注），但科技知识绝不等同于深层科学文化。深层科学文化不仅不会从科技知识中自动呈现出来，而且，它们也并不仅仅蕴含于科技知识之中，而是更经常、更大量地存在于科学家所从事的科学活动的实践之中。因此，科技知识的普及是无法代替深层科学文化普及的"①。深层科学素质是科学的精髓，是无用之用、万用之基，是支配公民科学素质的核心因素。倘若一个人掌握了许多科技知识，但对于科学方法、科学思想和科学精神却一知半解或不得要领，那么他对所

---

① 马来平：《科学文化普及难题及其破解途径》，《自然辩证法研究》2013 年第 11 期。

学的科技知识并未透彻理解,而且也很难做到对这些科技知识的灵活运用。为此,科学文化普及工作不能因小失大,失去重心。在继续做好科技知识普及的同时,必须下大力气做好深层科学素质的弘扬和普及工作。这里仅强调以下三点。

（一）深化对深层科学素质的认识

普及深层科学素质,首先是应对深层科学素质有一个较为全面、准确的认识。然而,目前包括学术界在内,关于深层科学素质仍然存在许多有歧见和认识不到位的地方。因此,需要深化对深层科学素质的研究,进而促进对深层科学素质的认识。

科学精神在科学文化以及深层科学素质中是一个核心概念,抽象度也最高。公民对其理解的状况如何,是衡量科学文化普及质量的重要指标之一。目前学界对科学精神这一核心概念的理解众说纷纭,不过多数人认为,科学精神的核心是"求真"。也就是说,所谓"科学精神",就是对真理不懈追求的精神。围绕求真,科学精神有两层最重要的含义:一是理性精神,其要义是注重逻辑思维;二是实证精神,其要义是注重以经验事实作为提出理论的依据和作为检验理论的标准。按照我的理解,科学精神最为重要的是以下理念或观点:(1)大胆怀疑的态度;(2)高度尊重事实的客观立场;(3)严密的逻辑思维原则;(4)继承基础上的创新精神;(5)追求精确的严谨作风。① 也有人认为,科学精神的基本理念和观点是:"客观的依据,理性的怀疑,多元的思考,平权的争论,实践的检验,宽容的

---

① 参见马来平:《试论科学精神的核心与内容》,《文史哲》2001 年第 4 期。

激励。"①其实,上述两种理解大同小异、一脉相承。

主要由于自然辩证法界的贡献,在深层科学素质中,关于科学方法的研究较为成熟。通常认为,科学方法可分为各门学科中的"具体方法""一般方法""哲学方法"三个层次。其中,包括经验方法、逻辑方法、非逻辑方法和系统科学方法等在内的"一般方法"和基于科学成果哲学概括所得到的"哲学方法"这两类方法,对于人文社会科学研究、人们的日常工作实践和日常生活具有较强的普适性,而对"具体方法"的运用尤其需要变通和改造。科学方法的核心是实验方法和数学方法的有机结合,其实质是引导人们立足于可靠的经验事实,充分运用逻辑思维和创造性思维,探寻外部世界的客观规律。当把它推广应用于多种多样的社会实践领域时,可变换为这样的基本程式:发现问题→提出解决问题的假设→以事实检验假设→推翻原假设并提出新的假设或维持原假设→发现新的问题。总之,从公民应具备的基本科学素质的角度来说,公民应当掌握的基本科学方法是什么,以及公民掌握基本科学方法的途径是什么等问题,都是亟待深入研究的问题。

在深层科学素质中,科学思想是一个看似简单实则比较复杂的概念。这是因为这一概念具有多重含义,极易引起歧见:第一,它泛指有科学根据的思想,通俗点说,就是说话办事应当有科学依据,不能依赖拍脑袋,也不能轻信他人。在这个意义上,科学思想和科学态度颇为相近。第二,它可以指重大的科学理论或学说,如哥白尼日心说、麦克斯韦的电磁场理论等。

---

① 蔡德成:《科学精神和人文精神是科学文化素质的核心》,《科学与无神论》2004 年第 2 期。

这种意义上的科学思想属于科学知识的范畴。第三,它可以指科学理论、科学概念的内在逻辑及其所反映出来的哲学和社会学观点等,所谓"科学思想史"或"科学内史"就是在这个意义上使用这一概念的。第四,它可以指科学观,即对科学及其各个侧面的根本看法。当我们谈到某个历史人物的科学思想时,往往指的就是这个人的科学观。通常,当我们说"树立科学思想"的时候,上述四方面的含义都包括,但主要是指第一个和第四个方面,即强调要依靠科学、相信科学,树立正确的科学观。总之,基于公民应具备的基本科学素质而言,树立科学思想的基本要求是什么、树立科学思想的途径是什么等,也都是需要进一步研究的问题。

（二）引导公民对深层科学素质的践行

要把深层科学素质的普及做到位,仅仅让公民认知和认同深层科学素质是不够的,必须引导公民对深层科学素质的践行,以期提高公民掌握和运用深层科学素质的能力。为此需要重视以下几点。

第一,把深层科学素质全面融入科技知识的普及之中。首先,要把普及应用性、生活化的科技知识与普及相对应的科学原理、科学概念有机结合起来。一般来说,重要的科学原理和科学概念所蕴含的与深层科学素质相关的内容较为丰富。公民们一旦准确地理解和把握了重要的科学原理及科学概念,就会更易于体会或领悟其中的深层科学素质意涵。其次,要把普及静态的科技知识和普及动态的科技发展史知识有机结合起来,努力做到在普及特定科技知识的同时,简练而巧妙地说明这些科技知识产生、确立和发展的过程,以及它们对人类社会的影响。这样可以使公民在接受科技知识的同时,更便于对深层科学素质的领悟和践行。

第二,紧密结合百姓生活实际,普及深层科学素质。深层科学素质绝非远离百姓生活,而是深深扎根于百姓的生活之中。例如,是否养成遇事先弄清情况的习惯,实际上是一个实证精神强弱的问题。因为只有先弄清情况,才有可能产生处理问题的正确办法;凡事是否讲究分寸、把握火候、有一个数量观念,不单单是一个人的作风问题,实际上也是一个科学精神强弱的问题,因为强调严密和精确是科学精神的核心理念。诸如此类,不一而足。因此,戒除空头说教,实行紧密结合百姓生活实际的普及方式,一定会使普及深层科学素质的工作做得有声有色、成效显著。

第三,支持公民参与公共事务的决策活动。随着我国民主化进程的加速,特别是近年来协商民主的大力推进,公民直接或通过网络参与社会公共事务决策的活动日渐常态化。公民参与社会公共事务决策的活动,尤其是有关科技应用或与科技政策有关的社会公共事务决策活动,对于深层科学素质普及的作用更为直接和突出。例如,近年来,公民越来越多地参与环境污染方面的公共事务决策活动,不仅有效地提高了公民的环境意识,而且也有效地提高了公民运用环境和生态知识参与社会公共事务的能力。

第四,广泛开展公民科学活动。公民科学活动是指民间科学爱好者或志愿者所自发进行的群众性的业余科研活动。例如,群众性的寻找稀有物种或新的中药材的活动、大范围地长期跟踪观察某种生物的生活习性活动、实地调查研究某种或某地环境问题的成因与治理对策等。目前,许多发达国家的公民科学活动比较活跃,在我国也日渐增多。显然,在野外的、长线的、地方性的科研活动或者涉及区域间利益冲突的科研活动等领域,较之职业科学家的常规科学活动,公民科学活动具有许多得天独厚的优长之处。因此,公民科学活动是常规科学活动的有益补充,其科学价值不可小觑。尤为重要的是:"在公民科学活动中,公民已经不是被动地接受科学普及,而是主动地运用科学方法、科学思想和科学精神进行科学探索,因而,是深层科学文化的践行。这种践行,十分有利于公民科学素质的提高。在科学家的参与和指导下,各地应尽量广泛地组织和开展公民科学活动。"①

（三）促进深层科学素质普及的体制化

深层科学素质的普及是一项艰难而细致的工作,其突出特点有二:一是知行结合。公民掌握深层科学素质固然首先要对其有一个正确的认识,但仅仅做到这一点还不够,还要能够具备应用它们解决实际问题和参与公共事务的能力。能够熟练运用才标志着一个人真正掌握了深层科学素质。因此,深层科学素质的普及不能纸上谈兵、空对空,一定要紧密结合丰富多彩的实践活动,才能达到目的。二是见效缓慢。正因为深层科学素质的普及需要知行结合,所以它不能立竿见影,不能搞速成。要舍得下功夫,坚持不懈地进行耐心细致的宣传和示范活动。基于此,深层科学素质普及的有效路径之一乃是促进深层科学素质的体制化。

---

① 马来平:《科学文化普及难题及其破解途径》,《自然辩证法研究》2013 年第 11 期。

　　具体来说,促进深层科学素质的体制化即是将深层科学素质的普及全面纳入各种社会建制,使其规范化和常态化。例如,把深层科学素质的普及纳入教育体制,使不同阶段的全日制教育和各类成人教育在教学内容、教学方法等方面把深层科学素质普及作为中心任务之一;把深层科学素质普及纳入科普创作和文学艺术体制,让科普创作和各类文学艺术创作活动把深层科学素质普及作为中心任务之一;等等。